Data Science mit Python für Dummies

✔ `featur_extraction.text.HashVectorizer`

Nutzung: Vorbereitung Ihrer Daten.

Beschreibung: Direkte Umwandlung Ihres Textes durch Nutzung des Hash-Tricks.

✔ `featur_extraction.text.TfidfVectorizer`

Nutzung: Vorbereitung Ihrer Daten.

Beschreibung: Erstellt einen Datensatz von TF-IDF-Merkmalen.

✔ `feature_selection.RFECV`

Nutzung: Merkmalsauswahl.

Beschreibung: Automatische Merkmalsauswahl.

✔ `decomposition.PCA`

Nutzung: Reduzierung der Dimensionalität.

Beschreibung: Hauptkomponentenanalyse (PCA).

✔ `decomposition.RandomizedPCA`

Nutzung: Reduzierung der Dimensionalität.

Beschreibung: Hauptkomponentenanalyse (PCA) mittels randomisierter SVD.

✔ `cross_validation.cross_val_score`

Nutzung: Kreuzvalidierungsphase.

Beschreibung: Schätzung des Kreuzvalidierungswertes.

✔ `cross_validation.KFold`

Nutzung: Kreuzvalidierungsphase.

Beschreibung: Teilen des Datensatzes in k Teilmengen für die Kreuzvalidierung.

✔ `cross_validation.StratifiedKFold`

Nutzung: Kreuzvalidierungsphase.

Beschreibung: Geschichtete Validierung, die die Verteilung der Klassen Ihrer Vorhersage einbezieht.

✔ `cross_validation.train_test_split`

Nutzung: Kreuzvalidierungsphase.

Beschreibung: Teilt Ihre Daten in einen Trainings- und einen Testsatz.

✔ `grid_search.GridSearchCV`

Nutzung: Optimierung.

Beschreibung: Ausführliche Suche, um einen maschinellen Lernalgorithmus zu maximieren.

Data Science mit Python für Dummies

✔ `linear_model.LinearRegression`

Nutzung: Vorhersage.

Beschreibung: Lineare Regression.

✔ `linear_model.LogisticRegression`

Nutzung: Vorhersage.

Beschreibung: Lineare logistische Regression.

✔ `neighbors.KNeighborsClassifier`

Nutzung: Vorhersage.

Beschreibung: K-Neighbors-Klassifizierer.

✔ `naive_bayes.MultinomialNB`

Nutzung: Vorhersage.

Beschreibung: Multinomialer naiver Bayes.

✔ `metrics.accuracy_score`

Nutzung: Evaluierung der Lösung.

Beschreibung: Genauigkeitsklassifizierungswert.

✔ `metrics.f1_score`

Nutzung: Evaluierung der Lösung.

Beschreibung: Berechnung des F1-Werts, Ausgleich zwischen Genauigkeit und Trefferquote.

✔ `metrics.mean_absolute_error`

Nutzung: Evaluierung der Lösung.

Beschreibung: Mittlerer absoluter Fehler des Regressionsfehlers.

✔ `metrics.mean_squared_error`

Nutzung: Evaluierung der Lösung.

Beschreibung: Mittlerer quadratischer Fehler des Regressionsfehlers.

✔ `metrics.roc_auc_score`

Nutzung: Evaluierung der Lösung.

Beschreibung: Berechnung der Fläche unter der Kurve (AUC) von den vorhergesagten Werten.

Data Science mit Python
für Dummies

John Paul Mueller und Luca Massaron

Data Science mit Python für Dummies

Übersetzung aus dem Amerikanischen
von Nadine Wappler und Eric Zuchantke

Fachkorrektur von Tobias Häberlein

WILEY

WILEY-VCH Verlag GmbH & Co. KGaA

Bibliografische Information der Deutschen Nationalbibliothek
Die Deutsche Nationalbibliothek verzeichnet diese Publikation
in der Deutschen Nationalbibliografie; detaillierte bibliografische
Daten sind im Internet über http://dnb.d-nb.de abrufbar.

1. Auflage 2016

© 2016 WILEY-VCH Verlag GmbH & Co. KGaA, Weinheim

Printed in Germany
Gedruckt auf säurefreiem Papier

Coverfoto: © wickerwood/Fotolia.com
Sprachkorrektur: Sibylle Feldmann, Düsseldorf
Dudenkorrektur: Petra Heubach-Erdmann, Düsseldorf
Satz: inmedialo Digital- und Printmedien UG, Plankstadt
Druck und Bindung: CPI books GmbH, Leck

Print ISBN: 978-3-527-71208-3
ePub ISBN: 978-3-527-80714-7
Mobi ISBN: 978-3-527-80715-4

Über die Autoren

Luca Massaron ist Data Scientist und Marketingforschungsdirektor, der sich auf multivariate statistische Analyse, maschinelles Lernen und Kundeninformationen spezialisiert hat. Er besitzt mehr als ein Jahrzehnt Erfahrung mit der Lösung von echten Problemen und der Erstellung von Werten für Stakeholder durch die Nutzung von Argumentationen, Statistiken, Data Mining und Algorithmen. Angefangen als Pionier der Webnutzeranalyse in Italien, wo er einen Platz in den Top Ten von Kaggler auf kaggle.com erreicht hat, begeisterte ihn immer alles, was mit Daten und Analyse zu tun hatte, und auch die Vorstellung des Potenzials von datengesteuerter Wissensgewinnung gegenüber Experten und Laien. Er favorisiert die Einfachheit gegenüber unnötiger Komplexität und glaubt, dass vieles in der Data Science durch das Verstehen und Ausüben des Essenziellen davon erreicht werden kann.

John Mueller ist freiberuflicher Autor und technischer Redakteur. Er hat das Schreiben im Blut und veröffentlichte bis jetzt 97 Bücher und mehr als 600 Artikel. Die Themen reichen von Vernetzung bis zu künstlicher Intelligenz und von Datenbankmanagement bis hin zur Programmierung. Einige seiner aktuellen Bücher sind ein Buch über Python für Anfänger und ein Buch über MATLAB. Er hat auch ein Java-E-Learning-Kit, ein Buch über HTML5-Entwicklung mit JavaScript und ein anderes über CSS3 geschrieben. Seine technischen Verarbeitungsfertigkeiten haben mehr als 63 Autoren geholfen, das Material ihrer Manuskripte zu verbessern. John Mueller stellte seine Fähigkeiten den Magazinen *Data Based Advisor* und *Coast Compute* zur Verfügung. Während seiner Zeit bei *Data Based Advisor* kam er erstmals mit MATLAB in Kontakt und verfolgt seitdem die Entwicklung von MATLAB. Während seiner Zeit bei Cubic Corporation kam er mit Reliability Engineering in Berührung und dies hat sein Interesse an Wahrscheinlichkeitsrechnung weiterhin verstärkt. Lesen Sie John Muellers Blog auf http://blog.johnmuellerbooks.com/.

Wenn John Mueller nicht am Computer arbeitet, können Sie ihn draußen im Garten beim Holzhacken finden, er genießt die Natur im Allgemeinen. Er genießt auch die Herstellung von Wein und Cookies und mag Backen und Stricken. Wenn er mit nichts anderem beschäftigt ist, macht er Glycerin-Seife und Kerzen, die sich als recht nützliche Geschenke erweisen. Sie können John Mueller im Internet über John@JohnMuellerBooks.com finden. John Mueller hat auch eine Webseite: http://www.johnmuellerbooks.com/. Werfen Sie ruhig einen Blick darauf und geben Sie Anregungen, was verbessert werden kann.

Luca Massarons Widmung

Ich möchte dieses Buch meinen Eltern, Renzo und Licia, widmen. Beide lieben einfache und gut erklärte Ideen und werden nun durch das Lesen des Buches, das wir geschrieben haben, mehr von meiner täglichen Arbeit in Data Science verstehen und wie dieses Fachgebiet die Art, wie wir die Welt sehen und damit umgehen, ändern wird.

John Muellers Widmung

Dieses Buch ist all den Wissenschaftlern, Ingenieuren, Träumern und Philosophen der Welt gewidmet – die unentdeckte Gruppe, die solch einen großen Unterschied im Leben jedes Einzelnen auf der Welt ausmacht.

Luca Massarons Danksagung

Mein größter Dank gilt meiner Familie, Yukiko und Amelia, für ihre Unterstützung und liebevolle Geduld.

Ich möchte meinen Kaggler-Kollegen für ihre Hilfe und den unaufhaltsamen Austausch von Ideen und Meinungen danken. Mein spezieller Dank gilt Alberto Boschetti, Giuliano Janson, Bastiaan Sjardin und Zacharia Voulgaris.

John Muellers Danksagung

Mein Dank gilt meiner Frau Rebecca. Selbst wenn sie nicht mehr unter uns ist, ist ihr Geist in jedem Buch, das ich schreibe, in jedem Wort, das auf der Seite erscheint. Sie hat an mich geglaubt, als kein anderer es tat.

Russ Mullen verdient Dank für seine technische Bearbeitung dieses Buches. Er trug viel zu der Genauigkeit und Tiefe des Materials bei, das Sie hier sehen. Russ arbeitet außergewöhnlich hart und half mir bei der Recherche für dieses Buch, bei der Suche nach den schwer zu findenden URLs und gab auch viele Anmerkungen.

Matt Wagner, mein Agent, verdient Dank dafür, mir zu diesem Vertrag verholfen zu haben, und dafür, dass er sich um all die Details gekümmert hat, die die meisten Autoren nicht wirklich bedenken. Ich schätze seine Unterstützung immer sehr. Es ist gut zu wissen, dass jemand helfen möchte.

Eine Reihe von Personen, die das gesamte Buch oder Teile davon gelesen haben, um mir zu helfen, die Ansätze und Testskripte zu verfeinern, und allgemeine Beiträge lieferten, die alle Leser wünschten, zu haben. Diese unbezahlten Freiwilligen halfen auf zu vielen Weisen, als dass man sie hier nennen kann. Ich bedanke mich speziell für die Bemühungen von Eva Beattie, Glenn A. Russell, Osvaldo Téllez Almirall und Thomas Zinckgraf, die allgemeinen Beitrag leisteten, das gesamte Buch gelesen haben und sich selbstlos diesem Projekt widmeten.

Letztendlich würde ich gern Kyle Looper, Susan Christopherson und dem Rest der Redaktion und Produktion danken.

Cartoons im Überblick
von Christian Kalkert

Seite 27

Seite 103

Seite 177

Seite 235

Seite 321

Internet: www.stiftundmaus.de

Inhaltsverzeichnis

Teil III
Visualisierung des Unsichtbaren   177

Kapitel 9
Ein Crashkurs in MatPlotLib   179

Kapitel 10
Visualisierung von Daten   195

Kapitel 13
Datenanalyse erforschen 255

Kapitel 14
Dimensionalität verringern 277

Einleitung

Sie verlassen sich Tag für Tag auf wissenschaftliche Daten, um eine Fülle von Aufgaben zu meistern, oder Sie haben die Aufgabe, bestimmte Dienstleistungen für andere zu erfüllen. Tatsächlich verlassen Sie sich aber auf wissenschaftliche Daten in einer Weise, die Ihnen sicher gar nicht klar ist. Haben Sie zum Beispiel heute Morgen für eine Suche Ihre bevorzugte Suchmaschine verwendet, haben Sie Vorschläge für alternative Suchbegriffe erhalten, die auf Basis wissenschaftlicher Daten geliefert werden. Sind Sie letzte Woche zu Ihrem Arzt gegangen und hörten, dass der Knoten, den Sie bei sich fanden, kein Krebs war, ist es wahrscheinlich, dass der Arzt diese Diagnose auf Grundlage wissenschaftlicher Daten gestellt hat. Tatsächlich könnten Sie jeden Tag mit wissenschaftlichen Daten arbeiten und würden es nicht einmal bemerken. *Data Science mit Python für Dummies* führt Sie nicht nur in den Gebrauch wissenschaftlicher Daten ein, um eine Fülle an praktischen Aufgaben lösen zu können, sondern zeigt Ihnen auch die Vielseitigkeit der Anwendung wissenschaftlicher Daten auf. Wenn Sie wissen, wie Probleme mit wissenschaftlichen Daten zu lösen sind und wo Sie sie anwenden können, erhöhen Sie Ihre Chancen etwa auf eine Beförderung oder Ihren Traumjob signifikant.

HaHa

Über dieses Buch

Das große Ziel von *Data Science mit Python für Dummies* ist es, wissenschaftlichen Daten den Schrecken zu nehmen, indem gezeigt wird, dass die Arbeit mit diesen Daten und Python allgemein nicht nur interessant, sondern auch durchaus machbar ist. Vielleicht denken Sie, ein Computergenie sein zu müssen, um die komplexen Aufgaben, die normalerweise mit wissenschaftlichen Daten verbunden sind, zu lösen, jedoch verfügt Python über eine Vielzahl von nützlichen Bibliotheken, die all die schwierigen Aufgaben für Sie im Hintergrund erledigen. Sie werden gar nicht bemerken, was alles vor sich geht, und Sie müssen sich auch nicht damit beschäftigen. Sie müssen lediglich wissen, dass Sie spezifische Aufgaben lösen wollen und dass dieses Ziel durch Python ganz leicht erreicht werden kann.

Einer der Schwerpunkte dieses Buches liegt auf der Verwendung der richtigen Tools. Sie beginnen mit Anaconda, einem Paket, das IPython und IPython Notebook beinhaltet – zwei Tools, die die Arbeit mit Python erleichtern. Sie experimentieren mit IPython in einer komplett interaktiven Entwicklungsumgebung. Der Code, den Sie in IPython Notebook verwenden, hat Präsentationsqualität, und Sie können ihn mit zahlreichen Präsentationselementen in Ihrem Dokument kombinieren. Es ist also weit mehr als nur eine Entwicklungsumgebung.

Sie werden in diesem Buch viele interessante Techniken kennenlernen. Beispielsweise können Sie Grafiken aller Ihrer Daten mit MatPlotLib erstellen, wofür Sie in diesem Buch alles finden, was Sie wissen müssen. Außerdem wird Ihnen in diesem Buch sehr umfassend gezeigt, welche Möglichkeiten es gibt und wie Sie diese nutzen können, um interessante Kalkulationen zu erstellen. Viele möchten gerne wissen, wie man die Handschrifterkennung realisieren kann – und wenn Sie auch dazugehören, können Sie dieses Buch nutzen, um einen Einblick darin zu erhalten.

Möglicherweise beunruhigt Sie die ganze Programmierumgebungsproblematik ein wenig, aber dieses Buch wird Sie ganz sicher nicht im Regen stehen lassen. Am Anfang finden Sie komplette Installationsanleitungen für Anaconda und ein Kurzlehrbuch (mit Referenzen) für die notwenigen Grundlagen der Python-Programmierung. Der Fokus liegt darauf, so schnell wie möglich beginnen zu können und einfache Beispiele zur Verfügung zu stellen, damit der Code keinen Stolperstein für das Lernen darstellt.

Um die Konzepte einfacher auszuführen, nutzt dieses Buch die folgenden Grundsätze:

✔ Text, den Sie genau so eingeben sollen, wie er in diesem Buch steht, ist in `Schreibmaschinenschrift` gedruckt. Wenn Sie eine digitale Version dieses Buches auf einem Gerät lesen, das mit dem Internet verbunden ist, bedenken Sie, dass Sie die Webseiten anklicken können, um sie zu besuchen, beispielsweise diese hier: `http://www.wiley-vch.de/dummies`.

✔ Bei *kursiv* geschriebenen Wörtern als Teil eines Befehls müssen Sie diesen Wert durch Ihre eigenen Daten ersetzen. Wenn Sie zum Beispiel »Geben Sie *Ihren Namen* ein und drücken Sie Enter« sehen, müssen Sie *Ihren Namen* durch Ihren eigenen Namen ersetzen.

✔ Bedienelemente, wie Schaltflächen, Registerkarten und Menüs, stehen in KAPITÄLCHEN. Wenn Sie eine Befehlsfolge eingeben sollen, ist diese wie folgt dargestellt: DATEI|NEUE DATEI. In diesem Fall klicken Sie zuerst auf die Registerkarte DATEI und wählen dort NEUE DATEI aus. Als Ergebnis wird eine neue Datei angelegt.

Törichte Annahmen

Sie werden uns vielleicht nicht glauben, dass wir alle möglichen Annahmen über Sie getroffen haben – schließlich sind wir Ihnen noch nie begegnet! Obwohl die meisten Annahmen in der Tat töricht sind, brauchen wir sie, um einen Startpunkt für dieses Buch festzulegen. Es ist wichtig, dass Sie mit Ihrem Betriebssystem vertraut sind, denn dieses Buch bietet in dieser Hinsicht keinerlei Einführung. (Kapitel 3 stellt Installationsanweisungen für Anaconda zur Verfügung.) Um Ihnen ein Maximum an Informationen über Python und dessen Anwendbarkeit auf wissenschaftliche Daten bereitzustellen, werden in diesem Buch keine Betriebssystem-spezifischen Ausgaben diskutiert. Sie müssen wissen, wie Anwendungen installiert und verwendet werden, bevor Sie mit der Arbeit mit diesem Buch beginnen.

Dieses Buch ist kein Mathematiklehrbuch. Natürlich sehen Sie viele Beispiele komplexer Mathematik, aber der Schwerpunkt dieses Buchs liegt auf der Nutzung von Python und Data Science und nicht auf der mathematischen Theorie. Kapitel 1 und 2 vermitteln ein besseres Verständnis genau dessen, was Sie wissen müssen, damit Sie dieses Buch erfolgreich verwenden können.

Dieses Buch nimmt ebenso an, dass Sie auf Artikel im Internet zugreifen können. Es gibt durchgehend zahlreiche Verweise auf Onlinematerial, das Ihren Lernerfolg verbessern wird. Trotzdem sind diese zusätzlichen Quellen nur sinnvoll, wenn Sie sie finden und benutzen.

Im Buch verwendete Symbole

Wenn Sie dieses Buch lesen, werden Sie Symbole am Rand sehen, die auf wichtige Stellen hindeuten (oder möglicherweise auch nicht). Dieser Abschnitt beschreibt kurz jedes Symbol dieses Buches.

Tipps sind wichtig, denn sie helfen Ihnen, Zeit zu sparen oder eine Aufgabe ohne zusätzlichen Arbeitsaufwand zu lösen. Die Tipps in diesem Buch sind zeitsparende Techniken oder weisen auf Material hin, das Sie nutzen sollten, um maximal von Python profitieren zu können oder um mit Data Science verbundene Aufgaben zu bewältigen.

Wir wollen uns nicht wie zornige Eltern oder Verrückte anhören, aber Sie sollten es vermeiden, Dinge zu tun, die mit dem Warnungssymbol markiert sind. Andernfalls finden Sie vielleicht heraus, dass Ihre Anwendung nicht wie erwartet funktioniert, Sie bekommen eine falsche Ausgabe mit scheinbar sicheren Berechnungen oder Sie verlieren (im schlimmsten Fall) Daten.

Wann immer Sie dieses Symbol sehen, deutet dies auf einen Tipp oder eine Technik für Fortgeschrittene hin. Vielleicht finden Sie diese Leckerbissen nützlicher Informationen einfach langweilig, aber bedenken Sie, dass sie entscheidend sein könnten, um Ihr Programm zum Laufen zu bringen. Sie können diesen Teil überspringen, wenn Sie möchten.

Wenn Sie irgendetwas aus einem bestimmten Kapitel oder Abschnitt nicht hinbekommen, erinnern Sie sich an das Material, das mit diesem Symbol gekennzeichnet ist. Dieser Teil beinhaltet für gewöhnlich einen wichtigen Prozess oder Informationen, die Sie für die Arbeit mit Python oder für die erfolgreiche Bewältigung mit Data Science verbundener Aufgaben benötigen.

Über das Buch hinaus

Dieses Buch ist nicht das Ende unserer Arbeit mit Data Science – es ist nur der Anfang. Wir stellen Onlinematerial zur Verfügung, um dieses Buch flexibler zu gestalten und an Ihre Bedürfnisse anzupassen. Wenn wir E-Mails von Ihnen erhalten, können wir auf Fragen eingehen und Ihnen mitteilen, wie Sie entweder Python aktualisieren oder mit verknüpften Add-Ons umgehen, die den Inhalt des Buches beeinflussen. Tatsächlich haben Sie Zugang zu all diesen tollen Ergänzungen:

✔ **Onlineartikel:** Auf der Seite `http://www.dummies.com/extras/pythonfordata science` finden Sie – in englischer Sprache – zusätzliches Onlinematerial. Es handelt sich dabei um Ergänzungen, die nicht mehr ins Buch gepasst haben.

Vielleicht sind auch die Blog-Posts mit Antworten zu Leserfragen sowie die Demonstration nützlicher und für dieses Buch relevanter Techniken auf `http://blog.john muellerbooks.com/` für Sie interessant.

✔ **Begleitdateien:** Hey! Wer will schon den gesamten Code des Buches abtippen und die Grafiken manuell rekonstruieren? Die meisten Leser bevorzugen es, ihre Zeit mit der Arbeit mit Python zu verbringen, Aufgaben im Data-Science-Umfeld zu lösen und die interessanten Dinge auszuprobieren. Glücklicherweise sind die Beispiele, die in diesem Buch verwendet werden, als Download verfügbar, und Sie müssen nichts weiter tun, als dieses Buch zu lesen und die Techniken von Python für Data Science zu erlernen. Sie können die Dateien unter `http://www.wiley-vch.de/publish/dt/books/ISBN3-527-71208-9` herunterladen.

Wie es weitergeht

Es ist Zeit, mit dem Abenteuer Data Science mit Python zu beginnen! Wenn Python und der Umgang mit Data Science vollkommen neu für Sie sind, sollten Sie mit Kapitel 1 beginnen und sich in Ihrem ureigenen Tempo so effektiv wie möglich durch das Buch hindurcharbeiten.

Wenn Sie ein Anfänger sind, der es kaum erwarten kann, mit Python für Data Science so schnell es geht voranzukommen, können Sie zu Kapitel 3 springen, sollten dabei aber einkalkulieren, dass Sie so manche Dinge etwas verwirrend finden werden. Zu Kapitel 4 zu springen, ist möglich, wenn Sie Anaconda (die Programmierumgebung dieses Buches) bereits installiert haben, jedoch sollten Sie Kapitel 3 zumindest überfliegen, damit Sie wissen, welche Voraussetzungen wir geschaffen haben, um dieses Buch zu schreiben. Sie müssen Anaconda mit Python der Version 2.7.9 installiert haben, um die besten Ergebnisse mit dem Code dieses Buches zu erzielen.

Leser, die schon etwas Erfahrung mit Python mitbringen und Anaconda bereits installiert haben, können Zeit sparen, indem sie direkt mit Kapitel 5 beginnen. Sie können, falls erforderlich, immer zu früheren Kapiteln zurückgehen, wenn Ihnen etwas unklar ist. Trotzdem ist es wichtig für Sie, zu verstehen, wie eine Technik funktioniert, bevor Sie zur nächsten gehen. Jede Technik, jedes Codebeispiel und jede Methode ist wichtig für Sie, und Sie könnten entscheidende Inhalte übersehen, wenn Sie zu viele Informationen überspringen.

Teil I

Erste Schritte mit Python für Data Science

In diesem Teil ...

✔ Die Erkenntnis, wieso Data Scientist sein so cool ist

✔ Wie Python Data Science leichter macht

✔ Wie man normalerweise bei Data-Science-Aufgaben vorgeht

✔ Die Installation von Python, sodass es für Data-Science-Anwendungen nutzbar ist

✔ Das Wesentliche über Python

Wie Data Science und Python zusammenpassen

1

In diesem Kapitel

▶ Die Entdeckung der Vorzüge von Data Science

▶ Wie Data Science funktioniert

▶ Die Verbindung zwischen Python und Data Science

▶ Der Start mit Python

Data Science scheint eine Technologie zu sein, von der Sie glauben, sie niemals zu benötigen, aber da liegen Sie falsch. Ja, Data Science beinhaltet die Anwendung erweiterter Mathematikkenntnisse, wie Statistik oder Big Data. Data Science unterstützt Sie jedoch auch darin, intelligente Lösungen zu finden sowie Vorschläge auf Grundlage früherer Entscheidungen zu entwerfen, und hilft dabei, dass Roboter Objekte erkennen können. Tatsächlich nutzen die Leute Data Science auf unterschiedlichsten Wegen, die Sie buchstäblich nicht sehen können, oder sie tun etwas, ohne dass Sie die Auswirkungen dessen überhaupt mitbekommen. Kurz, Data Science ist die Person hinter dem Wunder der Technik. Ohne Data Science wäre vieles, was Sie als alltäglich empfinden, nicht möglich. Dies ist der Grund dafür, dass ein Data Scientist den geilsten Job des 21. Jahrhunderts hat.

Um Data Science für jeden nutzbar zu machen, der kein Mathematikgenie ist, werden Werkzeuge benötigt. Ihnen stehen zahlreiche solcher Werkzeuge zum Lösen von Data-Science-Aufgaben zur Verfügung, aber Python ist bestens geeignet, um die Arbeit mit solchen Daten zu vereinfachen. Zum einen stellt Python eine unglaubliche Anzahl von Mathematik-assoziierten Bibliotheken zur Verfügung, die Ihnen helfen werden, Aufgaben zu meistern, ohne genau wissen zu müssen, was passiert. Außerdem bietet Python Mehrfachkodierung und andere Dinge, die Ihnen Ihre Arbeit erleichtern. Selbstverständlich könnten Sie auch andere Sprachen nutzen, um Anwendungen für Data Science zu schreiben, aber Python reduziert Ihren Arbeitsaufwand, weshalb es das Mittel der Wahl für jene ist, die nicht wirklich schwer arbeiten wollen und es sich gerne einfach machen.

Dieses Kapitel ermöglicht Ihnen den Einstieg in Python. Obwohl dieses Buch kein komplettes Python-Tutorial enthält, wird die Erklärung einiger grundlegender Python-Ausgaben die Zeit für Ihren Einstieg verkürzen (wenn Sie ein gutes Tutorial für den Anfang benötigen, nutzen Sie bitte *Python programmieren lernen für Dummies*). Sie werden sehen, dass dieses Buch Verweise auf Tutorials und andere Hilfen zur Verfügung stellt, um Ihre Wissenslücken über Python zu schließen.

Die Wahl einer Data-Science-Sprache

Es gibt viele unterschiedliche Programmiersprachen auf der Welt – und die meisten davon wurden entwickelt, um Aufgaben auf eine bestimmte Weise zu lösen oder um die Lösbarkeit bestimmter Aufgabenbereiche zu vereinfachen. Wenn Sie die richtigen Werkzeuge benutzen, wird Ihr Leben leichter. Vergleichbar ist das mit einem Hammer, den Sie anstelle des Schraubenziehers zum Festdrehen einer Schraube benutzen. Sicher, der Hammer funktioniert, aber mit dem Schraubenzieher wird es viel einfacher und effektiver funktionieren. Data Scientists benutzen für gewöhnlich nur ein paar Sprachen, die die Arbeit mit ihren Daten vereinfachen. Daher werden hier die vier am meisten genutzten Sprachen für Data Science in der Reihenfolge ihrer bevorzugten Nutzung aufgeführt (von 91 Prozent der Wissenschaftler verwendet):

✔ **Python (allgemeine Verwendung):** Viele Wissenschaftler bevorzugen Python, da es viele Bibliotheken, wie NumPy, SciPy, MatPlotLib oder Scikit-learn zur Verfügung stellt, die die Arbeit mit Daten wesentlich vereinfachen. Python ist eine exakte Sprache, die es leicht macht, mit großen Datensätzen zu arbeiten, und zudem die Rechenzeit verkürzt. Die Data-Science-Community hat spezialisierte IDEs wie Anaconda entwickelt, die das IPython-Notebook-Konzept implementieren. Dadurch wird die Arbeit mit Kalkulationen signifikant vereinfacht (Kapitel 3 beschreibt die Verwendung von IPython, also keine Angst vor diesem Kapitel). Neben all diesen Vorzügen ist Python eine hervorragende Sprache, um Verbindungen mit Sprachen wie C++ oder Fortran herzustellen. Die aktuelle Python-Dokumentation beschreibt die Erstellung dieser Erweiterungen. Python findet Anwendung in diversen wissenschaftlichen Zusammenhängen.

✔ **R (speziell statistische Anwendung):** In vielerlei Hinsicht teilen sich Python und R die gleiche Art der Funktionalität, aber sie implementieren diese unterschiedlich. Abhängig von der Datengrundlage haben Python und R etwa die gleiche Anzahl an Befürwortern und manche Leute nutzen Python und R im Austausch (oder manchmal hintereinander). Anders als Python hat R eine eigene Entwicklungsumgebung, sodass keine dritte Plattform wie Anaconda benötigt wird. Allerdings stellt R nicht wie Python die Möglichkeit der Verbindung mit anderen Sprachen zur Verfügung.

✔ **SAS (statistische Businessanalysen):** Die Sprache des Statistischen Analyse Systems (SAS) ist beliebt, da Datenanalysen, Business Intelligence, Datenmanagement und vorhersagende Analysen sehr einfach sind. Das SAS Institute entwickelte SAS ursprünglich als Mittel zur Durchführung statistischer Analysen. Es ist daher eine Business-spezifische Sprache – man verwendet sie für Analysen, anstatt diese per Hand durchzuführen, oder um spezifische Muster zu erkennen.

✔ **SQL (Datenbankmanagement):** Das Wichtigste, das man über Structured Query Language (SQL) wissen sollte, ist, dass der Fokus auf den Daten liegt und nicht auf den zu erfüllenden Aufgaben. Unternehmen funktionieren nicht ohne ein gutes Datenmanagement – die Daten sind das Unternehmen. Große Organisationen nutzen eine Art relationale Datenbank, die normalerweise mit SQL zugänglich ist, um ihre Daten zu speichern. Die meisten Produkte von Datenbank-Management-Systemen (DBMS) basieren auf SQL als Hauptsprache, und DBMS bringen normalerweise eine große Anzahl an Datenanalyse- und Data-Science-Funktionen mit. Wenn Sie einen nativen Zugriff auf die Daten haben, wird die Geschwindigkeit oftmals erhöht, wenn Sie die Daten auf diese Weise auswerten. Datenbank-Administratoren (DBAs) nutzen SQL für gewöhnlich, um Daten zu organisieren oder zu verändern, und nicht unbedingt, um detaillierte Analysen durchzuführen. Der Data Scientist kann SQL aber genauso für unterschiedlichste Data-Science-Anwendungen nutzen und die resultierenden Skripte für die DBAs und ihren Bedarf zur Verfügung stellen.

Die Definition des geilsten Jobs des 21. Jahrhunderts

Allgemein werden Menschen, die mit Statistik arbeiten, als eine Art Buchhalter angesehen oder als verrückte Wissenschaftler. Viele finden Statistik und die Analyse von Daten langweilig. Allerdings ist Data Science eine jener Tätigkeiten, bei der Sie umso mehr wissen wollen, je mehr Sie lernen. Die Beantwortung einer Frage wirft oftmals mehr Fragen auf, die noch interessanter sind als jene, die Sie beantworten wollten. Die Sache, die Data Science so sexy macht, ist, dass Sie es überall antreffen und in einer schier unendlichen Anzahl von Möglichkeiten einsetzen können. Die folgenden Abschnitte beinhalten detaillierte Informationen darüber, warum Data Science ein so verblüffender Forschungsbereich ist.

Die Entstehung von Data Science

Data Science ist ein relativ neuer Begriff. William S. Cleaveland prägte den Begriff 2001 als Teil seiner Veröffentlichung »Data Science: An Action Plan for Expanding the Technical Areas of the field of Statistics«. Erst ein Jahr später erkannte das International Council for Science den Begriff Data Science an und rief ein Komitee dafür ins Leben. Die Columbia University begann im Jahr 2003 mit der Veröffentlichung des *Journal of Data Science*.

 Gleichwohl ist die mathematische Basis hinter Data Science Jahrhunderte alt und im Wesentlichen ein Verfahren der Analyse von Statistiken und Wahrscheinlichkeiten. Der erste Gebrauch des Begriffes Statistik geht auf das Jahr 1749 zurück, der Begriff ist aber sicherlich viel älter. Die Menschen nutzen die Statistik zur Mustererkennung seit Tausenden von Jahren. Der Historiker Thucydides beschreibt (in der Geschichte des Peloponnesischen Krieges), wie die Athener die Höhe der Mauer von Platea im 5. Jahrhundert vor Christus berechneten, indem sie die Ziegelsteine in einem unverputzten Teil der Mauer zählten. Da die Zählung genau sein musste, berechneten sie den Durchschnitt aus mehreren Zählungen.

Der Prozess der Quantifizierung und des Verständnisses der Statistik ist relativ neu, allerdings ist die Wissenschaft selbst ziemlich alt. Ein früher Versuch, die Bedeutung der Statistik zu dokumentieren, war das *Manuscript on Deciphering Cryptographic Messages* von Al-Kindi. In dieser Veröffentlichung beschreibt Al-Kindi die Verwendung einer Kombination aus Statistik und Frequenzanalyse zur Entschlüsselung geheimer Botschaften. Schon damals wurde der

Nutzen von Statistik in der praktischen Anwendung auf Aufgaben gesehen, die nahezu unlösbar schienen. Data Science führt diesen Prozess weiter und für manche Menschen sieht es aktuell noch nach Magie aus.

Umriss der Kernkompetenzen eines Data Scientists

Wie heutzutage in den meisten Berufen muss ein Data Scientist ein breit gefächertes Wissen sowie bestimmte Fähigkeiten besitzen, um die geforderten Aufgaben erfüllen zu können. Es sind sogar so viele Anforderungen gefragt, dass Data Scientists oft in Teams arbeiten. Jemand, der sich gut mit der Sammlung von Daten auskennt, könnte ein Team mit einem Analysten und jemandem, der sich mit der Darstellung von Daten auskennt, bilden. Es ist schwierig, eine Person zu finden, die sämtliche geforderten Fähigkeiten besitzt. Die folgende Liste zeigt Bereiche, in denen sich ein Data Scientist auszeichnen kann (je mehr Kompetenzen, umso besser):

✔ **Datenerfassung:** Es ist unerheblich, welche Art von Mathekenntnissen Sie haben, wenn Sie keine Daten haben, die Sie analysieren können. Der Prozess der Datenerfassung beginnt mit der Verwaltung einer Datenquelle mit Datenbank-Management-Fähigkeiten. Rohdaten sind in vielen Fällen nicht sonderlich hilfreich – Sie müssen also die Herkunft der Daten kennen und beim Betrachten dieser Daten bereits Fragestellungen formulieren können. Schließlich benötigen Sie Fähigkeiten zur Modellierung von Daten, sodass Sie verstehen, wie die Daten miteinander in Verbindung stehen und wie sie strukturiert sind.

✔ **Analyse:** Nachdem Ihnen die zu verarbeiteten Daten vorliegen und Sie ihre Komplexität verstanden haben, können Sie mit der Analyse beginnen. Sie führen Analysen mithilfe von Tools sowie Ihrem Wissen über Statistik durch, das Sie während Ihrer Ausbildung erworben haben. Der Gebrauch spezieller mathematischer Operationen und Algorithmen kann eindeutige Muster in Ihren Daten hervorbringen oder Ihnen helfen, Schlussfolgerungen zu ziehen, die Sie mit bloßem Blick auf die Daten nicht hätten ziehen können.

✔ **Präsentation:** Viele Menschen können mit Zahlen nicht viel anfangen. Sie sehen einfach die Muster nicht, die ein Wissenschaftler sieht. Es ist daher wichtig, eine grafische Präsentation dieser Muster vorzubereiten, um zu visualisieren, was die Zahlen bedeuten und wie sie sinnvoll verwendet werden können. Viel wichtiger ist aber, dass die Präsentation so gestaltet ist, dass die Wirkung der Daten klar wird.

Die Verbindung von Data Science und Big Data

Die Kunst ist es, Daten so vorzubereiten, dass jeder sie für seine Analysen verwenden, das heißt extrahieren, transformieren und laden kann (ETL). Spezialisten nutzen Programmiersprachen wie Python, um die Daten aus unterschiedlichen Quellen zu extrahieren. Ein Unternehmen neigt dazu, die Daten an mehreren Speicherorten abzulegen, wodurch die Analysen zeitaufwendig sein können. Nachdem der ETL-Spezialist die Daten gefunden hat, transformiert eine Programmiersprache oder ein anderes Tool diese in ein gebräuchliches Format für weitere Analysen. Der Ladeprozess kann viele Formen annehmen, wobei sich dieses Buch ausschließlich auf Python beschränkt. Bei großen Projekten werden Sie möglicherweise auch Tools wie Informatica, MS SSIS oder Teradata für Ihre Zwecke verwenden wollen.

Das Verständnis der Rolle der Programmierung

Ein Data Scientist muss unterschiedliche Programmiersprachen kennen, um unterschiedliche Ziele zu erreichen. Zum Beispiel benötigen Sie SQL-Kenntnisse, um Daten aus relationalen Datenbanken zu extrahieren. Python hilft Ihnen beim Laden und Transformieren sowie bei Analysen. Trotzdem sollten Sie ein Tool wie MATLAB (das seine eigene Programmiersprache besitzt) oder PowerPoint (basierend auf VBA) wählen, um die Informationen präsentieren zu können. (Wenn es Sie interessiert, wie MATLAB im Vergleich zu Python funktioniert, sollten Sie das Buch *MATLAB für Dummies* heranziehen.) Die immense Menge an Daten, mit denen ein Data Scientist arbeitet, muss mehreren Stufen mit redundanten Analyseschritten unterzogen werden, um sie in verwertbare Daten umzuwandeln. Die manuelle Ausführung dieser Aufgaben ist zeitaufwendig und fehleranfällig, sodass Programmierung die beste Methode ist, um das Ziel des Erhalts von schlüssigen und verwendbaren Daten zu erreichen. Bei der Anzahl an Werkzeugen, die ein Data Scientist nutzt, ist es nicht möglich, sich nur auf eine Programmiersprache zu beschränken. Sicherlich, Python kann Daten laden, transformieren, analysieren und dem Nutzer präsentieren, aber das ist nur möglich, weil die Sprache die erforderlichen Funktionen bereitstellt. Sie werden andere Programmiersprachen nutzen müssen, um Ihren Werkzeugkasten zu vervollständigen. Welche Sprache Sie wählen sollten, ist von vielerlei Kriterien abhängig. Hier sind die Dinge, die es zu beachten gilt:

✔ Wie Sie Data Science für Ihren Code zu verwenden beabsichtigen (Sie müssen eine Reihe von Aufgaben wie Datenanalyse, Klassifizierung und Regression einbeziehen).

✔ Ihre Vertrautheit mit der Sprache.

✔ Die Notwendigkeit der Interaktion mit anderen Sprachen.

✔ Die Verfügbarkeit von Tools zur Vereinfachung der Entwicklungsumgebung.

✔ Die Verfügbarkeit von APIs und Bibliotheken, um Aufgaben leichter zu lösen.

Die Entwicklung einer Data-Science-Pipeline

Data Science ist teilweise Kunst und teilweise Ingenieursarbeit. Die Erkennung von Mustern innerhalb der Daten unter Einbeziehung der zu beantwortenden Frage und die Untersuchung, welcher Algorithmus am besten geeignet ist, sind Teil der Data-Science-Kunst. Um Data Science realisierbar zu machen, basiert der Teil der Ingenieursarbeit auf einem speziellen Prozess, um das Ziel zu erreichen. Diesen Prozess beschreibt die Data-Science-Pipeline. Es ist erforderlich, dass der Data Scientist besondere Schritte während der Vorbereitung, Analyse und Präsentation der Daten durchführt. Die folgenden Abschnitte beschreiben eine Data-Science-Pipeline genauer, damit Sie verstehen, wie in diesem Buch die Beispiele veranschaulicht werden.

Vorbereitung der Daten

Daten aus unterschiedlichen Quellen erhalten Sie nicht einfach so zusammengepackt, dass Sie direkt mit der Analyse beginnen können – ganz im Gegenteil. Die Rohdaten kommen in unterschiedlichen Formaten, und Sie müssen sie erst mal umwandeln, um sie für weitere

Analysen verfügbar zu machen. Die Transformation erfordert eine Änderung der Datentypen, die Festlegung der Reihenfolge, in der die Daten verarbeitet werden, sowie das Anlegen von Dateneinträgen, basierend auf den Informationen, die für bereits existierende Einträge zur Verfügung stehen.

Darstellung der beschreibenden Datenanalyse

Die Mathematik hinter der Datenanalyse basiert auf Prinzipien des Ingenieurwesens, die Ergebnisse müssen beweisbar und konsistent sein. Data Science ermöglicht den Zugang zu einer Fülle statistischer Methoden und Algorithmen, die Ihnen helfen werden, Muster in den Daten zu erkennen. Ein einziger Ansatz löst für gewöhnlich nicht das Problem. Sie werden typischerweise einen iterativen Prozess nutzen, um die Daten aus unterschiedlichen Sichtweisen zu bearbeiten. Der Gebrauch von Versuch und Irrtum ist ein Teil der Kunst von Data Science.

Von den Daten lernen

Wenn Sie verschiedene statistische Analysemethoden durchlaufen und Algorithmen anwenden, um Muster zu finden, werden Sie von den Daten lernen. Möglicherweise sagen Ihnen die Daten gar nicht das, was Sie erwartet haben, oder Sie erzählen Ihnen viele verschiedene Geschichten. Neues zu entdecken, ist ein Teil dessen, was einen Data Scientist ausmacht. Tatsächlich ist es sogar der lustigste Teil von Data Science, weil Sie im Voraus niemals genau wissen werden, was die Daten Ihnen offenbaren werden.

 Sicherlich, der unsichere Ursprung der Daten und das Finden scheinbar zufälliger Muster darin erfordert einen klaren Kopf. Wenn Sie zu wissen glauben, was die Daten beinhalten, werden Sie nicht auf die Informationen stoßen, die sie wirklich beinhalten. Sie bringen sich um den Entdeckungsprozess und damit um Möglichkeiten, die wichtig sein können für Sie und auch für von Ihnen abhängige Personen.

Visualisierung

Visualisierung bedeutet, Muster in den Daten zu erkennen und darauf reagieren zu können. Sie bedeutet außerdem, zu erkennen, wenn ein Muster kein Teil der Daten ist. Sehen Sie sich als eine Art Bildhauer der Daten – das Entfernen der Daten, die sich nicht innerhalb eines Musters befinden (also der Ausreißer), ermöglicht anderen, das Kernstück der Informationen zu sehen. Ja, Sie können dieses Kernstück sehen, aber bis andere das auch tun, existiert es allein in Ihrem Kopf.

Erkenntnisse und Ergebnisse

Der Data Scientist scheint durch bloßes Betrachten der Daten auf Methoden zurückgreifen zu können. Der Prozess endet jedoch nicht, bis Sie ganz sicher verstehen, was die Daten aussagen. Die Erkenntnisse, die Sie aus der Manipulation und Analyse der Daten gewinnen, werden Ihnen helfen, realistische Aufgaben zu lösen. Sie können beispielsweise die Ergebnisse einer

Analyse nutzen, um eine geschäftliche Entscheidung zu treffen. Manchmal wird durch das Ergebnis einer Analyse eine automatische Antwort erzeugt. Wenn ein Roboter beispielsweise eine Ansammlung von Pixeln mithilfe einer Kamera erkennt, haben die Pixel, die ein Objekt erzeugen, eine spezielle Bedeutung. Die Programmierung des Roboters führt zu einer Interaktion mit diesem Objekt. Erst wenn der Data Scientist eine Anwendung programmiert hat, die laden, analysieren und Pixel visualisieren kann, sieht der Roboter überhaupt etwas.

Die Rolle von Python in Data Science

Mit der richtigen Datenquelle sowie den Analyse- und Präsentationsanforderungen können Sie Python an jeder Stelle einer Data-Science-Pipeline nutzen. In der Tat ist es genau das, was Sie mit diesem Buch tun. Jedes Beispiel nutzt Python, um Ihnen einen weiteren Teil der Data-Science-Gleichung zu erläutern. Von allen Programmiersprachen, die Sie für Data-Science-Aufgaben verwenden könnten, ist Python die flexibelste und leistungsfähigste, da sie über viele zusätzliche Bibliotheken verfügt. Die folgenden Abschnitte werden Ihnen zeigen, weshalb Python eine so gute Wahl für so viele (eigentlich die meisten) Data-Science-Anwendungen ist.

Das sich wandelnde Profil eines Data Scientists

Manche Leute sehen Data Scientists als unnahbare Nerds, die Wunder mit Daten und Mathematik vollführen. Der Data Scientist ist die Person hinter dem Vorhang bei einem Oz-ähnlichen Schauspiel. Diese Sichtweise beginnt sich zu verändern. In vielerlei Hinsicht sieht die Welt den Data Scientist jetzt entweder als Ergänzung zum Entwickler oder ganz neuen Typ von Entwickler. Der Vormarsch von lernenden Systemen ist der Kern dieser Veränderung. Damit eine Anwendung lernen kann, müssen große Datenmengen verändert und neue Muster darin gefunden werden. Zusätzlich muss die Anwendung in der Lage sein, neue Daten auf Grundlage der alten Daten zu erzeugen – als eine Art Vorhersage der Möglichkeiten. Diese neue Art der Anwendung beeinflusst die Menschen in einer Weise, die bis vor ein paar Jahren noch wie Science-Fiction gewirkt hätte. Sicherlich die bemerkenswertesten dieser Anwendungen definieren das Verhalten von Robotern, die in der Zukunft bestimmt viel enger als bisher mit Menschen zusammenarbeiten werden.

Aus der geschäftlichen Perspektive ist die notwendige Verschmelzung von Data Science und Anwendungsentwicklung offensichtlich: Im Geschäft muss eine Vielzahl von Analysen mit großen Datenmengen durchgeführt beziehungsweise gesammelt werden – um Sinn in die Informationen zu bringen und sie zukünftig für Vorhersagen zu nutzen. In Wahrheit aber liegen die weit größeren Auswirkungen der Verschmelzung der beiden Wissenschaften – Data Science und Anwendungsentwicklung – in der Schaffung völlig neuer Arten von Anwendungen, wovon einiges heute noch nicht einmal vorstellbar ist. Beispielsweise könnten solche neuen Anwendungen Lehrern durch die Analyse des Lernverhaltens der Schüler und der Schaffung neuer Lehrmethoden mit höherer Genauigkeit zeigen, welche Methoden für den einzelnen Schüler nützlich sind. Die Kombination der Wissenschaften könnte ebenso jede Menge Probleme in der Medizin lösen, die heute unmöglich lösbar scheinen – nicht nur beim In-Schach-Halten von Krankheiten, sondern auch bei der Lösung von Problemen, wie beispielsweise der Entwicklung von Prothesen, die aussehen und funktionieren wie natürliche Gliedmaßen.

Die Arbeit mit einer vielseitigen, einfachen und effizienten Sprache

Es gibt zahlreiche unterschiedliche Wege für die Lösung von Aufgaben in Data Science. Dieses Buch deckt nur eine unter vielen zur Verfügung stehenden Methoden ab. Allerdings bietet Python eine der wenigen Einzelkomplettlösungen, die Sie nutzen können, um komplexe Probleme aus dem Bereich Data Science zu lösen. Statt unterschiedlicher Tools können Sie dafür die einfache, leichte Sprache Python verwenden. Der Unterschied zu anderen Sprachen ist, dass Python eine Vielzahl wissenschaftlicher und mathematischer Bibliotheken mitbringt. Der Einsatz dieser Bibliotheken erweitert Python und ermöglicht die Lösung von Aufgaben, für die eine andere Sprache größeren Aufwand betreiben müsste.

Die Bibliotheken von Python sind das wichtigste Verkaufsargument, trotzdem bietet Python mehr als nur wiederverwendbaren Code. Das Wichtigste, das man bei der Arbeit mit Python beachten sollte, ist, dass vier unterschiedliche Typen von Code zur Verfügung stehen:

✔ **Funktional:** Jede Aussage wird als mathematische Gleichung behandelt und jede Form statischer oder veränderlicher Daten wird vermieden. Der große Vorteil dieses Ansatzes ist, dass keine Nebeneffekte zu beachten sind. Außerdem eignet sich dieser Stil des Programmierens besser als andere für parallele Verarbeitung, weil keine statischen Zustände zu beachten sind. Viele Entwickler bevorzugen diesen Programmierstil für Rekursion und das Lambda-Kalkül.

✔ **Imperativ:** Es werden Berechnungen als direkte Änderungen des Programmzustands durchgeführt. Diese Art ist besonders sinnvoll, wenn Datenstrukturen verändert werden müssen, aber dennoch eleganter, einfacher Code erstellt werden soll.

✔ **Objektorientiert:** Daten werden als Objekte behandelt und nur durch vorgeschriebene Methoden verändert. Python unterstützt diese Programmierform nicht komplett, da Merkmale wie das Data Hiding nicht implementiert werden können. Trotzdem ist es ein nützlicher Programmierstil für komplexe Anwendungen, da Verkapselungen und Polymorphie unterstützt werden. Diese Art der Programmierung begünstigt ebenfalls die Wiederverwendung von Code.

✔ **Verfahrensorientiert:** Aufgaben werden durch Iterationen Schritt für Schritt abgearbeitet, wobei häufige Operationen in Funktionen hinterlegt sind, die bei Bedarf aufgerufen werden. Dieser Programmierstil begünstigt Iteration, Sequenzierung, Auswahl und Modularisierung.

Der schnelle Einstieg in Python

Es ist an der Zeit, Python auszuprobieren, um eine Data-Science-Pipeline in Aktion zu erleben. Die folgenden Abschnitte stellen einen kurzen Überblick über den Prozess zur Verfügung, den Sie im Verlauf dieses Buches ausführlich betrachten werden. Sie müssen die Aufgaben der folgenden Abschnitte nicht tatsächlich lösen. Sie müssen Python bis Kapitel 3 nicht einmal installieren, folgen Sie einfach dem Text. Seien Sie nicht beunruhigt, wenn Sie an dieser Stelle nicht gleich alles verstehen. Der Zweck dieser Abschnitte ist, Ihnen ein Verständnis dafür zu vermitteln, wie Python für Data Science angewendet wird. Viele Details werden Ihnen an dieser Stelle schwierig erscheinen, aber der Rest des Buches wird Ihnen helfen, alles zu verstehen.

Die Beispiele in diesem Buch beziehen sich auf eine webbasierte Anwendung, genannt IPython Notebook. Die Screenshots in diesem und den anderen Kapiteln zeigen, wie IPython Notebook in Firefox auf einem Windows-7-System aussieht. Die Daten, die Sie sehen werden, sind die gleichen, aber das eigentliche Interface ist abhängig von der Plattform (so, als würde man ein Notebook anstelle eines Desktopsystems nutzen), dem Betriebssystem und dem Browser. Machen Sie sich keine Gedanken, wenn Sie kleine Unterschiede zwischen Ihrer Anzeige und den Screenshots des Buches bemerken.

Sie müssen den Quellcode dieses Kapitels nicht per Hand eingeben. Leichter ist es, ihn sich herunterzuladen (schauen Sie in die Einleitung für Details zum Download des Quellcodes). Den Quellcode für dieses Kapitel finden Sie in der Datei P4DS4D; 01; Quick Overview.ipynb.

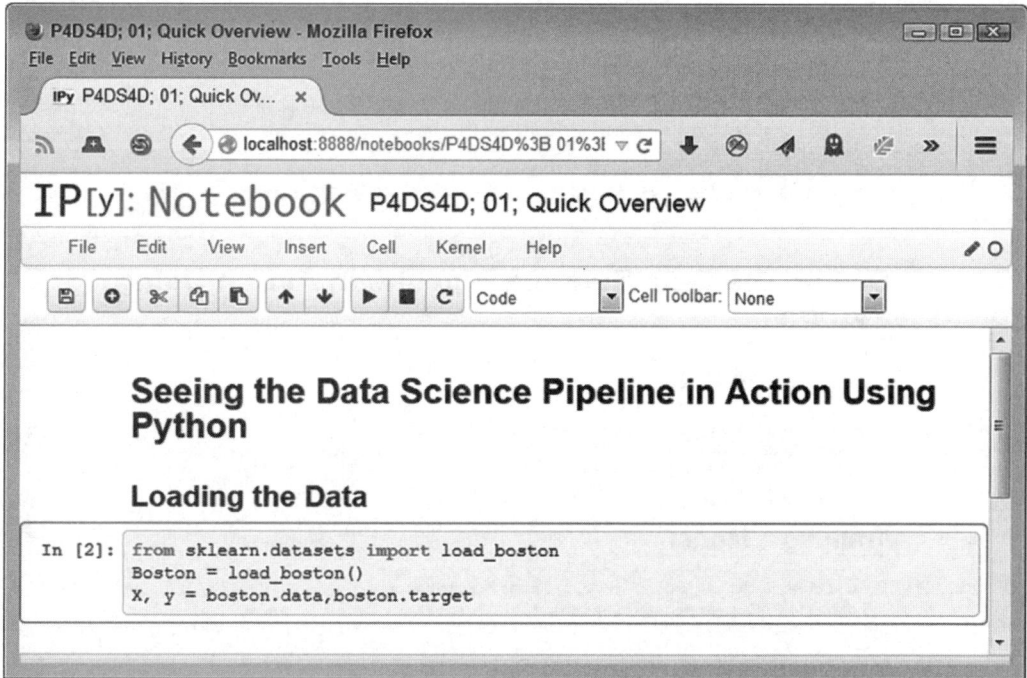

Abbildung 1.1: Sie laden Daten in Variablen, damit Sie sie bearbeiten können.

Daten laden

Bevor Sie irgendetwas tun können, müssen Sie einige Daten laden. Dieses Buch zeigt Ihnen alle Arten von Methoden für diese Aufgabe. In diesem Fall sehen Sie in Abbildung 1.1, wie Sie einen Datensatz laden. Dieser wurde *Boston* genannt und beinhaltet Immobilienpreise und andere Fakten über Gebäude in Boston. Der gesamte Datensatz wird in der Variablen boston hinterlegt und anschließend in den Variablen x und y abgelegt. Sie können sich Variablen wie Aufbewahrungsboxen vorstellen. Variablen sind wichtig, weil sie die Arbeit mit den Daten erst ermöglichen.

Ein Modell ableiten

Sobald die Daten vorliegen, können Sie damit arbeiten. In Python sind schon alle möglichen Algorithmen integriert. Abbildung 1.2 zeigt ein lineares Regressionsmodell. Machen Sie sich keine Gedanken, wenn Sie nicht wissen, was das ist. Ich gehe in späteren Kapiteln auf die lineare Regression ein. Worauf es hier ankommt, ist die Erkenntnis aus Abbildung 1.2, dass Python für die lineare Regression nur zwei Anweisungen benötigt und eine Ausgabevariable namens hypothesis.

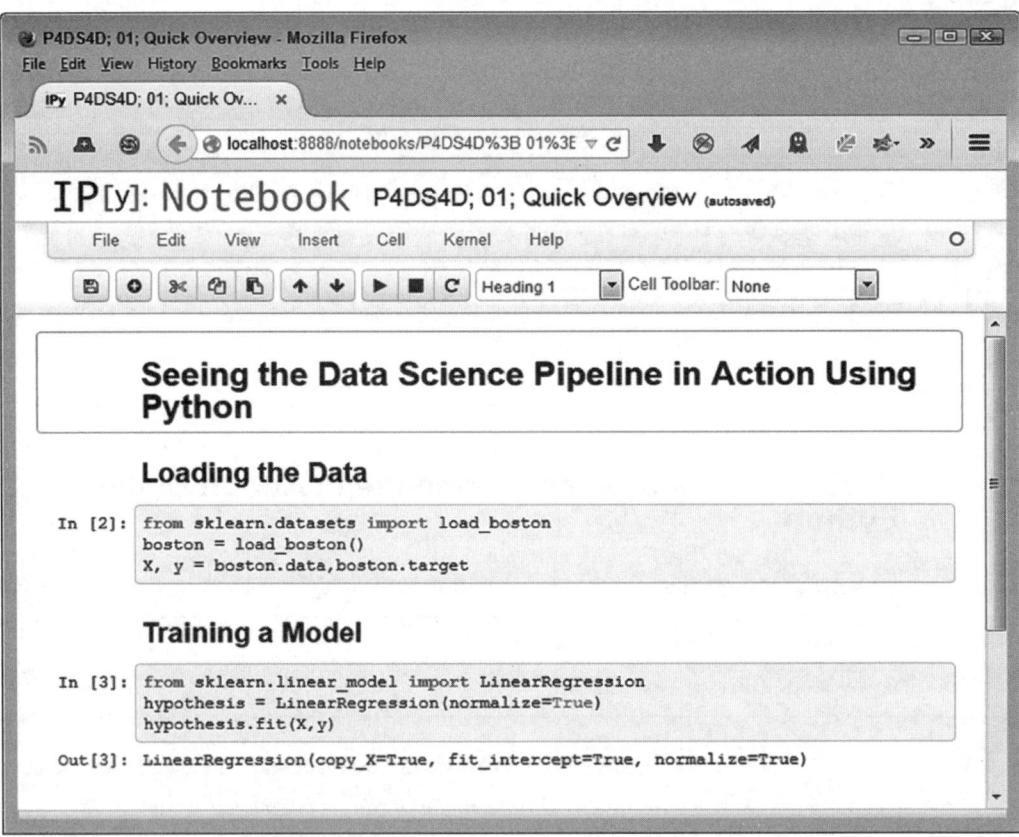

Abbildung 1.2: Verwendung des Variableninhalts für die Ableitung eines linearen Regressionsmodells

Anzeige eines Ergebnisses

Keine Art der Analyse lohnt sich, solange Sie keinen Nutzen in Form eines Ergebnisses erhalten. In diesem Buch werden alle Wege aufgezeigt, um sich eine Ausgabe anzeigen zu lassen, und in Abbildung beginnen wir mit etwas ganz Einfachem. In diesem Fall sehen Sie die Ausgabe der Koeffizienten einer linearen Regression.

 Einer der Gründe dafür, dass in diesem Buch IPython Notebook verwendet wird, ist, dass dabei gut formatierte Ausgaben als Teil einer Anwendung entstehen. Schauen Sie auf Abbildung 1.3, und Sie sehen eine Darstellung, die Sie sofort ausdrucken und einem Arbeitskollegen zeigen könnten. Diese Ausgabe eignet sich nicht für jeden, aber diejenigen, die sich mit Python und Data Science auskennen, werden sie ziemlich nützlich und informativ finden.

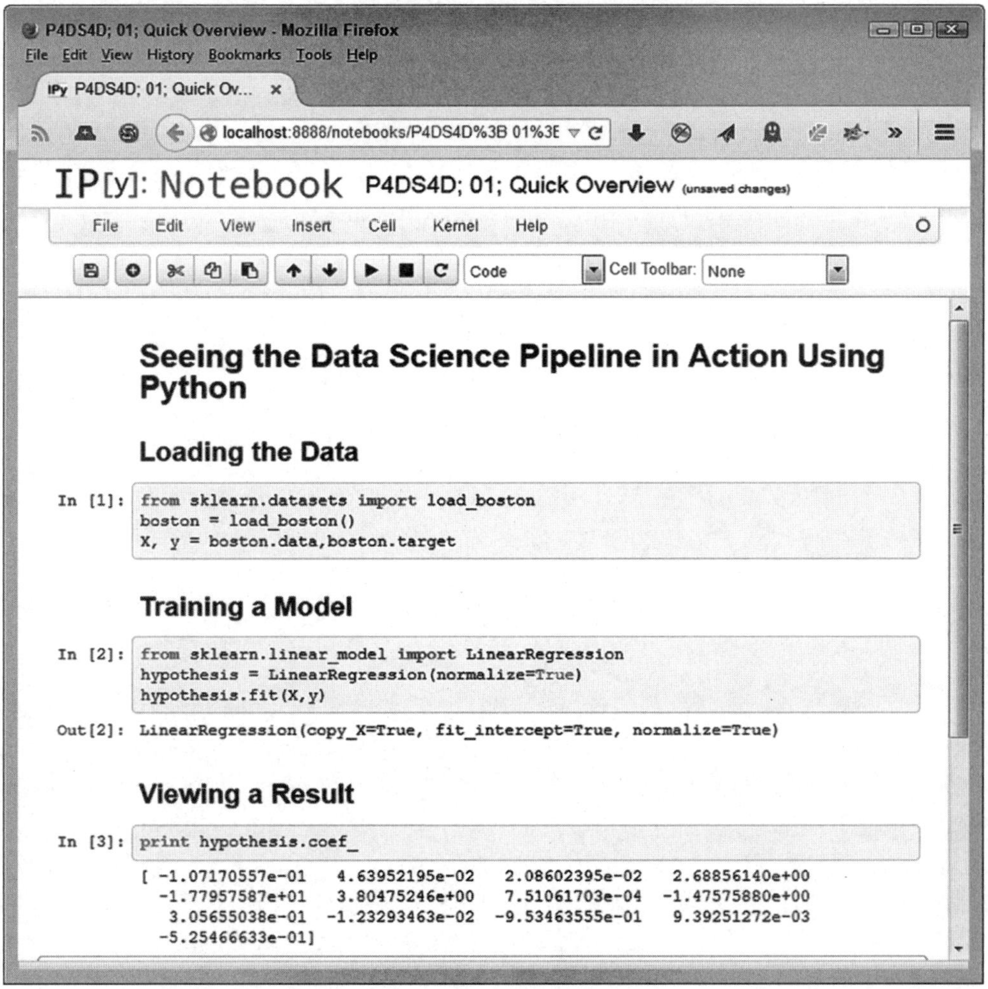

Seeing the Data Science Pipeline in Action Using Python

Loading the Data

```
In [1]:  from sklearn.datasets import load_boston
         boston = load_boston()
         X, y = boston.data, boston.target
```

Training a Model

```
In [2]:  from sklearn.linear_model import LinearRegression
         hypothesis = LinearRegression(normalize=True)
         hypothesis.fit(X, y)
```

```
Out[2]:  LinearRegression(copy_X=True, fit_intercept=True, normalize=True)
```

Viewing a Result

```
In [3]:  print hypothesis.coef_

         [ -1.07170557e-01    4.63952195e-02    2.08602395e-02    2.68856140e+00
           -1.77957587e+01    3.80475246e+00    7.51061703e-04   -1.47575880e+00
            3.05655038e-01   -1.23293463e-02   -9.53463555e-01    9.39251272e-03
           -5.25466633e-01]
```

Abbildung 1.3: Ausgabe eines Ergebnisses als Antwort auf ein Modell

Einführung in Pythons Fähigkeiten und Möglichkeiten

2

In diesem Kapitel

▶ Warum Python entwickelt wurde

▶ Schnellstart mit Python

▶ Python für schnelle Prototypen und Experimente

▶ Hohe Ausführungsgeschwindigkeit in Python

▶ Definition des Potenzials von Python für Data Scientists

▶ Die Verbindung zwischen Python und Data Science

Alle Computer arbeiten in einer Sprache – dem Maschinencode. Dieser Code ist für Sie nur nützlich, falls Sie lernen wollen, wie ein Computer in 0en und 1en zu sprechen. Sie würden niemals versuchen wollen, Data-Science-Probleme in Maschinencode zu definieren. Es würde ein ganzes Leben dauern (wenn nicht noch länger), um nur ein einziges Problem anzugehen. Höhere Sprachen machen es möglich, eine ganze Menge Code zu schreiben, den Menschen schnell verstehen können. Die zu diesen Sprachen verwendeten Tools erlauben es, den von Menschen lesbaren Code in Maschinencode, den die Maschine versteht, zu übersetzen. Die Wahl der Sprache ist abhängig von den menschlichen Bedürfnissen, nicht von denen des Computers. Mit diesem Wissen werden Sie in diesem Kapitel die Möglichkeiten in Python kennenlernen, die Python zu einer guten Wahl für den Data Scientist machen. Anschließend werden Sie erkennen, warum dieses Buch sich mit Python beschäftigt und nicht mit einer anderen Sprache wie Java oder C++. Diese anderen Sprachen sind für andere Aufgaben eine gute Wahl, aber weniger geeignet für Data Science.

Dieses Kapitel beginnt mit einer kurzen Geschichte über Python, um Ihnen zu zeigen, warum Python entwickelt wurde. Außerdem werden Ihnen kleine, einfache Python-Beispiele einen Einblick in diese Sprache geben. Im Rahmen dessen werden Sie in diesem Kapitel alle interessanten Merkmale entdecken, die Python bietet. Python erlaubt Ihnen Zugriff auf eine Vielzahl von Bibliotheken, die besonders geeignet sind, die Bedürfnisse der Data Scientists zu erfüllen. In der Tat verwenden Sie eine Reihe dieser Bibliotheken im ganzen Buch, wenn Sie sich durch die Code-Beispiele arbeiten. Das Wissen um diese Bibliotheken wird Ihnen helfen, die Programmierbeispiele zu verstehen, und dieses Buch zeigt Ihnen, wie die Aufgaben in einer bestimmten Art und Weise durchzuführen sind.

 Auch wenn dieses Kapitel Beispiele der Arbeit mit Python zeigt, werden Sie Python bis Kapitel 4 nicht wirklich verwenden. Das Kapitel bietet Ihnen einen Überblick, um besser zu verstehen, was mit Python möglich ist. Kapitel 3 zeigt, wie Sie bestimmte Versionen von Python installieren, die in diesem Buch verwendet werden, und Kapitel 4 enthält einige grundlegende praktische Übungen zur Arbeit mit Python. Kurz, wenn Sie in diesem Kapitel ein Beispiel nicht verstehen, keine Sorge: In späteren Kapiteln folgen noch viele weitere Informationen.

Warum Python?

Python ist die Vision einer einzelnen Person, Guido van Rossum. Es wird Sie überraschen, wie lange es Python bereits gibt – Guido startete 1989 mit dieser Sprache als Ersatz für die ABC-Sprache. Über die genauen Ziele von Python stehen nicht viele Informationen zur Verfügung. Bemerkenswert ist die Fähigkeit von ABC, Anwendungen mit weniger Code zu erstellen, die Python noch stark ausbaut. Im Gegensatz zu ABC bietet es vier unterschiedliche Programmierstile. Kurz, Guido nahm ABC als Ausgangspunkt, fand es zu eingeschränkt und entwickelte eine neue Sprache ohne diese Einschränkungen. Python ist ein Beispiel für die Erstellung einer neuen Sprache, die wirklich besser ist als ihr Vorgänger.

Die richtige Sprache für den richtigen Job

Computersprachen sind ein Mittel für den Menschen, Anweisungen auf einem systematischen und verständlichen Weg aufzuschreiben. Computer verstehen Computersprachen nicht wirklich – ein Computer nutzt die Maschinensprache für Anweisungen. Die Sprachen sind deshalb so wichtig, weil Menschen die charakteristische Maschinensprache nicht verstehen. Daher ist die Umwandlung dessen, was Menschen verstehen, zu etwas, das Maschinen verstehen, unerlässlich. Python bietet eine Menge Funktionen, die das Schreiben von Data-Science-Anwendungen erleichtern. Wie bei allen Sprachen liefert Python Tools für einige Anwendungen und für andere nicht. Verwenden Sie Python (oder eine andere Sprache), wenn es die Funktion wirklich besitzt, die Sie für eine Aufgabe benötigen. Wenn Sie merken, dass die Sprache Ihnen nicht hilft, ist es an der Zeit, eine andere Sprache zu wählen, denn am Ende kümmert es den Computer nicht, welche Sprache Sie verwenden. Computersprachen sind für den Menschen gedacht, nicht andersherum.

Python hat mehrere Iterationen durchgemacht und besitzt aktuell zwei Entwicklungsversionen. Die 2.x-Version ist abwärtskompatibel mit früheren Versionen von Python, die 3.x-Version hingegen nicht. Aufgrund dieses Kompatibilitätsproblems werden zumindest einige Bibliotheken bei der Nutzung von Python für Data Science mit Version 3.x nicht funktionieren. Darüber hinaus verwenden einige Versionen unterschiedliche Lizenzen, da Guido während der Entwicklung von Python bei unterschiedlichen Unternehmen arbeitete. Sie können auf https://docs.python.org/3/license.html eine Liste der Versionen und ihrer jeweiligen Lizenzen sehen. Die Python Software Foundation (PSF) besitzt alle aktuellen Versionen von Python, wenn Sie also eine ältere Version nutzen, brauchen Sie sich nicht um das Lizenzproblem zu kümmern.

Verständnis der Kernphilosophie Pythons

Guido begann Python eigentlich als Skunkworks-Projekt (geheimes Projekt). Das Kernkonzept war, Python so schnell wie möglich als eine Sprache zu entwickeln, die flexibel ist, auf allen Plattformen läuft und ein erhebliches Erweiterungspotenzial bietet. Python weist diese Merkmale auf und vieles mehr. Natürlich gibt es, wie Sie herausfinden werden, immer Unebenheiten auf einem Weg, aber nur so viele, dass das zugrunde liegende System geschützt bleibt. Sie können hier mehr über die Python-Design-Philosophie lesen: `http://python-history.blogspot.com/2009/01/pythons-design-philosophy.html`. Die Geschichte von Python bietet auch einige nützliche Informationen: `http://python-history.blogspot.com/2009/01/introduction-and-overview.html`.

Gegenwärtige und zukünftige Entwicklungsziele entdecken

Die ursprüngliche Entwicklung (oder das Design) der Ziele für Python passt nicht zu dem, was seitdem mit dieser Sprache geschehen ist. Guido plante Python als zweite Sprache für Entwickler, die einen Code einmalig erstellen müssen, dieses Ziel aber mit einer Skriptsprache nicht erreichen können. Die ursprüngliche Zielgruppe für Python waren die C-Entwickler. Sie können hier mehr über diese anfänglichen Ziele nachlesen: `http://www.artima.com/intv/pyscale.html`.

Heute gibt es eine große Zahl von in Python geschriebenen Anwendungen, sodass der Idee, es nur für Skripte zu verwenden, letztendlich nicht gefolgt wurde. Tatsächlich finden Sie hier eine Liste von solchen Python-Anwendungen: `https://www.python.org/about/apps/` und `https://www.python.org/about/success/`.

Natürlich begeisterten all diese Erfolgsgeschichten die Menschen, sodass diese Sprache immer mehr erweitert wird. Sie finden Listen der Python Enhancement Proposals (PEP) auf `http://legacy.python.org/dev/peps/`. Ob diese PEPs genutzt werden oder nicht – sie beweisen, dass Python eine lebendige, wachsende Sprache ist, die Funktionen bietet, die Entwickler für große Anwendungen aller Art, nicht nur für Data Science, benötigen. Alle erwähnten Textstellen sind in englischer Sprache.

Arbeiten mit Python

Dieses Buch enthält kein vollständiges Tutorial. (Einen gelungenen Start bietet hier *Python – programmieren lernen für Dummies*.) Sie bekommen in Kapitel 4 einen guten Überblick über die Sprache. Es ist sehr hilfreich, einen Überblick darüber zu erhalten, wie Python aufgebaut ist und wie man damit interagiert, wie in den folgenden Abschnitten beschrieben.

Ein Vorgeschmack auf die Sprache

Pythons Konzept ist, auf sehr kleinem Raum klare Sprachanweisungen bereitzustellen. Eine einzelne Zeile in Python kann Aufgaben bewältigen, für die andere Sprachen in der Regel viel mehr Zeilen benötigen.

Wenn Sie beispielsweise etwas auf dem Bildschirm anzeigen wollen, genügt es, zu schreiben:

```
print "Hallo!"
```

Das ist ein Beispiel einer 2.x-print-Anweisung. Der Abschnitt »Warum Python?« in diesem Kapitel erwähnt, dass es Unterschiede zwischen der 2.x- und der 3.x-Version gibt. Wenn Sie die Codezeile in Version 3.x verwenden, erhalten Sie eine Fehlermeldung:

```
File "<stdin>", line 1
    print "Hallo!"
                  ^
SyntaxError: invalid syntax
```

In der 3.x-Version sieht die gleiche Anweisung folgendermaßen aus:

```
print("Hallo!")
```

Der Punkt ist, dass man Python mit einer einfachen Aussage mitteilt, welchen Ausgabetext oder welches Objekt es erzeugen soll. Sie benötigen also nicht wirklich viele fortgeschrittene Programmierkenntnisse. Wenn Sie Ihre Programmiersitzung beenden wollen, geben Sie einfach quit() ein und drücken ⏎.

Die Notwendigkeit von Einrückungen verstehen

Python basiert auf Einrückungen, um verschiedene Sprachmerkmale zu erstellen, zum Beispiel bedingte Aussagen. Einer der häufigsten Fehler ist, dass Entwickler die richtige Einrückung des Codes nicht beachten. Sie sehen dieses Prinzip später im Buch in Aktion, aber es ist ratsam, bereits von Anfang an auf die Einrückungen in den Beispielen zu achten. Hier finden Sie beispielsweise eine if-Anweisung (eine Anweisung, die den nachfolgenden Code nach erfüllter Bedingung ausführt) mit dem richtigen Einzug.

```
if 1 < 2:
    print("1 ist kleiner als 2")
```

Die print-Anweisung muss unter der Bedingung eingerückt werden. Andernfalls wird der Code nicht richtig ausgeführt und Sie erhalten eine Fehlermeldung.

Arbeiten mit der Kommandozeile oder IDE

Anaconda ist ein Produkt, das die Verwendung von Python noch einfacher gestaltet. Es bietet eine Reihe von Werkzeugen, die Ihnen helfen, mit Python auf vielfältige Art und Weise zu arbeiten. Der Großteil dieses Buches beruht auf IPython Notebook, das ein Teil der in Kapitel 3 beschriebenen Anaconda-Installation ist. Sie haben diesen Editor in Kapitel 1 gesehen und werden ihn später im Buch wiederfinden.

Das Anaconda-Paket

Das Buch bringt Ihnen Anaconda als Softwarepaket näher. Sie installieren und interagieren tatsächlich mit Anaconda wie mit jedem anderen Softwarepaket. Anaconda ist eine Ansammlung von Open-Source-Anwendungen. Sie können sie individuell nutzen oder zur Codierung spezifischer Ziele miteinander arbeiten lassen. In einem großen Teil des Buches nutzen Sie eine einzige Anwendung, IPython Notebook, um Ihre Aufgaben auszuführen. Es ist jedoch nützlich, über die anderen in Anaconda gebündelten Anwendungen etwas zu wissen, um den besten Nutzen aus diesem Softwarepaket zu ziehen.

Ein Großteil der Data Scientists vertraut auf die in Anaconda gebündelten Anwendungen, auch darauf wird näher eingegangen. Allerdings können Sie einige der Open-Source-Produkte in einer neueren Version finden, wenn Sie sie separat herunterladen. Zum Beispiel gibt es IPython in einer neueren Form, Jupyter genannt (`http://jupyter.org/`). Aufgrund der Unterschiede in Jupyter und der Tatsache, dass es von vielen Data Scientists nicht akzeptiert wird (weil die Dateien mit IPython nicht kompatibel sind), müssen Sie das Update für Jupyter immer sorgfältig durchführen. Jupyter macht das Gleiche wie IPython, sodass Sie die Beispiele dieses Buches mit einigen Anpassungen auch damit ausführen können.

Tatsächlich werden in diesem Buch andere Anaconda-Werkzeuge kaum verwendet. Sie sind vorhanden und manchmal auch nützlich, um mit Python zu experimentieren (wie Sie es in Kapitel 4 tun werden). Die folgenden Abschnitte geben einen kurzen Überblick über eben diese anderen Werkzeuge zur Entwicklung eines Python-Codes. Vielleicht möchten Sie damit experimentieren, während Sie die Programmiertechniken in diesem Buch durcharbeiten.

Erstellung einer neuen Sitzung mit der Anaconda-Eingabeaufforderung

Nur ein Anaconda-Werkzeug bietet den direkten Zugriff auf die Befehlszeile, die Eingabeaufforderung. Wenn Sie dieses Dienstprogramm starten, sehen Sie die Eingabeaufforderung, in die Sie die Befehle direkt eingeben können. Der Vorteil dieses Hilfsprogramms liegt darin, dass Sie Anaconda mit grafischen Bedienelementen starten können, um Anpassungen der Standard-Entwicklungsumgebung vorzunehmen. Selbstverständlich können Sie alle Tools auch mit dem Python-Interpreter über den `python.exe`-Befehl starten. (Wenn Sie beide, Python 3.4 und Python 2.7, auf Ihrem System installiert haben und eine Eingabeaufforderung oder ein Terminalfenster öffnen, startet eventuell Python 3.4 anstatt Python 2.7. Es ist also besser, eine Anaconda-Eingabeaufforderung zu öffnen, um sicherzustellen, dass Sie die richtige Version nutzen.) Sie geben einfach `python` ein und drücken ⏎, um den Python-Interpreter zu starten. Abbildung 2.1 zeigt, wie der Python-Interpreter aussieht.

Sie beenden den Interpreter, indem Sie die `quit()` eingeben und ⏎ drücken. Nachdem Sie zur Befehlszeile zurückgekehrt sind, lassen Sie sich die Liste der `python.exe`-Befehle durch Eingeben von `python -?` und Drücken von ⏎ anzeigen. Abbildung 2.2 zeigt nur einige der Wege, wie Sie die Umgebung des Python-Interpreters verändern können.

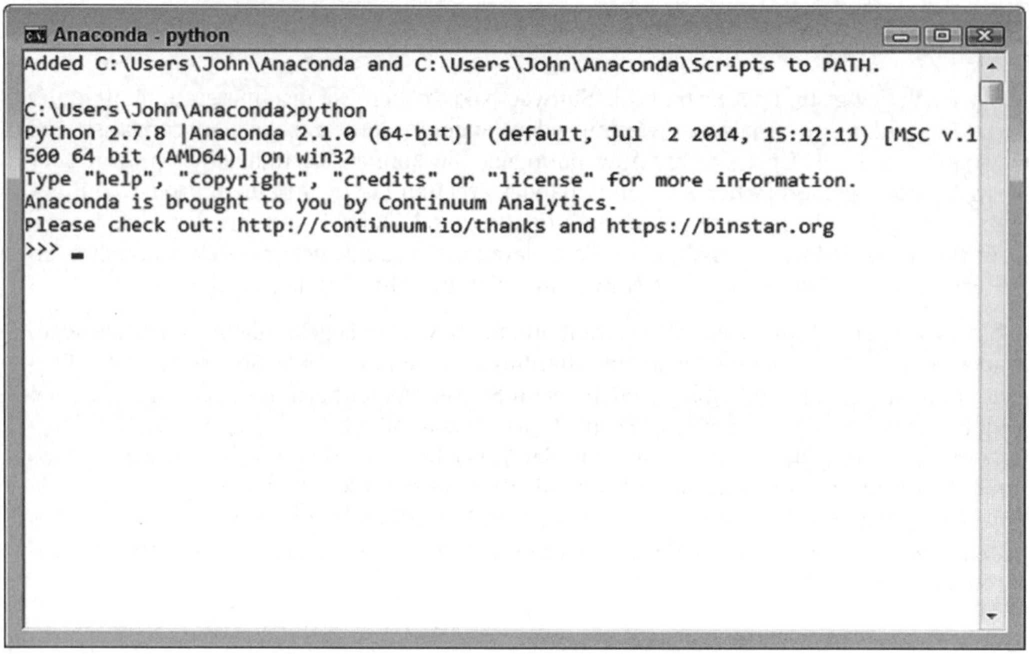

```
Anaconda - python                                               [ - ][ □ ][ x ]
Added C:\Users\John\Anaconda and C:\Users\John\Anaconda\Scripts to PATH.

C:\Users\John\Anaconda>python
Python 2.7.8 |Anaconda 2.1.0 (64-bit)| (default, Jul  2 2014, 15:12:11) [MSC v.1
500 64 bit (AMD64)] on win32
Type "help", "copyright", "credits" or "license" for more information.
Anaconda is brought to you by Continuum Analytics.
Please check out: http://continuum.io/thanks and https://binstar.org
>>> _
```

Abbildung 2.1: Ansicht des Python-Interpreters

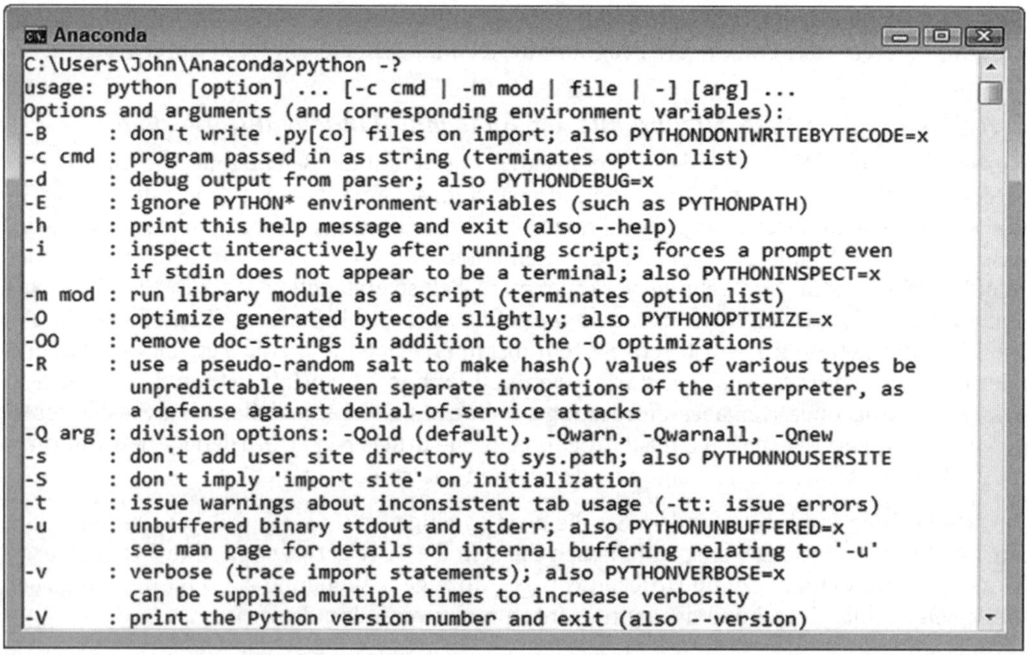

```
Anaconda                                                        [ - ][ □ ][ x ]
C:\Users\John\Anaconda>python -?
usage: python [option] ... [-c cmd | -m mod | file | -] [arg] ...
Options and arguments (and corresponding environment variables):
-B      : don't write .py[co] files on import; also PYTHONDONTWRITEBYTECODE=x
-c cmd  : program passed in as string (terminates option list)
-d      : debug output from parser; also PYTHONDEBUG=x
-E      : ignore PYTHON* environment variables (such as PYTHONPATH)
-h      : print this help message and exit (also --help)
-i      : inspect interactively after running script; forces a prompt even
          if stdin does not appear to be a terminal; also PYTHONINSPECT=x
-m mod  : run library module as a script (terminates option list)
-O      : optimize generated bytecode slightly; also PYTHONOPTIMIZE=x
-OO     : remove doc-strings in addition to the -O optimizations
-R      : use a pseudo-random salt to make hash() values of various types be
          unpredictable between separate invocations of the interpreter, as
          a defense against denial-of-service attacks
-Q arg  : division options: -Qold (default), -Qwarn, -Qwarnall, -Qnew
-s      : don't add user site directory to sys.path; also PYTHONNOUSERSITE
-S      : don't imply 'import site' on initialization
-t      : issue warnings about inconsistent tab usage (-tt: issue errors)
-u      : unbuffered binary stdout and stderr; also PYTHONUNBUFFERED=x
          see man page for details on internal buffering relating to '-u'
-v      : verbose (trace import statements); also PYTHONVERBOSE=x
          can be supplied multiple times to increase verbosity
-V      : print the Python version number and exit (also --version)
```

Abbildung 2.2: Der Python-Interpreter beinhaltet allerlei Kommandozeilenbefehle.

Wenn Sie wollen, können Sie sich eine modifizierte Form aller Anaconda-Tools erzeugen, indem Sie den Interpreter mit dem richtigen Skript starten. Sie finden sie in dem Unterverzeichnis SCRIPTS. Geben Sie beispielsweise python scripts/ipython-script.py ein und drücken ⏎, startet die IPython-Umgebung ohne Verwendung des grafischen Befehls für Ihre Plattform.

Die IPython-Umgebung

Die interaktive Python-Umgebung (IPython) bietet gegenüber dem Standard-Interpreter einige Erweiterungen. Der Hauptzweck dieser Umgebung ist es, Python mit weniger Aufwand zu nutzen, was in Abbildung 2.3 gezeigt wird. Um diese Erweiterungen zu sehen, geben Sie %quickref ein und drücken ⏎.

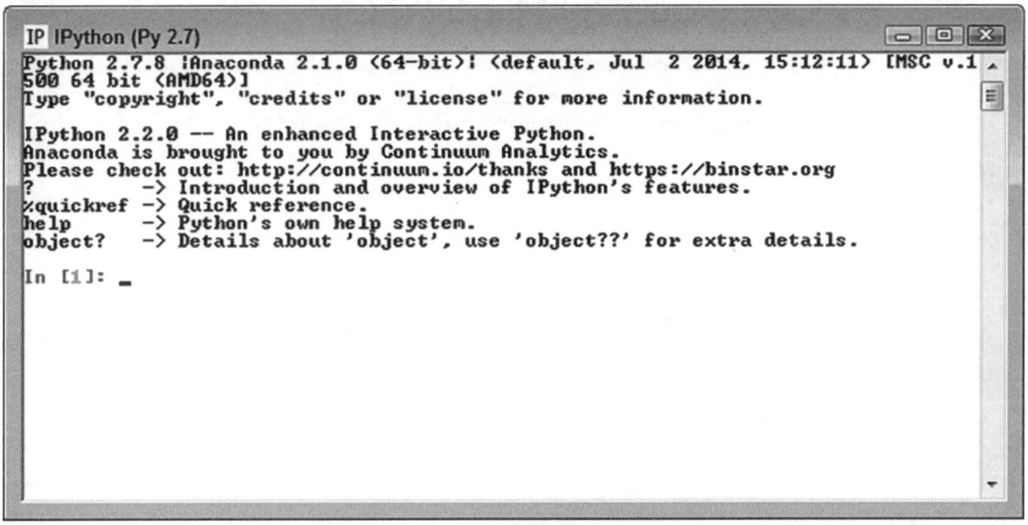

```
IP  IPython (Py 2.7)
Python 2.7.8 |Anaconda 2.1.0 (64-bit)| (default, Jul  2 2014, 15:12:11) [MSC v.1
500 64 bit (AMD64)]
Type "copyright", "credits" or "license" for more information.

IPython 2.2.0 -- An enhanced Interactive Python.
Anaconda is brought to you by Continuum Analytics.
Please check out: http://continuum.io/thanks and https://binstar.org
?         -> Introduction and overview of IPython's features.
%quickref -> Quick reference.
help      -> Python's own help system.
object?   -> Details about 'object', use 'object??' for extra details.

In [1]:
```

Abbildung 2.3: Die IPython-Umgebung ist leichter zu verwenden als der Python-Standard-Interpreter.

Eine der interessantesten Erweiterungen von IPython ist der voll funktionsfähige *Clear Screen*-Befehl (cls). Sie können den Bildschirm nicht einfach löschen, wenn Sie im Interpreter arbeiten, was dazu führt, dass in der Regel nach einer Weile ein ziemliches Chaos entsteht. Es ist auch möglich, Platzhalter zu benutzen, um Aufgaben wie die Suche nach Variablen auszuführen. Später im Buch werden Sie diese magische Funktion kennenlernen, um Aufgaben wie die Erfassung der Zeitdauer für die Optimierung von Programmcode auszuführen.

Nutzung der IPython QTConsole

Der Versuch, sich alle Python-Befehle zu merken, ist schwierig, und der Versuch, sich die IPython-Erweiterungen zu merken, noch viel schwieriger – wenn nicht gar unmöglich. Hier kommt die QTConsole von Python ins Spiel. Sie fügt eine grafische Benutzeroberfläche (GUI) zu IPython hinzu, die sämtliche Python-Erweiterungen vereinfacht, wie in Abbildung 2.4 dargestellt. Sie geben dabei allerdings etwas Platz auf dem Bildschirm ab, um diese Funktion zu nutzen, und einige Hardcore-Programmierer kämen gar nicht auf die Idee, diese GUI zu nutzen, aber Sie müssen selbst entscheiden, mit welcher Umgebung Sie bei der Programmierung arbeiten wollen.

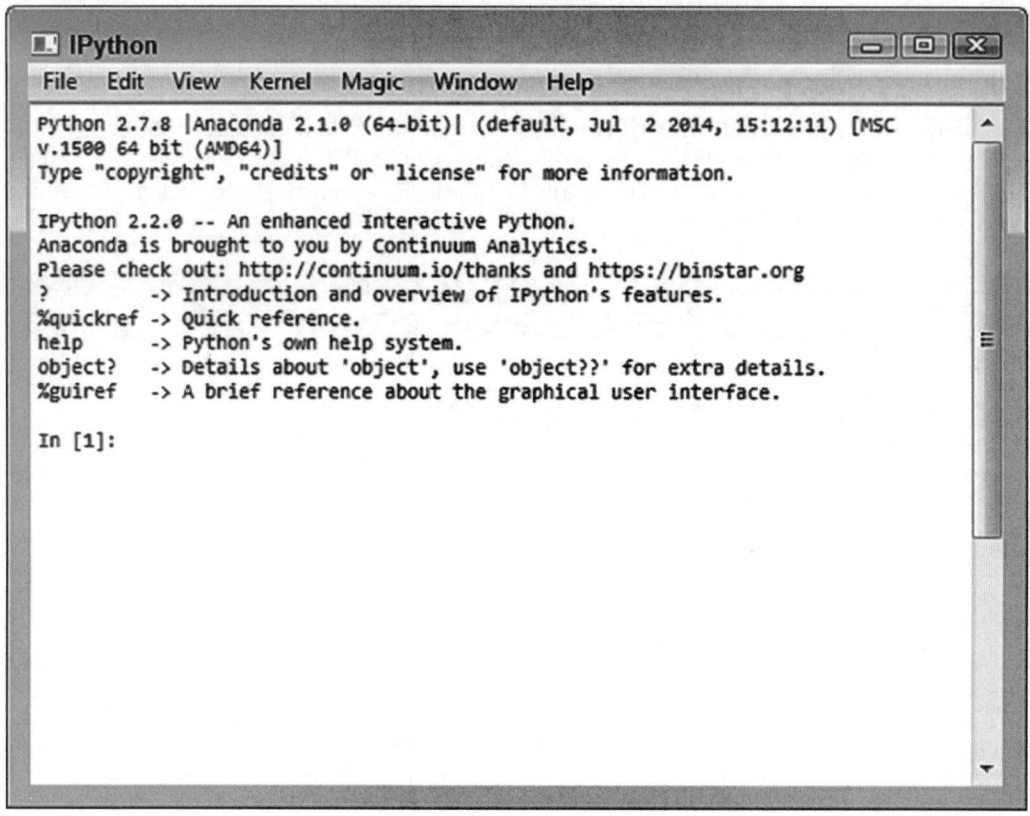

Abbildung 2.4: Die Verwendung der Python QTConsole macht die Arbeit mit IPython einfacher.

Die zusätzlichen Befehle erscheinen in den Menüs im oberen Bereich des Fensters, Sie müssen lediglich den benötigten Befehl auswählen. Wenn Sie beispielsweise das aktuelle Verzeichnis sehen möchten, wählen Sie MAGIC|OS MAGICS|%CD.

Skripte mit Spyder bearbeiten

Spyder ist eine voll funktionsfähige integrierte Entwicklungsumgebung (IDE). Sie verwenden sie, um Skripte zu laden, zu bearbeiten und auszuführen sowie zum Debuggen. Abbildung 2.5 zeigt das Fenster der Standard-Umgebung.

Die Spyder-IDE ist anderen IDEs sehr ähnlich, die Sie in der Vergangenheit verwendet haben. Die linke Seite enthält einen Editor, in den Sie den Code eingeben können. Jeder Code, den Sie erstellen, wird in eine Skript-Datei geschrieben und Sie müssen sie vor der Ausführung

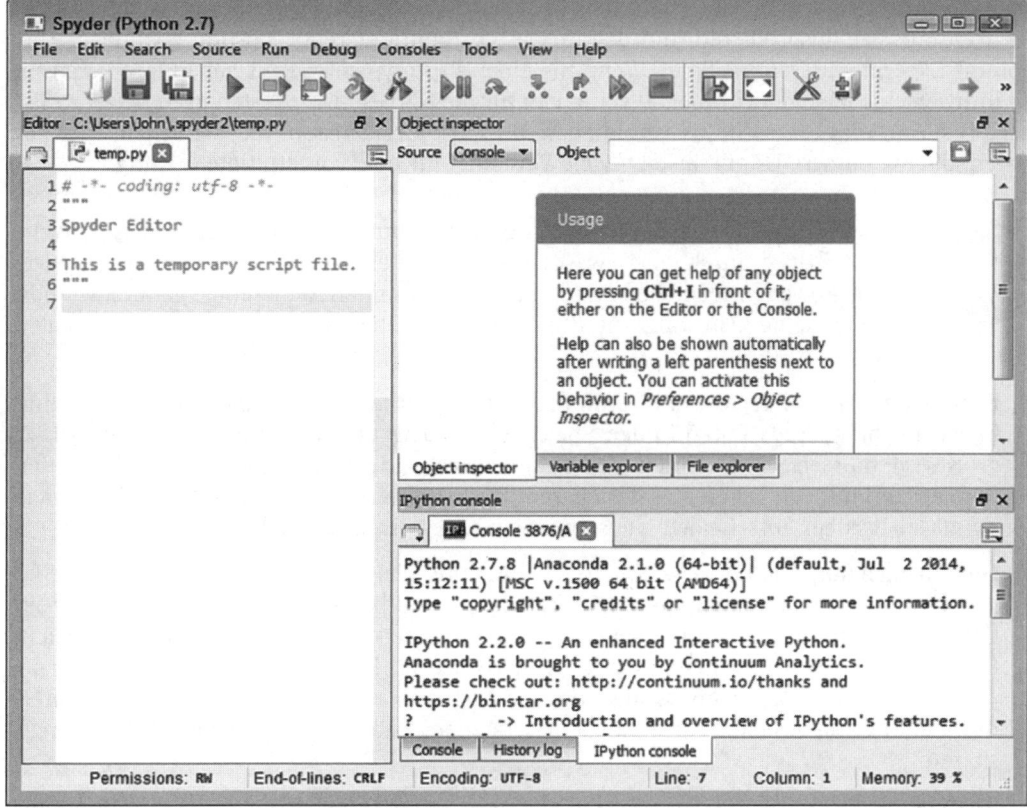

Abbildung 2.5: Spyder ist eine traditionelle IDE.

speichern. Das obere rechte Fenster enthält verschiedene Registerkarten zur Untersuchung von Objekten, Variablen und zur Interaktion von Dateien. Das untere rechte Fenster enthält die Python-Konsole, ein Verlaufsprotokoll und die IPython-Konsole. Darüber sehen Sie die Menü-Optionen, die bei der Arbeit mit einer IDE genutzt werden.

Schnelles Prototyping und Experimentieren

Mit Python können Anwendungen sehr schnell entwickelt werden, und Sie können direkt sehen, wie Ihre Experimente funktionieren. Das Erstellen des Codes einer Anwendung ohne die Festlegung von Details wird *Prototyping* genannt. Python verwendet weniger Code als andere Sprachen, um Aufgaben auszuführen, deshalb geht das Prototyping schneller. Tatsache ist, dass viele der Aktionen, die Sie nutzen und ausführen wollen, bereits als Teil einer Bibliothek zur Verfügung stehen, die Sie nur in den Speicher laden müssen, damit es noch schneller geht.

Data Scientists sind nicht auf statische Lösungen angewiesen. Möglicherweise müssen Sie mehrere Ansätze ausprobieren, um die am besten funktionierende Lösung zu finden. Hier kommt Experimentieren ins Spiel. Wenn Sie einen Prototyp entwickelt haben, probieren Sie an ihm verschiedene Algorithmen aus, um den für die Situation am besten geeigneten zu finden. Die Wahl des Algorithmus ist abhängig von den Ergebnissen, die Sie sehen, und den Daten, die Sie nutzen. Es gibt also zu viele Variablen für eine vorgefertigte Lösung.

 Das Prototyping und der Erprobungsprozess durchlaufen mehrere Phasen. Wenn Sie das Buch durchgehen, werden Sie entdecken, dass diese Phasen unterschiedliche Anwendungen haben und in einer bestimmten Reihenfolge genutzt werden. Die folgende Liste zeigt die Phasen in der Reihenfolge, in der Sie sie normalerweise ausführen.

1. **Eine Daten-Pipeline erstellen.** Um mit den Daten zu arbeiten, benötigen Sie eine Pipeline. Es ist möglich, einige Daten in den Speicher zu laden. Wenn die Datenmenge jedoch zu groß wird, müssen Sie mit ihnen direkt auf der Festplatte arbeiten oder andere Mittel verwenden, um mit den Daten zu interagieren. Die zu verwendende Zugriffstechnik ist wichtig, da sie darüber entscheidet, wie schnell ein Ergebnis zustande kommt.

2. **Die Formgebung.** Die Form der Daten – die Art und Weise, wie sie vorliegen, und ihre Eigenschaften (wie der Datentyp) – sind für die Durchführung von Analysen sehr wichtig. Um einen Apfel mit einem Apfel zu vergleichen, müssen die Daten der beiden das gleiche Format haben. Allerdings reicht nur die Anpassung der Datenformate nicht aus, auch der richtige Algorithmus ist notwendig, um die Daten zu analysieren. In späteren Kapiteln (Kapitel 6) werden Sie die Notwendigkeit verstehen, Daten auf verschiedene Weise zu gestalten.

3. **Analyse der Daten.** Wenn Sie Daten analysieren, werden Sie selten einen einzigen Algorithmus für ausreichend befinden. Sie wissen zu Beginn nicht, welcher Algorithmus zu den gleichen Ergebnissen führt. Um das beste Ergebnis aus dem Datensatz zu erhalten, experimentieren Sie mit mehreren Algorithmen. Diese Praxis wird in späteren Kapiteln dieses Buches noch einmal hervorgehoben, wenn Sie mit schwierigen Datenanalysen beginnen.

4. **Ein Ergebnis präsentieren.** Ein Bild sagt mehr als tausend Worte. Allerdings brauchen Sie das richtige Bild, um das Richtige zu sehen, sonst geht die Nachricht verloren. Verwenden Sie die MATLAB-Plot-Funktion, die in der MatPlotLib-Bibliothek zur Verfügung steht. Dort können Sie mehrere Darstellungen nutzen, um die Daten auf unterschiedliche Weise grafisch darzustellen. Damit der Sinn nicht verloren geht, müssen Sie experimentieren und verschiedene Präsentationsmethoden testen, um diejenige zu finden, die am besten funktioniert.

Die Geschwindigkeit der Ausführung

Computer sind dafür bekannt, dass sie Zahlen knacken können. Trotzdem benötigt eine Analyse erhebliche Leistung für die Verarbeitung. Datensätze können so groß sein, dass sie auch ein leistungsstarkes System in die Knie zwingen. Im Allgemeinen steuern folgende Faktoren die Geschwindigkeit der Ausführung Ihrer Data-Science-Anwendung:

✔ **Datensatzgröße:** Data Science beruht in vielen Fällen auf riesigen Datenmengen. Ja, Sie können auch auf der Basis eines kleineren Datensatzes gewisse Schlüsse ziehen, aber wenn Sie größere Geschäftsentscheidungen treffen müssen, ist ein größerer besser. Zum Teil bestimmt der Anwendungstyp die Größe des Datensatzes, sie beruht aber auch auf der Größe des Ursprungs der Daten. Es ist fatal, diese Größe in Data Science zu unterschätzen, insbesondere wenn Sie in Echtzeit arbeiten müssen (so wie bei selbstfahrenden Autos).

✔ **Lade-Technik:** Die Methode, wie Sie Ihre Daten für eine Analyse laden, ist eine kritische Angelegenheit. Sie sollten immer die schnellste zur Verfügung stehende wählen, auch wenn das ein Hardware-Upgrade bedeuten kann. Mit Daten aus dem Speicher zu arbeiten, ist immer schneller als von der Festplatte. Ein lokaler Zugriff darauf ist ebenfalls schneller, als über ein Netzwerk darauf zuzugreifen. Das Ausführen von Aufgaben im Bereich Data Science über das Internet ist die wohl langsamste Methode. Kapitel 5 hilft Ihnen, die Technik des Ladens von Daten zu verstehen. Die Auswirkungen dieser Technik sehen Sie ebenfalls später im Buch.

✔ **Programmierstil:** Es gibt Menschen, die das Schreiben langsamer Anwendungen aufgrund der Python-Programmierparadigmen nahezu für unmöglich halten. Sie liegen falsch. Jeder kann eine langsame Anwendung in jeder Sprache schreiben, indem er etwa Programmiertechniken in schlechtem Programmierstil nutzt. Um schnelle Data-Science-Anwendungen zu erstellen, müssen Sie die beste Programmiertechnik einsetzen. Die Techniken, die in diesem Buch gezeigt werden, sind dafür ein guter Ausgangspunkt.

✔ **Fähigkeiten der Maschine:** Aufwendige Data-Science-Anwendungen auf einem speicherbeschränkten System mit einem langsamen Prozessor laufen zu lassen, ist unmöglich. Das System muss für Ihre Anforderungen die bestmögliche Hardware besitzen, die Sie sich leisten können. Da bei Anwendungen Prozessor und Festplatte entscheidend sind, können Sie nicht in allen Bereichen sparen und gute Ergebnisse erwarten.

✔ **Algorithmus-Analyse:** Der von Ihnen genutzte Algorithmus bestimmt die Art des Ergebnisses, das Sie erhalten, und er steuert die Ausführgeschwindigkeit. Die Kapitel im letzten Teil des Buches zeigen verschiedene Methoden, um ein Ziel mit verschiedenen Algorithmen zu erreichen. Sie müssen allerdings experimentieren, um den besten Algorithmus für die jeweiligen Daten zu finden.

 Einige Kapitel in diesem Buch betonen die Leistung, vor allem Geschwindigkeit und Zuverlässigkeit, beides entscheidende Faktoren für Data-Science-Anwendungen. Datenbankanwendungen besitzen in der Regel die Notwendigkeit, schnell und zuverlässig zu sein. Die Kombination aus der Zugänglichkeit großer Datenmengen (festplattengebunden) und Datenanalyse (prozessorgebunden) in Data-Science-Anwendungen machen es erforderlich, eine gute Wahl zu treffen.

Die Kraft der Visualisierung

Python ermöglicht es, die Data-Science-Umgebung zu erforschen, ohne auf einen Debugger oder Debugging-Code zurückzugreifen, wie in anderen Sprachen üblich. Die print-Anweisung (oder eine Funktion, abhängig von Ihrer Python-Version) und die dir()-Funktion erlauben es, ein Objekt interaktiv zu untersuchen. Kurz, Sie können verschiedene Dinge laden und damit spielen, um zu sehen, wie der Entwickler sie aufgebaut hat. Dieses Spiel mit den Daten und die Visualisierung dessen, was Sie darunter verstehen, können oft helfen, neue Erkenntnisse zu erlangen und neue Ideen zu finden. Glaubt man den vielen Online-Unterhaltungen, macht das Spielen mit Daten den Anwendern am meisten Spaß.

Sie können mit den Daten und mit den Tools von Anaconda herumprobieren, aber IPython ist für diese Aufgabe besser geeignet, weil Sie sich nicht um die Umgebung kümmern und nichts Dauerhaftes entwickeln müssen. Daher können Sie einen Datensatz laden, um zu sehen, was er zu bieten hat, wie in Abbildung 2.6 dargestellt. Machen Sie sich keine Gedanken, sollte Ihnen dieser Code unverständlich erscheinen, Kapitel 4 gibt einen Überblick und erklärt alles. Spielen Sie einfach erst mal mit den Daten.

```
IP IPython (Py 2.7)                                           _ □ ✕
IPython 2.2.0 -- An enhanced Interactive Python.
Anaconda is brought to you by Continuum Analytics.
Please check out: http://continuum.io/thanks and https://binstar.org
?              -> Introduction and overview of IPython's features.
%quickref -> Quick reference.
help           -> Python's own help system.
object?        -> Details about 'object', use 'object??' for extra details.

In [1]: from sklearn.datasets import load_boston

In [2]: boston = load_boston()

In [3]: items = dir(boston)

In [4]: for item in items:
   ...:         if 'key' in item:
   ...:                 print item
   ...:
fromkeys
has_key
iterkeys
keys
viewkeys

In [5]: _
```

Abbildung 2.6: Laden Sie einen Datensatz und spielen Sie damit.

In diesem Fall nutzen Sie Python-Code, um alle Funktionen in den Datensätzen zu entdecken, die die Zeichenfolge key enthalten. Sie können diese Funktionen als Teil Ihrer Anwendung nutzen. Zum Beispiel sehen Sie in Abbildung 2.7, wie die key()-Funktion eine Liste von Schlüsselfunktionen aufruft, die Sie nutzen können, um Zugang zu Ihren Daten zu bekommen.

Mit dieser Liste können Sie auf einzelne Datenelemente zugreifen. In Abbildung 2.8 sehen Sie eine Liste aller Merkmale, die im Boston-Datensatz enthalten sind. Python ermöglicht es tatsächlich, bereits einiges über die Daten zu erfahren, bevor Sie sich tiefer darin einarbeiten.

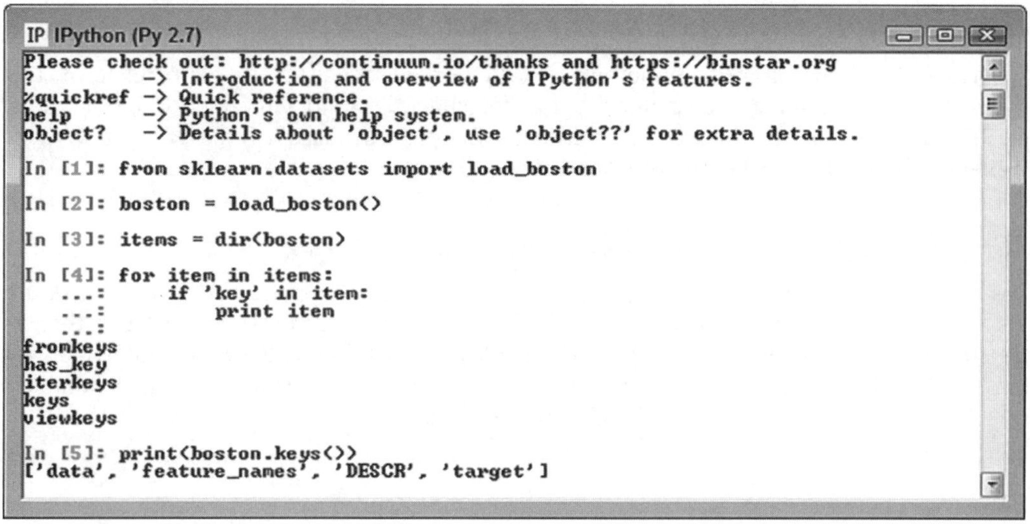

```
IP  IPython (Py 2.7)                                                    ☐ ▢ ✕
Please check out: http://continuum.io/thanks and https://binstar.org
?           -> Introduction and overview of IPython's features.
%quickref -> Quick reference.
help        -> Python's own help system.
object?     -> Details about 'object', use 'object??' for extra details.

In [1]: from sklearn.datasets import load_boston

In [2]: boston = load_boston()

In [3]: items = dir(boston)

In [4]: for item in items:
   ...:     if 'key' in item:
   ...:         print item
   ...:
fromkeys
has_key
iterkeys
keys
viewkeys

In [5]: print(boston.keys())
['data', 'feature_names', 'DESCR', 'target']
```

Abbildung 2.7: Nutzen Sie eine Funktion, um mehr Informationen zu erhalten.

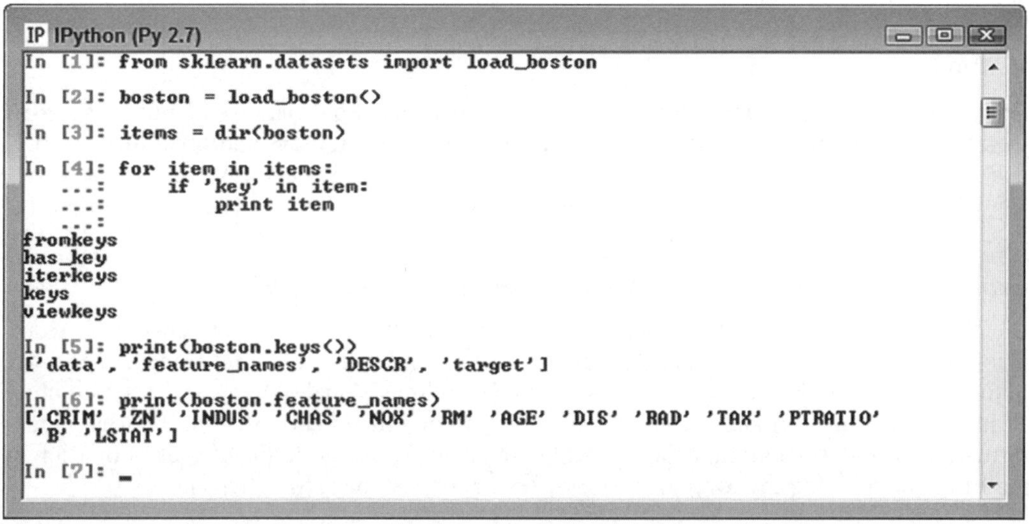

```
IP  IPython (Py 2.7)                                                    ☐ ▢ ✕
In [1]: from sklearn.datasets import load_boston

In [2]: boston = load_boston()

In [3]: items = dir(boston)

In [4]: for item in items:
   ...:     if 'key' in item:
   ...:         print item
   ...:
fromkeys
has_key
iterkeys
keys
viewkeys

In [5]: print(boston.keys())
['data', 'feature_names', 'DESCR', 'target']

In [6]: print(boston.feature_names)
['CRIM' 'ZN' 'INDUS' 'CHAS' 'NOX' 'RM' 'AGE' 'DIS' 'RAD' 'TAX' 'PTRATIO'
 'B' 'LSTAT']

In [7]: _
```

Abbildung 2.8: Zugang zu spezifischen Daten durch Nutzen einer Schlüsselfunktion

Das Python-Ökosystem für Data Science

Sie haben die Notwendigkeit, Bibliotheken in Python zu laden, bereits kennengelernt, um Data-Science-Anwendungen auszuführen. Der folgende Abschnitt gibt einen Überblick über die Bibliotheken, die für die wissenschaftlichen Beispiele in diesem Buch genutzt werden. Weitere Beispiele zeigen die Bibliotheken bei der Arbeit.

Mit SciPy auf wissenschaftliche Werkzeuge zugreifen

Das SciPy-Paket (http://www.scipy.org/) enthält eine Menge anderer Bibliotheken, die Sie auch separat herunterladen können. Diese Bibliotheken unterstützen Sie in der Mathematik, in den Naturwissenschaften und im technischen Bereich. Wenn Sie SciPy nutzen, erhalten Sie Bibliotheken, die dafür entwickelt wurden, zusammenzuarbeiten und Anwendungen verschiedener Art zu erstellen. Diese Bibliotheken sind:

✔ NumPy

✔ SciPy

✔ MatPlotLib

✔ IPython

✔ SymPy

✔ Pandas

SciPy konzentriert sich dabei auf numerische Routinen, also Routinen für die numerische Integration und Optimierung. SciPy ist eine Allzweck-Bibliothek, die Funktionen für verschiedene Problembereiche bietet. Allerdings unterstützt sie auch domänenspezifische Bibliotheken wie Scikit-learn, Scikit-image und statsmodels.

Grundlagen des wissenschaftlichen Rechnens mit NumPy

Die NumPy-Bibliothek (http://www.numpy.org/) stellt Mittel für n-dimensionale Array-Manipulation bereit, ein wichtiger Bereich der Data Science. Der in Kapitel 1 und 2 verwendete Boston-Datensatz ist ein Beispiel für ein solches n-dimensionales Array, auf das man ohne NumPy nicht zugreifen kann. NumPy bietet Funktionen für lineare Algebra, Fourier-Transformationen und Zufallszahlen-Generierung (schauen Sie in die Auflistung der Funktionen auf http://docs.scipy.org/doc/numpy/reference/routines.html).

Datenanalyse mit Pandas

Die Pandas-Bibliothek (http://pandas.pydata.org/) unterstützt Datenstrukturen und Analysewerkzeuge. Sie ist für spezielle Data-Science-Aufgaben optimiert und führt sie besonders schnell und effizient aus. Das Grundprinzip besteht darin, Datenanalysen und Unterstützung zu ihrer Modellierung bereitzustellen, ähnlich wie in anderen Sprachen, zum Beispiel R.

Implementierung des maschinellen Lernens mit Scikit-learn

Die Scikit-learn-Bibliothek (`http://scikit-learn.org/stable/`) beinhaltet eine Reihe von Scikit-Bibliotheken, die für NumPy und SciPy vorgesehen sind, damit Python-Entwickler domänenspezifische Aufgaben ausführen können. In diesem Fall konzentriert sich die Bibliothek auf Data Mining und Datenanalyse. Sie stellt Zugriff auf folgende Funktionen zur Verfügung:

✔ Klassifizierung

✔ Regression

✔ Clustering

✔ Dimensionsreduktion

✔ Modellauswahl

✔ Vorverarbeitung

Einige dieser Funktionen tauchen als Überschriften in diesem Buch wieder auf. Sie können also davon ausgehen, dass Scikit-learn eine der wichtigsten Bibliotheken in diesem Buch ist (auch wenn sie auf andere Bibliotheken zurückgreift).

Plotten mit MatPlotLib

Die MatPlotLib-Bibliothek (`http://matplotlib.org/`) bietet eine MATLAB-ähnliche Oberfläche für die Präsentation der analysierten Daten. Die Bibliothek ist zurzeit auf eine 2D-Ausgabe beschränkt, bietet aber auch die Mittel, um grafische Muster in den von Ihnen analysierten Daten zu sehen. Ohne diese Bibliothek können Sie keine Ausgaben erzeugen, die Menschen außerhalb der Data-Science-Gemeinschaft leicht verstehen können.

Syntaxanalyse von HTML-Dokumenten mit Beautiful Soup

Die Beautiful-Soup-Bibliothek (`http://www.crummy.com/software/BeautifulSoup/`) lässt sich aktuell unter `https://pypi.python.org/pypi/beautifulsoup4/4.3.2` herunterladen. Sie bietet Werkzeuge, um die Syntax von HTML- oder XML-Daten zu analysieren, sodass Python sie verstehen kann. Sie erlaubt es, mit Datenbäumen zu arbeiten.

 Neben der Arbeit mit Datenbäumen erleichtert Beautiful Soup die Arbeit mit HTML-Dokumenten. Beispielsweise wandelt sie automatisch die *Codierung* (die Art und Weise, in der Zeichen in einem Dokument gespeichert werden) dieser Dokumente von UTF-8 zu Unicode um. Python-Entwickler müssten sich normalerweise auch mit der Codierung befassen, aber mit Beautiful Soup können Sie sich stattdessen auf das Programm konzentrieren.

Einrichtung von Python für Data Science

In diesem Kapitel

▶ Erstellung einer Standardlösung

▶ Installation von Anaconda auf Linux, Mac OS und Windows

▶ Erhalt und Installation der Datensätze und des Beispielcodes

*B*evor Sie Python, etwa für Data-Science-Anwendungen, nutzen können, benötigen Sie eine funktionsfähige Installation. Zusätzlich brauchen Sie Zugang zu den Datensätzen und dem Quellcode, der in diesem Buch verwendet wird. Wenn Sie den Beispielcode herunterladen und auf Ihrem System installieren, erhalten Sie den bestmöglichen Lernerfolg mit diesem Buch. Dieses Kapitel hilft Ihnen, Ihr System so einzurichten, dass Sie den Buch-Beispielen leicht folgen können.

Die Nutzung von Python 2.7.x für dieses Buch

Es existieren aktuell zwei Python-Entwicklungen parallel: 2.7.9 und 3.4.2. Die meisten Bücher verwenden die neueste Version einer Programmiersprache für ihre Beispiele. Es ist einzigartig, dass bei Python die beiden Versionen nebeneinander genutzt werden. Da Data Scientists überwiegend Version 2.7.*x* verwenden, konzentriert sich dieses Buch auf diese. Dadurch können Sie besser mit anderen Data Scientists zusammenarbeiten, wenn Sie mit diesem Buch fertig sind. Nutzte dieses Buch stattdessen Version 3.4.*x*, würde es Ihnen schwerfallen, Beispiele aus dem Alltag nachzuvollziehen.

Wenn Sie unbedingt Version 3.4.*x* mit diesem Buch verwenden wollen, geht auch das, aber Sie müssen wissen, dass manche Beispiele nicht immer so funktionieren werden, wie Sie sie geschrieben haben. Wenn Sie beispielsweise die Funktion `print()` in Python 2.7 verwenden, müssen Sie nicht unbedingt Klammern setzen. Die Python-Version 3.4 gibt einen Fehler aus, wenn Sie es nicht tun. Auch wenn es nur nach einem kleinen Unterschied aussieht, kann es bei Anwendern für Verwirrung sorgen, und daran müssen Sie denken, wenn Sie durch die Kapitel dieses Buches gehen.

Glücklicherweise gibt es einige Seiten im Internet, die die Unterschiede der beiden Versionen 2.7 und 3.4 erläutern. Eine der am leichtesten zu verstehenden Seiten ist nbviewer auf `http://nbviewer.ipython.org/github/rasbt/python_reference/blob/master/tutorials/key_differences_between_python_2_and_3.ipynb`. Eine weitere Empfehlung ist Spartan Ideas unter `http://spartanideas.msu.edu/2014/06/01/the-key-differences-between-python-2-7-x-and-python-3-x-with-examples/`. Diese Seiten werden Ihnen helfen, falls Sie sich für Version 3.4 entscheiden. Allerdings beruht dieses Buch nur auf Version 2.7 und Sie nutzen Version 3.4 dann auf eigenes Risiko. Behalten Sie dabei auch Änderungen des Blogs zu diesem Buch auf `http://blog.johnmuellerbooks.com/category/technical/python-for-data-science-for-dummies/` im Auge. Das Blog hält Sie über eventuelle Anpassungen auf dem Laufenden.

 Das Herunterladen der Quellen ersetzt jedoch nicht die Eingabe eigener Programmbeispiele, somit den Einsatz eines Debuggers, die Überarbeitung des Codes oder die Arbeit mit dem Code auf jede denkbare Art. Die herunterladbaren Quellen ermöglichen Ihnen einen guten Einstieg in Data Science und Python. Wenn Sie gesehen haben, wie der Code funktioniert, wenn er korrekt eingegeben und durchgearbeitet ist, können Sie selbst erstellte Beispiele ausprobieren. Schleicht sich ein Fehler machen, können Sie die herunterladbaren Vorlagen mit dem, was Sie eingegeben haben, vergleichen und so herausfinden, wo der Fehler liegt. Sie können die Vorlagen für dieses Kapitel in den Dateien `P4DS4D; 03; Sample.ipynb` und `P4DS4D; 03; Dataset Load.ipynb` finden. (In der Einleitung wird erklärt, wo Sie den Quellcode für dieses Buch herunterladen können.)

Betrachtung der üblichen wissenschaftlichen Distributionen

Es ist durchaus möglich, eine Kopie von Python zu erstellen und alle benötigten Bibliotheken zu ergänzen. Dieser Prozess kann allerdings schwierig werden, da Sie alle erforderlichen Bibliotheken in der korrekten Version verwenden müssen, um erfolgreich zu sein. Zusätzlich müssen Sie sie konfigurieren, damit Sie sie bei Bedarf auch nutzen können. Glücklicherweise ist das alles nicht notwendig, weil eine Reihe von Data-Science-Produkten bereits für Sie zur Verfügung stehen. Die Produkte stellen alles bereit, um Data-Science-Projekte anzugehen.

 Sie können jedes der Pakete für die Beispiele der folgenden Abschnitte nutzen. Der Quellcode und die herunterladbaren Quellen dieses Buches basieren auf Continuum Analytics Anaconda. Anaconda wird von jedem Betriebssystem, das in diesem Buch behandelt wird, unterstützt. Diese Betriebssysteme sind Linux, Mac OS X und Windows. Das Buch setzt kein spezifisches Paket voraus, aber alle Screenshots zeigen die Darstellung von Anaconda auf Windows. Sie werden den Code optimieren müssen, um ein anderes Paket zu verwenden, und die Darstellung auf Ihrem Bildschirm wird anders aussehen, wenn Sie eine andere Plattform benutzen.

Continuum Analytics Anaconda

Das grundlegende Anaconda-Paket steht frei zum Download unter `https://store.continuum.io/cshop/anaconda/` zur Verfügung. Klicken Sie dafür einfach auf DOWNLOAD ANACONDA. Sie müssen eine E-Mail-Adresse eingeben, um eine Kopie von Anaconda zu erhalten. Haben Sie das getan, gelangen Sie auf eine andere Seite, auf der Sie Ihre Plattform und den Installer dafür auswählen können. Anaconda unterstützt die folgenden Plattformen:

✔ Windows 32-Bit und 64-Bit (der Installer wird Ihnen nur eine Version anbieten, abhängig von der Version, die auf Ihrem Rechner ermittelt wurde)

✔ Linux 32-Bit und 64-Bit

✔ Mac OS X 64-Bit

Die standardmäßige Downloadversion von Python ist 2.7, die auch in diesem Buch verwendet wird (für Details schauen Sie im Kasten »Die Nutzung von Python 2.7.*x* für dieses Buch« nach). Sie können genauso Python 3.4 durch Klicken auf den Link I WANT PYTHON 3.4 installieren. Windows und Mac OS X stellen grafische Installer zur Verfügung. Wenn Sie Linux nutzen, verwenden Sie das bash-Dienstprogramm.

 Es ist möglich, mit Anaconda und älteren Versionen von Python zu arbeiten. Dafür klicken Sie etwa auf der Hälfte der Seite auf den Link zum Installer-Archiv. Sie sollten nur dann eine ältere Version von Python benutzen, wenn das wirklich nötig ist.

Der Miniconda Installer kann durch Begrenzung der Anzahl von Installationsmerkmalen Zeit sparen. Im Vorfeld zu sagen, welche Merkmale Sie benötigen werden, ist fehlerbehaftet und zeitaufwendig. Generell sollten Sie eine komplette Installation durchführen, damit Sie alles haben, was Sie für Ihre Projekte benötigen. Eine komplette Installation erfordert auf den meisten Systemen nicht mehr Zeit oder Aufwand beim Herunterladen und Installieren.

Diese freie Version ist alles, was Sie für dieses Buch benötigen. Wenn Sie allerdings die angegebene Seite besuchen, werden Sie feststellen, dass viele weitere Add-Ons verfügbar sind. Diese können Ihnen beim Aufbau robuster Anwendungen helfen. Wenn Sie beispielsweise Accelerate hinzufügen, können Sie Multikern- und GPU-aktivierende Operationen ausführen. Auf der Website von Anaconda finden Sie weitere Details.

Enthought Canopy Express

Enthought Canopy Express ist ein frei verfügbares Produkt, mit dem technische und wissenschaftliche Anwendungen mittels Python erstellt werden können. Sie können es unter `https://www.enthought.com/canopy-express/` herunterladen. Klicken Sie auf DOWNLOAD FREE auf der Hauptseite und Sie werden eine Liste mit allen verfügbaren Versionen angezeigt bekommen. Nur Canopy Express ist frei, alle anderen Produkte sind kostenpflichtig, Sie können aber Canopy Express für die Beispiele dieses Buches verwenden. Canopy Express unterstützt folgende Plattformen:

✔ Windows 32-Bit und 64-Bit

✔ Linux 32-Bit und 64-Bit

✔ Mac OS X 32-Bit und 64-Bit

Wählen Sie Plattform und Version, die Sie herunterladen möchten. Wenn Sie auf DOWNLOAD CANOPY EXPRESS klicken, können Sie optional Ihre Daten eingeben. Der Download startet automatisch, auch wenn Sie Ihre Daten nicht eingegeben haben.

Einer der Vorteile von Canopy Express ist, dass Enthought sowohl Schüler als auch Lehrende unterstützt. Es ist möglich, Kurse zu buchen, auch Onlinekurse, die die Verwendung von Canopy Express in unterschiedlicher Weise erläutern (siehe `https://www.enthought.com/services/training`). Ebenfalls angeboten wird ein Live-Classroom-Training, das speziell für Data Scientists entwickelt wurde; lesen Sie mehr über dieses Training unter `https://www.enthought.com/services/training/data-science`.

Pythonxy

Die integrierte Entwicklungsumgebung (engl. *Integrated Development Environment*, IDE) python(x,y) (IDE) ist ein Community-Projekt, gehostet auf `http://python-xy.github.io/`. Dieses Produkt ist nur für Windows verfügbar. (Nur Windows Vista, Windows 7 und Windows 8 werden unterstützt.) Es beinhaltet eine ganze Reihe von Bibliotheken, die Sie, falls gewünscht, ganz leicht für dieses Buch verwenden können.

Da Pythonxy unter der GNU General Public License (GPL) v3 erschienen ist (siehe `http://www.gnu.org/licenses/gpl.html`), müssen Sie sich über Add-Ons, Trainings oder andere kostenpflichtige Bestandteile keine Gedanken machen. Niemand wird an Ihrer Tür klingeln, um Ihnen etwas verkaufen zu wollen. Sie haben zusätzlich Zugang zum Quellcode für Pythonoxy, sodass Sie eventuell Anpassungen vornehmen können.

WinPython

Der Name sagt schon, dass WinPython nur für Windows verfügbar ist; Sie können es unter `http://winpython.sourceforge.net/` finden. Dieses Produkt ist ein Ableger von Pythonxy und nicht dazu gedacht, es zu ersetzen. Ganz im Gegenteil: WinPython ist einfach eine flexiblere Art, mit Pythonxy zu arbeiten. Sie können mehr zu den Zielen von WinPython unter `http://sourceforge.net/p/winpython/wiki/Roadmap/` lesen.

Das Fazit ist, dass Sie Flexibilität auf Kosten der Anwenderfreundlichkeit und der Betriebssystemflexibilität erhalten. Trotzdem kann WinPython für Entwickler, die mehrere Versionen einer IDE benötigen, einen signifikanten Unterschied machen. Wenn Sie WinPython mit diesem Buch verwenden, geben Sie besonders acht auf die Konfiguration, da der herunterladbare Quellcode ansonsten nicht läuft.

Installation von Anaconda auf Windows

Anaconda verfügt über eine grafische Installationsanwendung für Windows, sodass Sie wie bei jeder anderen Installation ein Assistent begleitet. Natürlich benötigen Sie eine Kopie der Installationsdatei, bevor Sie beginnen können, die erforderlichen Download-Informationen finden Sie im Abschnitt »Continuum Analytics Anaconda« dieses Kapitels. Das folgende Prozedere sollte auf jedem Windows-System funktionieren, ganz gleich, ob Sie eine 32-Bit- oder 64-Bit-Version von Anaconda verwenden.

1. **Suchen Sie die heruntergeladene Kopie von Anaconda auf Ihrem System.**

   Der Name der Datei variiert, aber für gewöhnlich lautet die Bezeichnung für das 32-Bit-System `Anaconda-2.1.0-Windows-x86.exe` und für das 64-Bit-System `Anaconda-2.1.0-Windows-x86_64.exe`. Die Versionsnummer ist Teil des Dateinamens. In diesem Fall bezieht sich der Dateiname auf Version 2.1.0, die der Version dieses Buches entspricht. Wenn Sie eine andere verwenden, könnten Probleme mit dem Quellcode auftreten, und Sie müssten Anpassungen vornehmen, sofern Sie damit arbeiten möchten.

2. Doppelklick auf die Installationsdatei.

(Es öffnet sich eine Sicherheitswarnung, die Sie fragt, ob Sie diese Datei ausführen wollen. Klicken Sie auf AUSFÜHREN.) Sie sehen die ANACONDA 2.1.0 SETUP-Dialogbox, ähnlich wie die in Abbildung 3.1. Die genaue Anzeige in der Dialogbox hängt von der Version des Anaconda-Installationsprogramms ab, das Sie heruntergeladen haben. Wenn Sie ein 64-Bit-Betriebssystem haben, ist es am besten, eine 64-Bit-Version von Anaconda zu nutzen, damit Sie die bestmögliche Leistung erhalten. Die erste Dialogbox sagt Ihnen, ob Sie eine 64-Bit-Version des Produkts haben.

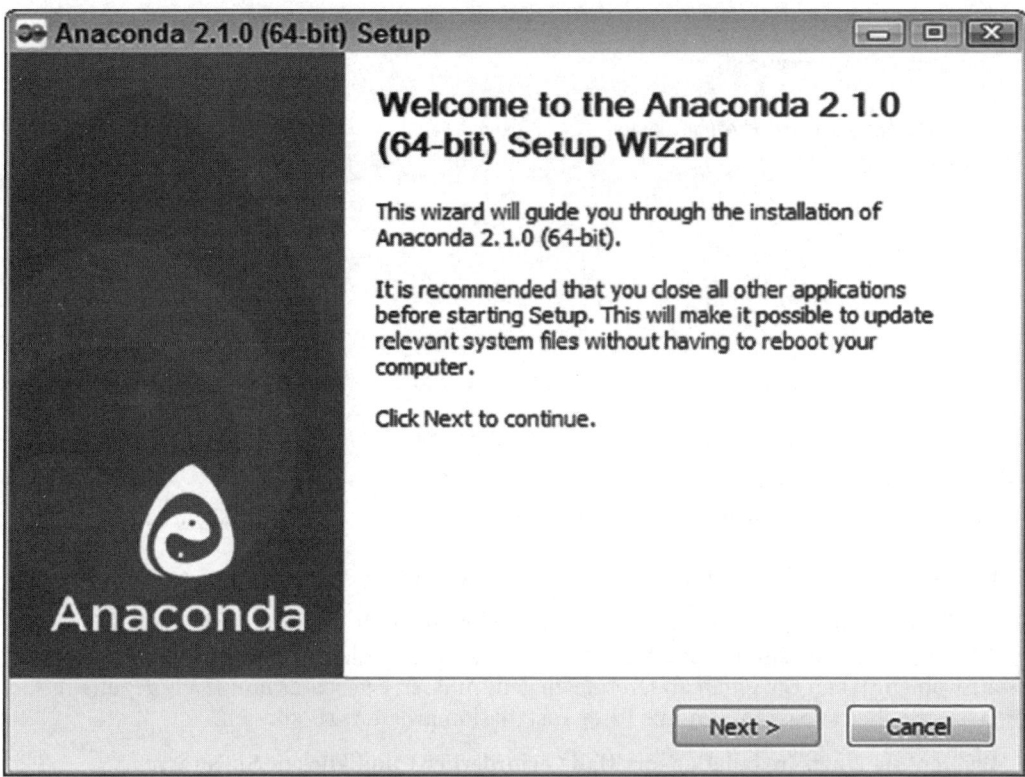

Abbildung 3.1: Der Installationsprozess startet mit der Anzeige der vorhandenen Version.

3. Klicken Sie auf NEXT.

Der Assistent zeigt Ihnen die Lizenzvereinbarung. Lesen Sie sie aufmerksam durch, damit Sie die Nutzungsbedingungen kennen.

4. Klicken Sie auf AGREE, wenn Sie den Nutzungsbedingungen zustimmen.

Sie werden nun gefragt, welche Art der Installation Sie durchführen wollen, wie in Abbildung 3.2 dargestellt. Meistens werden Sie das Produkt nur für sich selbst installieren. Eine Ausnahme kann sein, dass mehrere Personen Ihr System nutzen und alle Zugang zu Anaconda benötigen.

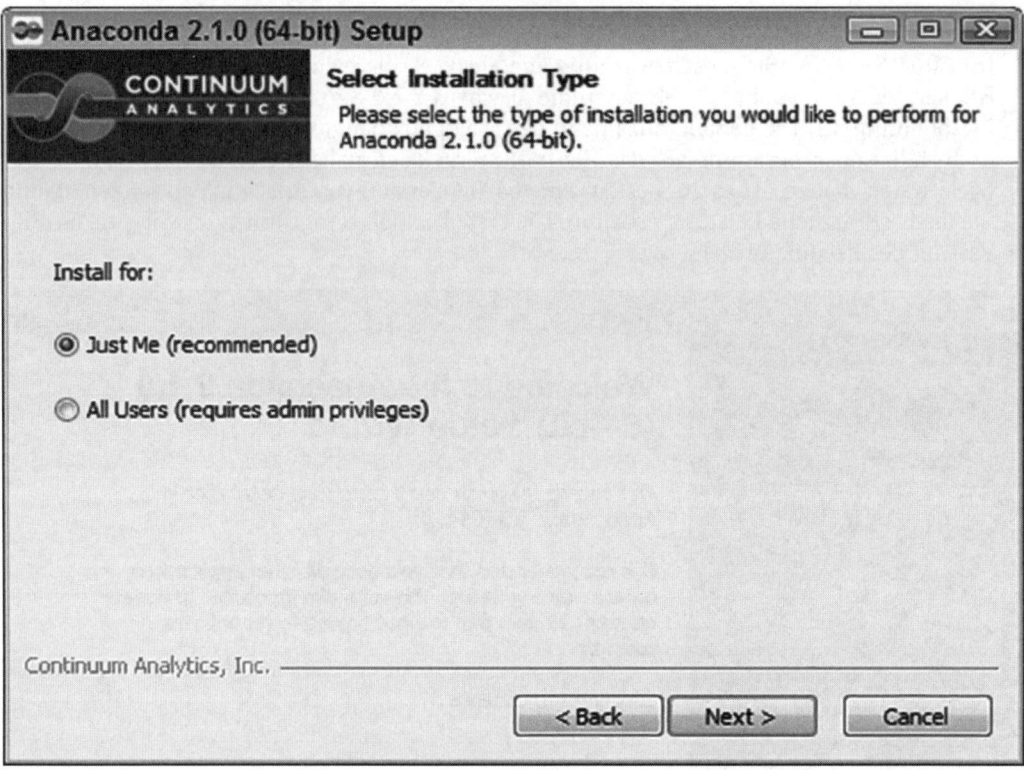

Abbildung 3.2: Sagen Sie dem Assistenten, wie Anaconda auf Ihrem System installiert werden soll.

5. Wählen Sie einen Installationstyp und klicken Sie auf Next.

Der Assistent fragt Sie, wo Anaconda auf Ihrer Festplatte installiert werden soll, wie in Abbildung 3.3 dargestellt. Das Buch geht davon aus, dass Sie den voreingestellten Speicherort auswählen. Wenn Sie einen anderen festlegen, müssen Sie später einige Vorgehensweisen dieses Buches anpassen, um mit Ihrer Installation arbeiten zu können.

6. Wählen Sie einen Installationsort (falls erforderlich) und klicken Sie auf Next.

Sie sehen erweiterte Installationsoptionen, dargestellt in Abbildung 3.4. Diese Optionen sind standardmäßig voreingestellt und sollten möglichst nicht verändert werden. Sie müssen sie nur ändern, falls Anaconda Ihnen nicht standardmäßig Python 2.7 (oder Python 3.4) zur Installation bereitstellt. Dieses Buch geht davon aus, dass Sie Anaconda mit den Standard-Optionen installieren.

7. Ändern Sie die erweiterten Installationsoptionen (falls erforderlich) und klicken Sie auf Next.

Sie sehen die Dialogbox der Installation mit einer Fortschrittsanzeige. Der Installationsprozess kann einige Minuten dauern, sodass Sie sich eine Tasse Kaffee holen oder etwas lesen können. Wenn der Installationsprozess abgeschlossen ist, erscheint ein mit Next beschrifteter Button.

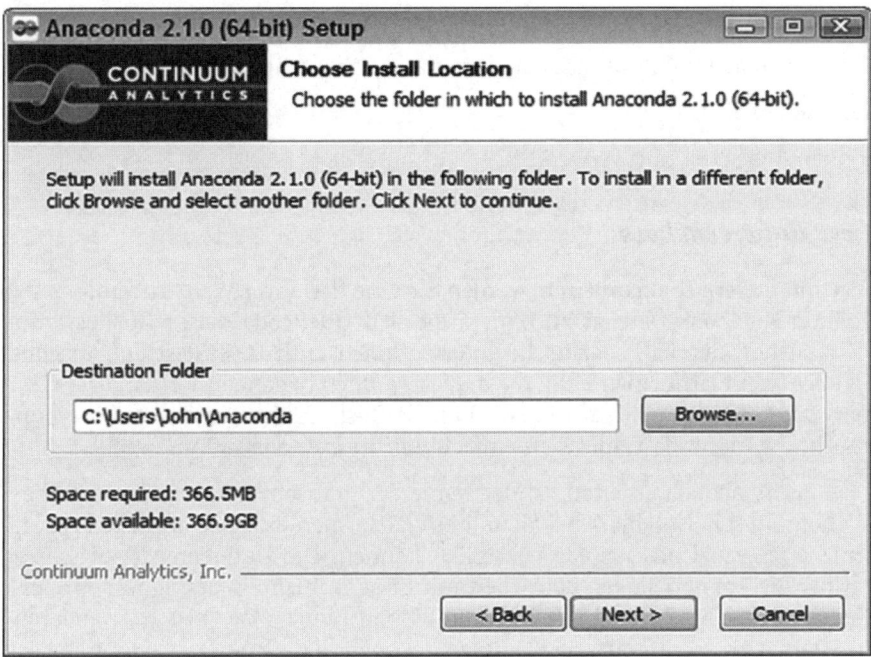

Abbildung 3.3: Legen Sie einen Speicherort fest.

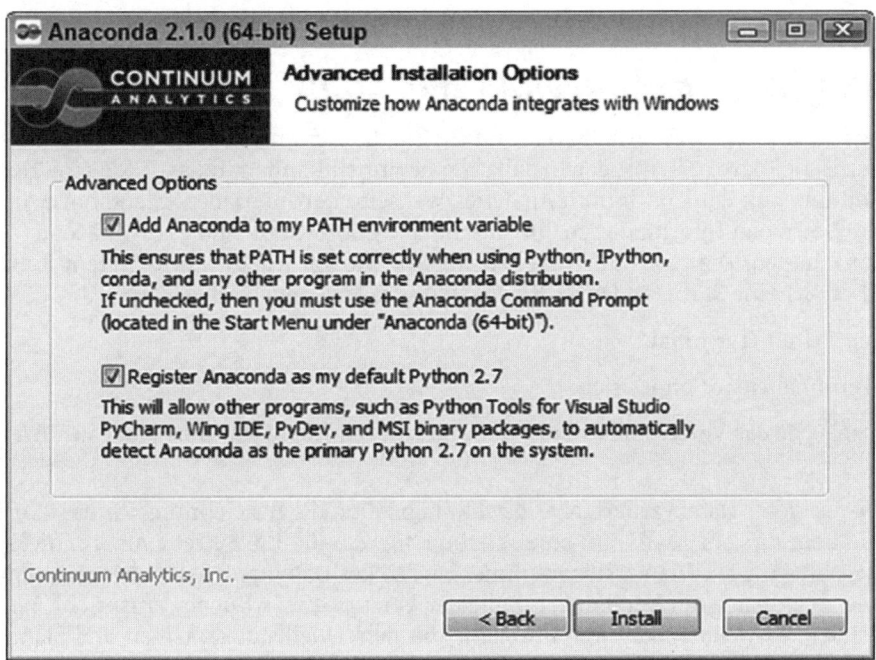

Abbildung 3.4: Anpassung der erweiterten Installationsoptionen

8. **Klicken Sie auf NEXT.**

Der Assistent teilt Ihnen mit, dass die Installation abgeschlossen ist.

9. **Klicken Sie auf FINISH.**

Sie können Anaconda nun verwenden.

Ein Wort zu Screenshots

Wenn Sie mit diesem Buch arbeiten, werden Sie eine IDE Ihrer Wahl nutzen, um Python- und IPython-Notebook-Dateien zu öffnen, die den Quellcode dieses Buches enthalten. Jeder Screenshot, der IDE-spezifische Informationen enthält, basiert auf Anaconda, da dies auf allen drei Plattformen läuft, die in diesem Buch behandelt werden. Der Gebrauch von Anaconda bedeutet nicht, dass sie die beste IDE ist oder der Autor dafür Werbung machen möchte – Anaconda eignet sich einfach gut für Demonstrationszwecke.

Wenn Sie mit Anaconda arbeiten, ist der Name der grafischen Benutzeroberfläche (GUI) und IPython (Py 2.7) Notebook bei allen drei Plattformen exakt der gleiche und Sie werden keine größeren Unterschiede feststellen können. Die Unterschiede, die Sie sehen, sind gering. Sie können sie bei der Arbeit mit diesem Buch einfach ignorieren, es nutzt überwiegend Windows-7-Screenshots. Wenn Sie mit Linux, Mac OS X oder anderen Windows-Versionen arbeiten, müssen Sie damit rechnen, dass Ihre Darstellung anders aussieht, aber Sie sollten trotzdem mit den Beispielen arbeiten können.

Installation von Anaconda auf Linux

Um Anaconda auf Linux zu installieren, nutzen Sie die Kommandozeile – es gibt keine grafische Oberfläche. Bevor Sie mit der Installation beginnen können, müssen Sie eine Kopie der Linux-Software von der Continuum-Analytics-Webseite herunterladen. Sie können die erforderlichen Download-Informationen im Abschnitt »Continuum Analytics Anaconda« dieses Kapitels nachlesen. Die folgende Vorgehensweise sollte auf jedem Linux-System funktionieren, egal ob Sie eine 32-Bit- oder 64-Bit-Version von Anaconda verwenden.

1. **Öffnen Sie ein Terminal.**

Das Terminalfenster öffnet sich.

2. **Wechseln Sie das Verzeichnis zur heruntergeladenen Kopie von Anaconda auf Ihrem System.**

Der Name dieser Datei variiert, aber gewöhnlich lautet die Bezeichnung für das 32-Bit-System `Anaconda-2.1.0-Linux-x86.sh` und für das 64-Bit-System `Anaconda-2.1.0-Linux-x86_64.sh`. Die Versionsnummer ist Teil des Dateinamens. In diesem Fall bezieht sich der Dateiname auf Version 2.1.0, die der Version dieses Buches entspricht. Wenn Sie eine andere verwenden, könnten Probleme mit dem Quellcode auftreten und Sie müssten Anpassungen vornehmen, sofern Sie damit arbeiten möchten.

3. **Geben Sie bash** `Anaconda-2.1.0-Linux-x86` **(für die 32-Bit-Version) oder** `Anaconda-2.1.0-Linux-x86_64.sh` **(für die 64-Bit-Version) ein und drücken Sie** ⏎.

   Ein Installationsassistent startet und fragt Sie, ob Sie die Lizenzvereinbarungen akzeptieren, um Anaconda nutzen zu können.

4. **Lesen Sie die Lizenzvereinbarungen und akzeptieren Sie die Bedingungen, die für Ihre Linux-Version erforderlich sind.**

   Der Assistent fragt Sie, wohin Anaconda gespeichert werden soll. Das Buch geht davon aus, dass Sie den Standard-Speicherort ~/anaconda wählen. Wenn Sie einen anderen Ort auswählen, müssen Sie später einige Vorgehensweisen dieses Buches anpassen, um mit Ihrer Installation arbeiten zu können.

5. **Wählen Sie einen Installationsort (falls erforderlich) und drücken Sie** ⏎ **(oder klicken Sie auf** NEXT**).**

   Sie sehen den Beginn der Extrahierung. Ist die Anwendung komplett entpackt, erhalten Sie die Mitteilung, dass der Vorgang abgeschlossen ist.

6. **Fügen Sie den Pfad der Installation zu Ihrem** PATH **unter Nutzung der für Ihre Linux-Version erforderlichen Methode hinzu.**

Sie können Anaconda jetzt verwenden.

Installation von Anaconda auf Mac OS X

Die Mac-OS-X-Installation steht nur als 64-Bit-Variante zur Verfügung. Bevor Sie die Installation ausführen können, müssen Sie eine Kopie der Mac-Software von der Continuum-Analytics-Seite herunterladen. Sie finden die erforderlichen Download-Informationen im Abschnitt »Continuum Analytics Anaconda« in diesem Kapitel. Die folgenden Schritte helfen Ihnen, die Anaconda-64-Bit-Version auf einem Mac-System zu installieren.

1. **Suchen Sie die heruntergeladene Kopie von Anaconda auf Ihrem System.**

   Der Name der Datei variiert, aber für gewöhnlich lautet die Bezeichnung für das 64-Bit-System `Anaconda-2.1.0-MacOSX-x86_64.pkg`. Die Versionsnummer ist Teil des Dateinamens. In diesem Fall bezieht sich der Dateiname auf Version 2.1.0, die der Version dieses Buches entspricht. Wenn Sie eine andere verwenden, könnten Probleme mit dem Quellcode auftreten und Sie müssten Anpassungen vornehmen, sofern Sie damit arbeiten möchten.

2. **Doppelklick auf die Installationsdatei.**

   Sie sehen die einführende Dialogbox.

3. **Klicken Sie auf** CONTINUE**.**

   Der Assistent wird Sie fragen, ob Sie das Read-Me-Material ansehen möchten, Sie können es aber später immer noch lesen und für den Moment überspringen.

4. Klicken Sie auf CONTINUE.

Der Assistent zeigt Ihnen die Lizenzvereinbarung. Lesen Sie sie aufmerksam durch, damit Sie die Nutzungsbedingungen kennen.

5. Klicken Sie auf ZUSTIMMEN, um den Nutzungsbedingungen zuzustimmen.

Der Assistent fragt Sie nach einem Speicherort für die Installation. Damit kann die Installation für einen einzelnen oder mehrere Nutzer freigegeben werden.

 Es könnte sein, dass Sie eine Fehlermeldung erhalten, die angibt, dass Sie Anaconda nicht auf Ihrem System installieren können. Der Fehler entsteht aufgrund eines Fehlers des Installers und hat nichts mit Ihrem System zu tun. Um die Fehlermeldung zu beseitigen, installieren Sie Anaconda nur für sich. Auf einem Mac-System kann Anaconda nicht für mehrere Nutzer installiert werden.

6. Klicken Sie auf CONTINUE.

Der Installer zeigt Ihnen eine Dialogbox mit Optionen zur Änderung des Installationstyps. Wechseln Sie den Ort der Installation, falls Sie selbst bestimmen wollen, wo Anaconda auf Ihrem System installiert werden soll (das Buch geht davon aus, dass Sie den Standard-Pfad ~/anaconda nutzen). Klicken Sie auf CUSTOMIZE, wenn Sie den Installer anpassen möchten. Sie können beispielsweise auswählen, dass Anaconda nicht zu Ihrer PATH-Angabe hinzugefügt wird. Das Buch geht allerdings davon aus, dass Sie die voreingestellten Installationsoptionen ausgewählt haben und dass es keinen Grund gibt, diese zu ändern, es sei denn, Sie haben eine andere Version von Python 2.7 an einem anderen Ort installiert.

7. Klicken Sie auf INSTALL.

Die Installation startet. Eine Fortschrittsanzeige zeigt Ihnen, wie der Installationsprozess fortschreitet. Ist die Installation beendet, sehen Sie eine Dialogbox.

8. Klicken Sie auf CONTINUE.

Sie können Anaconda jetzt verwenden.

Download der Datensätze und des Beispielcodes

In diesem Buch geht es um die Verwendung von Python für Data Science. Natürlich könnten Sie all Ihre Zeit darauf verwenden, den Beispielcode von Anfang an selbst zu entwickeln, zu debuggen und dadurch den Bezug zu Data Science zu verstehen. Oder Sie können den einfachen Weg wählen und den vorbereiteten Code herunterladen, sodass Sie sofort mit der Arbeit beginnen können. Auch das Entwerfen von Datensätzen, die für Data Science groß genug sind, würde eine Weile dauern. Glücklicherweise können leicht auf die vorbereiteten Datensätze zugreifen und so einige Merkmale der Data-Science-Bibliotheken nutzen. Die folgenden Abschnitte werden Ihnen helfen, den Beispielcode und die Datensätze herunterzuladen und zu verwenden, um Zeit zu sparen und sofort mit spezifischen Aufgaben für Data Science loszulegen.

Die Nutzung von IPython Notebook

Um leichter mit dem relativ komplexen Code dieses Buches arbeiten zu können, nutzen Sie IPython Notebook. Diese Schnittstelle ermöglicht die Entwicklung von Python-INotebook-Dateien, die eine beliebige Anzahl von Beispielen enthalten können, wovon jede unterschiedlich funktioniert. Das Programm läuft in Ihrem Browser, sodass es egal ist, welche Plattform Sie für die Entwicklung verwenden – solange sie einen Browser zur Verfügung stellt, sollte alles in Ordnung sein.

Starten von IPython Notebook

Auf den meisten Plattformen gibt es ein Symbol zum Starten von IPython (Py 2.7) Notebook (die Versionsnummer kann auf Ihrem System anders sein). Alles, was Sie tun müssen, ist, auf dieses Symbol zu klicken, um IPython Notebook zu öffnen. Auf einem Windows-System beispielsweise wählen Sie START|ALLE PROGRAMME|ANACONDA|IPYTHON (PY 2.7) NOTEBOOK. Abbildung 3.5 zeigt, wie die Schnittstelle im Firefox-Browser dargestellt wird.

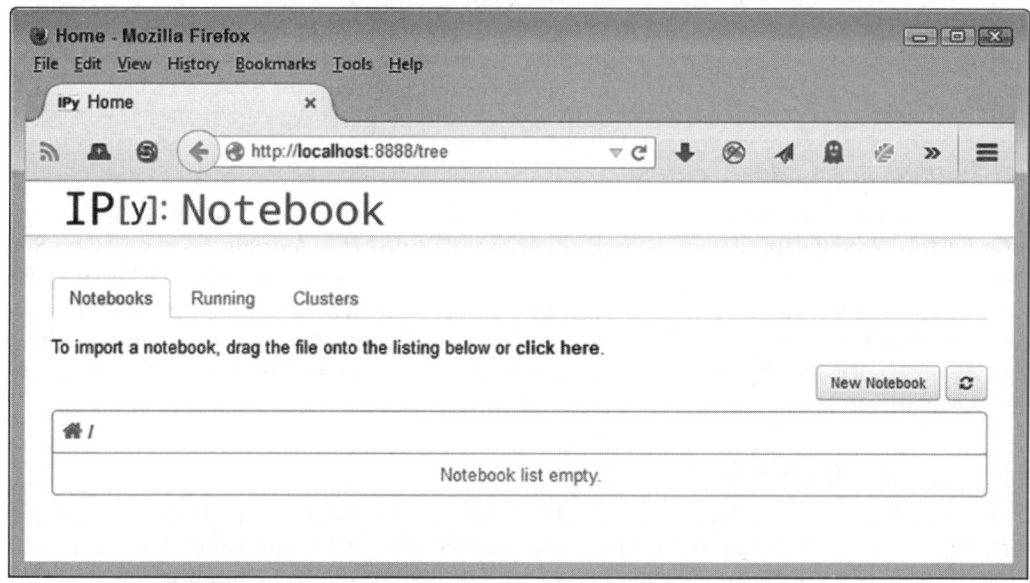

Abbildung 3.5: IPython Notebook stellt eine einfache Methode zur Erstellung von Data-Science-Beispielen zur Verfügung.

Das genaue Aussehen auf Ihrem System hängt von Ihrem Browser und Betriebssystem ab.

Wenn Sie ein Betriebssystem nutzen, bei dem der Zugang durch einfaches Anklicken eines Symbols nicht möglich ist, führen Sie die folgenden Schritte aus, um Zugang zu IPython Notebook zu erhalten:

1. **Öffnen Sie die Eingabeaufforderung oder das Terminalfenster Ihres Systems.**

   Es öffnet sich ein Fenster, in das Sie ein Kommando eingeben können.

2. **Wechseln Sie das Verzeichnis zu `\Anaconda\Scripts`.**

   Bei den meisten Systemen können Sie das cd-Kommando benutzen.

3. **Geben Sie `..\python ipython-script.py` notebook ein und drücken Sie** `←`.

   Die IPython-Notebook-Seite öffnet sich in Ihrem Browser.

Stoppen des IPython-Notebook-Servers

Egal wie Sie IPython Notebook (im Rest des Buches nur noch Notebook genannt) gestartet haben, das System öffnet immer eine Eingabeaufforderung oder ein Terminalfenster. Dieses Fenster beinhaltet einen Server, der die Anwendung zum Laufen bringt. Wenn Sie das Browserfenster nach einer Sitzung wieder geschlossen haben, wählen Sie das Serverfenster und drücken `crtl`+`C` oder `crtl`+`Pause`, um den Server zu stoppen.

Festlegung des Code-Archivs

Der Code, den Sie mit diesem Buch entwickeln und nutzen, wird sich in einem Archiv auf Ihrer Festplatte befinden. Stellen Sie sich ein Archiv als eine Art *Aktenschrank* vor, in dem Sie Ihren Code aufbewahren. Notebook öffnet eine Schublade, nimmt einen Ordner heraus und zeigt Ihnen den Code. Sie können diesen verändern, unterschiedliche Beispiele innerhalb eines Ordners ausführen, neue Beispiele hinzufügen und ganz leicht mit Ihrem Code arbeiten. Die folgenden Abschnitte führen Sie in die Arbeit mit einem Notebook ein und zeigen Ihnen, wie dieses Aktenschrank-Konzept funktioniert.

Der Umgang mit MathJax-Fehlern

Es kann sein, dass Sie zu Beginn einen Fehler wie den in Abbildung 3.6 erhalten, wenn Sie versuchen, bestimmte Aufgaben zu lösen, wie beispielsweise ein neues Notebook anzulegen. Dieses Buch nutzt die MathJax-Bibliothek nicht, Sie können die Benachrichtigung also einfach schließen.

Sollten Sie die MathJax-Bibliothek dennoch benötigen, helfen Ihnen die folgenden Schritte, eine lokale Kopie der MathJax-Bibliothek zu installieren, damit die Fehlermeldung nicht mehr erscheint.

1. **Öffnen Sie eine Eingabeaufforderung oder ein Terminalfenster auf Ihrem System.**

   Ein Fenster öffnet sich, sodass Sie Kommandos eingeben können.

2. **Wechseln Sie in das Verzeichnis `\Anaconda`.**

   In den meisten Systemen können Sie das cd-Kommando benutzen.

Failed to retrieve MathJax from 'https://cdn.mathjax.org /mathjax/latest/MathJax.js' ✕

Math/LaTeX rendering will be disabled.

If you have administrative access to the notebook server and a working internet connection, you can install a local copy of MathJax for offline use with the following command on the server at a Python or IPython prompt:

```
>>> from IPython.external import mathjax; mathjax.install_mathjax()
```

This will try to install MathJax into the IPython source directory.

If IPython is installed to a location that requires administrative privileges to write, you will need to make this call as an administrator, via 'sudo'.

When you start the notebook server, you can instruct it to disable MathJax support altogether:

```
$ ipython notebook --no-mathjax
```

which will prevent this dialog from appearing.

OK

Abbildung 3.6: Es ist kein Problem, die MathJax-Fehlermeldung zu ignorieren, wenn Sie mit diesem Buch arbeiten.

3. Geben Sie python ein und drücken Sie [↵].

Python startet.

4. Geben Sie from IPython.external import mathjax; mathjax.install_math-jax() ein und drücken Sie [↵].

Python wird Ihnen mitteilen, dass eine Kopie der MathJax-Bibliothek an einen bestimmten Ort auf Ihrem System extrahiert wird.

Der Extraktionsprozess kann längere Zeit dauern. Holen Sie sich eine Tasse Kaffee, diskutieren Sie die neuesten Sportergebnisse mit einem Freund oder lesen Sie ein gutes Buch, aber unterbrechen Sie den Downloadprozess nicht, denn sonst erhalten Sie nicht die komplette MathJax-Bibliothek. Das hätte zur Folge, dass Ihr Notebook nicht richtig funktioniert (wenn es überhaupt funktioniert). Nach einiger Zeit ist der Installationsprozess komplett und Sie gelangen zurück zur Python-Eingabe.

5. Geben Sie quit() ein und drücken Sie [↵].

Sie können die MathJax-Bibliothek jetzt verwenden. Sie müssen alle Notebook-Server neu starten, bevor Sie fortfahren können.

Ein neues Notebook anlegen

Jedes neue Notebook ist wie ein Ordner. Sie können unterschiedliche Beispiele in diesem Ordner ablegen, so als würden Sie ein Blatt Papier in einem Ordner abheften. Jedes Beispiel steht in einer Zelle. Sie können auch andere Dinge in diesem Ordner ablegen, aber Sie werden erst im Laufe des Buches erfahren, wie das funktioniert. Führen Sie folgende Schritte aus, um ein neues Notebook anzulegen.

1. **Klicken Sie auf NEW NOTEBOOK.**

   Ein neuer Tab öffnet sich mit einem neuen Notebook im Browser, wie in Abbildung 3.7 dargestellt. Das Notebook enthält eine Zelle und das Programm hebt diese hervor, damit Sie sofort Code eingeben können. Der Titel des Notebooks ist Untitled0. Da das kein wirklich aussagekräftiger Name ist, sollten Sie ihn ändern.

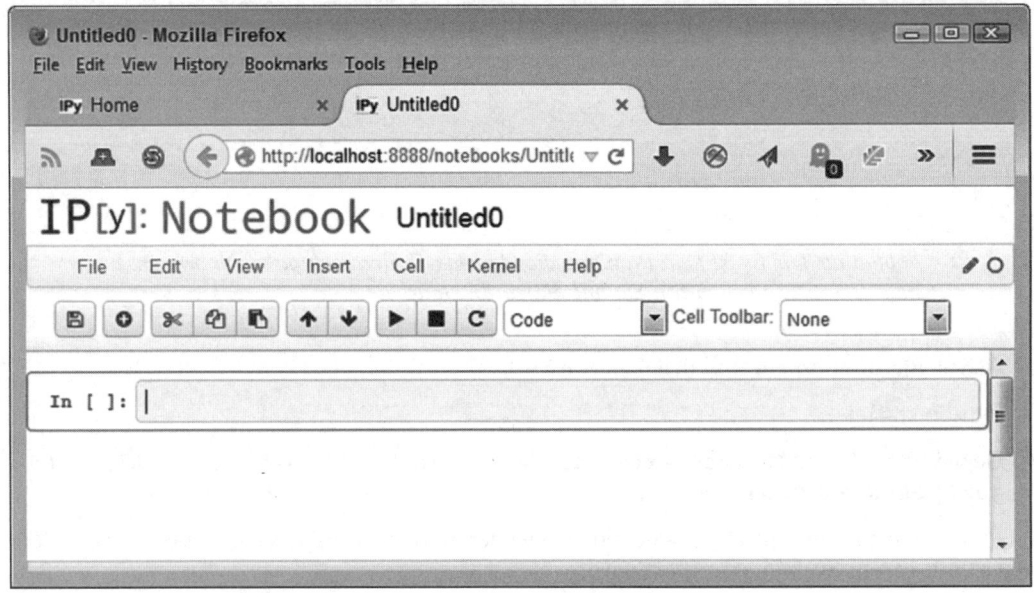

Abbildung 3.7: Ein Notebook enthält Zellen, in die Sie Ihren Code eingeben können.

2. **Klicken Sie auf UNTITLED0 auf der Seite.**

   Notebook fragt Sie, ob Sie einen neuen Namen vergeben möchten, wie in Abbildung 3.8 gezeigt.

3. **Geben Sie P4DS4D; 03; Sample ein und bestätigen Sie mit ⏎ .**

   Der neue Name zeigt Ihnen, dass dies eine Datei von »Python für Data Science für Dummies«, Kapitel 3, Sample.ipynb, ist. Wenn Sie diese Namensgebung übernehmen, wird Ihnen das helfen, diese Dateien von anderen in Ihrem Archiv zu unterscheiden.

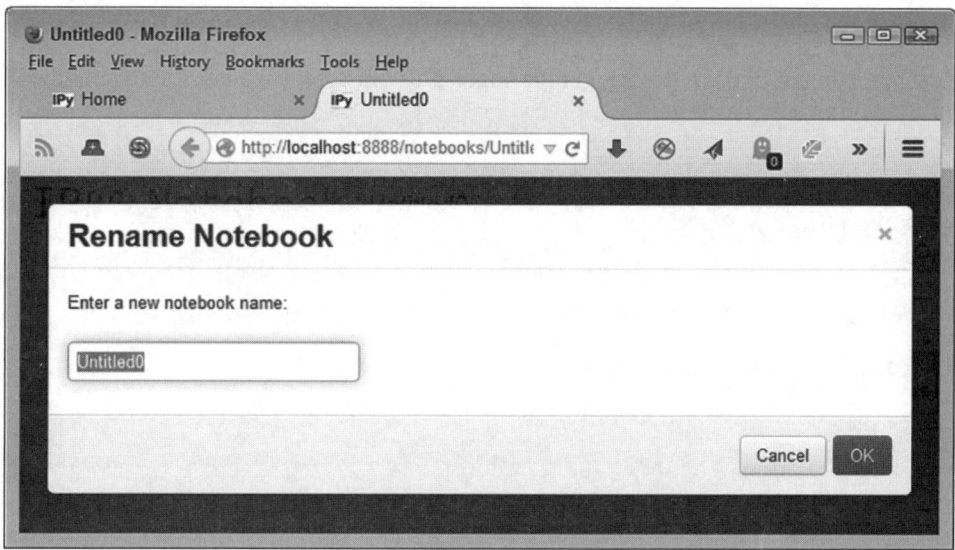

Abbildung 3.8: Geben Sie Ihrem Notebook einen neuen Namen.

Natürlich beinhaltet das Notebook bisher noch nichts. Klicken Sie in die Zelle, geben Sie print 'Python ist richtig cool!' ein und klicken Sie auf den Run-Button (der Button mit dem nach rechts zeigenden Pfeil in der Werkzeugleiste [Toolbar]). Sie werden eine Ausgabe wie in Abbildung 3.9 sehen. Die Ausgabe ist Teil des Codes in der Zelle. Notebook trennt die Ausgabe vom Code, damit Sie sie auseinanderhalten können. Notebook legt automatisch eine neue Zelle für Sie an.

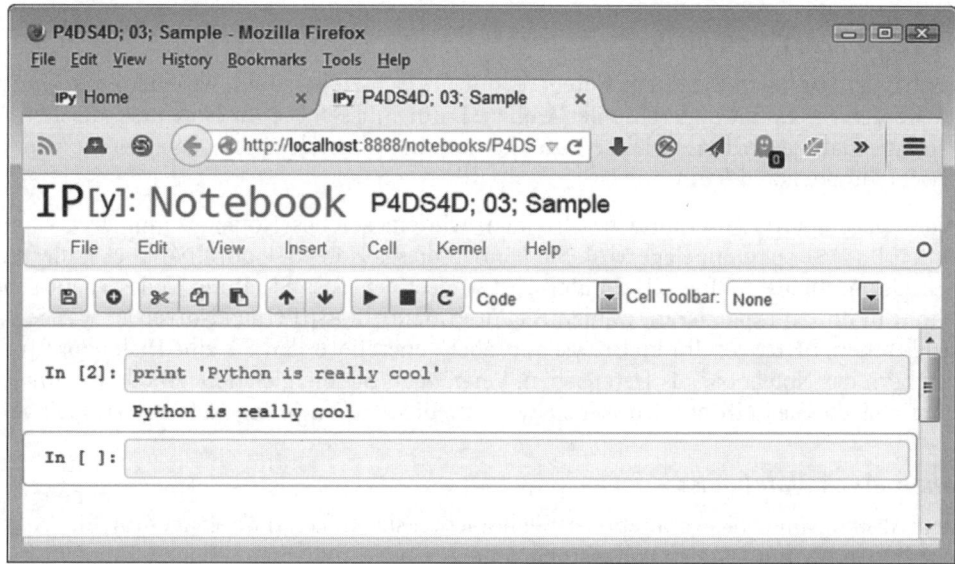

Abbildung 3.9: Notebook verwendet Zellen, um Ihren Code zu speichern.

Wenn Sie mit der Arbeit an einem Notebook fertig sind, ist es wichtig, es zu schließen. Hierzu wählen Sie FILE|CLOSE und HALT. Sie gelangen zur Hauptseite zurück, auf der Sie die Notebooks sehen können und auf der das gerade angelegte Notebook zur Liste hinzugefügt wurde, wie in Abbildung 3.10 dargestellt.

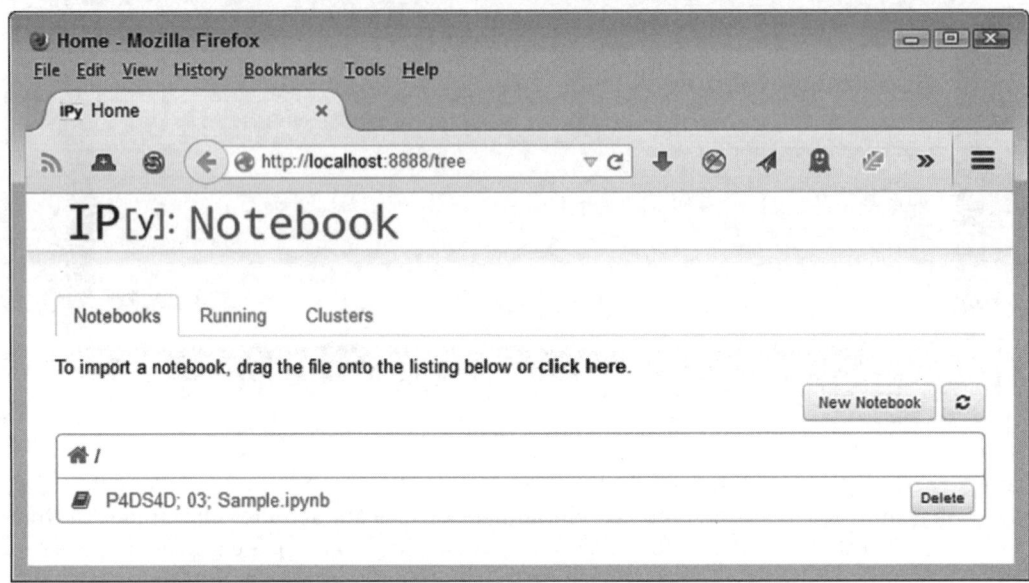

Abbildung 3.10: Alle angelegten Notebooks erscheinen in der Archivliste.

Exportieren eines Notebooks

Es macht nicht wirklich Spaß, ein Notebook nur für sich zu behalten. Ab einem bestimmten Punkt werden Sie es mit anderen teilen wollen. Dafür müssen Sie Ihr Notebook aus dem Archiv in eine Datei exportieren. Diese Datei können Sie jemandem schicken, der sie dann in sein Archiv importieren kann.

Die vorangegangenen Abschnitte beschreiben, wie ein solches Notebook mit dem Namen `P4DS4D; 03; Sample` angelegt wird. Sie können dieses Notebook durch Anklicken des Eintrags in der Archivliste öffnen. Die Datei wird so geöffnet, dass Sie Ihren Code erneut sehen können. Um ihn zu exportieren, wählen Sie FILE|DOWNLOAD AS|IPYTHON NOTEBOOK. Was Sie als Nächstes sehen, hängt von Ihrem Browser ab, aber generell werden Sie eine Dialogbox für das Abspeichern des Notebooks als Datei sehen. Verwenden Sie die gleiche Methode wie für jede andere Datei, die Sie in Ihrem Browser sichern, um die IPython-Notebook-Datei zu speichern.

Löschen eines Notebooks

Manchmal sind Notebooks veraltet oder Sie brauchen sie einfach nicht länger für Ihre Arbeit. Anstatt Ihr Archiv mit Dateien vollzustopfen, die Sie nicht brauchen, können Sie nicht mehr benötigte Notebooks aus der Liste entfernen. Schauen Sie sich den DELETE-Button neben dem

Eintrag P4DS4D; 03; Sample.ipynb in Abbildung 3.10 an. Über folgende Schritte können Sie die Datei löschen:

1. Klicken Sie auf DELETE.

Sie sehen einen Warnhinweis wie den in Abbildung 3.11.

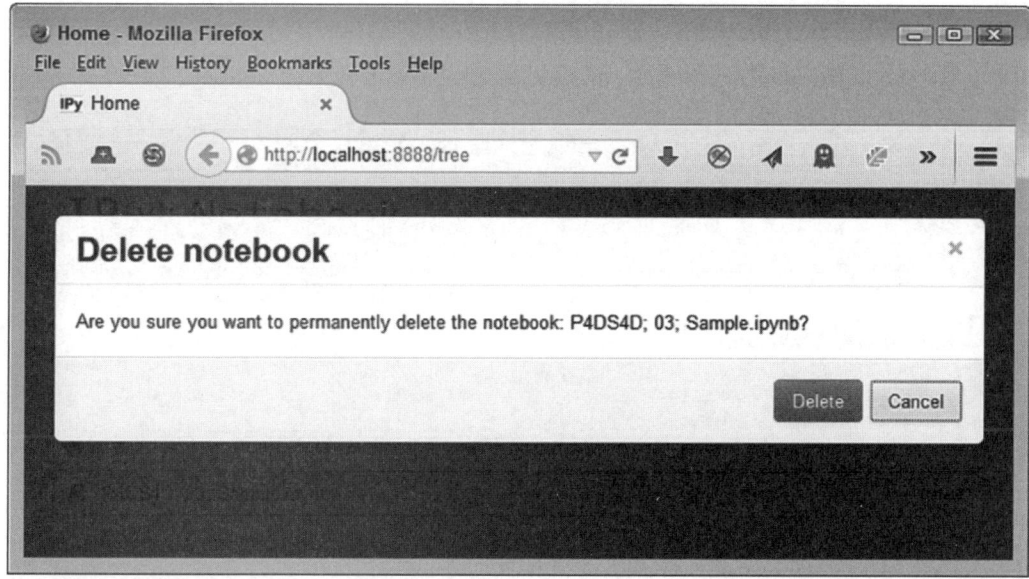

Abbildung 3.11: Notebook warnt Sie, bevor irgendeine Datei aus dem Archiv gelöscht wird.

2. Klicken Sie auf DELETE NOTEBOOK.

Das entfernt das Notebook aus der Liste. Trotzdem sehen Sie die Änderung nicht sofort.

3. Klicken Sie auf REFRESH NOTEBOOK LIST (der Button mit den zwei Pfeilen, die einen Kreis bilden).

Sie sehen, dass die Datei aus der Liste entfernt wurde.

Importieren eines Notebooks

Um den Quellcode dieses Buches zu nutzen, müssen Sie die heruntergeladenen Dateien in Ihr Archiv importieren. Der Quellcode wird in einer Archivdatei auf Ihrer Festplatte abgespeichert. Das Archiv beinhaltet eine Liste von .ipynb-(IPython-Notebook-)Dateien, die den Quellcode für dieses Buch beinhalten (wie man den Quellcode herunterlädt, erfahren Sie in der Einleitung). Die folgenden Schritte beschreiben, wie Sie diese Dateien in Ihr Archiv importieren:

1. Klicken Sie auf den CLICK HERE-Link der Notebook-Homepage.

Was Sie sehen, hängt von Ihrem Browser ab. Meistens erhält man eine Dialogbox, um eine Datei von Ihrer Festplatte hochzuladen (Upload).

2. **Navigieren Sie in das Verzeichnis, das die zu importierenden Dateien enthält.**

3. **Klicken Sie eine oder mehrere Dateien an, die Sie importieren möchten, und klicken Sie auf den OPEN-Button (oder einen ähnlichen), um den Upload-Prozess zu starten.**

   Die Datei wird zur Upload-Liste hinzugefügt, wie in Abbildung 3.12 dargestellt. Sie ist noch nicht Teil des Archivs – Sie haben es nur für den Upload ausgewählt.

4. **Klicken Sie auf UPLOAD.**

   Das Notebook lädt die Datei ins Archiv, sodass Sie sie nun nutzen können.

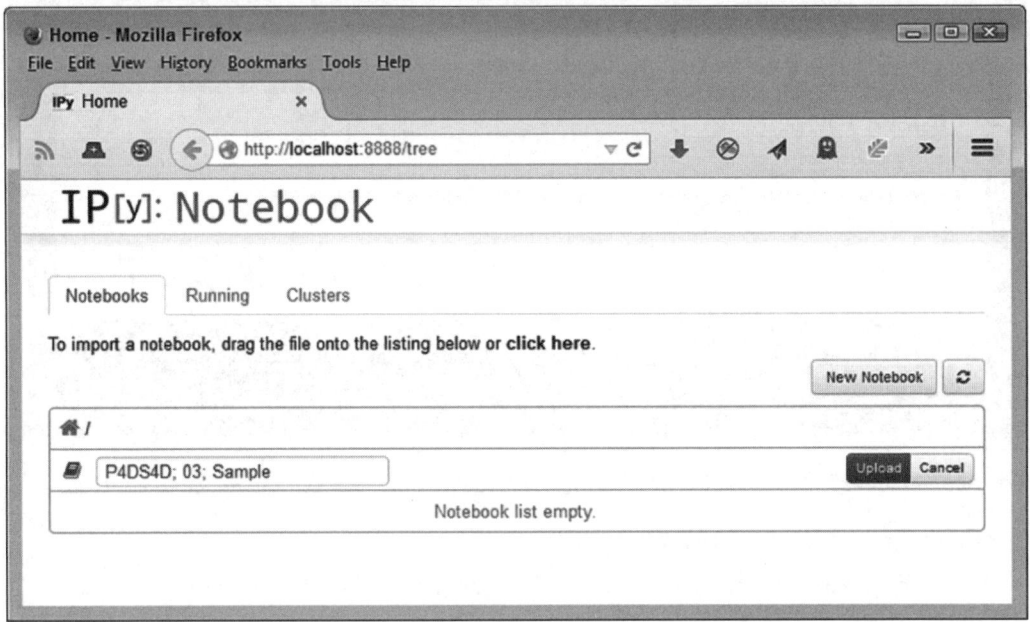

Abbildung 3.12: Die in das Archiv hochzuladenden Dateien erscheinen in einer Upload-Liste.

Verständnis der in diesem Buch verwendeten Datensätze

Dieses Buch nutzt eine große Anzahl von Datensätzen, die alle in der Scikit-learn-Bibliothek abgelegt sind. Diese Datensätze zeigen unterschiedliche Wege auf, wie Sie mit Daten arbeiten können, und Sie werden sie in den Beispielen für unterschiedliche Aufgaben beschreiten. Die folgende Liste gibt einen kurzen Überblick über die verwendeten Funktionen für den Import der Datensätze in Ihren Python-Code:

✔ `load_boston()`: Regressionsanalyse mit dem Boston-Immobilienpreisen-Datensatz

✔ `load_iris()`: Klassifikation mit dem Iris-Datensatz

✔ `load_diabetes()`: Regressionsanalyse mit dem Diabetes-Datensatz

✔ `load_digits([n_class])`: Klassifikation mit dem Zahlen-Datensatz

✔ `fetch_20newsgroups(subset='train')`: Daten aus 20 Nachrichtenforen

✔ `fetch_olivetti_faces()`: Olivetti-Gesichtsdatensatz von AT&T

Die Techniken zum Laden jedes dieser Datensätze sind für alle Beispiele analog. Das folgende Beispiel zeigt, wie der Boston-Immobilienpreis-Datensatz geladen wird. Sie finden den Quellcode im Notebook `P4DS4D; 03; Dataset Load.ipynb`.

```
from sklearn.datasets import load_boston
Boston = load_boston()
print Boston.data.shape
```

Um zu sehen, wie der Code arbeitet, klicken Sie auf Run Cell. Die Ausgabe des `print`-Aufrufs ist (506L, 13L), dargestellt in Abbildung 3.13.

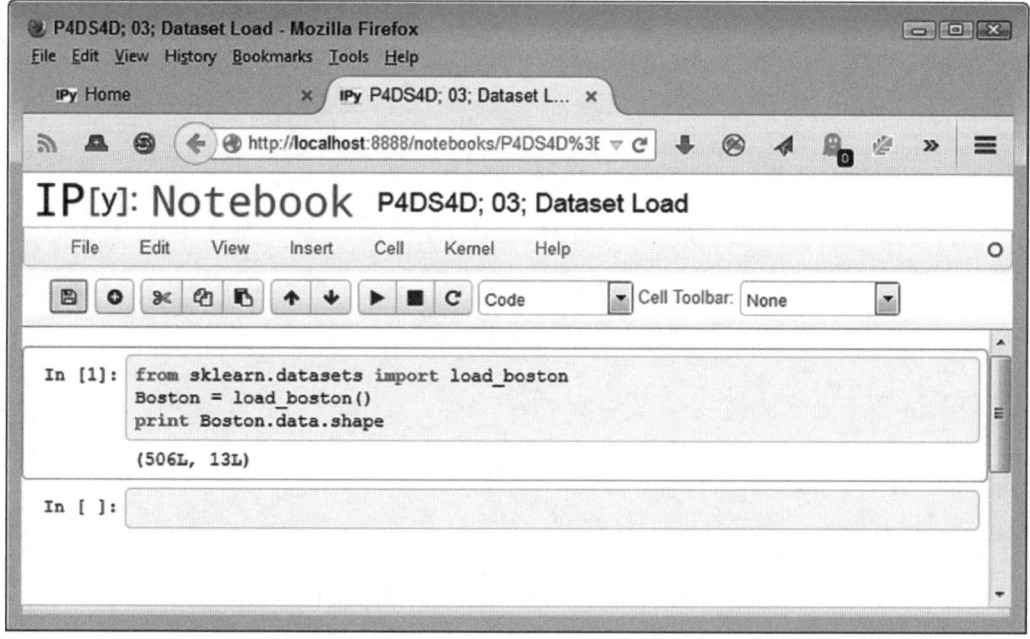

Abbildung 3.13: Das Boston-Objekt beinhaltet den geladenen Datensatz.

Die Grundlagen von Python

In diesem Kapitel

▶ Nutzung von Zahlen und Logik

▶ Arbeiten mit Strings

▶ Eintauchen in Daten

▶ Entwicklung von modularem Code

▶ Entscheidungsfindung und wiederholte Durchführung von Aufgaben

▶ Gliederung von Informationen in Mengen, Listen und Tupeln

▶ Durch Daten iterieren

▶ Einfachere Bereitstellung von Daten durch Bibliotheken

*I*n Kapitel 3 haben Sie erfahren, wie Sie Python spezifisch für Data Science installieren. Sie können diese Installation allerdings ebenfalls verwenden, um andere Aufgaben mit Python zu lösen, und das ist auch der beste Weg, um zu testen, ob Ihre Installation wie geplant funktioniert. Wenn Sie Python bereits kennen, können Sie dieses Kapitel überspringen und direkt zum nächsten gehen, aber überfliegen Sie es besser trotzdem und gehen Sie ein paar der Beispiele durch, um sicher zu sein, dass die Installation erfolgreich war.

Der Fokus dieses Kapitels liegt darauf, Ihnen einen guten Überblick darüber zu geben, wie Python als Programmiersprache funktioniert. Dazu gehört natürlich auch, Ihnen zu zeigen, wie Sie Python für Data-Science-Anwendungen nutzen können. Trotzdem können Sie Python mit diesem Buch nicht von Grund auf erlernen. Wenn Sie das möchten, benötigen Sie ein anderes Buch, wie beispielsweise mein Buch *Python programmieren lernen für Dummies*, oder ein Tutorial wie das auf `https://docs.python.org/2/tutorial/`. In diesem Kapitel wird davon ausgegangen, dass Sie bereits mit anderen Programmiersprachen gearbeitet haben und zumindest ansatzweise wissen, wie Python funktioniert. Abgesehen von dieser Einschränkung erhalten Sie in diesem Kapitel einen guten Überblick darüber, wie gewisse Dinge in Python funktionieren, und dies ist alles, was die meisten Leute überhaupt brauchen.

Dieses Buch nutzt Python 2.7.*x*. Die neueste Version zum Zeitpunkt des Schreibens dieses Buches ist Version 2.7.9. Wenn Sie versuchen, dieses Buch mit Python 3.4.2 (oder darüber) zu nutzen, müssen Sie die Beispiele anpassen, um die Versionsunterschiede auszugleichen. Der Kasten »Die Nutzung von Python 2.7.*x* für dieses Buch« in Kapitel 3 gibt Ihnen detaillierte Informationen über die Versionsunterschiede in Python. Wenn Sie die Beispiele in diesem Kapitel durchgehen, werden Sie einschätzen können, was mit den anderen Beispielen in diesem Buch passiert, falls Sie sich dazu entscheiden, Version 3.4.2 zu verwenden.

Stilistische Belange bei Python

Die Entwickler entwarfen Python, damit es leicht zu lesen und verständlich ist. Aus diesem Grund gibt es stilistische Konventionen. Diese sind in Pep-8 aufgelistet (`https://www.python.org/dev/peps/pep-0008/`). Wenn Sie Ihren Code mit jemand anderem austauschen oder ihn veröffentlichen wollen, müssen Sie sich streng an diese Grundsätze halten. Natürlich muss Quellcode, den Sie nur für sich selbst verwenden, nicht haargenau diesen Grundsätzen folgen.

Sie müssen den Leerzeichen-Regeln folgen, wenn Sie Ihren Code schreiben, weil Python diese nutzt, um festzustellen, wo Codestücke beginnen und wo sie enden. Zusätzlich hat Python einige merkwürdige Regeln, die scheinbar zufällig implementiert wurden, es jedoch einfach machen, mit dem Code zu arbeiten. Beispielsweise können Sie Leerzeichen und Tabstopps nicht im selben Dokument gleichzeitig verwenden, um Leerraum zu erzeugen, wenn Sie mit Python 3 arbeiten (Python 2 erlaubt das Mischen von Leerzeichen und Tabstopps). Bevorzugt sollten Leerzeichen verwendet werden, denn Editoren für Python nutzen diese standardmäßig.

Bei einigen stilistischen Regeln geht es mehr um Vorlieben als um Funktionalität. Beispielsweise werden Namen von Methoden bevorzugt kleingeschrieben, und es werden Unterstriche eingesetzt, um Wörter zu trennen, wie bei `my_method`. Sie können natürlich auch Großbuchstaben verwenden, wie bei `myMethod` oder `MyMethod`, und der Quellcode wird trotzdem kompiliert werden. Wenn Sie eine Methode *private* deklarieren möchten, müssen Sie einen Unterstrich voransetzen, wie bei `_my_method`. Die Verwendung von zwei Unterstrichen wie bei `_my_method` macht es schwierig für jemand anderen (wenn auch nicht unmöglich), die Methode zu nutzen. Sie müssen sich nicht sklavisch an die Stilregeln halten, wenn Sie bereit sind, mit den Konsequenzen zu leben.

Python beinhaltet vordefinierte Wörter wie `_init_`, `_import_` und `_file_`. Sie können diese Wörter nicht anderweitig nutzen, sondern nur mit der durch Python definierten Bedeutung. Eine Liste dieser vordefinierten Wörter finden Sie unter `http://www.rafekettler.com/magicmethods.html`. Dieses Handbuch vermittelt Ihnen auch die gebräuchlichsten Anwendungen dieser Wörter.

Arbeiten mit Zahlen und Logik

Data Science beinhaltet die Arbeit mit Daten unterschiedlichster Art, aber oftmals wird mit Zahlen gearbeitet. Zusätzlich nutzen Sie boolesche Werte, um Entscheidungen zu den Daten zu treffen, die Sie verwenden. Zum Beispiel sollten Sie wissen, ob zwei Werte gleich sind oder ein Wert größer als der andere ist. Python unterstützt diese Zahlen und logischen Werte:

✔ Jede ganze Zahl ist ein *Integer*. Zum Beispiel ist der Wert 1 eine ganze Zahl und somit ein Integer. Andererseits ist 1.0 keine ganze Zahl, da sie eine Dezimalstelle hat. Integerzahlen haben den Datentyp `int`. Auf den meisten Plattformen können Sie Zahlen zwischen −9.223.372.036.854.775.808 und 9.223.372.036.854.775.807 mit `int` speichern (dies ist der maximale Wert, der in eine 64-Bit-Variable passt).

✔ Jede Zahl, die eine Dezimalstelle enthält, ist eine *Gleitkommazahl*. Viele Leute kommen mit ganzen Zahlen und Gleitkommazahlen durcheinander, aber man kann sich den Unterschied ganz einfach merken. Wenn Sie ein Komma in der Zahl sehen, ist es eine Gleitkommazahl. Python ordnet Gleitkommazahlen dem Datentyp `float` zu. Der größte Wert, den eine Gleitkommazahl auf den meisten Plattformen annehmen kann, ist $+1,7976931348623157 \times 10^{308}$ und der kleinste ist $+2,2250738585072014 \times 10^{-308}$.

✔ Eine *komplexe Zahl* besteht aus einer reellen und einer imaginären Zahl. Wenn Sie alles über komplexe Zahlen vergessen haben, können Sie es unter `http://www.mathsisfun.com/numbers/complex-numbers.html` nachlesen. Der imaginäre Teil einer komplexen Zahl wird immer mit einem nachgestellten *j* dargestellt. Wenn Sie also eine komplexe Zahl mit 3 als reellen Teil und 4 als imaginären Teil haben, stellen Sie die Zuordnung folgendermaßen auf: `myComplex = 3 + 4j`.

✔ Logische Argumente erfordern boolesche Werte, die nach George Boole benannt wurden. Wenn Sie einen booleschen Wert in Python verwenden, nutzen Sie den Datentyp `bool`. Eine Variable dieses Typs kann nur zwei Werte annehmen: `True` oder `False`. Sie können einen Wert zuweisen, indem Sie das `True`- oder das `False`-Schlüsselwort verwenden, oder Sie entwerfen einen logischen Ausdruck, der wahr (`True`) oder falsch (`False`) entspricht. Verwendeten Sie beispielsweise `myBool = 1 > 2`, würde das `False` entsprechen, da 1 nicht größer als 2 ist.

Da Sie jetzt über die Grundlagen verfügen, wird es Zeit, die Datentypen in Aktion zu erleben. Die folgenden Abschnitte geben einen kurzen Überblick darüber, wie Sie in Python mit numerischen und logischen Daten arbeiten können.

Zuordnung von Variablen

Wenn Sie mit Anwendungen arbeiten, speichern Sie Informationen in *Variablen*. Eine Variable ist eine Art Aufbewahrungsbox. Wann immer Sie mit den Informationen arbeiten wollen, nutzen Sie dafür die Variable. Wenn Sie neue Informationen speichern möchten, legen Sie diese in einer Variablen ab. Wenn Sie Informationen ändern möchten, müssen Sie zuerst auf die Variable zugreifen und dann den neuen Wert in der Variablen ablegen. Genau so, wie Sie Dinge in Aufbewahrungsboxen in der realen Welt ablegen, können Sie Dinge in Variablen speichern, wenn Sie mit Anwendungen arbeiten. Um Daten in einer Variablen zu speichern, *weisen* Sie die Daten unter Verwendung von zuweisenden Operatoren *zu* (spezielle Symbole, die vorgeben, wie die Daten zu speichern sind). Tabelle 4.1 zeigt die zuweisenden Operatoren, die von Python unterstützt werden.

Operator	Beschreibung	Beispiel
=	Weist den Wert des linken Operanden dem rechten Operanden zu.	MyVar = 2 MyVar enthält 2
+=	Addiert den Wert des rechten Operanden zum Wert des linken Operanden und gibt das Ergebnis im linken Operanden aus.	MyVar += 2 MyVar enthält 7
-=	Subtrahiert den Wert des rechten Operanden vom Wert des linken Operanden und gibt das Ergebnis im linken Operanden aus.	MyVar -= 2 MyVar enthält 3
*=	Multipliziert den Wert des rechten Operanden mit dem Wert des linken Operanden und gibt das Ergebnis im linken Operanden aus.	MyVar *= 2 MyVar enthält 10
/=	Dividiert den Wert des rechten Operanden durch den Wert des linken Operanden und gibt das Ergebnis im linken Operanden aus.	MyVar /= 2 MyVar enthält 2.5
%=	Dividiert den Wert des rechten Operanden durch den Wert des linken Operanden und legt den Rest im linken Operanden ab.	MyVar %= 2 MyVar enthält 1
**=	Potenziert den Wert des linken Operanden mit dem Wert des rechten Operanden und legt das Ergebnis im linken Operanden ab.	MyVar ** 2 MyVar enthält 25
//=	Dividiert den Wert des linken Operanden durch den Wert des rechten Operanden und legt den Integer (ganze Zahl) im linken Operanden ab.	MyVar //= 2 MyVar enthält 2

Tabelle 4.1: Zuweisende Operatoren in Python

Arithmetik

Wenn Informationen in Variablen gespeichert werden, sind diese leicht zugänglich. Damit man mit Variablen jedoch sinnvoll arbeiten kann, führen Sie gewöhnlich einige arithmetische Operationen damit aus. Python unterstützt gebräuchliche arithmetische Operatoren, die Sie nutzen können, um Aufgaben von Hand zu lösen. Diese sind in Tabelle 4.2 aufgelistet.

Operator	Beschreibung	Beispiel
+	Addiert zwei Werte.	5 + 2 = 7
-	Subtrahiert den rechten Operanden vom linken Operanden.	5 – 2 = 3
*	Multipliziert den rechten Operanden mit dem linken Operanden.	5 * 2 = 10
/	Dividiert den linken Operanden durch den rechten Operanden.	5/2 = 2.5
%	Dividiert den linken Operanden durch den rechten Operanden und gibt den Rest aus.	5 % 2 = 1
**	Potenziert den rechten Operanden mit dem linken Operanden.	5 ** 2 = 25
//	Führt eine Integer-Division aus, wobei der linke Operand durch den rechten Operanden dividiert wird und nur die ganze Zahl ausgegeben wird (auch Ganzzahldivision genannt).	5 // 2 = 2

Tabelle 4.2: Arithmetische Operatoren in Python

Manchmal arbeiten Sie auch lediglich mit einer Variablen. Python unterstützt einige *unäre Operatoren*, die nur mit einer Variablen arbeiten, wie in Tabelle 4.3 gezeigt.

Operator	Beschreibung	Beispiel
~	Invertiert die Bits einer Reihe so, dass alle Bits 0 zu Bit 1 werden und umgekehrt.	~ 4 ergibt den Wert -5
-	Negiert den Originalwert, sodass positive Werte negativ werden und umgekehrt.	-(-4) ergibt 4 und -4 ergibt -4
+	Steht hier nur wegen der Vollständigkeit. Dieser Operator gibt den gleichen Wert aus, den Sie eingegeben haben.	+4 ergibt den Wert 4

Tabelle 4.3: Unäre Operatoren in Python

Computer können aufgrund der Art und Weise, wie der Prozessor arbeitet, andere Arten mathematischer Aufgaben lösen. Es ist wichtig, zu bedenken, dass Computer die Daten in Folgen einzelner Bits speichern. Python ermöglicht den Zugang zu diesen Bits über *Bitoperatoren*, wie in Tabelle 4.4 gezeigt.

Operator	Beschreibung	Beispiel
& (Und)	Ermittelt bitweise, ob die einzelnen Bits innerhalb der beiden Operanden beide wahr sind, und setzt das resultierende Bit auf wahr, wenn sie es sind.	0b1100 & 0b0110 = 0b0100
| (Oder)	Ermittelt, ob eines der einzelnen Bits innerhalb der beiden Operanden wahr ist, und setzt das resultierende Bit auf wahr, wenn das so ist.	0b1100 | 0b0110 = 0b1110
^ (ausschließendes Oder)	Ermittelt, ob eines der einzelnen Bits innerhalb der Operanden wahr ist, und setzt das resultierende Bit auf wahr, wenn es auf eines der Bits zutrifft. Wenn beide Bits wahr oder beide falsch sind, wird falsch ausgegeben.	0b1100 ^ 0b0110 = 0b0b1010
~ (Einerkomplement)	Berechnet das Einerkomplement einer Zahl.	~0b1100 = -0b1101 ~0b0110 = -0b0111
<< (Linksverschiebung)	Verschiebt die Bits des linken Operanden um den Wert des rechten Operanden nach links. Alle neuen Bits werden auf 0 gesetzt und alle Bits, die herausgeschoben werden, gehen verloren.	0b00110011 << 2 = 0b11001100
>> Rechtsverschiebung	Verschiebt die Bits des linken Operanden um den Wert des rechten Operanden nach rechts. Alle neuen Bits werden auf 0 gesetzt und alle Bits, die herausgeschoben werden, gehen verloren.	0b00110011 >> 2 = 0b00001100

Tabelle 4.4: Bitoperatoren in Python

Vergleichen von Daten mit booleschen Ausdrücken

Die Verwendung von Arithmetik zur Veränderung des Variableninhalts ist eine Form der Datenmanipulation. Um die Auswirkungen der Datenmanipulation zu bestimmen, muss ein Computer den aktuellen Zustand der Variablen mit dem Originalzustand oder dem Zustand eines bekannten Wertes vergleichen. Manchmal wird auch eine Eingabe mit einer anderen verglichen. All diese Operationen überprüfen das Verhältnis zwischen zwei Variablen, sodass die Operatoren relationale Operatoren sind, wie in Tabelle 4.5 dargestellt.

Operator	Beschreibung	Beispiel
= =	Ermittelt, ob zwei Werte gleich sind. Beachten Sie, dass bei diesem relationalen Operator zwei Gleichheitszeichen verwendet werden. Ein häufiger Fehler von Entwicklern ist, nur ein Gleichheitszeichen zu setzen, wodurch ein Wert dem anderen zugeordnet wird.	1 = = 2 ist False
!=	Ermittelt, ob zwei Werte nicht gleich sind. Bei manchen alten Python-Versionen ist es möglich, den Operator <> anstelle von != zu verwenden. <> führt in neueren Versionen von Python zu einem Fehler.	1 != 2 ist True
>	Prüft, ob der Wert des linken Operanden größer als der Wert des rechten Operanden ist.	1 > 2 ist False
<	Prüft, ob der Wert des linken Operanden kleiner als der Wert des rechten Operanden ist.	1 < 2 ist True
>=	Prüft, ob der Wert des linken Operanden größer oder gleich dem Wert des rechten Operanden ist.	1 >= 2 ist False
<=	Prüft, ob der Wert des linken Operanden kleiner oder gleich dem Wert des rechten Operanden ist.	1 <= 2 ist True

Tabelle 4.5: Relationale Operatoren in Python

Manchmal kann ein relationaler Operator nicht das Gesamtverhältnis zweier Variablen darstellen. Wenn Sie beispielsweise einen Zustand überprüfen müssen, werden zwei einzelne Vergleiche benötigt, wie bei MyAge > 40 und MyHeight < 74. Die Notwendigkeit, die Bedingungen für den Vergleich zu ergänzen, erfordert einen booleschen Operator, wie in Tabelle 4.6 dargestellt.

Operator	Beschreibung	Beispiel
and	Ermittelt, ob beide Operanden True sind.	True and True ist True True and False ist False False and True ist False False and False ist False
or	Ermittelt, ob einer der beiden Operanden True ist.	True or True ist True True or False ist True False or True ist True False or False ist False
not	Negiert den Wahrheitswert eines einzelnen Operanden. Ein True-Wert wird False und ein False-Wert wird zu True.	not True ist False not False ist True

Tabelle 4.6: Logische Operatoren in Python

Computer weisen manchen Operatoren mehr Bedeutung zu als anderen. Die Reihenfolge der Operatoren wird auch als *Rangfolge* bezeichnet. Tabelle 4.7 zeigt die Rangfolge aller gebräuchlichen Python-Operatoren, einschließlich solcher, die bisher noch nicht behandelt wurden.

Operator	Beschreibung
( )	Verwenden Sie Klammern, um Ausdrücke zu gruppieren und die Standardrangfolge der Operatoren zu ändern.
**	Der Wert des linken Operanden wird mit dem Wert des rechten potenziert.
~ + -	Ünäre Operatoren interagieren mit einer einzigen Variablen oder einem Ausdruck.
* / % //	Multiplikation, Division, Modulo oder Ganzzahldivision
+ -	Addition und Subtraktion
>> <<	Bitverschiebung nach rechts oder links
&	Bitweises Und
^ |	Bitweises ausschließendes Oder und Standard-Oder
< =< > >=	Vergleichsoperatoren
= !=	Gleichheitsoperatoren
= %= /= //= -= += *= **=	Zuweisungsoperatoren
is is not	Identitätsoperatoren
in not in	Zugehörigkeitsoperatoren
not or and	Logische Operatoren

Tabelle 4.7: Rangfolge der Operatoren in Python

Erstellung und Nutzung von Zeichenketten

Unter allen Datentypen werden Zeichenketten (oder auch Strings genannt) von Menschen am leichtesten und von Computern manchmal gar nicht verstanden. Ein String ist ganz einfach eine Aneinanderreihung von Zeichen, die von Anführungszeichen eingeschlossen ist. Bei `my-String = "Python ist eine grossartige Programmiersprache."` zum Beispiel weist `myString` eine Zeichenkette zu.

Der Computer kann keine Buchstaben sehen. Jeder Buchstabe, den Sie verwenden, ist mit einer Zahl im Speicher hinterlegt. Der Buchstabe *A* zum Beispiel ist eigentlich die Zahl 65. Um sich davon zu überzeugen, tippen Sie `ord(»A«)` in der Python-Eingabeaufforderung ein und drücken ⏎. Sie sehen die 65 in der Ausgabe. Mit dem `ord()`-Kommando ist es möglich, jeden einzelnen Buchstaben als sein numerisches Äquivalent auszugeben.

Da der Computer Zeichenketten nicht wirklich versteht, sie aber so nützlich für das Schreiben von Anwendungen sind, müssen Sie einen String manchmal in eine Zahl umwandeln. Dafür nutzen Sie die Kommandos `int()` und `float()`. Wenn Sie zum Beispiel `myInt = int("123")` in der Python-Eingabeaufforderung eingeben und ⏎ drücken, erstellen Sie einen `int`-Wert, genannt `myInt`, der den Wert »123« hat.

Genauso können Sie mithilfe des Kommandos `str()` Zahlen in eine Zeichenkette umwandeln. Wenn Sie beispielsweise `myStr = str(1234.56)` eingeben und ⏎ drücken, erzeugen Sie einen String mit dem Wert `"1234.56"` und weisen ihn der Variablen `myStr` zu. Der Punkt ist, dass Sie ganz einfach zwischen Strings und Zahlen wechseln können. In späteren Kapiteln werden Sie sehen, wie diese Umwandlungen zunächst schwierig erscheinende Aufgaben leicht lösbar machen.

Genau wie mit Zahlen können Sie einige spezielle Operatoren auch mit Zeichenketten verwenden (und viele Objekte). *Zugehörigkeitsoperatoren* ermöglichen die Bestimmung, ob ein String einen spezifischen Inhalt besitzt. Tabelle 4.8 zeigt diese Operatoren.

Operator	Beschreibung	Beispiel
in	Ermittelt, ob der Wert des linken Operanden in der Sequenz des rechten Operanden vorkommt.	»Hallo« *in* »Hallo Tschüss« ist `True`
not in	Ermittelt, ob der Wert des linken Operanden in der Sequenz des rechten Operanden fehlt.	»Hallo« *not in* »Hallo Tschüss« ist `False`

Tabelle 4.8: Zugehörigkeitsoperatoren in Python

Die Diskussion in diesem Abschnitt zeigt, weshalb Sie die Art der Daten kennen müssen, die in den Variablen enthalten sind. Sie nutzen *Identitätsoperatoren*, um diese Aufgabe zu lösen, wie in Tabelle 4.9 dargestellt.

Operator	Beschreibung	Beispiel
is	Ergibt True, falls der Typ des Wertes oder Ausdrucks des rechten Operanden vom gleichen Typ wie der des linken Operanden ist.	Type(2) *is* int ist True
is not	Ergibt True, falls der Typ des Wertes oder Ausdrucks des rechten Operanden einen anderen Typ als der des linken Operanden aufweist.	type(2) *is not* int ist False

Tabelle 4.9: Identitätsoperatoren in Python

Interaktionen mit einer Zeitangabe

Die meisten Menschen arbeiten mit Datum und Zeit. Die Gesellschaft basiert geradezu auf Datum und Zeit und legt Wert auf die Zeit, die für die Lösung einer Aufgabe benötigt wird oder wurde. Wir machen Verabredungen und planen Events zu einem bestimmten Datum und einer bestimmten Zeit. Unser gesamter Tag dreht sich um die Zeit. Aufgrund der zeitorientierten Natur des Menschen ist es eine gute Idee, zu schauen, wie Python sich bei der Interaktion mit Datum und Zeit verhält (speziell beim Speichern dieser Werte für den späteren Gebrauch). Wie bei allem anderen verstehen Computer nur Zahlen – Datum und Zeit existieren nicht wirklich.

 Um mit Datum und Zeit zu arbeiten, müssen Sie ein spezielles import datetime-Kommando verwenden. Technisch gesehen bezeichnet man dies als *Import eines Moduls*. Machen Sie sich keine Gedanken über die Funktionsweise des Kommandos – setzen Sie es einfach ein, wenn Sie irgendetwas mit Datum und Zeit tun wollen.

Computer haben eine Uhr, die aber für den Benutzer gedacht ist, der den Computer verwendet. Natürlich, es gibt Software, die auf der Uhr basiert, aber noch mal: Der Hauptgrund ist der Nutzer und nicht die Notwendigkeit für den Computer. Um die aktuelle Zeit zu erhalten, können Sie einfach datetime.datetime.now() eingeben und ⏎ drücken. Sie sehen das komplette Datum und die Uhrzeit (siehe Abbildung 4.1).

Sie werden bemerkt haben, dass Datum und Zeit im ausgegebenen Format schwer zu lesen sind. Angenommen, Sie möchten nur das aktuelle Datum in einem lesbaren Format angezeigt bekommen. Um das zu realisieren, wird lediglich der Datumsteil verwendet, und die Ausgabe wird in eine Zeichenkette umgewandelt. Geben Sie str(datetime.datetime.now().date()) ein und drücken Sie ⏎. Abbildung 4.2 zeigt nun die lesbarere Ausgabe.

Interessant ist, dass Python ein time()-Kommando bietet, mit dem Sie die aktuelle Zeit erhalten. Sie können sich aber auch jeden einzelnen Wert von Datum und Zeit mit day, month, year, hour, minute, second und microsecond ausgeben lassen. In späteren Kapiteln werden Sie verstehen, wie Sie diese Datum- und Zeitwerte nutzen, um sich die Arbeit mit Data-Science-Anwendungen leichter zu machen.

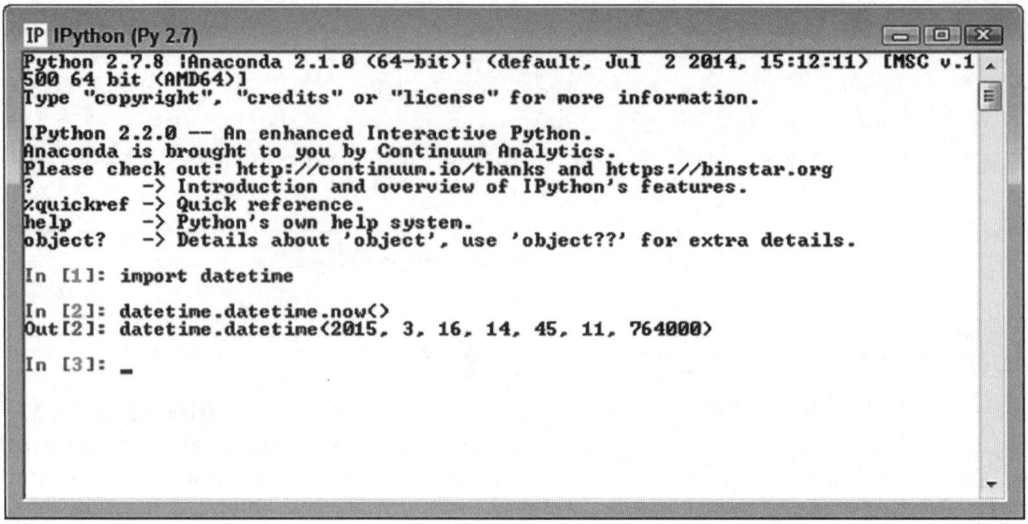

```
IP IPython (Py 2.7)                                                    ─ □ ✕
Python 2.7.8 !Anaconda 2.1.0 (64-bit)! (default, Jul  2 2014, 15:12:11) [MSC v.1
500 64 bit (AMD64)]
Type "copyright", "credits" or "license" for more information.

IPython 2.2.0 -- An enhanced Interactive Python.
Anaconda is brought to you by Continuum Analytics.
Please check out: http://continuum.io/thanks and https://binstar.org
?         -> Introduction and overview of IPython's features.
%quickref -> Quick reference.
help      -> Python's own help system.
object?   -> Details about 'object', use 'object??' for extra details.

In [1]: import datetime

In [2]: datetime.datetime.now()
Out[2]: datetime.datetime(2015, 3, 16, 14, 45, 11, 764000)

In [3]: _
```

Abbildung 4.1: Lassen Sie sich das komplette Datum und die Zeit mit dem now( )-Kommando ausgeben.

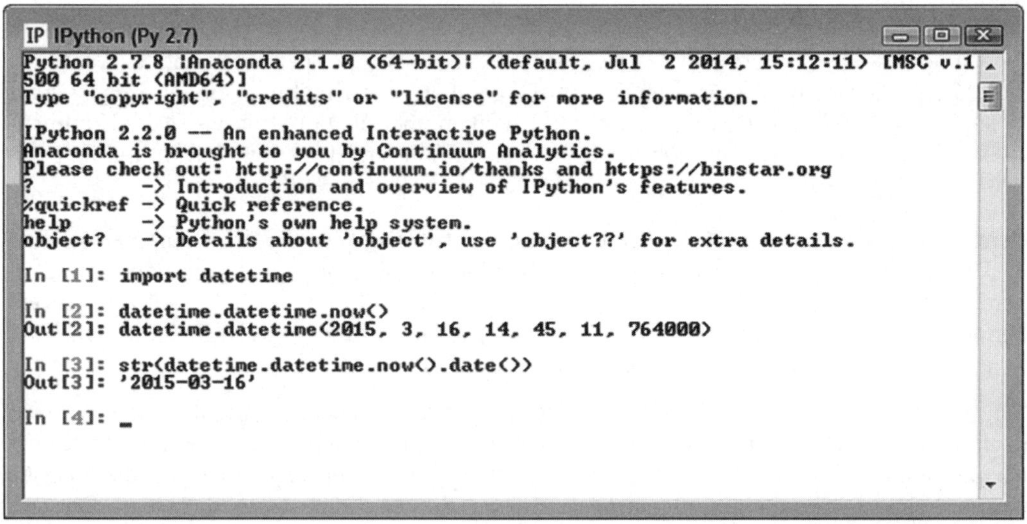

```
IP IPython (Py 2.7)                                                    ─ □ ✕
Python 2.7.8 !Anaconda 2.1.0 (64-bit)! (default, Jul  2 2014, 15:12:11) [MSC v.1
500 64 bit (AMD64)]
Type "copyright", "credits" or "license" for more information.

IPython 2.2.0 -- An enhanced Interactive Python.
Anaconda is brought to you by Continuum Analytics.
Please check out: http://continuum.io/thanks and https://binstar.org
?         -> Introduction and overview of IPython's features.
%quickref -> Quick reference.
help      -> Python's own help system.
object?   -> Details about 'object', use 'object??' for extra details.

In [1]: import datetime

In [2]: datetime.datetime.now()
Out[2]: datetime.datetime(2015, 3, 16, 14, 45, 11, 764000)

In [3]: str(datetime.datetime.now().date())
Out[3]: '2015-03-16'

In [4]: _
```

Abbildung 4.2: Machen Sie Datum und Zeit durch die Verwendung des `str( )`_-Kommandos lesbar._

Erstellung und Verwendung von Funktionen

Um richtig mit Informationen umzugehen, müssen Sie die zu verwendenden Tools entsprechend organisieren. Jede Codezeile, die Sie entwickeln, erfüllt eine spezifische Aufgabe, und Sie kombinieren diese Zeilen, um ein bestimmtes Ziel zu erreichen. Manchmal müssen Sie die Anweisungen mit unterschiedlichen Daten wiederholen, und in manchen Fällen wird Ihr Code so lang, dass es schwierig wird, nachzuvollziehen, was jeder Teil tut. Funktionen dienen als Organisationswerkzeuge, die Ihren Code sauber und ordentlich halten. Zusätzlich machen Funktionen es leicht, die Anweisungen, die Sie für andere Daten erstellt haben, wiederzuverwenden. Dieser Abschnitt des Kapitels beinhaltet alles über Funktionen. Viel wichtiger ist, dass Sie in diesem Abschnitt Ihrer erste richtige Anwendung erstellen – wie ein professioneller Entwickler.

Entwicklung wiederverwendbarer Funktionen

Sie gehen zu Ihrem Schrank, nehmen Hose und T-Shirt heraus, entfernen die Etiketten und ziehen sie an. Am Ende des Tages ziehen Sie alles aus und werfen es in den Müll. Hmmm … das ist nicht das, was die meisten Leute tun. Die meisten Leute ziehen ihre Kleidung aus, waschen sie und legen sie zur Wiederverwendung in den Kleiderschrank. Funktionen lassen sich ebenfalls wiederverwenden. Niemand möchte die gleiche Aufgabe ständig wiederholen, das wird monoton und langweilig. Wenn Sie eine Funktion erstellen, definieren Sie ein Paket mit Quellcode, das Sie immer und immer wieder für die gleiche Aufgabe verwenden können. Alles, was Sie tun müssen, ist, dem Computer zu sagen, mit welcher Funktion er eine spezifische Aufgabe lösen soll. Der Computer führt treu jede Anweisung der Funktion aus, sobald Sie ihn darum bitten.

 Wenn Sie mit Funktionen arbeiten, wird der Code, der die Funktion aufruft, *Caller* genannt. Der Caller muss die Funktion mit Informationen versorgen und die Funktion gibt Informationen an den Caller zurück.

Zunächst enthielten Computerprogramme das Konzept der Codewiederverwendung nicht, und daher mussten Entwickler den gleichen Code immer wieder neu erstellen. Es hat jedoch nicht lange gedauert, bis jemand auf die Idee kam, Funktionen zu verwenden, und diese Konzepte haben sich über viele Jahre entwickelt. Mittlerweile sind Funktionen ziemlich flexibel geworden, sie machen alles, was Sie möchten. Die Wiederverwendbarkeit von Code ist als Teil von Anwendungen erforderlich für:

✔ die Reduzierung der Entwicklungszeit

✔ die Reduzierung von Programmfehlern

✔ die Verbesserung der Zuverlässigkeit der Anwendung

✔ das Profitieren einer ganzen Gruppe von der Arbeit eines Entwicklers

✔ die leichtere Verständlichkeit des Codes

✔ die Verbesserung der Anwendungseffizienz

Tatsächlich tun Funktionen einiges für eine Anwendung in Bezug auf die Wiederverwendbarkeit. Wenn Sie sich durch die Beispiele dieses Buches arbeiten, werden Sie sehen, wie das Konzept der Wiederverwendbarkeit Ihre Arbeit wesentlich einfacher macht.

Die Entwicklung einer Funktion erfordert nicht viel Aufwand. Um zu sehen, ob die Funktion arbeitet, öffnen Sie IPython und geben den folgenden Code ein (drücken Sie am Ende jeder Zeile ⏎):

```
def SayHello():
    print('Hallo!')
```

Am Ende der Funktion drücken Sie am Ende der letzten Zeile ein zweites Mal ⏎. Eine Funktion beginnt mit dem Schlüsselwort `def` (für »definiere«, englisch: »define«). Sie geben der Funktion einen Namen und klammern die *Argumente* ein (Daten, die in der Funktion verwendet werden), die die Funktion enthalten kann, gefolgt von einem Doppelpunkt. Der Editor rückt automatisch die nächste Zeile für Sie ein. Python nutzt Leerzeichen, um *Codeblöcke* zu definieren (Codezeilen, die innerhalb der Funktion anderen Codezeilen zugeordnet sind).

Sie können die Funktion jetzt verwenden. Geben Sie einfach `SayHello()` ein und drücken Sie ⏎. Die Klammern nach dem Funktionsnamen sind wichtig, weil sie Python sagen, dass die Funktion ausgeführt werden soll. Sie dienen nicht dazu, Ihnen mitzuteilen, dass Sie gerade auf das Objekt einer Funktion zugreifen (um zu bestimmen, was es ist). Abbildung 4.3 zeigt die Ausgabe dieser Funktion.

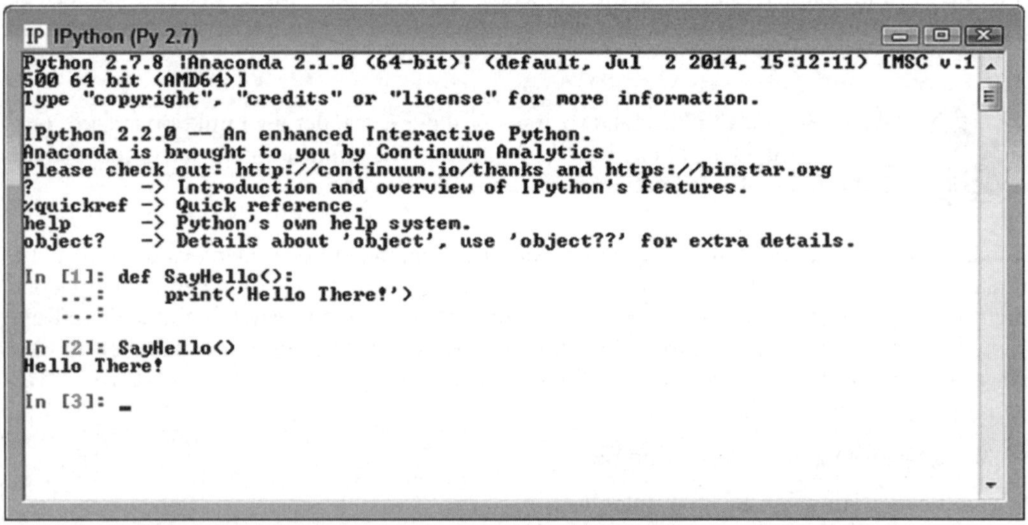

Abbildung 4.3: Erstellung und Verwendung einer Funktion sind ganz einfach.

Der Aufruf einer Funktion auf unterschiedliche Arten

Funktionen können Argumente akzeptieren (zusätzliche Bits an Daten) und Werte zurückgeben. Die Möglichkeit, Daten auszutauschen, macht Funktionen noch nützlicher. Die folgenden Abschnitte beschreiben, wie Sie Funktionen auf unterschiedliche Art und Weise aufrufen können, um Daten zu senden und zu erhalten.

Senden erforderlicher Argumente

Eine Funktion kann den Caller benötigen, um ihm Argumente zur Verfügung zu stellen. Ein erforderliches Argument ist eine Variable, die Daten für die Funktion beinhaltet, mit denen gearbeitet werden soll. Öffnen Sie IPython und geben Sie den folgenden Code ein:

```
def DoSum(Value1, Value2):
    return Value1 + Value2
```

Sie haben jetzt eine neue Funktion, DoSum(). Diese Funktion erfordert, dass Sie zwei Argumente zur Verfügung stellen – zumindest soweit Sie bisher wissen. Geben Sie DoSum() ein und drücken Sie ⏎. Sie sehen eine Fehlermeldung, wie in Abbildung 4.4 gezeigt, die Ihnen mitteilt, dass DoSum zwei Argumente benötigt.

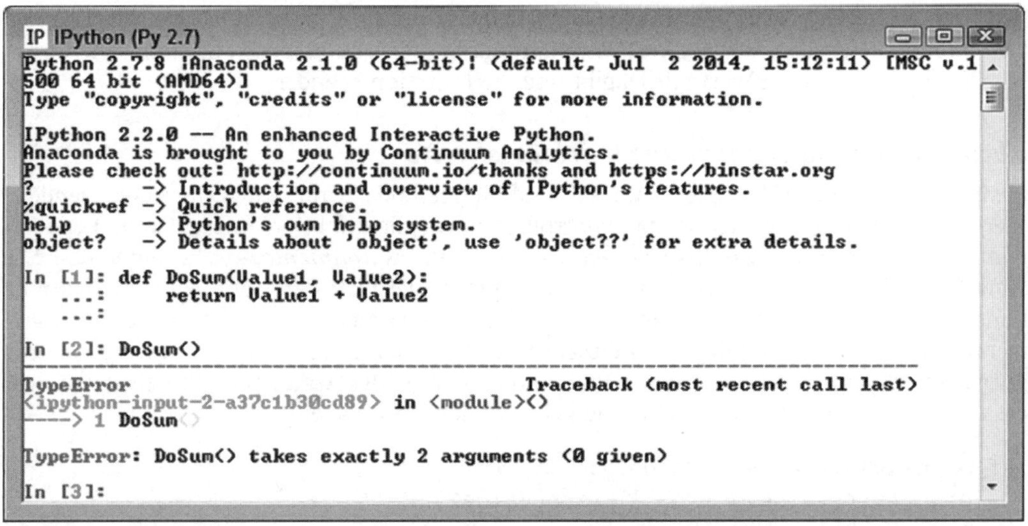

Abbildung 4.4: Sie müssen ein Argument übergeben, ansonsten erhalten Sie eine Fehlermeldung.

Wenn Sie DoSum() mit nur einem Argument verwenden, resultiert dies in einer weiteren Fehlermeldung. Damit Sie DoSum() verwenden können, müssen Sie zwei Argumente übergeben. Um zu sehen, wie das funktioniert, geben Sie DoSum(1, 2) ein und drücken ⏎. Sie sehen das Ergebnis in Abbildung 4.5.

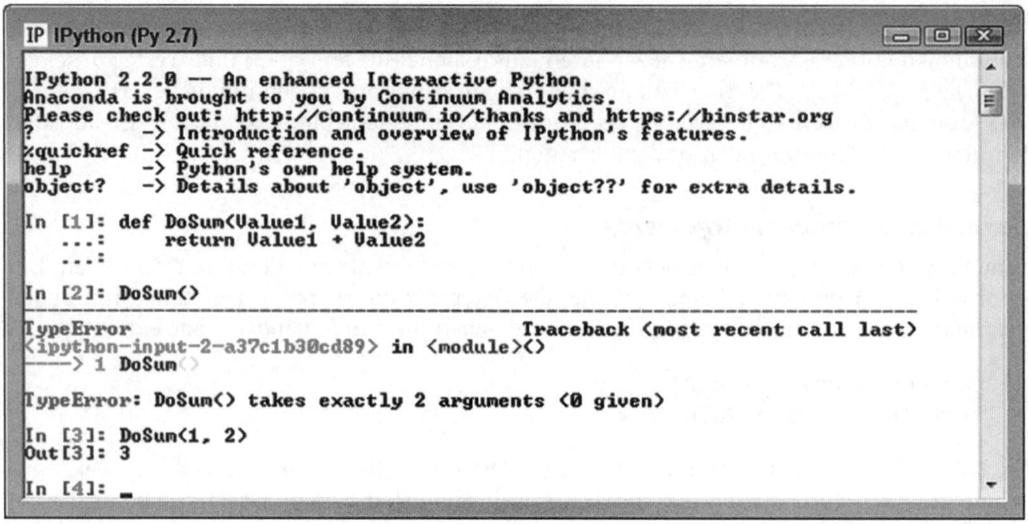

```
IP  IPython (Py 2.7)                                              [-][□][✕]

IPython 2.2.0 -- An enhanced Interactive Python.
Anaconda is brought to you by Continuum Analytics.
Please check out: http://continuum.io/thanks and https://binstar.org
?         -> Introduction and overview of IPython's features.
%quickref -> Quick reference.
help      -> Python's own help system.
object?   -> Details about 'object', use 'object??' for extra details.

In [1]: def DoSum(Value1, Value2):
   ...:         return Value1 + Value2
   ...:

In [2]: DoSum()
---------------------------------------------------------------------------
TypeError                                 Traceback (most recent call last)
<ipython-input-2-a37c1b30cd89> in <module>()
----> 1 DoSum()

TypeError: DoSum() takes exactly 2 arguments (0 given)

In [3]: DoSum(1, 2)
Out[3]: 3

In [4]: _
```

Abbildung 4.5: Das Übergeben von zwei Argumenten liefert die erwartete Ausgabe.

Beachten Sie, dass DoSum() den Wert 3 zurückgibt, wenn Sie 1 und 2 in der Eingabe übergeben. return liefert den Ausgabewert. Wann immer Sie return in einer Funktion sehen, wissen Sie, dass diese einen Wert zurückgibt und die Funktion beendet.

Übergabe von Argumenten durch Schlüsselworte

Wenn Ihre Funktionen komplexer werden und die Methoden, mit denen Sie sie verwenden, ebenso, möchten Sie vielleicht genau kontrollieren, wie die Funktion aufgerufen und wie Argumente übergeben werden. Bis jetzt kennen Sie *Positionsargumente*, was bedeutet, dass Sie Werte in der Reihenfolge übergeben haben, in der sie in der Liste der Argumente für die Funktionsdefinition erscheinen. Allerdings besitzt Python eine Methode zur Übergabe von Argumenten durch ein Schlüsselwort. In diesem Fall übergeben Sie den Namen des Argumentes gefolgt von einem Gleichheitszeichen (=) und dem Wert des Arguments. Um zu sehen, wie das funktioniert, öffnen Sie IPython und geben folgenden Code ein:

```
def DisplaySum(Value1, Value2):
    print(str(Value1) + ' + ' + str(Value2) + ' = ' +
    str((Value1 + Value2)))
```

Beachten Sie, dass das Argument der Funktion print() eine Liste von auszugebenden Dingen enthält, die durch Pluszeichen (+) voneinander getrennt sind. Zusätzlich haben die Argumente unterschiedliche Typen, weshalb Sie sie mit der Funktion str() umwandeln müssen. Python macht es auf diese Weise leicht, Argumente zu mischen und zusammenzuführen. Diese Funktion führt außerdem das Konzept der automatischen Zeilenvervollständigung ein. Die print()-Funktion hat aktuell zwei Zeilen und Python vervollständigt automatisch die Funktion von der ersten zur zweiten Zeile.

Nun wird es Zeit, `DisplaySum()` zu testen. Natürlich wollen Sie die Funktion zunächst mit Positionsargumenten testen, also geben Sie `DisplaySum(2, 3)` ein und drücken ⏎. Sie sehen die erwartete Ausgabe `2 + 3 = 5`. Geben Sie jetzt `DisplaySum (Value2 = 3, Value1 = 2)` ein und drücken Sie erneut ⏎. Sie erhalten wieder die Ausgabe `2 + 3 = 5`, obwohl die Position des Arguments vertauscht wurde.

Standardwerte für Funktionsargumente

Egal ob Sie einen Aufruf mit Funktionsargumenten oder mit Schlüsselwörtern vornehmen, die Funktion erfordert die Zuweisung eines Wertes. Manchmal nutzt eine Funktion einen Standardwert, wenn ein gemeinsamer Wert vorhanden ist. Standardwerte machen es leichter, eine Funktion zu nutzen, und unwahrscheinlicher, einen Fehler zu verursachen, wenn der Entwickler keinen Wert zuweist. Um einen Standardwert festzulegen, setzen Sie hinter den Argumentnamen einfach ein Gleichheitszeichen und den Standardwert. Um das auszuprobieren, öffnen Sie IPython und geben folgenden Code ein:

```
def SayHello(Greeting = "Kein Wert übergeben"):
    print(Greeting)
```

Die Funktion `SayHello()` stellt einen automatischen Wert für `Greeting` bereit, sofern der Caller keinen übergibt. Wenn man versucht, `SayHello()` ohne ein Argument aufzurufen, erscheint kein Fehler. Geben Sie `SayHello()` ein und drücken Sie ⏎, um es selbst zu sehen – Sie sehen die Standardnachricht. Geben Sie `SayHello("Howdy!")` ein, um eine normale Ausgabe zu erhalten.

Funktionen mit variabler Anzahl von Argumenten

In den meisten Fällen wissen Sie von vornherein, wie viele Argumente Sie für Ihre Funktion benötigen. Die Anzahl festzulegen lohnt sich, da bei Funktionen mit einer festen Anzahl von Argumenten die Fehlersuche später einfacher ist. Manchmal kann man aber einfach nicht bestimmen, wie viele Argumente die Funktion am Ende haben wird. Wenn Sie zum Beispiel eine Python-Anwendung von der Kommandozeile aus starten, kann der Nutzer eine beliebige Anzahl an Argumenten übergeben.

Glücklicherweise stellt Python eine Technik zur Zuweisung einer variablen Anzahl von Argumenten zu einer Funktion zur Verfügung. Sie entwickeln einfach ein Argument, dem ein Sternchen vorangestellt ist, wie bei `*VarArgs`. Die übliche Vorgehensweise ist, ein zweites Argument zu übergeben, das die Anzahl der Argumente enthält. Um zu sehen, wie das funktioniert, öffnen Sie IPython und geben folgenden Code ein:

```
def DisplayMulti(ArgCount = 0, *VarArgs):
    print('You passed ' + str(ArgCount) + ' arguments.',
    VarArgs)
```

Beachten Sie, dass die `print()`-Funktion zunächst die Zeichenkette anzeigt und dann die Liste der Argumente. Aufgrund der Art und Weise, wie diese Funktion aufgebaut ist, können Sie `DisplayMulti()` eingeben und ⏎ drücken, um zu sehen, dass es möglich ist, 0 Argumente zuzuweisen. Um zu sehen, wie das mit mehreren Argumenten funktioniert, geben Sie

DisplayMulti(3, 'Hello', 1, True) ein und drücken ⏎. Die Ausgabe ('You passed 3 arguments.', ('Hello', 1, True)) zeigt, dass die Werte einen beliebigen Typ haben können.

Verwendung von bedingten und iterativen Anweisungen

Computeranwendungen sind nicht besonders nützlich, wenn sie jedes Mal exakt das Gleiche exakt gleich oft machen. Ja, sie können nützliche Arbeit verrichten, aber das Leben hält wenige Situationen bereit, in denen die Voraussetzungen immer die gleichen sind. Damit man sich ändernde Situationen einbeziehen kann, müssen die Anwendungen Entscheidungen treffen können und Aufgaben unterschiedlich oft ausführen. Bedingte und iterative Anweisungen machen die Ausführung solcher Aufgaben möglich, wie in den folgenden Abschnitten beschrieben.

Entscheidungsfindung mit der if-Anweisung

Sie nutzen die »if«-Anweisung im täglichen Leben, wenn Sie zum Beispiel zu sich selbst sagen: »Immer wenn Mittwoch ist, esse ich Thunfischsalat zu Mittag.« Die Python-Anweisung if ist ein bisschen wortkarger, folgt aber exakt dem gleichen Muster. Um zu sehen, wie das funktioniert, öffnen Sie IPython und geben folgenden Code ein:

```
def TestValue(Value):
    if Value == 5:
        print('Wert entspricht 5!')
    elif Value == 6:
        print('Wert entspricht 6!')
    else:
        print('Wert ist etwas anderes.')
        print('Wert entspricht ' + str(Value))
```

Jede Python-if-Anweisung beginnt, wenig überraschend, mit dem Wort *if*. Wenn Python if erkennt, weiß es, dass Sie eine Entscheidung treffen möchten. Nach dem Wort if folgt eine Bedingung. Eine Bedingung legt fest, welche Art von Vergleich Python ausführen soll. In diesem Fall wollen Sie, dass Python ermittelt, ob Value den Wert 5 enthält.

Beachten Sie, dass die Bedingung den relationalen Gleichheitsoperator == und nicht den Zuweisungsoperator = nutzt. Ein üblicher Fehler von Entwicklern ist, dass sie den Zuweisungs- anstatt des Gleichheitsoperators verwenden.

Eine Bedingung endet immer mit einem Doppelpunkt (:). Sollten Sie ihn vergessen, weiß Python nicht, dass die Bedingung beendet ist, und wird nach weiteren Bedingungen suchen, auf denen die Entscheidung basiert. Nach dem Doppelpunkt folgt die Aufgabe, die Python ausführen soll.

Sie benötigen nur eine einzige if-Anweisung, um mehrere Aufgaben zu lösen. Die elif-Anweisung ermöglicht das Hinzufügen zusätzlicher Bedingungen und verwandter Aufgaben. Eine *Anweisung* ist eine Ergänzung zu einer vorangegangenen Bedingung, die in diesem Fall eine if-Anweisung ist. Die elif-Anweisung liefert genau wie die if-Anweisung immer eine Bedingung und verfügt über einen eigenen Satz zu erfüllender Aufgaben.

Manchmal möchten Sie etwas tun, haben aber keine Ahnung, wie die Bedingung aussehen könnte. In diesem Fall fügen Sie die else-Anweisung hinzu. Die else-Anweisung sagt Python, dass es etwas Bestimmtes tun soll, wenn die Bedingungen der if-Anweisung nicht erfüllt sind.

 Beachten Sie die Einrückungen, denn diese werden umso wichtiger, je komplexer die Funktionen werden. Die Funktion beinhaltet eine if-Anweisung. Diese beinhaltet nur eine print()-Anweisung. Die else-Anweisung beinhaltet zwei print()-Anweisungen.

Um diese Funktion in Aktion zu erleben, geben Sie TestValue(1) ein und drücken ⏎. Sie sehen die Ausgabe der else-Anweisung. Geben Sie TestValue(5) ein und drücken Sie ⏎. Diese Ausgabe entspricht jetzt der if-Anweisung. Geben Sie TestValue(6) ein und drücken Sie ⏎. Diese Ausgabe spiegelt die elif-Anweisung wider. Das Ergebnis ist eine flexiblere Funktion als die Funktionen der vorangegangenen Abschnitte, weil sie Entscheidungen treffen kann.

Die Wahl zwischen mehreren Optionen mit verschachtelten Entscheidungen

Eine *Verschachtelung* ist der Prozess der Platzierung einer untergeordneten Anweisung in eine andere. In den meisten Fällen können Sie jede Anweisung in eine andere verschachteln. Um zu sehen, wie das funktioniert, öffnen Sie Sie IPython und geben folgenden Code ein:

```
def SecretNumber():
    One = int(input("Gib eine Zahl zwischen 1 und 10 ein: "))
    Two = int(input("Gib eine Zahl zwischen 1 und 10 ein: "))
    if (One >= 1) and (One <= 10):
        if (Two >= 1) and (Two <= 10):
            print('Deine Geheimzahl ist: › + str(One * Two))
        else:
            print("Zweiter Wert falsch!")
    else:
        print("Erster Wert falsch!")
```

In diesem Fall benötigen Sie zwei Eingaben für SecretNumber(). Sicher, Sie können bei Bedarf auch Eingaben aus der input()-Funktion erhalten. Die int()-Funktion wandelt die Eingabe in eine Zahl um.

Es gibt momentan zwei Ebenen der if-Anweisung. Die erste überprüft die Validität der Zahl in One, die zweite Ebene die Validität in Two. Wenn beide, also One und Two, Werte zwischen 1 und 10 haben, gibt SecretNumber() eine Geheimzahl für den Benutzer aus.

Um zu sehen, wie SecretNumber() funktioniert, geben Sie SecretNumber() ein und drücken ⏎. Geben Sie 20 ein und drücken Sie ⏎, wenn Sie nach dem ersten Eingabewert gefragt werden, und tippen Sie 10 ein, wenn Sie nach dem zweiten gefragt werden. Sie sehen eine Fehlermeldung, die Ihnen mitteilt, dass der erste Wert nicht korrekt ist. Geben Sie noch mal SecretNumber() ein und drücken Sie ⏎. Wählen Sie diesmal die Werte 10 und 20. Die Funktion wird Ihnen sagen, dass der zweite Wert inkorrekt ist. Wiederholen Sie dies mit den Werten 10 und 10.

Ausführung sich wiederholender Aufgaben mit dem for-Kommando

Manchmal müssen Sie eine spezifische Aufgabe mehr als einmal durchführen. Dafür nutzen Sie dann die for-Schleife. Die for-Schleife hat einen definierten Anfang und ein definiertes Ende. Die Anzahl der Durchgänge, die die Schleife ausführt, ist abhängig von der Anzahl der Elemente in der Variablen, die Sie übergeben. Um zu sehen, wie das funktioniert, öffnen Sie IPython und geben folgenden Code ein:

```
def DisplayMulti(*VarArgs):
    for Arg in VarArgs:
        if Arg.upper() == 'CONT':
            continue
            print('Fahre fort mit Argument: ' + Arg)
        elif Arg.upper() == 'BREAK':
            break
            print('Unterbrechung bei Argument: ' + Arg)
        print('Gutes Argument: ' + Arg)
```

In diesem Fall versucht die for-Schleife, jedes Element in VarArgs zu verarbeiten. Beachten Sie die verschachtelte if-Anweisung in der Schleife und den Test der beiden abschließenden Bedingungen. In den meisten Fällen wird die if-Anweisung übersprungen und das Argument einfach ausgegeben. Wenn die if-Anweisung allerdings die Worte CONT oder BREAK in den Eingabewerten vorfindet, wird eine der beiden folgenden Aufgaben ausgeführt:

✔ continue: Zwingt die Schleife, vom aktuellen Punkt der Ausführung mit dem nächsten Eintrag in VarArgs fortzufahren.

✔ break: Stoppt die Schleife während der Ausführung.

 Die Schlüsselwörter können in Großbuchstaben erscheinen. Falls nicht, wird die upper()-Funktion sie in Großbuchstaben umwandeln. Die Funktion Display-Multi() kann jede Zahl von Eingabestrings verarbeiten. Um sie in Aktion zu erleben, geben Sie DisplayMulti('Hallo', 'Tschüss', 'Erster', 'Letzter') ein und drücken ⏎. Sie sehen nun jeden der Eingabestrings in einer separaten Zeile der Ausgabe. Geben Sie jetzt DisplayMulti('Hallo', 'Cont', 'Tschüss', 'Break', 'Letzter') ein und drücken Sie ⏎. Beachten Sie, dass die Begriffe

Cont oder Break nicht in der Ausgabe erscheinen, da es Schlüsselwörter sind. Das Wort Letzter erscheint ebenfalls nicht, weil die for-Schleife endet, bevor dieses Wort verarbeitet wurde.

Verwendung der while-Anweisung

Die while-Schleifenanweisung führt ihre Aufgaben so lange aus, bis eine Bedingung nicht mehr wahr ist. Wie bei der for-Anweisung unterstützt die while-Anweisung die Schlüsselwörter continue und break, um die Schleife vorzeitig zu stoppen. Um zu sehen, wie das funktioniert, öffnen Sie IPython und geben folgenden Code ein:

```python
def SecretNumber():
    GotIt = False
    while GotIt == False:
        One = int(input("Gib eine Zahl zwischen 1 und 10 ein: "))
        Two = int(input("Gib eine Zahl zwischen 1 und 10 ein: "))
        if (One >= 1) and (One <= 10):
            if (Two >= 1) and (Two <= 10):
                print('Die Geheimzahl ist: ' + str(One * Two))
                GotIt = True
                continue
            else:
                print("Zweiter Wert falsch!")
        else:
            print("Erster Wert falsch!")
        print("Versuche es noch mal!")
```

Dies ist eine Erweiterung der SecretNumber()-Funktion, die im Abschnitt »Die Wahl zwischen mehreren Optionen mit verschachtelten Entscheidungen« in diesem Kapitel beschrieben wurde. Trotzdem bedeutet das Hinzufügen einer while-Schleife in diesem Fall, dass die Funktion weitere Eingaben erwartet, bis sie eine valide Rückmeldung erhält.

Um zu sehen, wie die while-Schleife funktioniert, geben Sie SecretNumber() ein und drücken ⏎. Tippen Sie in die erste Eingabeaufforderung 20 und in die zweite 10 ein und drücken Sie ⏎. Das Beispiel zeigt Ihnen, dass die erste Zahl falsch ist und dass Sie es noch mal versuchen sollen. Nehmen Sie beim zweiten Mal die Werte 10 und 20. Diesmal ist die zweite Eingabe falsch, und Sie müssen es noch einmal versuchen. Beim dritten Versuch geben Sie die Werte 10 und 10 ein. Diesmal erhalten Sie eine Geheimzahl. Denken Sie daran, dass bei einer continue-Anweisung die Anwendung Ihnen nicht den Hinweis gibt, es nochmals zu versuchen.

Daten mit Mengen, Listen und Tupeln speichern

Python stellt eine Vielzahl von Methoden zur Speicherung von Daten zur Verfügung. Jede Methode hat Vor- und Nachteile. Die Wahl der am meisten geeigneten Methode für eine spezielle Anwendung ist wichtig. Die folgenden Abschnitte diskutieren drei gebräuchliche Techniken, um Daten für Data-Science-Anwendungen zu speichern.

Operationen mit Mengen

Die meisten von Ihnen haben Mengen bereits in der Schule genutzt, um Listen von Dingen zu erstellen, die zusammengehören. Diese Listen fanden Anwendung bei mathematischen Operationen wie Schnitt, Vereinigung und Differenz sowie der symmetrischen Differenz von Mengen. Mengen bieten die Möglichkeit, Zugehörigkeiten zu testen und Duplikate aus einer Liste zu entfernen. Dagegen können sie keine sequenzbezogenen Aufgaben, wie Indizierungen, durchführen. Um zu sehen, wie Mengen verwendet werden, starten Sie IPython und geben folgenden Code ein:

```
from sets import Set
SetA = Set(['Red', 'Blue', 'Green', 'Black'])
SetB = Set(['Black', 'Green', 'Yellow', 'Orange'])
SetX = SetA.union(SetB)
SetY = SetA.intersection(SetB)
SetZ = SetA.difference(SetB)
```

Denken Sie daran, `Set` in Ihre Python-Anwendung zu importieren. Das Modul `sets` beinhaltet ein `Set` von Klassen, die Sie in Ihre Anwendung importieren, damit Sie die enthaltenen Funktionen verwenden können. Wenn Sie versuchen, die `Set`-Klasse ohne Import zu nutzen, gibt Python eine Fehlermeldung aus. Dieses Buch nutzt eine Vielzahl wichtiger Bibliotheken, Sie sollten die Anweisung `import` also kennen.

Sie haben jetzt fünf unterschiedliche Mengen, mit denen Sie herumspielen können. Jede von ihnen besitzt verwendbare Elemente. Um die Ergebnisse jeder mathematischen Operation zu sehen, geben Sie `print '{0}\n{1}\n{2}'.format(SetX, SetY, SetZ)` ein und drücken ⏎. Sie sehen jede Menge in einer separaten Zeile:

```
Set(['Blue', 'Yellow', 'Green', 'Orange', 'Black', 'Red'])
Set(['Green', 'Black'])
Set(['Blue', 'Red'])
```

Die Ausgabe zeigt die Ergebnisse der mathematischen Operationen: `union()`, `intersection()` und `difference()`. (Wenn Sie mit Python 3.4 arbeiten, wird sich die Ausgabe von der in Python 2.7 unterscheiden. Jede Ausgabe in diesem Buch basiert auf Python 2.7, nutzen Sie Python 3.4, werden Sie von Zeit zu Zeit Unterschiede feststellen.) Die schicke Formatierung der Ausgabe in Python kann bei der Arbeit mit Sammlungen, wie beispielsweise Mengen, sehr nützlich sein.

Die `format()`-Funktion sagt Python, welches Objekt innerhalb jedes Platzhalters innerhalb eines Strings platziert werden soll. Ein *Platzhalter* ist ein Paar geschweifter Klammern ({}), optional mit einer Zahl darin. Das *Escape-Zeichen* (im Wesentlichen eine Art Kontrolle oder Sonderzeichen), \n, fügt einen Zeilenumbruch zwischen den Zeilen ein. Sie können mehr über diese tolle Formatierung unter `https://docs.python.org/2/tutorial/inputoutput.html` nachlesen.

Überprüfen Sie genauso den Bezug zwischen unterschiedlichen Mengen. Tippen Sie zum Beispiel `SetA.issuperset(SetY)` ein und drücken Sie [Enter]. Der Ausgabewert ist `True` und sagt aus, dass `SetA` eine Obermenge von `SetY` ist. Wenn Sie `SetA.issubset(SetX)` eingeben und [←] drücken, werden Sie genauso sehen, dass `SetA` eine Teilmenge von `SetX` ist.

Wichtig zu wissen ist, dass Sammlungen von Werten veränderlich oder unveränderlich sind. Alle Mengen in diesem Beispiel sind veränderlich, was bedeutet, dass Sie Elemente hinzufügen oder entfernen können. Wenn Sie zum Beispiel `SetA.add('Purple')` eingeben und [←] drücken, erhält `SetA` ein neues Element. Wenn Sie `SetA.issubset(SetX)` eingeben und [←] drücken, ist `SetA` keine Teilmenge von `SetX` mehr, weil `SetA` jetzt das `'Purple'`-Element enthält.

Die Arbeit mit Listen

Die Python-Spezifizierung definiert eine Liste als eine Art Sequenz. *Sequenzen* stellen einige Mittel zur Verfügung, damit mehrere Datenelemente zusammen in einer einzigen Speichereinheit mit separaten Einheiten existieren können. Denken Sie an die großen Briefkästen in Apartmentgebäuden. Ein einzelner Briefkasten beinhaltet eine große Anzahl kleiner Briefkästen, von denen jeder einen Brief enthält. Python unterstützt ebenso andere Arten von Sequenzen:

✔ **Tupel:** Ein Tupel ist eine Sammlung zur Erstellung komplexer, Listen-ähnlicher Sequenzen. Ein Vorteil von Tupeln ist die Möglichkeit der Verschachtelung des Inhalts eines Tupels. Dieses Merkmal ermöglicht die Erstellung von Strukturen, die Mitarbeiterdaten oder x-y-Koordinatenpaare enthalten können.

✔ **Dictionaries:** Wie bei richtigen Wörterbüchern erstellen Sie Schlüssel/Werte-Paare, wenn Sie die Sammlung eines Dictionarys nutzen (denken Sie an ein Wort und seine zugehörige Definition). Ein Dictionary liefert unglaublich schnelle Suchzeiten und macht das Ordnen der Daten signifikant einfacher.

✔ **Stapel:** Die meisten Programmiersprachen unterstützen Stapel direkt. Python tut das nicht, aber es gibt Abhilfe. Ein Stapel ist eine Zuletzt-herein-zuerst-hinaus-Sequenz (LIFO-last in/first out). Denken Sie an einen Stapel Pfannkuchen: Sie legen neue Pfannkuchen immer obendrauf und nehmen auch immer einen von oben herunter. Einen Stapel simulieren Sie in Python mit einer Liste.

✔ **Warteschlangen:** Eine Warteschlange ist eine Zuerst-herein-zuerst-hinaus-Sammlung (FIFO-first in/first out). Sie nutzen sie, um Dinge zu verfolgen, die auf irgendeine Weise verarbeitet werden müssen. Sie gehen in die Schlange, warten, bis Sie an der Reihe sind, und werden schließlich aufgerufen.

✔ **Deque:** Eine Warteschlange mit zwei Enden (Deque) hat eine Warteschlangen-ähnliche Struktur, die es ermöglicht, Dinge an beiden Enden hinzuzufügen oder zu entfernen, aber nicht aus der Mitte. Sie können eine Deque entweder als Warteschlange, Stapel oder jede andere Art von Sammlung nutzen, der Sie Dinge geordnet hinzufügen und von der Sie Dinge geordnet entfernen (im Gegensatz zu Listen, Tupeln und Dictionaries, die randomisierten Zugriff und Management erlauben).

Von all diesen Sequenzen sind Listen am einfachsten zu verstehen und den Objekten der realen Welt am nächsten. Die Arbeit mit Listen erleichtert Ihnen die Arbeit mit anderen Arten von Sequenzen, die eine höhere Funktionalität und bessere Flexibilität aufweisen. Das Entscheidende ist, dass die Daten genau so in der Liste gespeichert werden, wie Sie sie auf ein Blatt Papier schreiben würden – eine Sache nach der anderen. Die Liste hat einen Anfang, eine Mitte und ein Ende. Die Element sind nummeriert. (Auch wenn Sie das im wahren Leben nicht tun, Python nummeriert sie.) Um zu sehen, wie Sie mit Listen arbeiten können, öffnen Sie IPython und geben folgenden Code ein:

```
ListA = [0, 1, 2, 3]
ListB = [4, 5, 6, 7]
ListA.extend(ListB)
ListA
```

Wenn Sie die letzte Zeile des Codes eingeben, erhalten Sie die Ausgabe [0, 1, 2, 3, 4, 5, 6, 7]. Die extend()-Funktion fügt Mitglieder von ListB zu ListA hinzu. Neben sich erweiternden Listen können Sie auch etwas mit der append()-Funktion hinzufügen. Geben Sie ListA.append(-5) ein und drücken Sie ←. Wenn Sie jetzt ListA eingeben und noch mal ← drücken, sehen Sie, dass Python -5 am Ende der Liste hinzugefügt hat. Sie werden feststellen, dass Sie Dinge wieder entfernen müssen, was Sie mit der remove()-Funktion tun können. Geben Sie beispielsweise ListA.remove(-5) ein und drücken Sie ←. Wenn Sie sich ListA jetzt noch mal anschauen, sehen Sie, dass der hinzugefügte Eintrag wieder verschwunden ist.

Listen unterstützen ebenso die Konkatenation (das heißt das Aneinanderfügen), wenn das Pluszeichen (+) verwendet wird. Wenn Sie zum Beispiel ListX = ListA + ListB eingeben und ← drücken, wird eine neue ListX angelegt, die ListA und ListB enthält, wobei alle Elemente von ListA am Anfang stehen.

Erstellung und Verwendung von Tupeln

Ein Tupel ist eine Sammlung zur Erstellung komplexer Listen, wobei ein Tupel in ein anderes eingebettet werden kann. Diese Einbettung ermöglicht die Erstellung von Hierarchien mit Tupeln. Eine Hierarchie könnte etwas ganz Einfaches wie die Verzeichnisliste Ihrer Festplatte oder ein Organigramm für Ihr Unternehmen sein. Entscheidend ist, dass Sie mit Tupeln komplexe Datenstrukturen entwickeln können.

Tupel sind *unveränderlich*, Sie können also keine Modifikationen daran vornehmen. Sie können ein neues Tupel mit dem gleichen Namen entwickeln und dies in irgendeiner Weise anpassen, aber Sie können dies nicht mit bereits existierenden Tupeln tun. Listen sind veränderlich, was bedeutet, dass Sie sie modifizieren können. Ein Tupel mag Ihnen anfänglich als nachteilig erscheinen, aber Unveränderbarkeit hat viele Vorteile, wie beispielsweise die höhere Sicherheit und Schnelligkeit. Zusätzlich sind unveränderliche Objekte leichter mit mehreren Prozessoren zu verwenden. Um zu sehen, wie Sie mit Tupeln arbeiten können, öffnen Sie IPython und geben folgenden Code ein:

```
MyTuple = (1, 2, 3, (4, 5, 6, (7, 8, 9)))
```

MyTuple ist in drei Ebenen verschachtelt. Die erste Ebene beinhaltet die Werte 1, 2 und 3 sowie ein Tupel. Die zweite Ebene hat die Werte 4, 5, 6 und ein anderes Tupel. Die dritte Ebene beinhaltet die Werte 7, 8 und 9. Um zu sehen, wie das funktioniert, geben Sie den folgenden Code in IPython ein:

```
for Value1 in MyTuple:
    if type(Value1) == int:
        print Value1
    else:
        for Value2 in Value1:
            if type(Value2) == int:
                print "\t", Value2
            else:
                for Value3 in Value2:
                    print "\t\t", Value3
```

Wenn Sie diesen Code laufen lassen, werden Sie bemerken, dass sich die Werte auf drei unterschiedlichen Ebenen befinden. Sie können diese Verteilungen sehen:

```
1
2
3
        4
        5
        6
                7
                8
                9
```

Es ist möglich, mit den Werten zu arbeiten, beispielsweise Werte hinzuzufügen, aber Sie müssen dies durch Zusammenführen der Originaleinträge und der neuen Werte in einem neuen Tupel machen. Zusätzlich können Sie Tupel nur bereits existierenden Tupeln hinzufügen. Um zu sehen, wie das funktioniert, geben

Sie MyNewTuple = MyTuple._add_((10, 11, 12, (13, 14, 15))) ein und drücken ⏎. MyNewTuple beinhaltet neue Einträge auf der ersten und zweiten Ebene wie diese: (1, 2, 3, (4, 5, 6, (7, 8, 9)), 10, 11, 12, (13, 14, 15)). Wenn Sie den vorangegangenen Code laufen lassen, sehen Sie Einträge der entsprechenden Ebene in der Ausgabe, wie hier gezeigt.

```
1
2
3
            4
            5
            6
                        7
                        8
                        9
     10
     11
     12
            13
            14
            15
```

Definition nützlicher Iteratoren

Die folgenden Kapitel nutzen alle Arten von Techniken, um auf individuelle Werte mit unterschiedlichen Typen von Datenstrukturen zuzugreifen. In diesem Abschnitt verwenden Sie zwei einfache Listen, die wie folgt definiert sind:

```
ListA = ['Orange', 'Yellow', 'Green', 'Brown']
ListB = [1, 2, 3, 4]
```

Der einfachste Weg, um auf einen bestimmten Wert zuzugreifen, führt über einen Index. Wenn Sie beispielsweise ListA[1] eintippen und ⏎ drücken, sehen Sie 'Yellow' als Ausgabe. Alle Indizes in Python sind 0-basiert, was bedeutet, dass der erste Eintrag immer 0 entspricht, nicht 1.

Reihen sind eine weitere einfache Möglichkeit, um auf Werte zuzugreifen. Wenn Sie zum Beispiel ListB[1:3] eingeben und ⏎ drücken, ist die Ausgabe [2, 3]. Sie könnten eine Reihe als for-Schleife folgendermaßen einsetzen:

```
for Value in ListB[1:3]:
    print Value
```

Anstelle einer vollständigen Liste erhalten Sie nur 2 und 3 als Ausgabe in getrennten Zeilen. Die Reihe hat zwei Werte, die durch einen Doppelpunkt voneinander getrennt sind. Diese Werte sind trotzdem optional. ListB[:3] würde beispielsweise [1, 2, 3] ausgeben. Wenn

Sie einen Wert auslassen, startet die Reihe dementsprechend am Anfang oder am Ende der Liste.

Manchmal müssen Sie mit zwei Listen parallel arbeiten. Die einfachste Methode hierfür stellt die zip()-Funktion dar. Hier ist ein Beispiel für die zip()-Funktion in Aktion:

```
for Value1, Value2 in zip(ListA, ListB):
    print Value1, '\t', Value2
```

Dieser Code verarbeitet zwei Listen, ListA und ListB, gleichzeitig. Die Verarbeitung endet, wenn die for-Schleife die kürzere der beiden Listen erreicht. In diesem Fall sieht das folgendermaßen aus:

```
Orange 1
Yellow 2
Green 3
Brown 4
```

 Das ist die Spitze des Eisbergs. Sie lernen in diesem Buch eine Reihe von Iteratoren kennen. Die Idee ist, nur die Dinge aufzulisten, die Sie benötigen, und nicht alle Einträge der Liste oder einer anderen Datenstruktur. Einige der Iteratoren der noch folgenden Kapitel sind etwas komplizierter als jene, die Sie hier sehen, aber der Grundstein ist gelegt.

Indizierung von Daten mit Dictionaries

Ein Dictionary ist eine besondere Art von Sequenz, die einen Namen und ein Wertepaar nutzt. Der Gebrauch eines Namens erleichtert den Zugriff auf Werte, wenn diese keinen numerischen Index besitzen. Um ein Dictionary anzulegen, setzen Sie Namen und Wertepaar in geschweifte Klammern. Legen Sie ein Test-Dictionary durch Eingabe von MyDict = {'Orange':1, 'Blue':2, 'Pink':3} an und drücken Sie ⏎.

Um Zugriff auf einen bestimmten Wert zu erhalten, benutzen Sie den Namen als Index. Geben Sie zum Beispiel MyDict['Pink'] ein, drücken Sie ⏎, und Sie erhalten als Ausgabe den Wert 3. Die Verwendung von Dictionaries als Datenstrukturen macht den Zugriff auf sehr komplexe Datenmengen mit Mitteln, die jeder versteht, sehr einfach. In vielen anderen Beziehungen ist die Arbeit mit einem Dictionary das Gleiche wie die Arbeit mit einer anderen Sequenz.

Dictionaries haben spezielle Eigenschaften. Geben Sie beispielsweise MyDict.keys() ein und drücken Sie ⏎, um eine Liste der Schlüssel zu sehen. Verwenden Sie die values()-Funktion, um eine Liste der Werte im Dictionary zu sehen.

Teil II

Mit Daten arbeiten

In diesem Teil ...

✔ Importieren von Daten aus unterschiedlichen Quellen

✔ Validierung und Komplettierung Ihrer Daten

✔ Nur einen Teil der Daten für die Analyse nutzen

✔ Daten in Form bringen

✔ Das Problem beschreiben und eine Lösung entwerfen

Arbeiten mit richtigen Daten

In diesem Kapitel

▶ Manipulation von Datenströmen

▶ Arbeiten mit Flatfiles

▶ Arbeiten mit unstrukturierten Dateien

▶ Interaktion mit relationalen Datenbanken

▶ Nutzung von NoSQL als Datenquelle

▶ Interaktion mit webbasierten Daten

ata-Science-Anwendungen erfordern definierte Daten. Es wäre wunderbar, einfach irgendwo in einen Laden zu gehen, sich die benötigten Daten in ein leicht zu öffnendes Paket einpacken zu lassen und anschließend eine Anwendung zu schreiben, um Zugang zu den Daten zu erhalten. Allerdings sind Daten unordentlich. Sie erscheinen an allen Orten in unterschiedlichen Formen, und Sie können sie auf unterschiedlichste Art und Weise interpretieren. Jede Einrichtung verwendet andere Methoden, um sich Daten anzuschauen, und natürlich ebenso, um sie zu speichern. Auch wenn das Datenmanagementsystem, das von zwei unterschiedlichen Unternehmen verwendet wird, das gleiche ist, ist die Wahrscheinlichkeit gering, dass die Daten im gleichen Format oder im gleichen Datentyp vorliegen. Bevor Sie irgendetwas mit Data Science tun können, müssen also Sie herausfinden, wie Sie Zugang zu den Daten in allen denkbaren Formen erhalten können. Nutzbare Daten erfordern viel Arbeit, aber glücklicherweise hilft Ihnen Python bei der Umsetzung dieser Aufgabe.

Dieses Kapitel hilft Ihnen, die Techniken zu verstehen, die erforderlich sind, um die Daten in unterschiedlichen Formen und Orten zugänglich zu machen. Der Speicher-Strom beispielsweise repräsentiert eine Art der Datenspeicherung, die Ihr Computer nativ unterstützt, Flatfiles existieren auf Ihrer Festplatte, relationale Datenbanken erscheinen häufig in Netzwerken (obwohl kleinere relationale Datenbanken, wie die in Access, ebenso auf Ihrer Festplatte abgelegt sein könnten), und webbasierte Daten erscheinen für gewöhnlich im Internet. Ich werde nicht auf jede mögliche Form der Datenspeicherung eingehen können (beispielsweise lasse ich Point-of-Sale- bzw. POS-Systeme aus). Ein ganzes Buch ist vermutlich nicht ausreichend, um das Thema der Datenformate im Detail zu erläutern.

Die Techniken in diesem Kapitel demonstrieren, wie Sie Zugang zu Daten in den gebräuchlichsten Formaten erhalten, wenn Sie mit richtigen Daten arbeiten.

Die Scikit-learn-Bibliothek enthält eine Vielzahl von *Toy*-Datensätzen (kleine Datensätze, mit denen Sie herumspielen können). Diese Datensätze sind komplex genug, um eine Vielzahl von Aufgaben durchzuführen, wie zum Beispiel das Herumexperimentieren mit Python, um Data-Science-Aufgaben zu lösen. Da die Daten leicht verfügbar sind und zu komplizierte Beispiele nicht dienlich wären, vertraut dieses Buch auf die Toy-Datensätze als Eingabe für viele Beispiele. Auch wenn das Buch die Datensätze gerade aufgrund ihrer geringeren Komplexität nutzt, um die Beispiele zu verdeutlichen, können die Techniken, die in diesem Kapitel vorgestellt werden, genauso auf richtige Daten angewandt werden.

Sie müssen den Quellcode für dieses Kapitel nicht von Hand eingeben. Es ist tatsächlich viel einfacher, wenn Sie sich den Code herunterladen (schauen Sie für die Download-Anweisungen in die Einleitung). Der Quellcode für dieses Kapitel ist in der Quellcode-Datei `P4DS4D; 05; Dataset Load.ipynb` zu finden.

 Es ist wichtig, dass die Dateien `Colors.txt`, `Titanic.csv`, `Values.xls` und `XMLData.xml` im gleichen Ordner (Directory) abgelegt werden wie Ihre IPython-Notebook-Files. Andernfalls erhalten Sie für die Beispiele der folgenden Abschnitte Eingabe/Ausgabe-(IO-)Fehlermeldungen. Der Speicherort ist abhängig von der Plattform, die Sie verwenden. Auf einem Windows-System beispielsweise finden Sie die Notebooks im Ordner `C:\Users\`*Username*`\My Documents\IPython Notebooks`, wobei *Username* Ihr Login-Name ist. Um die Beispiele zum Laufen zu bringen, kopieren Sie einfach die vier Dateien aus Ihrem Download-Ordner in Ihren IPython-Notebook-Ordner.

Upload, Streaming und Auswahl von Daten

Das Speichern von Daten im lokalen Computerspeicher ist die schnellste und gebräuchlichste Variante, um Zugang zu den Daten zu erhalten. Die Daten könnten überall abgelegt sein. Allerdings können Sie momentan nicht mit den Daten an ihrem Speicherort arbeiten. Laden Sie sie in den Speicher und arbeiten Sie dann mit ihnen. Dies ist die Technik des Buches, um mit den Toy-Datensätzen der Scikit-learn-Bibliothek zu arbeiten, und Sie werden ihr im Folgenden sehr häufig begegnen.

 Data Scientists nennen die Spalten in einer Datenbank *Merkmale* oder *Variablen*. Die Zeilen sind *Fälle*. Jede Zeile repräsentiert eine Sammlung von Variablen, die Sie analysieren können.

Laden kleiner Datenmengen in den Speicher

Die praktischste Methode für Ihre Arbeit mit Daten ist, sie direkt in den Speicher zu laden. Diese Technik wurde bereits ein paar Mal zuvor in diesem Buch beschrieben, Sie sollten jedoch den Toy-Datensatz der Scikit-learn-Bibliothek nutzen. Dieser Abschnitt verwendet die Datei `Colors.txt` als Eingabe, wie in Abbildung 5.1 dargestellt.

Das Beispiel basiert auf nativer Python-Funktionalität, um die Aufgabe zu lösen. Wenn Sie eine Datei (egal welchen Typs) laden, ist der vollständige Datensatz zu jeder Zeit verfügbar und der Ladeprozess relativ kurz. Hier ist ein Beispiel, wie diese Technik funktioniert.

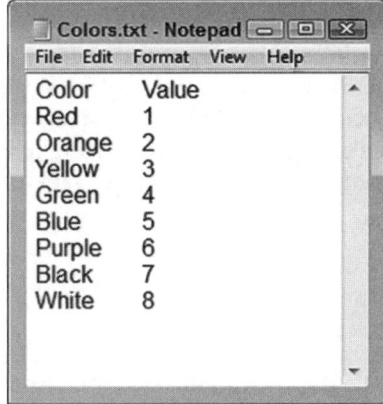

Abbildung 5.1: Format der Datei Colors.txt

```
with open("Colors.txt", 'rb') as open_file:
    print 'Colors.txt Inhalt:\n' + open_file.read()
```

Das Beispiel beginnt mit der open( )-Methode, um ein file-Objekt zu erzeugen. Die open( )-Funktion akzeptiert den Dateinamen und einen Zugriffsmodus. In diesem Fall wird der Zugriffsmodus binär gelesen (rb). (Wenn Sie Python 3.x verwenden, müssen Sie den Zugriffsmodus wechseln (auf r), um Fehlermeldungen zu vermeiden.) Dann wird die read( )-Methode des file-Objekts genutzt, um alle Daten der Datei zu lesen. Würden Sie ein größeres Argument im Rahmen von read( ) zuweisen, etwa read(15), würde Python nur die Anzahl der Zeichen lesen, die Sie zuweisen, oder anhalten, falls das Ende der Datei (EOF – End of File) erreicht ist. Wenn Sie dieses Beispiel laufen lassen, sehen Sie die folgende Ausgabe:

```
Colors.txt Inhalt:
Color    Value
Red      1
Orange   2
Yellow   3
Green    4
Blue     5
Purple   6
Black    7
White    8
```

Der vollständige Datensatz wird aus der Bibliothek in den freien Speicher geladen. Natürlich würde der Ladevorgang scheitern, sollte Ihr System nicht genügend Speicherplatz für den Datensatz zur Verfügung stellen. Tritt dieses Problem auf, müssen Sie andere Techniken für die Arbeit mit dem Datensatz in Betracht ziehen, wie das Streamen oder die Verwendung einer Auswahl der Daten. Stellen Sie also sicher, dass der Datensatz in den Speicher passt, bevor Sie diese Technik verwenden. Sie sollten aber normalerweise keine Probleme mit dem Toy-Datensatz der Scikit-learn-Bibliothek haben.

Laden großer Datenmengen in den Speicher

Datensätze können zu groß werden, um sie komplett und zur gleichen Zeit in den Speicher zu laden. Zusätzlich könnte es sein, dass einige Datensätze sehr langsam geladen werden, weil sie sich an einem entfernten Speicherort befinden. Streamen hilft bei beiden Anforderungen. Sie laden nur individuelle Teile der Daten, wodurch Sie lediglich mit einem Teil des Datensatzes arbeiten anstatt mit dem kompletten Datensatz. Hier sehen Sie ein Beispiel für das Streamen von Daten mit Python:

```
with open("Colors.txt", 'rb') as open_file:
    for observation in open_file:
        print 'Gelesene Daten: ' + observation
```

Dieses Beispiel basiert auf dem `Colors.txt`-File, das einen Kopf und eine Anzahl von Einträgen enthält, die einem Farbnamen eine Zahl zuordnen. Das File-Objekt `open_file` zeigt auf die geöffnete Datei.

Da der Code die Daten der `for`-Schleife liest, bewegt sich der Zeiger zum nächsten Eintrag. Jeder Eintrag erscheint einmal in `observation`. Der Code gibt den Wert in `observation` mit der `print`-Anweisung aus. Sie sollten die folgende Ausgabe erhalten:

```
Gelesene Daten: Color      Value
Gelesene Daten: Red        1
Gelesene Daten: Orange     2
Gelesene Daten: Yellow     3
Gelesene Daten: Green      4
Gelesene Daten: Blue       5
Gelesene Daten: Purple     6
Gelesene Daten: Black      7
Gelesene Daten: White      8
```

Python streamt jeden Eintrag. Das bedeutet, dass Sie jeden Eintrag, den Sie benötigen, einzeln lesen müssen.

Auswahl von Daten

Beim Streamen von Daten erhalten Sie sämtliche Einträge der Datenquelle, Sie werden aber feststellen, dass Sie gar nicht alle benötigen. Sie können Zeit und Ressourcen durch die einfache Auswahl von Daten sparen. Das heißt, dass entweder nur eine bestimmte Anzahl von Einträgen aufgerufen wird, beispielsweise jeder fünfte Eintrag, oder aber Stichproben. Der folgende Code zeigt, wie jeder zweite Eintrag in der `Colors.txt`-Datei aufgerufen wird:

```
n = 2
with open("Colors.txt", 'rb') as open_file:
    for j, observation in enumerate(open_file):
        if j % n==0:
            print('Gelesene Zeile: ' + str(j) +
            ' Inhalt: ' + observation)
```

Die Grundidee der Datenauswahl ist die gleiche wie beim Streamen. In diesem Fall verwendet die Anwendung jedoch enumerate( ), um die Zeilennummer aufzurufen. Falls j % n == 0 gilt, ist die Zeilennummer des Eintrags, den Sie erhalten möchten, eins und die Anwendung gibt diese Information aus. In diesem Fall erhalten Sie folgende Ausgabe:

```
Gelesene Zeile: 0 Inhalt: Color      Value
Gelesene Zeile: 2 Inhalt: Orange     2
Gelesene Zeile: 4 Inhalt: Green      4
Gelesene Zeile: 6 Inhalt: Purple     6
Gelesene Zeile: 8 Inhalt: White      8
```

Der Wert von n ist wichtig bei der Ermittlung, welcher Eintrag als Teil des Datensatzes ausgegeben wird. Versuchen Sie, n in 3 zu ändern. In der Ausgabe sind jetzt der Kopf und die Zeilen 3 und 6 verändert.

Sie können die Daten auch zufällig auswählen lassen. Alles, was Sie dafür tun müssen, ist, die Auswahl wie folgt zu randomisieren:

```
from random import random
sample_size = 0.25
with open("Colors.txt", 'rb') as open_file:
    for j, observation in enumerate(open_file):
        if random()<=sample_size:
            print('Gelesene Zeile: ' + str(j) +
            ' Inhalt: ' + observation)
```

Um diese Auswahl zum Laufen zu bringen, müssen Sie nur die random-Klasse importieren. Die random( )-Methode gibt einen Wert zwischen 0 und 1 aus. Python randomisiert die Ausgabe so, dass Sie nicht wissen, welche Ausgabe Sie erhalten. Die sample_size-Variable enthält eine Nummer zwischen 0 und 1, um die Stichprobengröße zu ermitteln. 0.25 beispielsweise wählt 25 Prozent des Inhaltes der Datei.

Die Ausgabe erfolgt zwar immer noch in numerischer Reihenfolge. Sie würden also beispielsweise Green nicht vor Orange sehen. Nichtsdestotrotz sind die Inhalte zufällig gewählt und Sie werden nicht immer die gleiche Anzahl von Rückgabewerten erhalten. Die Abstände zwischen den Rückgabewerten werden ebenso variieren. Hier ist ein Beispiel für eine Ausgabe, die Sie sehen könnten (Ihre Ausgabe wird sicher etwas anders aussehen):

```
Gelesene Zeile: 1 Inhalt: Red        1
Gelesene Zeile: 4 Inhalt: Green      4
Gelesene Zeile: 8 Inhalt: White      8
```

Daten in strukturierter Flatfile-Form

In den meisten Fällen befinden sich die Daten, die Sie benötigen, nicht in einer Bibliothek wie der Toy-Datensatz in der Scikit-learn-Bibliothek. Reale Daten sind für gewöhnlich in einer Datei irgendeines Typs hinterlegt. Ein Flatfile repräsentiert die leichteste Art und Weise, mit einer Datei zu arbeiten. Die Daten erscheinen als eine einfache Liste von Einträgen, die Sie, falls gewünscht, mit einem Mal in den Speicher laden können. Abhängig von den Anforderungen Ihres Projekts können Sie den ganzen oder nur einen Teil einer Datei lesen.

Ein Problem bei der Verwendung nativer Python-Techniken ist, dass die Eingabe nicht intelligent ist. Wenn eine Datei zum Beispiel einen Kopf hat, liest Python diesen nicht als Kopfzeile, sondern schlicht als zu prozessierende Daten. Sie können nicht einfach eine einzelne Spalte aus den Daten auswählen. Die in diesem Abschnitt verwendete Pandas-Bibliothek vereinfacht das Lesen und das Verständnis von Flatfile-Daten. Klassen und Methoden dieser Bibliothek interpretieren (parsen) die Flatfile-Daten, um sie leichter verändern zu können.

Das zuletzt formatierte und deshalb am einfachsten zu lesende Flatfile-Format ist das der Textdatei. Eine Textdatei behandelt jedoch alle Daten als Zeichenketten, weshalb Sie die numerischen Daten oft umwandeln müssen. Eine Komma-separierte Datei (CSV) bietet mehr Möglichkeiten zur Formatierung und mehr Informationen, aber erfordert etwas mehr Aufwand für das Lesen. Am Ende der Formatierung eines Flatfiles stehen gebräuchliche Datenformate, wie Excel-Dateien, die umfangreiche Formatierungen sowie multiple Datensätze in einer einzigen Datei enthalten.

Die folgenden Abschnitte beschreiben diese drei Arten von Flatfile-Datensätzen und zeigen, wie sie verwendet werden. Diese Abschnitte gehen davon aus, dass die Datei die Daten in irgendeiner Form strukturiert. Die CSV-Datei zum Beispiel verwendet Komma-separierte Datenfelder. Eine Textdatei basiert auf Tabstopps, um Datenfelder zu trennen. Eine Excel-Datei nutzt eine komplexe Methode, um Datenfelder zu trennen, und bietet eine Fülle an Informationen zu jedem Feld. Sie können genauso mit unstrukturierten Daten arbeiten, aber die Arbeit mit strukturierten Daten ist viel einfacher, weil Sie genau wissen, wo jedes Feld beginnt und wo es endet.

Aus einer Textdatei lesen

Textdateien nutzen eine Vielzahl an Speicherformaten. Eine gebräuchliche Form beinhaltet eine Kopfzeile, die die Aufgabe jedes Feldes anzeigt, gefolgt von einer weiteren Zeile für jeden Eintrag der Datei. Die Datei trennt die Felder mit Tabstopps. Im folgenden Abschnitt dient als Beispiel die Color.txt-Datei aus Abbildung 5.1.

Natives Python stellt eine Vielzahl von Methoden zur Verfügung, die Sie zum Lesen einer solchen Datei nutzen können. Es ist jedoch einfacher, in diesem Fall die Arbeit der Pandas-Bibliothek zu überlassen. Innerhalb dieser Bibliothek finden Sie jede Menge *Parser*, Code zum Lesen einzelner Bits von Daten sowie zur Ermittlung der Aufgabe jedes Bits entsprechend dem Format der gesamten Datei. Die Verwendung fehlerfreier Parser ist äußerst wichtig, wenn der Inhalt der Datei Sinn ergeben soll.

In diesem Fall nutzen Sie die `read_table()`-Methode, um die Aufgabe durchzuführen, wie der folgende Code zeigt:

```
import pandas as pd
color_table = pd.io.parsers.read_table("Colors.txt")
print color_table
```

Der Code importiert die Pandas-Bibliothek, nutzt die `read_table()`-Methode, um Colors.txt in eine Variable namens `color_table` zu laden, und gibt dann die resultierenden Daten des Speichers mit der `print`-Funktion aus. Hier sehen Sie die zu erwartende Ausgabe dieses Beispiels.

```
   Color Value
0    Red     1
1 Orange     2
2 Yellow     3
3  Green     4
4   Blue     5
5 Purple     6
6  Black     7
7  White     8
```

Beachten Sie, dass der Parser die erste Zeile als Feldnamen interpretiert. Er nummeriert die Einträge von 0 bis 7. Mit den Argumenten der `read_table()`-Methode können Sie festlegen, wie der Parser die Eingabedatei interpretieren soll, die Standardeinstellungen funktionieren aber meistens am besten.

Lesen des CSV-Formats

Eine CSV-Datei stellt mehr Formatierungsmöglichkeiten als eine einfache Textdatei zur Verfügung. Tatsächlich können CSV-Dateien sogar ziemlich kompliziert sein. Es gibt einen Standard, der das Format einer CSV-Datei festlegt, den Sie sich unter https:// tools.ietf.org/html/rfc4180 ansehen können. Eine für dieses Beispiel verwendete CSV-Datei ist ziemlich einfach:

✔ Die Kopfzeile definiert jedes Feld.

✔ Felder sind durch Kommas getrennt.

✔ Einträge sind durch Zeilenumbrüche getrennt.

✔ Zeichenketten sind von Anführungszeichen eingeschlossen.

✔ Integer und reelle Zahlen haben keine Anführungszeichen.

Abbildung 5.2 zeigt das rohe Format für die Datei Titanic.csv dieses Beispiels. Sie können sich das CSV-Format in jedem Texteditor anzeigen lassen.

titanic.csv - Notepad
File Edit Format View Help
"","pclass","survived","sex","age","sibsp","parch"
"1","1st","survived","female",29,0,0
"2","1st","survived","male",0.916700006,1,2
"3","1st","died","female",2,1,2
"4","1st","died","male",30,1,2
"5","1st","died","female",25,1,2
"6","1st","survived","male",48,0,0
"7","1st","survived","female",63,1,0
"8","1st","died","male",39,0,0
"9","1st","survived","female",53,2,0
"10","1st","died","male",71,0,0
"11","1st","died","male",47,1,0
"12","1st","survived","female",18,1,0
"13","1st","survived","female",24,0,0
"14","1st","survived","female",26,0,0
"15","1st","survived","male",80,0,0

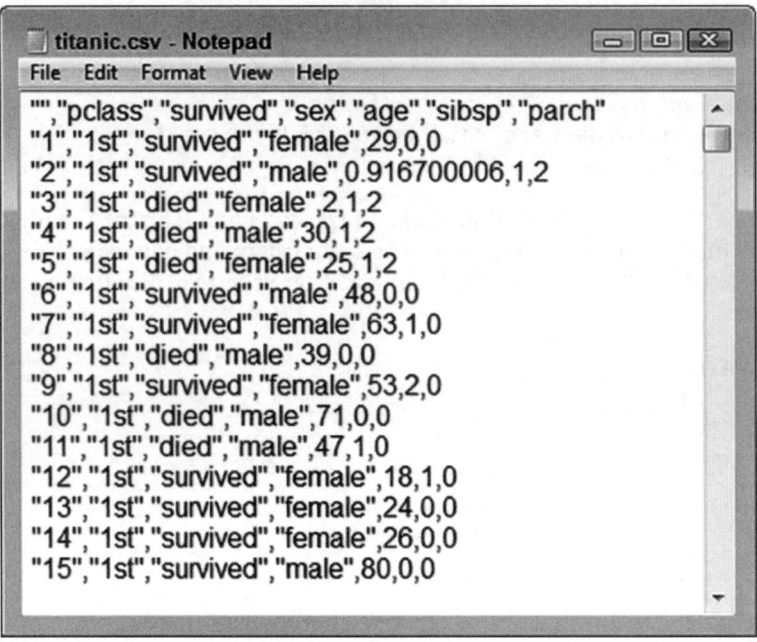

Abbildung 5.2: Das rohe Format einer CSV-Datei besteht aus Text und ist sogar lesbar.

Anwendungen wie Excel können CSV-Dateien importieren und formatieren, um sie lesbarer zu gestalten. Abbildung 5.3 zeigt die gleiche Datei in Excel.

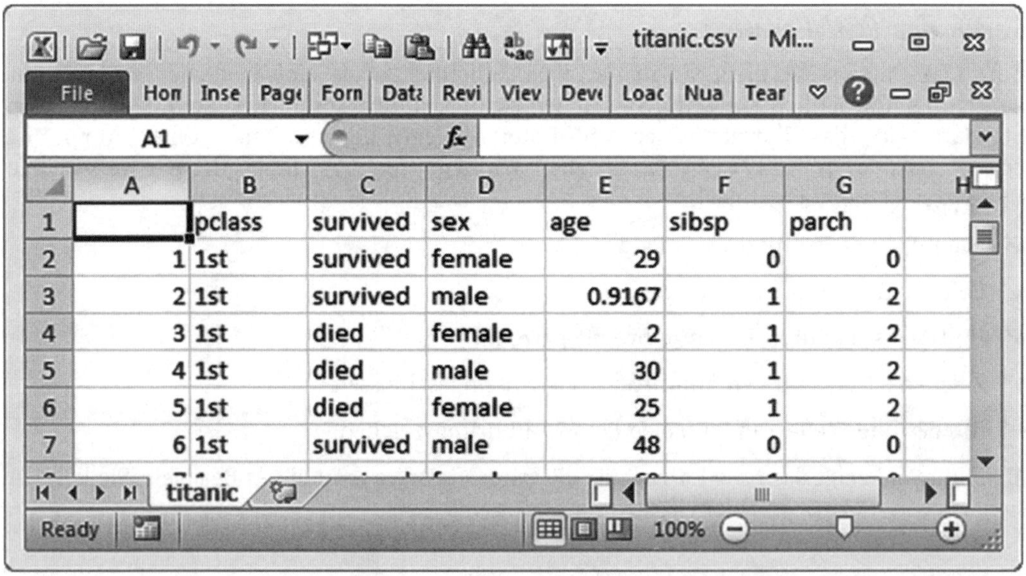

titanic.csv - Mi...
File
Hon
Inse
Pag
Forn
Dat
Revi
Viev
Dev
Loac
Nua
Tear
A1
A B C D E F G H
1 pclass survived sex age sibsp parch
2 1 1st survived female 29 0 0
3 2 1st survived male 0.9167 1 2
4 3 1st died female 2 1 2
5 4 1st died male 30 1 2
6 5 1st died female 25 1 2
7 6 1st survived male 48 0 0
titanic
Ready
100%

Abbildung 5.3: Verwenden Sie eine Anwendung wie Excel, um die formatierte CSV-Datei darzustellen.

Excel erkennt die Kopfzeile als solche. Wenn Sie die Daten beispielsweise sortieren möchten, können Sie dafür die Kopfzeile nutzen. Glücklicherweise ermöglicht auch Pandas die Arbeit mit CSV-Dateien als formatierte Daten, wie im folgenden Beispiel dargestellt:

```
import pandas as pd
titanic = pd.io.parsers.read_csv("Titanic.csv")
X = titanic[['age']]
print X
```

Bedenken Sie, dass der gewählte Parser diesmal `read_csv()` ist, der CSV-Dateien interpretieren kann und Ihnen neue Optionen für die Arbeit damit bereitstellt. Die Auswahl eines einzelnen Feldes ist ziemlich einfach – Sie liefern einfach den Feldnamen wie angegeben. Die Ausgabe dieses Beispiels sieht folgendermaßen aus (einige Werte wurden aus Platzgründen weggelassen):

```
         Age
0        29.0000
1         0.9167
2         2.0000
3        30.0000
4        25.0000
5        48.0000
...
1304     14.5000
1305   9999.0000
1306     26.5000
1307     27.0000
1308     29.0000
[1309 rows x 1 columns]
```

 Sicherlich ist eine von Menschen lesbare Ausgabe wie diese sehr schön, wenn Sie mit einem Beispiel arbeiten, aber Sie benötigen vielleicht auch eine Listenausgabe. Um eine solche zu erzeugen, ändern Sie einfach die dritte Codezeile in `X = titanic[['age']].values`. Denken Sie an das Hinzufügen des `values`-Attributs. Die Ausgabe sieht jetzt ungefähr so aus (einige Werte wurden aus Platzgründen weggelassen):

```
[[ 29.        ]
 [  0.91670001]
 [  2.        ]
 ...,
 [ 26.5       ]
 [ 27.        ]
 [ 29.        ]]
```

Lesen von Excel- oder anderen Microsoft-Dateien

Excel oder andere Microsoft-Office-Anwendungen stellen hochformatierten Inhalt zur Verfügung. Sie können jeden Aspekt der Informationen einer Datei einzeln spezifizieren. Die `Values.xls`-Datei in diesem Beispiel beinhaltet eine Liste von Sinus-, Kosinus- und Tangenswerten für eine zufällige Liste von Winkeln. Sie sehen diese Datei in Abbildung 5.4.

Bei der Arbeit mit Excel oder anderen Microsoft-Office-Produkten werden Sie bald auf komplexe Sachverhalte stoßen. Wenn eine Excel-Datei beispielsweise mehr als ein Arbeitsblatt enthält, müssen Sie Pandas mitteilen, mit welchem Arbeitsblatt gearbeitet werden soll. Tatsächlich können Sie sogar mit mehreren Arbeitsblättern arbeiten. Wenn Sie mit anderen Office-Produkten arbeiten, müssen Sie genau festlegen, was verarbeitet werden soll. Pandas nur mitzuteilen, dass irgendetwas verarbeitet werden soll, reicht nicht aus. Hier ist ein Beispiel für die Arbeit mit der `Values.xls`-Datei.

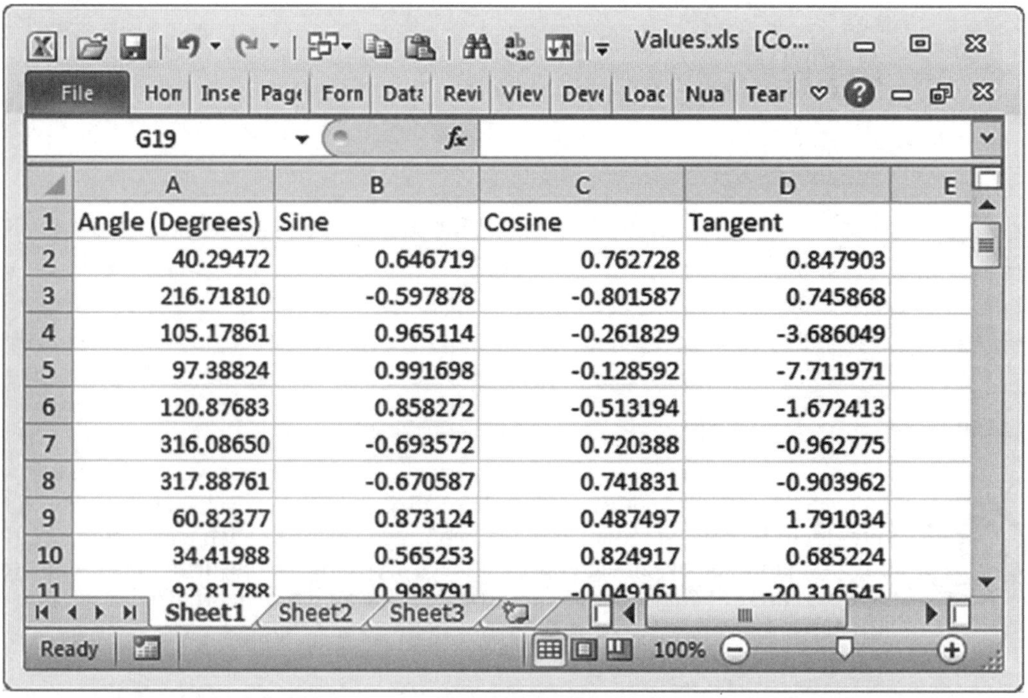

	A	B	C	D	E
1	Angle (Degrees)	Sine	Cosine	Tangent	
2	40.29472	0.646719	0.762728	0.847903	
3	216.71810	-0.597878	-0.801587	0.745868	
4	105.17861	0.965114	-0.261829	-3.686049	
5	97.38824	0.991698	-0.128592	-7.711971	
6	120.87683	0.858272	-0.513194	-1.672413	
7	316.08650	-0.693572	0.720388	-0.962775	
8	317.88761	-0.670587	0.741831	-0.903962	
9	60.82377	0.873124	0.487497	1.791034	
10	34.41988	0.565253	0.824917	0.685224	
11	92.81788	0.998791	-0.049161	-20.316545	

Abbildung 5.4: Eine Excel-Datei ist hochformatiert und kann Informationen unterschiedlichster Art enthalten.

```
import pandas as pd
xls = pd.ExcelFile("Values.xls")
trig_values = xls.parse('Sheet1', index_col=None, na_values=['NA'])
print trig_values
```

Der Code beginnt wie immer mit dem Import der Pandas-Bibliothek. Mit dem `ExcelFile()`-Konstruktor wird ein Zeiger auf die Excel-Datei erzeugt. Dieser Zeiger, `xls`, ermöglicht den Zugriff auf ein Arbeitsblatt, legt eine Indexspalte an und spezifiziert, wie leere Werte dargestellt werden sollen. Die Indexspalte wird für die Indexierung der Einträge verwendet. Der Einsatz eines `None`-Werts bedeutet, dass Pandas einen Index für Sie anlegen soll. Die `parse()`-Methode gibt die angeforderten Werte zurück.

Sie brauchen nicht unbedingt zwei Schritte, um einen Zeiger auf die Datei zu erzeugen und danach den Inhalt zu parsen. Sie können dies auch in nur einem Schritt wie folgt tun: `trig_values = pd.read_excel("Values.xls", 'Sheet1', index_col=None, na_values=['NA'])`. Da Excel-Dateien komplexer sind, ist Zwei-Schritt-Methode oft praktischer und effizienter, weil Sie die Datei nicht für jeden Verarbeitungsschritt erneut öffnen müssen.

Laden von Daten aus unstrukturierten Dateien

Dateien mit unstrukturierten Daten bestehen aus einer Reihe von Bits. Die Bits werden in keiner Weise voneinander getrennt. Sie werden keine Struktur innerhalb der Datei erkennen, weil es keine gibt. Unstrukturierte Dateiformate erfordern, dass der Nutzer weiß, wie die Daten zu interpretieren sind. Jeder Punkt einer Bilddatei beispielsweise könnte aus drei 32-Bit-Feldern bestehen. Zu wissen, dass jedes Feld 32 Bit hat, ist Ihre Aufgabe. Eine Kopfzeile am Anfang der Datei gibt Hinweise zur Interpretation des Files, aber auch hier liegt es bei Ihnen, zu wissen, wie Sie mit dieser Datei arbeiten müssen.

Das Beispiel in diesem Abschnitt stellt dar, wie mit einer Bilddatei als unstrukturierte Datei gearbeitet wird. Das Beispielbild ist auf `http://commons.wikimedia.org/wiki/Main_Page` frei zugänglich. Um mit Bildern zu arbeiten, können Sie die Scikit-learn-Bibliothek nutzen (`http://scikit-image.org/`), die eine kostenlose Sammlung von Algorithmen für die Bildverarbeitung bereitstellt. Sie finden ein Tutorial für diese Bibliothek unter `http://scipy-lectures.github.io/packages/scikit-image/`. Die erste Aufgabe besteht darin, ein Bild mit dem folgenden Code anzeigen zu lassen. (Dieser Code wird ein bisschen Zeit zum Laufen benötigen. Das Bild ist fertig, wenn die Betriebsanzeige des IPython-Notebook-Fensters verschwindet.)

```
from skimage.io import imread
from skimage.transform import resize
from matplotlib import pyplot as plt
import matplotlib.cm as cm

example_file = ("http://upload.wikimedia.org/" +
    "wikipedia/commons/7/7d/Dog_face.png")
image = imread(example_file, as_grey=True)
plt.imshow(image, cmap=cm.gray)
plt.show()
```

Der Code startet mit dem Import der Bibliotheken. Danach wird eine Zeichenkette angelegt, die auf die Beispieldatei zeigt und in example_file abgelegt wird. Diese Zeichenkette ist zusammen mit as_grey Teil des imread()-Methodenaufrufs, der auf True gesetzt wird. Das as_grey-Argument sagt Python, dass jedes bunte Bild in Grautöne umgewandelt werden soll. Mit allen Bildern, die in Grautönen dargestellt sind, wurde so verfahren.

Haben Sie ein Bild geladen, ist es Zeit, es zu rendern (es wird für die Darstellung am Bildschirm aufbereitet). Die imshow()-Funktion übernimmt das Rendern und verwendet eine Farbskala für die Graustufen. Die show()-Funktion zeigt das Bild image, wie in Abbildung 5.5 gezeigt, an.

Schließen Sie das Bild einfach, wenn Sie es nicht mehr anschauen möchten. (Das Sternchen [*] sagt Ihnen, dass der Code noch läuft und Sie noch nicht mit dem nächsten Schritt fortfahren können.) Das Schließen des Bildes stoppt diesen Teil des Codes. Sie haben jetzt ein Bild in Ihrem Speicher und wollen ganz bestimmt mehr darüber erfahren. Wenn Sie den folgenden Code ausführen, werden Ihnen der Typ und die Größe des Bildes zurückgegeben:

```
print("data type: %s, shape: %s" % (type(image), image.shape))
```

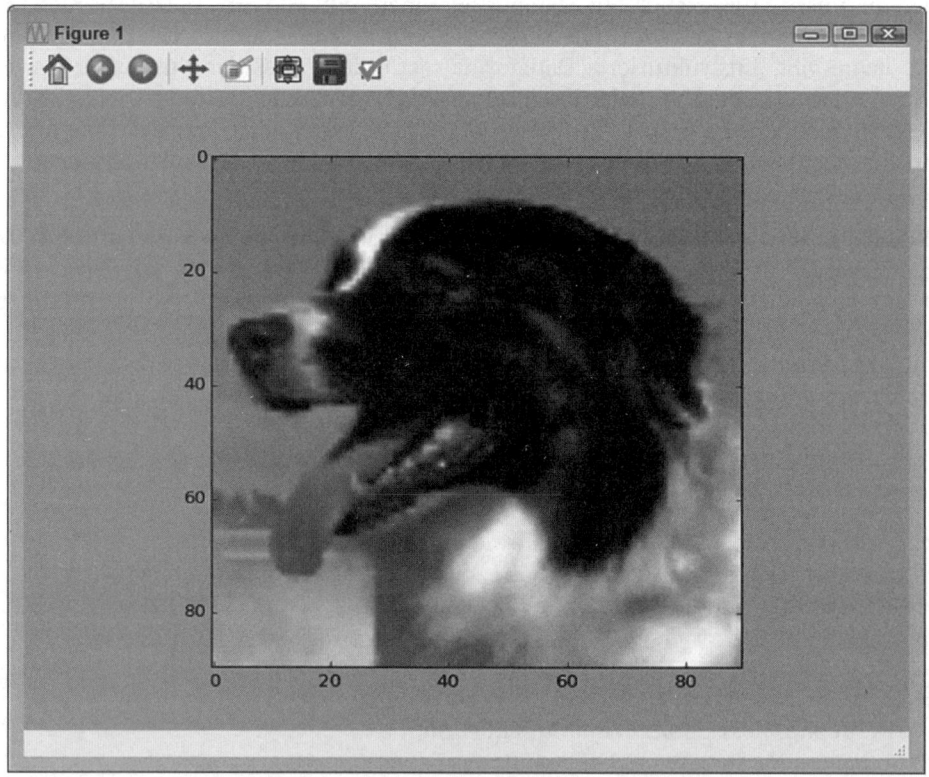

Abbildung 5.5: Das Bild erscheint auf dem Bildschirm, nachdem Sie es gerendert haben und anzeigen lassen.

Die Ausgabe der Abfrage zeigt Ihnen den Typ des Bildes, numpy.ndarray, und eine Bildgröße von 90 mal 90 Pixeln. Das Bild ist im Moment ein Feld von Bildpunkten, das Sie auf verschiedene Arten verändern können. Wenn Sie das Bild zum Beispiel beschneiden möchten, können Sie den folgenden Code verwenden:

```
image2 = image[5:70,0:70]
plt.imshow(image2, cmap=cm.gray)
plt.show()
```

numpy.ndarray in image2 ist kleiner als jenes in image, wodurch auch die Ausgabe kleiner ist. Abbildung 5.6 zeigt ein typisches Ergebnis. Sie beschneiden das Bild, um eine spezifische Größe erhalten. Beide Bilder müssen die gleiche Größe haben, damit Sie sie analysieren können. Das Beschneiden ist eine Methode, um sicherzugehen, dass beide Bilder die richtige Größe für die Analyse haben.

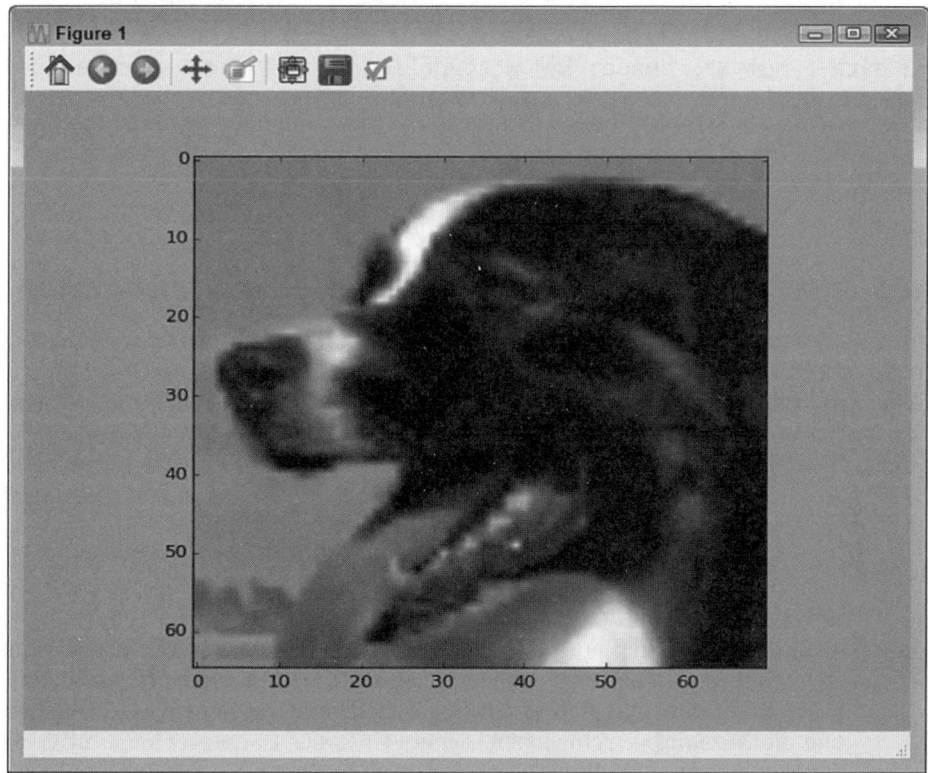

Abbildung 5.6: Durch Beschneiden des Bildes wird es verkleinert.

Sie können auch die Bildgröße ändern. Der folgende Code verändert die Größe des Bildes für die Analyse:

```
image3 = resize(image2, (30, 30), mode='nearest')
plt.imshow(image3, cmap=cm.gray)
print("data type: %s, shape: %s" % (type(image3), image3.shape))
```

Die Ausgabe der `print()`-Funktion sagt Ihnen, dass das Bild jetzt 30 mal 30 Pixel groß ist. Sie können es mit jedem Bild vergleichen, das die gleichen Dimensionen besitzt.

Nachdem alle Bilder die richtige Größe haben, müssen Sie sie glätten. Eine Zeile des Datensatzes ist immer ein- und nicht zweidimensional. Das Bild ist gegenwärtig ein Feld von 30 mal 30 Bildpunkten, weshalb man es nicht zu einem Teil des Datensatzes machen kann. Der folgende Code glättet `image3`, damit es zu einem Array von 900 Elementen wird, das in `image_row` gespeichert wird.

```
image_row = image3.flatten()
print("data type: %s, shape: %s" % (type(image_row), image_row.shape))
```

Beachten Sie, dass der Typ noch `numpy.ndarray` ist. Sie können dieses Array zu einem Datensatz hinzufügen und diesen dann für Analysezwecke nutzen. Wie vorherzusehen, beträgt die Größe 900 Elemente.

Verwaltung von Daten aus relationalen Datenbanken

Datenbanken können alle möglichen Formen besitzen. AskSam (http://asksam.en. softonic.com/) zum Beispiel ist eine Art Textdatenbank in freier Form. Die Mehrheit der Daten, die von Unternehmen verwendet werden, basieren auf relationalen Datenbanken, weil diese die besten Möglichkeiten zur Organisation großer, komplexer Datenmengen zur Verfügung stellen. Das macht es leichter, mit ihnen zu arbeiten. Das Ziel eines Datenbankmanagers ist es, Daten leicht manipulierbar zu machen. Der Fokus beim Speichern von Daten liegt auf ihrer einfachen Abrufbarkeit.

Relationale Datenbanken ermöglichen sowohl die Manipulation als auch die Abrufbarkeit der Daten mit relativ einfachen Methoden. Da jedoch Speicherbedarf in allen erdenklichen Formen und Größen für eine Vielzahl von Plattformen besteht, gibt es viele unterschiedliche relationale Datenbanken. Tatsächlich ist die Verbreitung von unterschiedlichsten Datenbankmanagementsystemen (DBMS) und die Nutzung verschiedener Layouts eines der Hauptprobleme für den Data Scientist bei der Erstellung eines umfassenden Datensatzes für die Analyse.

Der gemeinsame Nenner vieler relationaler Datenbanken ist, dass sie alle auf der gleichen Sprache basieren, um Datenmanipulationen für den Data Scientist leichter zu machen. Structured Query Language (SQL) ermöglicht Ihnen alle Arten von Managementaufgaben in einer relationalen Datenbank, ruft die benötigten Daten ab und gibt ihnen eine gewisse Form, sodass zusätzliche Anpassungen nicht notwendig sind.

Das Erstellen einer Verbindung zu einer Datenbank kann ein komplexes Unterfangen sein. Zunächst müssen Sie wissen, wie Sie sich mit einer bestimmten Datenbank verbinden können. Diesen Prozess können Sie in kleinere Schritte aufteilen. Der erste ist der Zugang zur Datenbank. Sie benutzen zwei Codezeilen ähnlich der folgenden (der hier aufgeführte Code soll nicht ausgeführt werden, um die Aufgabe zu lösen):

```
from sqlalchemy import create_engine
engine = create_engine('sqlite:///:memory:')
```

Nachdem Sie sich mit der Maschine verbunden haben, können Sie, abhängig vom DBMS, spezifische Aufgaben lösen. Die Ausgabe einer Lesemethode ist immer ein `DataFrame`-Objekt, das die erforderlichen Daten enthält. Um Daten zu schreiben, müssen Sie ein `DataFrame`-Objekt anlegen oder ein bestehendes verwenden. Mit den folgenden Methoden können Sie die meisten Aufgaben lösen:

✔ `read_sql_table()`: Liest Daten aus einer SQL-Tabelle und übergibt sie an ein `DataFrame`-Objekt.

✔ `read_sql_query()`: Liest Daten aus einer SQL-Abfrage aus der Datenbank und übergibt sie an ein `DataFrame`-Objekt.

✔ `read_sql()`: Liest Daten entweder aus einer SQL-Tabelle oder einer Abfrage und übergibt sie an ein `DataFrame`-Objekt.

✔ `DataFrame.to_sql()`: Schreibt den Inhalt eines `DataFrame`-Objekts in spezifische Tabellen der Datenbank.

Die `sqlalchemy`-Bibliothek unterstützt eine Vielzahl von SQL-Datenbanken. Die folgende Liste beinhaltet nur eine kleine Auswahl davon:

✔ SQLite

✔ MySQL

✔ PostgreSQL

✔ SQL Server

✔ andere relationale Datenbanken wie jene, bei denen Sie sich mithilfe von Open Database Connectivity (ODBC) verbinden

Die Techniken, die Sie in diesem Buch in Verbindung mit den Toy-Datenbanken kennenlernen, können Sie genauso bei der Arbeit mit relationalen Datenbanken anwenden.

Interaktion mit Daten einer NoSQL-Datenbank

Zusätzlich zu standardmäßigen relationalen Datenbanken, die auf SQL basieren, finden Sie eine Fülle von Datenbanken aller Art, die das nicht tun. Diese Nicht-SQL-(NoSQL-)Datenbanken werden bei der Speicherung von großen Datenmengen benötigt, bei denen relationale Modelle übermäßig komplex werden oder auf eine andere Art und Weise versagen würden. Diese Datenbanken verwenden generell kein relationales Modell. Natürlich finden diese DBMS weniger Anwendung in Unternehmen, weil sie besondere Behandlung und ein spezielles Training erfordern. Dennoch werden einige gebräuchliche DBMS eingesetzt, weil sie spezielle Funktionalitäten bieten oder individuelle Anforderungen erfüllen. Das Verfahren beim Einsatz von NoSQL und relationalen Datenbanken ist im Wesentlichen das gleiche:

1. Import der erforderlichen Funktionen der Datenbank

2. Anlegen der Datenbank

3. Ausführung erforderlicher Abfragen mit der Datenbank und deren Funktionen, die durch das DBMS unterstützt werden

Die Details variieren ein bisschen und Sie sollten wissen, welche Bibliothek Sie für Ihre individuelle Datenbank benötigen. Wenn Sie beispielsweise mit MongoDB arbeiten (`https://www.mongodb.org/`), benötigen Sie eine `PyMongo`-Bibliothek (`https://api.mongodb.org/python/current/`) und die `MongoClient`-Klasse, um die Datenbank anlegen zu können. MongoDB basiert stark auf der `find()`-Funktion, um Daten zu lokalisieren. Hier ist ein Pseudocode-Beispiel einer MongoDB-Sitzung:

```
import pymongo
import pandas as pd
from pymongo import Connection
connection = Connection()
db = connection.database_name
input_data = db.collection_name
data = pd.DataFrame(list(input_data.find()))
```

Verwendung von Daten aus dem Internet

Es wäre unglaublich schwierig (vielleicht sogar unmöglich), heutzutage ein Unternehmen zu finden, das nicht auf irgendeine Art webbasierte Daten verwendet. Die meisten Unternehmen nutzen irgendwelche Web-Services. Ein *Web-Service* ist eine Art Webanwendung, die die Möglichkeit bietet, Fragen zu stellen und darauf eine Antwort zu erhalten. Web-Services verwalten in der Regel eine Reihe von Eingabetypen. Ein Web-Service ist sogar in der Lage, ganze Gruppen von Abfragen zu verarbeiten.

Eine weitere Art von Abfragesystemen ist der Microservice. Im Gegensatz zum Web-Service haben *Microservices* einen besonderen Schwerpunkt und bieten nur eine spezifische Abfrage für die Ein- und Ausgabe.

APIs und andere Web-Objekte

Ein Data Scientist wird seine Gründe haben, wenn er unterschiedliche Web-Anwendungsprogrammierschnittstellen (APIs) verwendet, um auf Daten zuzugreifen und diese zu verarbeiten. Tatsächlich liegt der Fokus der Analyse oft auf der API selbst. Dieses Buch behandelt APIs nicht im Detail, da jede API einzigartig ist und außerhalb des normalen Anwendungsbereichs eines Data Scientists liegt. Sie können zum Beispiel jQuery verwenden (`http://jquery.com/`), um auf Daten zuzugreifen und sie auf unterschiedliche Art und Weise zu verarbeiten, wenn Sie mit einer Web-Anwendung arbeiten. Die Methoden dafür basieren jedoch eher auf dem Schreiben einer Anwendung als auf der Verwendung einer Data-Science-Technik.

Es ist wichtig, zu beachten, dass APIs Datenquellen sein können und dass Sie sie verwenden können, um Daten einzugeben oder zu formatieren. Tatsächlich werden Sie viele Objekte finden, die APIs ähneln, aber in diesem Buch nicht auftauchen. Windows-Entwickler sind in der Lage, Component-Object-Model-(COM-)Anwendungen zu entwickeln, die Daten ins Web ausgeben, die Sie potenziell für Ihre Analysezwecke verwenden könnten. Die Zahl möglicher Quellen ist schier endlos. Dieses Buch legt den Fokus auf Quellen, die Sie häufig benutzen werden. Trotzdem sollten Sie immer die Augen nach anderen Möglichkeiten offen halten.

Die Verwendung von Microservices hat spezielle Vorteile, die außerhalb des Rahmens dieses Buches liegen, aber im Wesentlichen arbeiten sie wie winzige Web-Services.

Eine der aussichtsreichsten Zugriffstechniken für Web-Daten ist XML. Alle Arten von Inhaltstypen basieren auf XML, genau wie einige Webseiten. Die Arbeit mit Web-Services und Microservices bedeutet, mit XML zu arbeiten. Das Beispiel in diesem Abschnitt arbeitet mit XML-Daten der `XMLData.xml`-Datei, die in Abbildung 5.7 gezeigt wird. In diesem Fall ist die Datei einfach aufgebaut und besteht nur aus ein paar Ebenen. XML ist hierarchisch und kann aus mehreren Ebenen aufgebaut sein.

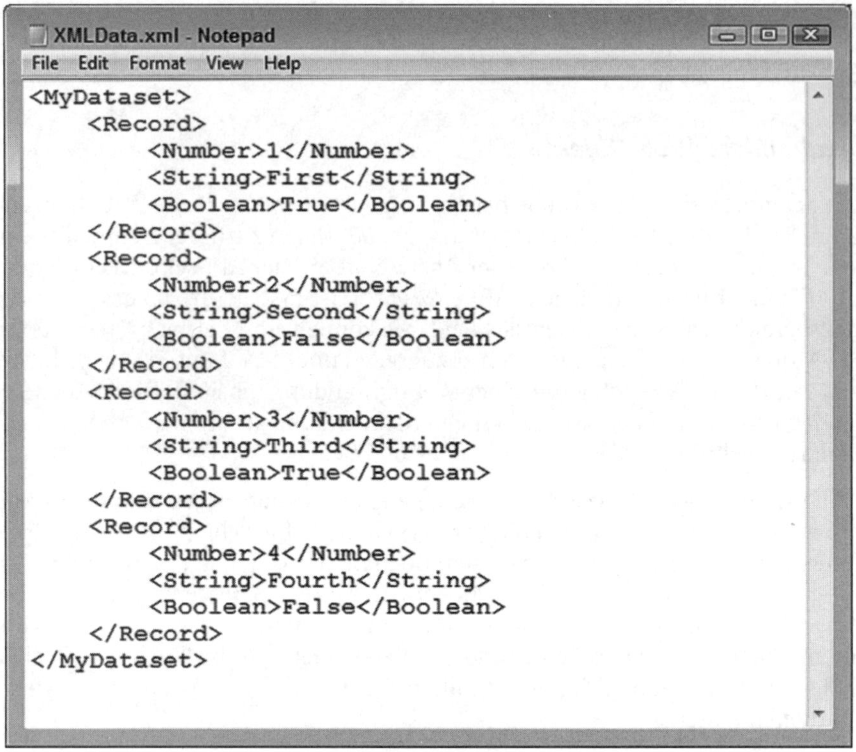


```xml
<MyDataset>
    <Record>
        <Number>1</Number>
        <String>First</String>
        <Boolean>True</Boolean>
    </Record>
    <Record>
        <Number>2</Number>
        <String>Second</String>
        <Boolean>False</Boolean>
    </Record>
    <Record>
        <Number>3</Number>
        <String>Third</String>
        <Boolean>True</Boolean>
    </Record>
    <Record>
        <Number>4</Number>
        <String>Fourth</String>
        <Boolean>False</Boolean>
    </Record>
</MyDataset>
```

Abbildung 5.7: XML ist ein hierarchisches Format, das sehr komplex werden kann.

Die Technik, um mit XML zu arbeiten, kann etwas komplizierter sein als alles, mit dem Sie bisher gearbeitet haben. Hier ist der Code für dieses Beispiel:

```
from lxml import objectify
import pandas as pd

xml = objectify.parse(open('XMLData.xml'))
root = xml.getroot()

df = pd.DataFrame(columns=('Number', 'String', 'Boolean'))

for i in range(0,4):
    obj = root.getchildren()[i].getchildren()
    row = dict(zip(['Number', 'String', 'Boolean'],
                   [obj[0].text, obj[1].text, obj[2].text]))
    row_s = pd.Series(row)
    row_s.name = i
    df = df.append(row_s)
print df
```

Das Beispiel beginnt mit dem Import der Bibliotheken und dem Parsen der Datei mit der `ob-jectify.parse`-Methode. Jedes XML-Dokument enthält einen Wurzelknoten, der in diesem Fall `<MyDataset>` ist. Der Wurzelknoten fasst den Rest des Inhalts zusammen, und jeder Knoten darunter ist ein Kind. Um etwas Praktisches mit dem Dokument tun zu können, müssen Sie den Wurzelknoten mit der `getroot`-Methode zugänglich machen.

Der nächste Schritt ist das Anlegen eines leeren `DataFrame`-Objekts, das die Spaltennamen für jeden Eintrag enthält: `Number`, `String` und `Boolean`. Wie bei jeder Datenverarbeitung mit Pandas basiert XML auf einem `DataFrame`. Die `for`-Schleife füllt den `DataFrame` mit den vier Einträgen der XML-Datei (jeder in einem `<Record>`-Knoten).

Der Prozess erscheint komplex, folgt jedoch einer logischen Abfolge. Die `obj`-Variable beinhaltet alle Kinder für einen `<Record>`-Knoten. Diese Kinder werden in ein Dictionary-Objekt geladen, in dem die Schlüsselwörter `Number`, `String` und `Boolean` mit den `DataFrame`-Spalten übereinstimmen müssen.

Jetzt existiert ein Dictionary-Objekt, das die Rohdaten enthält. Der Code erstellt eine Ist-Zeile für den `DataFrame`. Diese gibt der Zeile den Wert des aktuellen `for`-Schleifen-Durchlaufs. Die Zeile wird danach zum `DataFrame` hinzugefügt. Um zu sehen, dass alles wie erwartet funktioniert, gibt der Code das Ergebnis wie folgt aus:

```
  Number   String   Boolean
0      1    First      True
1      2   Second     False
2      3    Third      True
3      4   Fourth     False
```

Konditionierung der Daten

In diesem Kapitel

▶ Arbeiten mit NumPy und Pandas

▶ Ihre Daten kennenlernen

▶ Arbeiten mit symbolischen Variablen

▶ Der Effekt des Datums

▶ Bestimmung fehlender Daten

▶ Datenschnitte machen

▶ Datenelemente zusammenzufügen und Datentypen ändern

▶ Kombination von Daten

Die *Datenform* definiert die Daten in ihrer Gesamtheit, also Eigenschaften, Art, Inhalt und andere Elemente. Die Form der Daten bestimmt die Aufgaben, die Sie mit ihnen ausführen können. Um Ihre Daten für eine bestimmte Art von Analyse zugänglich zu machen, müssen Sie ihre Form verändern. Wie ein Töpfer seinen Ton mit seinen Händen formt, so formen Sie Ihre Daten mit Funktionen und Algorithmen zum Ausführen bestimmter Aufgaben.

Dieses Kapitel hilft Ihnen dabei, die Werkzeuge und deren Auswirkungen auf die Datenform zu verstehen. Zum Beispiel müssen Sie wissen, was zu tun ist, wenn Datensätze fehlen. Sie müssen die Daten korrekt gestalten, ansonsten ergibt Ihre Analyse am Ende keinen Sinn. Auch Datentypen wie zum Beispiel Jahreszahlen können Probleme bereiten. Noch mal, Sie müssen darauf achten, das gewünschte Ergebnis zu erzielen, damit der Datensatz für Analysen verschiedenster Art von Nutzen ist.

Das Ziel der Formgebung bei manchen Daten ist es, einen größeren Datensatz zu erstellen. In einigen Fällen erscheinen die Daten nicht in einer einzigen Datenbank oder in einer bestimmten Form. Sie müssen den Daten eine Form geben, um sie zu verändern und zu kombinieren, bevor Sie eine Analyse beginnen können. Die erfolgreiche Kombination von Daten kann eine Kunst sein, weil Daten oft einer einfachen Analyse oder einer schnellen Lösung widerstehen.

Sie müssen den Quellcode für dieses Kapitel nicht per Hand eingeben. Es ist tatsächlich viel einfacher, wenn Sie sich den Code herunterladen (schauen Sie für die Download-Anweisungen in die Einleitung). Der Quellcode für dieses Kapitel ist in der Quellcode-Datei P4DS4D; 06; Getting your Data in Shape. ipybn zu finden.

Zwischen NumPy und Pandas hin- und herjonglieren

Die Bibliothek NumPy brauchen Sie ohne Zweifel ständig, und die Pandas-Bibliothek baut auf NumPy auf. Dennoch müssen Sie sich beim Bewältigen Ihrer Aufgaben jeweils zwischen NumPy und Pandas entscheiden. Mit der Low-Level-Funktionalität von NumPy meistern Sie etliche Aufgaben, Pandas dagegen macht einiges für Sie sehr viel einfacher. Die folgenden Abschnitte beschreiben genauer, wann die einzelnen Bibliotheken zu verwenden sind.

Wann man NumPy verwendet

Es ist wichtig zu wissen, dass Pandas die Bibliothek NumPy verwendet. Dadurch wird jede Pandas-Aufgabe auch mit NumPy ausgeführt. Für die Vorteile von Pandas müssen Sie Leistungseinbußen akzeptieren – Tester behaupten, Pandas sei für eine ähnliche Aufgabe 100-mal langsamer als NumPy (siehe `http://penandpants.com/2014/09/05/`). Sicher hängt vieles von der Computer-Hardware ab, aber wenn Geschwindigkeit wichtig ist, sollten Sie besser NumPy wählen.

Wann man Pandas verwendet

Nutzen Sie Pandas, um Code leichter und schneller zu schreiben. Pandas erledigt den Großteil der Arbeit für Sie, möglicherweise reduziert sich mit Pandas dadurch auch das Potenzial für Programmierfehler. Tatsache ist, dass die Pandas-Bibliothek die Zeitreihen-Funktionalität, den Datenabgleich und die NA-sensitiven Statistiken, Gruppierung, Zusammenführung und Join-Methoden unterstützt. Wenn Sie dafür NumPy nutzen, erfinden Sie quasi das Rad neu.

Vorbereitung ist alles

Dieses Buch scheint sich größtenteils mit der Vorbereitung von Daten zu beschäftigen, anstatt damit, wie man sie analysiert. Tatsächlich verbringen Data Scientists die meiste Zeit damit, ihre Daten vorzubereiten, da es selten möglich ist, sie sofort zu analysieren. Für die Vorbereitung muss ein Data Scientist Folgendes tun:

✔ Daten sammeln

✔ Daten umformen

✔ Teil-Datensätze erstellen

✔ Daten bereinigen

✔ Einen einzelnen Datensatz durch Kombination mehrerer Datensätze erstellen

Beim Abarbeiten dieser Aufgaben müssen Sie aber nicht vor Langeweile sterben. Python und seine verschiedenen Bibliotheken machen alles schneller und effizienter. Je besser Sie wissen, wie man wiederkehrende Aufgaben beschleunigt, desto eher beginnt der Spaß bei der Analyse der Daten.

Im weiteren Verlauf dieses Buches erfahren Sie, wie Pandas Aufgaben wie das *Binning* (eine Vorverarbeitungstechnik, die den Effekt von Beobachtungsfehlern verringert) durchführt und mit *Dataframes* (zweidimensional markierte Datenstrukturen mit Spalten, die möglicherweise verschiedene Datentypen enthalten können) arbeitet, sodass Sie statistische Berechnungen darüber ausführen können. In Kapitel 8 beispielsweise werden Sie sowohl die Diskretisierung als auch das Binning durchführen. Kapitel 13 zeigt Binning-Beispiele, wie Frequenzerhaltung, für jede kategoriale Variable eines Datensatzes. Viele der Beispiele in Kapitel 13 lassen sich tatsächlich nicht ohne Binning bearbeiten. Mit anderen Worten: Machen Sie sich jetzt noch nicht zu viele Sorgen darüber, was Binning ist oder warum Sie es später brauchen – Beispiele im Buch werden das Thema später im Detail erklären. Alles, was Sie im Moment wirklich wissen müssen, ist, dass Pandas Ihnen die Arbeit wesentlich erleichtert.

Validierung der Daten

Wenn es um Daten geht, kann niemand sagen, was eine große Datenbank wirklich enthält. Jeder sieht Teile, aber wenn Sie die Größe einiger Datenbanken betrachten, ist Ihnen klar, dass Sie unmöglich alles überblicken können. Da Sie den genauen Inhalt nicht kennen, können Sie nicht sicher sein, dass Ihre Analyse das gewünschte, korrekte Ergebnis liefert. Kurz, Sie müssen Ihre Daten validieren, bevor Sie sie verwenden, damit zumindest die gerade verwendeten Daten auch jene sind, die Sie erwarten. Das bedeutet, dass Aufgaben wie das Entfernen doppelter Datensätze vor jeder Art von Analyse durchgeführt werden müssen (Duplikate verfälschen das Ergebnis).

Sie brauchen nicht darüber nachzudenken, was die Validierung für Sie tun kann. Sie wird Ihnen nicht sagen, ob die Daten korrekt sind oder die Werte außerhalb des erwarteten Bereichs liegen. Spätere Techniken in kommenden Kapiteln helfen bei der Beantwortung dieser Art von Fragen. Validierung stellt lediglich sicher, dass Sie eine Analyse durchführen und erwarten können, dass sie erfolgreich sein wird. Später müssen Sie eine zusätzliche Anpassung an den Daten vornehmen, um das Ergebnis zu erhalten, wofür Sie die Aufgabe in erster Linie erstellt haben.

Herausfinden, was in Ihren Daten steckt

Es ist wichtig, herauszufinden, was Ihre Daten beinhalten, da die Überprüfung von Hand oft deshalb unmöglich ist, weil die Anzahl an Variablen und Beobachtungen zu groß ist. Zusätzlich ist diese Art der Überprüfung zeitaufwendig, fehleranfällig und ganz wichtig: wirklich langweilig. Die Suche nach Duplikaten ist essenziell, da

✔ Sie sonst in den folgenden Schritten Rechenzeit für Duplikate einsetzen, die Ihren Algorithmus verlangsamen,

✔ Sie falsche Ergebnisse erzeugen, da Duplikate implizit eine höhere Gewichtung als das Ergebnis haben. Der Algorithmus bewertet sie höher, da sie mehrfach vorkommen.

Als Data Scientist wollen Sie von Ihren Daten begeistert sein, also ist es Zeit, mit ihnen zu reden – im übertragenen Sinne natürlich. Schauen Sie sich die Wunder von Pandas im nächsten Beispiel einmal an:

```
from lxml import objectify
import pandas as pd

xml = objectify.parse(open('XMLData2.xml'))
root = xml.getroot()
df = pd.DataFrame(columns=('Number', 'String', 'Boolean'))

for i in range(0,4):
    obj = root.getchildren()[i].getchildren()
    row = dict(zip(['Number', 'String', 'Boolean'],
                    [obj[0].text, obj[1].text, obj[2].text]))
    row_s = pd.Series(row)
    row_s.name = i
    df = df.append(row_s)

search = pd.DataFrame.duplicated(df)
print df
print
print search[search == True]
```

Dieses Beispiel zeigt, wie Sie doppelte Zeilen finden. Dabei wird mit einer modifizierten Version der XMLData.xml-Datei gearbeitet, nämlich mit XMLData2.xml, die eine einfache, wiederholte Zeile enthält. Eine echte Datei enthält Tausende (oder mehr) von Datensätzen und möglicherweise Hunderte Wiederholungen, und dieses einfache Beispiel erledigt die Arbeit automatisch. Das Beispiel beginnt mit dem Einlesen der Datei in den Speicher mit der gleichen Technik, die Sie in Kapitel 5 schon kennengelernt haben. Sie übergibt anschließend die Daten an einen DataFrame.

An diesem Punkt sind Ihre Daten beschädigt, da sie eine doppelte Zeile enthalten. Sie können diese allerdings loswerden, indem Sie nach ihr suchen. Die erste Aufgabe ist es, ein Such-Objekt zu erstellen, das eine Liste der duplizierten Zeilen enthält, indem Sie pd.DataFrame.duplicated() eingeben. Die doppelten Zeilen werden an ihrer Zeilennummer als True markiert.

Natürlich haben Sie jetzt eine Liste von korrekten Zeilen und solchen, die doppelt vorkommen. Der einfachste Weg ist es, einen Index mit search == True zu erstellen, der die doppelten Zeilen lokalisiert. Im Anschluss folgt die Ausgabe, die Sie im nächsten Beispiel sehen. Beachten Sie, dass Zeile 1 doppelt in der DataFrame-Ausgabe existiert und als solche im Suchergebnis markiert ist:

```
    Number    String    Boolean
0       1     First         True
1       1     First         True
2       2     Second       False
3       3     Third         True
1    True
dtype: bool
```

Duplikate entfernen

Um einen sauberen Datensatz zu erhalten, müssen Sie die Duplikate entfernen. Glücklicherweise müssen Sie dafür keinen merkwürdigen Code schreiben – Pandas erledigt das für Sie, wie das nächste Beispiel zeigt:

```
from lxml import objectify
import pandas as pd

xml = objectify.parse(open('XMLData2.xml'))
root = xml.getroot()
df = pd.DataFrame(columns=('Number', 'String', 'Boolean'))
for i in range(0,4):
    obj = root.getchildren()[i].getchildren()
    row = dict(zip(['Number', 'String', 'Boolean'],
                [obj[0].text, obj[1].text, obj[2].text]))
    row_s = pd.Series(row)
    row_s.name = i
    df = df.append(row_s)

print df.drop_duplicates()
```

Wie im vorangegangenen Beispiel beginnen Sie damit, ein DataFrame zu erstellen, das die Duplikate enthält. Zum Entfernen der doppelten Einträge müssen Sie nur den Befehl drop_duplicates() aufrufen. Hier sehen Sie das Ergebnis:

```
    Number    String    Boolean
0       1     First         True
2       2     Second       False
3       3     Third         True
```

Erstellung einer Datenkarte und eines Datenplans

Sie müssen einiges über Ihre Datensätze wissen – hauptsächlich, wie sie statisch aussehen. Eine *Datenkarte* ist ein Überblick über den Datensatz. Sie nutzen sie, um potenzielle Probleme in Ihren Daten zu lokalisieren, wie:

✔ Redundante Variablen

✔ Mögliche Fehler

✔ Fehlende Werte

✔ Transformation von Variablen

Die Überprüfung dieser Probleme erfolgt über einen *Datenplan*, der eine Liste von Aufgaben darstellt, die Sie für die Gewährleistung der Datenintegrität durchführen müssen. Das folgende Beispiel zeigt eine Datenkarte A mit den zwei Datensätzen B und C:

```python
import pandas as pd

df = pd.DataFrame({'A': [0,0,0,0,0,1,1],
                   'B': [1,2,3,5,4,2,5],
                   'C': [5,3,4,1,1,2,3]})

a_group_desc = df.groupby('A').describe()
print a_group_desc
```

In diesem Zusammenhang nutzt die Datenkarte 0 für die erste Serie und 1 für die zweite. Die groupby()-Funktion platziert die Datensätze B und C in Gruppen. Um festzustellen, ob die Datenkarte brauchbar ist, erstellen Sie Statistiken mit describe(). Am Ende haben Sie sowohl einen Datensatz B als auch einen Datensatz C, aufgeteilt auf A-Werte, die 0, und A-Werte, die 1 sind, wie in der folgenden Ausgabe dargestellt:

```
                 B             C
A
0 count    5.000000      5.000000
  mean     3.000000      2.800000
  std      1.581139      1.788854
  min      1.000000      1.000000
  25%      2.000000      1.000000
  50%      3.000000      3.000000
  75%      4.000000      4.000000
  max      5.000000      5.000000
1 count    2.000000      2.000000
  mean     3.500000      2.500000
  std      2.121320      0.707107
  min      2.000000      2.000000
  25%      2.750000      2.250000
  50%      3.500000      2.500000
  75%      4.250000      2.750000
  max      5.000000      3.000000
```

Diese Statistik enthält Informationen über die beiden Reihen. Beim Auseinandernehmen der beiden Datensätze wird der Datenplan als spezifische Umgebung genutzt. Wie Sie sehen, zeigt die Statistik, dass dieser Datenplan nicht durchführbar ist, da einige der Statistiken weit voneinander entfernt sind.

Die Ausgabe von `describe()` ist schwierig zu lesen. Die Daten sind eng zusammengepackt, aber Sie können sie wie folgt auseinandernehmen:

```
unstacked = a_group_desc.unstack()
print unstacked
```

Mit `unstack()` können Sie eine andere Darstellung erzeugen. Nachfolgend sehen Sie die Ausgabe, die kompakter formatiert ist:

```
        B
   count  mean      std  min   25%  50%   75%  max
A
0      5   3.0  1.581139    1  2.00  3.0  4.00    5
1      2   3.5  2.121320    2  2.75  3.5  4.25    5

        C
   count  mean      std  min   25%  50%   75%  max
A
0      5   2.8  1.788854    1  1.00  3.0  4.00    5
1      2   2.5  0.707107    2  2.25  2.5  2.75    3
```

Natürlich benötigen Sie nicht alle Daten, die `describe()` anbietet. Sie wollen vielleicht nur die Anzahl der Einträge in jeder Reihe und deren Bedeutung sehen. So können Sie die Größe der auszugebenden Information reduzieren:

```
print unstacked.loc[:,(slice(None),['count','mean']),]
```

Unter Verwendung von `loc` erhalten Sie bestimmte Spalten. Hier folgt die finale Ausgabe des Beispiels mit den Informationen, die Sie wirklich für eine Entscheidung benötigen:

```
        B           C
   count  mean  count  mean
A
0      5   3.0      5   2.8
1      2   3.5      2   2.5
```

Manipulation kategorialer Variablen

In Data Science ist eine *kategoriale Variable* eine, die einen bestimmten Wert aus einer begrenzten Anzahl von Werten hat. Die Anzahl der Werte ist in der Regel festgelegt. Viele Entwickler werden die kategorialen Variablen von Aufzählungsdatentypen kennen. Jeder dieser möglichen Werte, die eine kategoriale Variable annehmen können, ist eine *Ebene*.

Um zu verstehen, wie solche Variablen arbeiten, stellen Sie sich vor, Sie haben verschiedene Farben eines Objekts, zum Beispiel eines Autos, und der Benutzer kann wählen, ob es blau, rot oder grün sein soll. Damit der Computer die Farbe des Autos effektiv darstellen und berechnen kann, weist er jeder Farbe einen Zahlenwert zu, so ist Blau 1, Rot ist 2 und Grün ist 3. Wenn Sie dann eine Farbe ausgeben lassen, finden Sie einen Wert und nicht die Farbe.

Wenn Sie pandas.DataFrame verwenden, sehen Sie trotzdem den symbolischen Wert (Blau, Rot und Grün), obwohl der Computer einen numerischen Wert dafür speichert. Manchmal müssen Sie diese symbolischen Werte umbenennen und kombinieren, um neue Symbole erstellen zu können. Symbolische Variablen sind ein praktischer Weg, um qualitative Daten zu speichern und darzustellen.

Bei der Verwendung von kategorialen Variablen für maschinelles Lernen ist es wichtig, den Algorithmus für die Manipulation der Variablen zu prüfen. Manche Algorithmen wie Bäume und Kombinationen von Bäumen können direkt mit den numerischen Variablen hinter den Symbolen arbeiten. Andere Algorithmen, wie lineare und logistische Regression oder SVM, verlangen, dass die kategorialen Variablen in binäre Variablen umcodiert werden. Wenn Sie also zum Beispiel drei Ebenen für eine Farb-Variable haben (Blau, Rot und Grün), müssen Sie drei binäre Variablen erstellen:

✔ eine für Blau (1, wenn der Wert Blau ist, 0, wenn nicht)

✔ eine für Rot (1, wenn der Wert Rot ist, 0, wenn nicht)

✔ eine für Grün (1, wenn der Wert Grün ist, 0, wenn nicht)

Erstellung kategorialer Variablen

Kategoriale Variablen haben eine festgelegte Anzahl von Werten. Das macht sie unglaublich wertvoll für eine ganze Reihe von Data-Science-Aufgaben, beispielsweise dafür, einen Wert weit außerhalb Ihres Datensatzes zu finden. Das folgende Beispiel zeigt eine Methode für die Erstellung einer solchen kategorialen Variablen, die genutzt wird, um zu prüfen, ob die Daten in definierten Grenzen liegen.

```python
import pandas as pd

car_colors = pd.Series(['Blue', 'Red', 'Green'],
          dtype='category')

car_data = pd.Series(
    pd.Categorical(['Yellow', 'Green', 'Red', 'Blue', 'Purple'],
                 categories=car_colors, ordered=False))

find_entries = pd.isnull(car_data)

print car_colors
print
print car_data
print
print find_entries[find_entries == True]
```

Überprüfung Ihrer Pandas-Version

Die Beispiele zu den kategorialen Variablen in diesem Abschnitt benötigen mindestens die Pandas-Version 0.15.0 auf Ihrem PC (Pandas 0.16.0 oder höher wäre noch besser, da bei diesen Versionen einige Fehler behoben wurden). Allerdings könnte Ihre Anaconda-Version stattdessen die Pandas-Version 0.14.1 installiert haben. Überprüfen Sie das, indem Sie `import pandas as pd` eingeben und ⏎ drücken. Anschließend geben Sie `print pd.version.version` ein und drücken erneut ⏎. Sie sehen die Versionsnummer von Pandas, die Sie installiert haben. Ist diese älter, laden Sie die neueste unter `http://pandas.pydata.org/~~V` herunter. Folgen Sie für die Installation den Anweisungen unter `http://pandas.pydata.org/Pandas-docs/version/0.15.2/install.html`.

Das Beispiel beginnt mit der Erzeugung der kategorialen Variablen `car_colors`. Die Variable enthält die Werte `Blue`, `Red` und `Green` als Farben, die für ein Auto akzeptabel sind. Beachten Sie, dass Sie als `dtype`-Eigenschaftswert `category` angeben müssen.

Als Nächstes müssen Sie eine andere Reihe erzeugen. Diese nutzt eine Liste aktueller Autofarben als Eingabe, genannt `car_data`. Nicht alle Autofarben entsprechen den vordefinierten Werten. Wenn dieses Problem auftritt, zeigt Pandas »Not a Number«-Werte (`NaN`) anstatt der Autofarbe an.

Sie können natürlich die Liste manuell nach den Autofarben durchsuchen, aber einfacher ist es, Pandas diese Aufgabe zu überlassen. Fragen Sie also Pandas nach Einträgen ab, die null sind, indem Sie `isnull()` verwenden und die Ergebnisse in `find_entries` auflisten lassen. Sie können dann nur Einträge anzeigen, die tatsächlich null sind. Im Folgenden sehen Sie eine Ausgabe dieses Beispiels:

```
0      Blue
1      Red
2      Green
dtype: category
Categories (3, object): [Blue < Green < Red]

0      NaN
1    Green
2      Red
3     Blue
4      NaN
dtype: category
Categories (3, object): [Blue, Red, Green]

0      True
4      True
dtype: bool
```

Wenn Sie sich die Liste der `car_data`-Ausgabe anschauen, sehen Sie die Einträge 0 und 4 mit NaN gekennzeichnet. Die Ausgabe von `find_entries` überprüft diese Angaben noch mal für Sie. Wäre dies ein großer Datensatz, könnten Sie schnell die fehlerhaften Einträge in der Datenmenge finden und korrigieren, bevor Sie eine Analyse beginnen.

Umbenennen der Ebenen

Manchmal ist die Benennung der Kategorien, die Sie benötigen, unpassend oder für den bestimmten Bedarf anderweitig falsch. Zum Glück können Sie Ihre Kategorien je nach Bedarf umbenennen, indem Sie die Technik aus folgendem Beispiel anwenden:

```python
import pandas as pd

car_colors = pd.Series(['Blue', 'Red', 'Green'],
                       dtype='category')

car_data = pd.Series(
    pd.Categorical(['Blue', 'Green', 'Red', 'Blue', 'Red'],
        categories=car_colors, ordered=False))

car_colors.cat.categories = ["Purple", "Yellow", "Mauve"]
car_data.cat.categories = car_colors

print car_data
```

Sie müssen lediglich, wie das Beispiel zeigt, die `cat.categories`-Eigenschaft auf einen neuen Wert setzen. Hier folgt die Ausgabe aus dem Beispiel:

```
0       Purple
1       Yellow
2        Mauve
3       Purple
4        Mauve
dtype: category
Categories (3, object): [Purple, Mauve, Yellow]
```

Die Kombination von Ebenen

Eine bestimmte kategoriale Ebene kann für aussagekräftige Daten zu klein sein, um eine Analyse durchzuführen. Möglicherweise gibt es nur eine geringe Zahl von Werten, die nicht ausreicht, um einen statistischen Unterschied zu zeigen. In diesem Fall müssen mehrere kleine Kategorien miteinander kombiniert werden, was zu besseren Analyseergebnissen führen kann.

Das folgende Beispiel zeigt, wie man die Kategorien kombiniert:

```
import pandas as pd

car_colors = pd.Series(['Blue', 'Red', 'Green'],
                       dtype='category')

car_data = pd.Series(
    pd.Categorical(['Blue', 'Green', 'Red', 'Green', 'Red', Green'],
        categories=car_colors, ordered=False))

car_data.cat.categories = ["Blue_Red", "Red", "Green"]
print car_data.ix[car_data.isin(['Red'])]

car_data.ix[car_data.isin(['Red'])] = 'Blue_Red'

print car_data
```

Sie sehen, dass es nur einen Eintrag für Blue und zwei für Red, aber drei für Green gibt, womit Grün in der Mehrheit ist. Die Kombination von Blue und Red ist ein zweistufiger Prozess. Zuerst ändern Sie die Kategorie Blue in die Kategorie Blue_Red, sodass Sie in der Ausgabe sehen, dass die beiden kombiniert wurden. Dann ändern Sie die Red-Einträge in Blue_-Red, wodurch die kombinierte Kategorie erzeugt wird.

Bevor Sie aber die Red-Einträge in Blue_Red umbenennen können, müssen Sie sie finden. Das erfordert eine Kombination aus den Aufrufen isin(), wodurch die Red-Einträge lokalisiert werden, und ix[], das den Index der Einträge anzeigt. Die erste print-Anweisung zeigt das Ergebnis dieser Kombination. Hier ist die Ausgabe dieses Beispiels:

```
2    Red
4    Red
dtype: category
Categories (3, object): [Blue_Red, Red, Green]

0    Blue_Red
1    Green
2    Blue_Red
3    Green
4    Blue_Red
5    Green
dtype: category
Categories (3, object): [Blue_Red, Red, Green]
```

Beachten Sie, dass nun drei Blue_Red-Einträge und drei Green-Einträge existieren. Die Blue-Kategorie gibt es nicht mehr und die Red-Kategorie wird nicht mehr verwendet. Das Ergebnis dieser Vorgänge ist, dass die Ebenen wie erwartet miteinander kombiniert wurden.

Der Umgang mit Zeitangaben in Ihren Daten

Zeitangaben können in der Präsentation Ihrer Daten für Probleme sorgen. Sie sind als Zahlenwerte gespeichert. Der genaue Wert der Zahlen hängt von der Darstellung auf der jeweiligen Plattform ab und kann auch von den Vorlieben des Nutzers abhängig sein. So kann beispielsweise ein Excel-Nutzer zwischen den Datumssystemen 1900 und 1904 wählen (https://support.microsoft.com/de-de/kb/214330). Die beiden Systeme unterscheiden sich nach dem ersten Tag, der unterstützt wird. Entsprechend unterscheidet sich die numerische Codierung, sodass das gleiche Datum unterschiedliche Zahlenwerte haben kann, je nach Datumssystem.

Abgesehen von den Problemen in der Repräsentation müssen Sie die Zeitwerte, mit denen Sie arbeiten, auch überprüfen. Ein Format für Zeitwerte zu erstellen, die der Nutzer versteht, ist schwierig. So müssen Sie zum Beispiel in der einen Situation die Greenwich Mean Time (GMT) nutzen, in einer anderen aber die lokale Zeitzone. Zwischen verschiedenen Zeiten zu transformieren, ist ebenfalls nicht einfach. Auf Basis dieser Überlegungen liefern Ihnen die folgenden Abschnitte Informationen zum Umgang bei Fragen zum Thema Zeit.

Formatierung von Datums- und Zeitangaben

Die Wahl der richtigen Datums- und Zeitangabe kann eine Analyse wesentlich einfacher machen. Beispielsweise müssen Sie oft die Darstellung ändern, um eine ordentliche Sortierung Ihrer Werte zu erhalten. Python bietet für die Formatierung von Datum und Uhrzeit zwei Methoden. Die erste besteht darin, str() aufzurufen, wodurch ein datetime-Wert einfach in einen String ohne Formatierung umgewandelt wird. Die Funktion strftime() erfordert dagegen etwas mehr Aufwand, da Sie definieren müssen, wie der datetime-Wert nach der Konvertierung angezeigt werden soll. Wollen Sie strftime() verwenden, müssen Sie einen String liefern, bei dem spezielle Formatierungen definiert sind. Eine Liste dieser Formatierungen finden Sie unter http://strftime.org/.

Da Sie nun einen groben Überblick darüber haben, wie Konvertierungen von Uhrzeit und Datum funktionieren, ist es Zeit für ein Beispiel. Das folgende Beispiel erstellt ein datetime-Objekt und wandelt es mit zwei verschiedenen Ansätzen in einen String um:

```
import datetime as dt

now = dt.datetime.now()

print str(now)
print now.strftime('%a, %d %B %Y')
```

Sie sehen hier, dass str() der einfachere Ansatz ist. Die folgende Ausgabe zeigt jedoch, dass die Funktion nicht das bietet, was Sie benötigen. Die Verwendung von strftime() ist wesentlich flexibler.

```
2015-04-16 17:26:45.986000
Thu, 16 April 2015
```

Die richtige Zeittransformation

Zeitzonen und Unterschiede in der lokalen Zeit können bei einer Datenanalyse für alle möglichen Probleme sorgen. Deshalb müssen bei bestimmten Berechnungen Zeitverschiebungen berücksichtigt werden, um korrekte Ergebnisse zu erzielen. Egal aus welchem Grund, manchmal ist es nötig, eine Zeit in eine andere zu transformieren. Die folgenden Beispiele zeigen Techniken, die Sie für diese Aufgabe einsetzen können.

```
import datetime as dt

now = dt.datetime.now()
timevalue = now + dt.timedelta(hours=2)

print now.strftime('%H:%M:%S')
print timevalue.strftime('%H:%M:%S')
print timevalue - now
```

Die `timedelta()`-Funktion vereinfacht die Zeittransformation. Sie können jeden dieser Parameter mit `timedelta()` nutzen, um einen Zeit- und Datumswert zu verändern:

✔ Tage

✔ Sekunden

✔ Mikrosekunden

✔ Millisekunden

✔ Minuten

✔ Stunden

✔ Wochen

Sie können die Zeit auch durch Addition oder Subtraktion von Zeitwerten manipulieren. Sie können sogar zwei Zeitwerte subtrahieren, um den Unterschied zwischen ihnen herauszufinden. Hier folgt die Ausgabe zu diesem Beispiel:

```
17:44:40
19:44:40
2:00:00
```

Beachten Sie, dass now die lokale Zeit ist, `timevalue` ist zwei Zeitzonen davon entfernt, und das bedeutet, dass es zwei Stunden Zeitunterschied zwischen den beiden gibt. Sie können mit diesen Techniken alle möglichen Transformationen durchführen, um sicherzustellen, dass die Analyse den zeitorientierten Wert zeigt, den Sie benötigen.

Umgang mit fehlenden Daten

Manchmal fehlen in den Daten, die Sie bekommen, in bestimmten Bereichen ein paar Informationen. Zum Beispiel fehlt bei einem Kundendatensatz das Alter. Wenn viele Daten fehlen, wird Ihre Analyse verzerrt, und die Ergebnisse sind anders gewichtet als erwartet. Eine Strategie für den Umgang mit fehlenden Daten ist daher wichtig. Die folgenden Abschnitte geben einige Denkanstöße dazu.

Fehlende Daten finden

Es ist wichtig, dass Sie die fehlenden Daten in Ihrem Datensatz aufspüren, um falsche Analyseergebnisse zu vermeiden. Der folgende Code zeigt, wie Sie ohne viel Aufwand eine Auflistung der fehlenden Werte erhalten können.

```
import pandas as pd
import numpy as np

s = pd.Series([1, 2, 3, np.NaN, 5, 6, None])

print s.isnull()

print
print s[s.isnull()]
```

Ein Datensatz kann fehlende Werte auf verschiedene Arten darstellen. Dieses Beispiel zeigt Ihnen fehlende Daten als np.NaN (NumPys »Not-a-Number«-Wert) und als Python-Wert None.

Nutzen Sie die isnull()-Methode, um fehlende Werte zu erkennen. Die Ausgabe zeigt True, wenn der Wert nicht vorhanden ist. Durch Hinzufügen eines Indexes zum Datensatz erhalten Sie nur die Einträge, die fehlen. Das Beispiel zeigt die folgende Ausgabe:

```
0    False
1    False
2    False
3    True
4    False
5    False
6    True
dtype: bool

3    NaN
6    NaN
dtype: float64
```

Codierung fehlender Daten

Nachdem Sie herausgefunden haben, dass Ihrem Datensatz Informationen fehlen, müssen Sie überlegen, was als Nächstes zu tun ist. Es gibt prinzipiell drei Möglichkeiten: Ignorieren des Fehlers, Auffüllen der fehlenden Elemente oder Entfernen der fehlerhaften Einträge aus dem Datensatz. Das Ignorieren des Fehlers könnte zu einigen Problemen führen, diese Methode sollten Sie also selten verwenden. Das folgende Beispiel zeigt Techniken, wie Sie fehlende Daten auffüllen oder sie aus dem Datensatz entfernen:

```
import pandas as pd
import numpy as np

s = pd.Series([1, 2, 3, np.NaN, 5, 6, None])

print s.fillna(int(s.mean()))
print
print s.dropna()
```

Die beiden Methoden, die von Interesse sind, lauten `fillna()`, die fehlende Einträge auffüllt, und `dropna()`, die fehlende Einträge verwirft. Bei der Verwendung von `fillna()` müssen Sie einen Wert bestimmen, der für die fehlenden Daten eingesetzt wird. In diesem Beispiel ist es der Mittelwert aller Werte, allerdings kann man aus einer Reihe anderer Ansätze wählen. Hier ist die Ausgabe zu diesem Beispiel:

```
0    1
1    2
2    3
3    3
4    5
5    6
6    3
dtype: float64

0    1
1    2
2    3
4    5
5    6
dtype: float64
```

 Mit einer Reihe zu arbeiten, ist einfach, da die Struktur eines solchen Datensatzes einfach ist. Wenn Sie mit einem `DataFrame` arbeiten, wird das Ganze signifikant komplizierter. Sie haben dann noch die Option, die gesamte Reihe zu verwerfen. Ist eine Spalte nur wenig ausgefüllt, können Sie sie eventuell entfernen. Das Auffüllen der Daten ist häufig komplexer, da Sie den Datensatz, zusätzlich zu den individuellen Eigenschaften, als Ganzes betrachten müssen.

Einspeisung fehlender Daten

Der vorige Abschnitt sprach den Prozess des Einspeisens fehlender Daten an (entsprechend den Eigenschaften, die beschreiben, wie die Daten genutzt werden). Die zu verwendende Technik hängt davon ab, wofür Sie die Daten brauchen. Arbeiten Sie beispielsweise mit einer Sammlung von Bäumen (Sie finden die Erklärung zu Bäumen in Kapitel 15 im Abschnitt »Hierarchisches Clustering durchführen« und in Kapitel 20 im Abschnitt »Mit einfachen Entscheidungsbäumen beginnen«), können Sie fehlende Werte einfach durch -1 ersetzen und sich auf die Imputation verlassen (ein Transformationsalgorithmus, der verwendet wird, um Daten zu vervollständigen), um den bestmöglichen Wert für fehlende Daten zu definieren. Das folgende Beispiel zeigt eine Methode, die Sie dafür nutzen können:

```
import pandas as pd
import numpy as np
from sklearn.preprocessing import Imputer

s = pd.Series([1, 2, 3, np.NaN, 5, 6, None])

imp = Imputer(missing_values='NaN', strategy='mean', axis=0)

imp.fit([1, 2, 3, 4, 5, 6, 7])

x = pd.Series(imp.transform(s).tolist()[0])

print x
```

In diesem Beispiel fehlen Werte in s. Der Code generiert ein `Imputer`-Objekt, um die fehlenden Werte zu ersetzen. Der Parameter `missing_values` legt fest, dass fehlende Werte mit `NaN` zu kennzeichnen sind. Der `axis`-Parameter wird auf 0 gesetzt, wenn spaltenweise vorgegangen werden soll, auf 1, wenn die Zeilen betrachtet werden. Der `strategy`-Parameter definiert, wie die fehlenden Werte ersetzt werden (mehr über die Imputation finden Sie unter `http://scikit-learn.org/stable/modules/generated/sklearn.preprocessing.Imputer.html`).

✔ `mean`: Ersetzt die Werte entlang der Achse anhand des Mittelwerts.

✔ `median`: Ersetzt die Werte entlang der Achse anhand des Medians.

✔ `most_frequent`: Verwendet zum Ersetzen entlang der Achse den häufigsten Wert.

Bevor Sie etwas einspeisen können, müssen Sie die Statistiken für den `Imputer` liefern, indem Sie `fit()` aufrufen. Dann ruft der Code für das Auffüllen der Werte `transform()` für s auf. Die Ausgabe ist nun nicht länger eine Reihe. Um eine Reihe zu erzeugen, muss die Ausgabe des `Imputers` in eine Liste umgewandelt und diese Liste durch den Konstruktor `Series` in ein Series-Objekt umgewandelt werden.

Hier sehen Sie das Ergebnis des Prozesses mit aufgefüllten fehlenden Werten:

```
0    1
1    2
2    3
3    4
4    5
5    6
6    7
dtype: float64
```

Schneiden und Vereinzeln: Filtern und Auswählen von Daten

Sie können nicht mit allen Daten eines Datensatzes arbeiten. Tatsächlich kann der Blick auf eine bestimmte Spalte, zum Beispiel die mit dem Alter, oder auf eine Menge von Zeilen mit signifikanten Informationen von Vorteil sein. Sie benötigen zwei Schritte, um nur die Daten zu erhalten, die Sie für eine Teilaufgabe brauchen:

1. Filtern Sie Zeilen, um eine Teilgruppe zu bilden, die ausgewählten Kriterien entsprechen (zum Beispiel alle Menschen zwischen 5 und 10 Jahren).

2. Wählen Sie die Spalten mit den Daten, die Sie analysieren möchten. Beispielsweise brauchen Sie die individuellen Namen nicht, es sei denn, Sie wollen eine Analyse auf Basis von Namen durchführen.

Dieser Prozess stellt Ihnen eine Teilmenge Ihrer Daten für eine Analyse zur Verfügung. Die folgenden Abschnitte beschreiben Möglichkeiten, bestimmte Datenstücke für bestimmte Bedürfnisse zu erhalten.

Zeilen schneiden

Das Schneiden kann in vielfältiger Weise nötig sein, wenn Sie mit Daten arbeiten, aber die Technik, die in diesem Abschnitt von Interesse ist, ist das Schneiden von Zeilen aus 2D- oder 3D-Daten. Ein 2D-Array kann beispielsweise die Temperatur (x-Achse) in einem bestimmten Zeitrahmen (y-Achse) sein. Das Schneiden würde bedeuten, die Temperaturen nur zu einem bestimmten Zeitpunkt zu betrachten. In manchen Fällen assoziieren Sie diese Reihen mit dem Datensatz.

Ein 3D-Array beinhaltet je eine Achse für einen Ort (x-Achse), ein Produkt (y-Achse) und die Zeit (z-Achse), sodass Sie Verkäufe eines Produktes über eine bestimmte Zeit sehen. Vielleicht interessiert es Sie, welche Verkäufe eines Produktes steigen und wo sie steigen. Schneiden Sie eine solche Reihe, würden Sie alle Verkäufe eines bestimmten Produkts an allen Standorten zu jedem Zeitpunkt sehen. Das folgende Beispiel demonstriert dies.

```
x = np.array([[[1, 2, 3],  [4, 5, 6],  [7, 8, 9],],
              [[11,12,13], [14,15,16], [17,18,19],],
              [[21,22,23], [24,25,26], [27,28,29]]])
```

```
x[1]
```

In diesem Fall wird ein 3D-Array erzeugt. Er wird an Reihe 1 zerschnitten, um folgende Ausgabe zu erzeugen:

```
array([[11, 12, 13],
       [14, 15, 16],
       [17, 18, 19]])
```

Spalten schneiden

Verwendet man das Beispiel aus dem vorigen Abschnitt, würde das Schneiden der Spalten die Daten im 90-Grad-Winkel gedreht zu den Zeilen erhalten. Mit anderen Worten, arbeiten Sie mit dem 2D-Array, würden Sie die Zeiten mit den dazugehörigen spezifischen Temperaturen sehen. Bei dem 3D-Array sehen Sie ebenso die Verkäufe aller Produkte an einem bestimmten Ort zu jeder Zeit. In manchen Fällen können Sie die Spalten mit den bestimmten Merkmalen einem Datensatz zuordnen. Das folgende Beispiel zeigt diese Methode mit dem gleichen Array aus dem letzten Abschnitt:

```
x = np.array([[[1, 2, 3],  [4, 5, 6],  [7, 8, 9],],
              [[11,12,13], [14,15,16], [17,18,19],],
              [[21,22,23], [24,25,26], [27,28,29]]])
```

```
x[:,1]
```

Beachten Sie, dass die Indizierung nun auf zwei Ebenen geschieht. Der erste Index bezieht sich auf die Zeile. Der Doppelpunkt (:) für die Zeile besagt, dass alle Zeilen genutzt werden sollen. Der zweite Index bezieht sich auf eine Spalte. In diesem Fall soll in der Ausgabe die Spalte stehen. Hier sehen Sie das Ergebnis:

```
array([[ 4,  5,  6],
       [14, 15, 16],
       [24, 25, 26]])
```

Dies ist ein 3D-Array. Jede Spalte enthält alle Elemente der z-Achse. Sie sehen jede Reihe – 0 bis 2 für Spalte 1 mit allen Elementen der z-Achse 0 bis 2 für diese Spalte.

Vereinzelung

Das Vereinzeln der Daten bedeutet, sowohl Zeilen als auch Spalten zu schneiden, sodass Sie am Ende abgespaltete Daten haben. Bei einem 3D-Array möchten Sie zum Beispiel den Verkauf eines bestimmten Produkts an einem bestimmten Ort zu jeder Zeit sehen. Das nachfolgende Beispiel arbeitet mit der gleichen Anordnung wie die letzten beiden Abschnitte:

```
x = np.array([[[1,  2,  3],   [4,  5,  6],   [7,  8,  9],],
              [[11,12,13], [14,15,16], [17,18,19],],
              [[21,22,23], [24,25,26], [27,28,29]]])

print x[1,1]
print x[:,1,1]
print x[1,:,1]
print
print x[1:2, 1:2]
```

Dieses Beispiel vereinzelt das Array auf viele verschiedene Arten. Zuerst werden Zeile 1 und Spalte 1 aufgerufen. Was Sie natürlich haben wollen, ist Spalte 1 mit z-Achse 1. Wenn das nicht passt, nehmen Sie stattdessen Zeile 1 und z-Achse 1. Dann können Sie die Zeilen 1 und 2 der Spalten 1 und 2 aufrufen. Die Ausgabe sieht anschließend wie folgt aus:

```
[14 15 16]
[ 5 15 25]
[12 15 18]

[[[14 15 16]
  [17 18 19]]

 [[24 25 26]
  [27 28 29]]]
```

Verkettung und Transformation

Bei der Datenanalyse hat man nur selten Daten in einem praktischen Paket vorliegen. Sie müssen wahrscheinlich mit Datenbanken verschiedener Herkunft arbeiten – jede mit einem eigenen Datenformat. So kann man die Daten nicht als Ganzes analysieren. Um diese Daten nutzbar zu machen, müssen Sie einen einzigen Datensatz erstellen (indem Sie die Daten aus verschiedenen Quellen *verketten* oder *kombinieren*).

Ein Teil dieses Prozesses ist es, sicherzustellen, dass jedes Feld, das Sie für einen Datensatz benötigen, die gleiche Charakteristik aufweist. Beispielsweise haben Sie in einer Datenbank das Feld für das Alter als String vorliegen, aber eine andere Datenbank setzt für das gleiche Feld eine ganze Zahl ein. Damit diese Felder zusammenpassen, müssen sie zunächst auf den gleichen Datentyp gebracht werden.

Die folgenden Abschnitte sollen Ihnen helfen, den Prozess der Verkettung und Transformation von Daten aus verschiedenen Quellen zum Erzeugen eines einzigen Datensatzes zu verstehen. Nachdem Sie einen solchen Datensatz haben, können Sie mit Ihrer Datenanalyse beginnen. Der Trick dabei ist, einen Datensatz zu erstellen, der die Daten aller Datensätze repräsentiert – aber das Modifizieren der Daten kann auch zu verzerrten Ergebnissen führen.

Neue Fälle und Variablen hinzufügen

Häufig ist es nötig, Datensätze auf verschiedene Weise zu kombinieren oder sogar neue Informationen zu Analysezwecken hinzuzufügen. Das Ergebnis ist dann ein kombinierter Datensatz, der entweder neue Fälle oder Variablen enthält. Das folgende Beispiel zeigt Techniken zur Durchführung dieser beiden Aufgaben:

```
import pandas as pd

df = pd.DataFrame({'A': [2,3,1],
                   'B': [1,2,3],
                   'C': [5,3,4]})

df1 = pd.DataFrame({'A': [4],
                    'B': [4],
                    'C': [4]})

df = df.append(df1)
df = df.reset_index(drop=True)
print df

df.loc[df.last_valid_index() + 1] = [5, 5, 5]
print
print df

df2 = pd.DataFrame({'D': [1, 2, 3, 4, 5]})

df = pd.DataFrame.join(df, df2)
print
print df
```

Der einfachste Weg, mehr Daten in ein vorhandenes DataFrame-Objekt zu bekommen, führt über die append-Methode. Auch die concat-Methode (eine Technik, die in Kapitel 13 gezeigt wird) ist möglich, bei der die drei Fälle aus df zu dem Einzelfall aus df1 hinzugefügt werden. Damit die Daten wie erwartet angehängt werden, müssen die Spalten in df und df1 zusammenpassen. Wenn Sie die beiden DataFrame-Objekte auf diese Weise anhängen, enthält der neue DataFrame die alten Indexwerte. Verwenden Sie die reset_index()-Methode, um einen neuen Index für den schnelleren Zugriff auf die Fälle zu erhalten.

Sie können auch einen anderen Fall an einen existierenden DataFrame anhängen, indem Sie direkt einen neuen Fall erstellen. Immer wenn die neue Eingabe um eins größer ist als der durch die Methode last_valid_index() ermittelte Wert, erhalten Sie einen neuen Fall als Ergebnis.

Manchmal müssen Sie dem DataFrame eine neue Variable (Spalte) hinzufügen. Dafür nutzen Sie die join-Methode. Der daraus resultierende DataFrame stimmt mit den Fällen mit gleichem Indexwert überein, Indizierung ist also wichtig. Zusätzlich muss die Zahl der Fälle in beiden DataFrame-Objekten übereinstimmen, ansonsten wird es zu Zeilen mit leeren Einträgen kommen. Hier sehen Sie die Ausgabe des Beispiels:

```
   A  B  C
0  2  1  5
1  3  2  3
2  1  3  4
3  4  4  4

   A  B  C
0  2  1  5
1  3  2  3
2  1  3  4
3  4  4  4
4  5  5  5

   A  B  C  D
0  2  1  5  1
1  3  2  3  2
2  1  3  4  3
3  4  4  4  4
4  5  5  5  5
```

Entfernen von Daten

An bestimmten Punkten müssen Sie Fälle und Variablen aus einem Datensatz entfernen, da sie für die Analyse nicht notwendig sind. Für beides nutzen Sie die drop-Methode. Es gibt einen Unterschied zwischen dem Entfernen von Fällen und dem Entfernen von Variablen, wie im folgenden Beispiel gezeigt:

```
import pandas as pd

df = pd.DataFrame({'A': [2,3,1],
                   'B': [1,2,3],
                   'C': [5,3,4]})

df = df.drop(df.index[[1]])
print df

df = df.drop('B', 1)
print
print df
```

Das Beispiel startet mit dem Entfernen eines Falles aus df. Beachten Sie, wie sich der Code auf einen Index stützt, um zu beschreiben, was entfernt werden soll. Sie können nur einen Fall entfernen (wie im Beispiel), Bereiche von Fällen oder individuelle Fälle, die durch Komma getrennt sind. Die Hauptsache ist, den Fällen sind die korrekten Indexnummern für das Entfernen zugeordnet.

Das Entfernen einer Spalte funktioniert anders. Dieses Beispiel zeigt, wie Sie eine Spalte anhand des Spaltennamens entfernen. Sie können die Spalte aber auch anhand des Indexes entfernen. In beiden Fällen müssen Sie eine Achse als Teil des Prozesses festlegen (normalerweise die Achse »1«). Hier ist die Ausgabe dieses Beispiels:

```
   A  B  C
0  2  1  5
2  1  3  4

   A  C
0  2  5
2  1  4
```

Sortieren und Mischen

Sortieren und Mischen sind zwei Enden des gleichen Ziels – Daten zu verwalten. Im ersten Fall ordnen Sie die Daten, während Sie im zweiten die systematische Strukturierung entfernen. In der Regel müssen Sie Ihre Daten für Ihre Analyse nicht sortieren, da das zu falschen Ergebnissen führen kann. Allerdings wollen Sie Ihre Daten vielleicht für eine Präsentation sortieren. Das folgende Beispiel zeigt beides, Sortieren und Mischen:

```python
import pandas as pd
import numpy as np

df = pd.DataFrame({'A': [2,1,2,3,3,5,4],
                   'B': [1,2,3,5,4,2,5],
                   'C': [5,3,4,1,1,2,3]})

df = df.sort_index(by=['A', 'B'], ascending=[True, True])
df = df.reset_index(drop=True)
print df

index = df.index.tolist()
np.random.shuffle(index)
df = df.ix[index]
df = df.reset_index(drop=True)
print
print df
```

Es zeigt sich, dass das Sortieren der Daten einfacher ist als das Mischen. Für das Sortieren nutzen Sie die `sort_index`-Methode und definieren, welche Spalte für die Indizierung genutzt werden soll. Sie können den Index auch in aufsteigender oder absteigender Reihenfolge festlegen. Stellen Sie sicher, dass Sie immer die `reset_index`-Methode aufrufen, wenn Sie fertig sind, sodass der Index für die Analyse oder andere Zwecke mit angezeigt wird.

Um Daten zu mischen, besorgen Sie sich den aktuellen Index über die Methode `df.index.toList` und legen ihn im Attribut `index` ab. Die Methode `random.shuffle` erstellt für diesen Index eine neue Ordnung. Fragen Sie dann diese neue Ordnung des Dataframes `df` mit `ix[...]` ab. Rufen Sie erneut die Methode `reset_index` auf, um den Prozess abzuschließen. Hier sehen Sie die Ausgabe dieses Beispiels:

```
   A  B  C
0  1  2  3
1  2  1  5
2  2  3  4
3  3  4  1
4  3  5  1
5  4  5  3
6  5  2  2

   A  B  C
0  2  3  4
1  3  5  1
2  3  4  1
3  1  2  3
4  4  5  3
5  5  2  2
6  2  1  5
```

Aggregation von Daten auf einer Ebene

Die *Aggregation* der Daten ist ein Prozess der Kombination oder Gruppierung von Daten in einer Menge, einer Sammlung oder einer Liste. Die Daten können gleich sein oder nicht. In den meisten Fällen jedoch kombiniert eine Aggregationsfunktion mehrere Zeilen statistisch unter Verwendung von Kennzahlen wie Mittelwert, Anzahl, Maximum, Median, Minimum, Modus oder Summe. Es gibt mehrere Gründe, Daten zu gruppieren:

✔ Erleichterung der Analyse

✔ Reduzierung aus Gründen der Sicherheit, wie beispielsweise die Möglichkeit, Daten einer Einzelperson abzuleiten

✔ Erstellung eines kombinierten Datenelementes, das mit dem kombinierten Datenelement einer anderen Quelle übereinstimmt

Datenaggregation dient häufig der Erhöhung der Anonymität, um etwa rechtlichen Rahmenbedingungen gerecht zu werden. Manchmal lassen sich mit den richtigen Analysemethoden auch teilweise anonymisierte Daten einer bestimmten Person zuordnen. Beispielsweise haben Wissenschaftler herausgefunden, dass es möglich ist, eine Person nur aufgrund dreier Kreditkarteneinkäufe zu identifizieren (auf dieser Seite finden Sie weitere Details: `http://www.computerworld.com/article/2877935/how-three-small-credit-card-transactions-could-reveal-your-identity.html`). Das Beispiel hier zeigt, wie man eine Aggregation durchführt:

```
import pandas as pd

df = pd.DataFrame({'Map': [0,0,0,1,1,2,2],
                   'Values': [1,2,3,5,4,2,5]})

df['S'] = df.groupby('Map')['Values'].transform(np.sum)
df['M'] = df.groupby('Map')['Values'].transform(np.mean)
df['V'] = df.groupby('Map')['Values'].transform(np.var)

print df
```

Sie haben in diesem Fall zwei Ausgangseigenschaften für den `DataFrame`. Die Werte in der Spalte `Map` definieren, welche Elemente in `Values` zusammengehören. Beispielsweise verwenden Sie für den `Map`-Index 0 die Werte 1, 2 und 3.

Um die Aggregation der `Map`-Werte durchzuführen, nutzen Sie die Methode `groupby`. Dann indizieren Sie die Werte und führen die Methode `transform` aus, um gruppierte Daten unter Nutzung einer der Kennzahlen aus NumPy, wie `np.sum`, zu erhalten. Hier sehen Sie das Ergebnis der Kalkulation:

```
   Map  Values  S    M    V
0   0      1    6  2.0  1.0
1   0      2    6  2.0  1.0
2   0      3    6  2.0  1.0
3   1      5    9  4.5  0.5
4   1      4    9  4.5  0.5
5   2      2    7  3.5  4.5
6   2      5    7  3.5  4.5
```

Daten in Form bringen

7

In diesem Kapitel

▶ Manipulation von HTML-Daten

▶ Manipulation von Rohtext

▶ Entdecken Sie das Bag-of-Words-Modell und andere Techniken

▶ Manipulation grafischer Daten

Kapitel 6 zeigte Ihnen Techniken für die Arbeit mit Daten – wie Sie in Python mit ihnen arbeiten. Aber Daten tauchen nicht aus dem Nichts in Python auf. Sie müssen sie, wie in Kapitel 5 beschrieben, laden. Und nur Laden reicht auch noch nicht – Sie müssen sie im Zuge des Ladens formen. Darum geht es in diesem Kapitel. Sie erfahren, wie Sie mit einer Vielzahl von Containertypen so arbeiten, dass Sie Daten aus diversen Quellen laden können, wie zum Beispiel aus HTML-Seiten. Sie arbeiten sogar mit Grafiken, Bildern und Tönen.

 Beim Durcharbeiten dieses Buch werden Sie feststellen, dass Daten zahlreiche Formen und Gestalten annehmen können. Solange es um einen Computer geht, existieren Daten in Form von Nullen und Einsen. Menschen geben diesen Daten durch Formatierung, Speichern und Interpretation eine Bedeutung. Die gleiche Folge von Nullen und Einsen könnte eine Zahl, ein Datum oder ein Text sein, abhängig von der Interpretation. Datencontainer geben Anhaltspunkte, wie die Daten zu interpretieren sind, und deshalb ist dieses Kapitel für Sie als Data Scientist, der Python verwendet, um Muster in den Daten zu finden, so wichtig. Diese Muster können an Stellen auftreten, an denen Sie sie niemals vermutet hätten.

Sie müssen den Code für dieses Kapitel nicht von Hand eingeben. Es ist viel einfacher, ihn herunterzuladen (schauen Sie in der Einleitung in die Download-Anweisungen). Den Quellcode für dieses Kapitel finden Sie in der Datei `P4DS4D; 07; Shaping Data.ipynb`.

Arbeiten mit HTML-Seiten

HTML-Seiten beinhalten Daten in einem hierarchischen Format. Sie finden die Inhalte oft in strenger HTML-Form oder als XML. Das HTML-Format kann beim Lesen Probleme bereiten, weil es sich nicht zwangsläufig an strenge Formatierungsregeln hält. XML folgt jedoch solchen Formatierungsregeln aufgrund von Standards, die zu dessen Definition eingesetzt wurden. Diese erleichtern das Parsen, also das Analysieren der Struktur und das Befördern in ein passendes Datenformat. In beiden Fällen nutzen Sie allerdings ähnliche Techniken, um die Seite zu parsen. Der folgende Abschnitt beschreibt, wie HTML-Seiten generell geparst werden.

Manchmal benötigen Sie nicht alle Daten einer Seite. Wenn Sie bestimmte Daten brauchen, verwenden Sie XPath, um spezifische Daten auf der HTML-Seite zu lokalisieren und sie für Ihre besonderen Bedürfnisse zu extrahieren.

Parsen von XML und HTML

Einfach Daten aus einer XML-Datei zu extrahieren, wie Sie es in Kapitel 5 getan haben, reicht nicht mehr aus. Die Daten haben nicht das richtige Format. Der Ansatz aus Kapitel 5 endet mit einem `DataFrame`, der drei Spalten vom Typ `str` enthält. Offensichtlich können Sie mit Zeichenketten keine großen Datenmengen prozessieren. Das folgende Beispiel formt die XML-Daten aus Kapitel 5, um einen neuen `DataFrame` anzulegen, der nur `Number`- und `Boolean`-Elemente im korrekten Format enthält.

```
from lxml import objectify
import pandas as pd
from distutils import util

xml = objectify.parse(open('XMLData.xml'))
root = xml.getroot()
df = pd.DataFrame(columns=('Number', 'Boolean'))

for i in range(0,4):
    obj = root.getchildren()[i].getchildren()
    row = dict(zip(['Number', 'Boolean'],
                   [obj[0].pyval,
                    bool(util.strtobool(obj[2].text))]))
    row_s = pd.Series(row)
    row_s.name = obj[1].text
    df = df.append(row_s)

print type(df.ix['First']['Number'])
print type(df.ix['First']['Boolean'])
```

Sie bekommen einen numerischen Wert aus dem `Number`-Element durch die Verwendung der `pyval`-Ausgabe anstelle der `text`-Ausgabe. Das Ergebnis ist kein `int`-Wert, aber numerisch.

Die Umwandlung des `Boolean`-Elements ist etwas schwieriger. Sie müssen eine Zeichenkette in einen numerischen Wert mit der `strtobool`-Funktion aus `distutils.util` umwandeln. Für `False`-Werte ist die Ausgabe »0«, bei `True`-Werten »1«. Allerdings ist das noch kein boolescher Wert. Um einen solchen anzulegen, müssen Sie die Nullen oder Einsen mit der `bool`-Funktion umwandeln.

 Das Beispiel demonstriert auch den Zugriff auf individuelle Werte im `DataFrame`. Beachten Sie, dass das name-Objekt jetzt den Wert des `String`-Elements für einen einfachen Zugriff nutzt. Sie übergeben einen Indexwert mit `ix` und greifen dann mit dem zweiten Index auf das individuelle Objekt zu. Die Ausgabe dieses Beispiels ist

```
<type 'numpy.float64'>
<type 'bool'>
```

Benutzung von XPath für die Extraktion von Daten

Wenn Sie XPath für die Extraktion von Daten aus Ihrem Datensatz verwenden, kann das die Komplexität Ihres Codes enorm reduzieren und ihn außerdem beschleunigen. Das folgende Beispiel zeigt eine XPath-Version des Beispiels aus dem vorangegangenen Abschnitt. Beachten Sie, dass diese Version kürzer ist und keine for-Schleife benötigt.

```
from lxml import objectify
import pandas as pd
from distutils import util

xml = objectify.parse(open('XMLData.xml'))
root = xml.getroot()

data = zip(map(int, root.xpath('Record/Number')),
           map(bool, map(util.strtobool,
               map(str, root.xpath('Record/Boolean')))))

df = pd.DataFrame(data,
               columns=('Number', 'Boolean'),
               index=map(str, root.xpath('Record/String')))

print df
print type(df.ix['First']['Number'])
print type(df.ix['First']['Boolean'])
```

Dieses Beispiel beginnt genau wie das vorangegangene mit dem Import der Daten und dem Erhalt des Wurzelknotens. An dieser Stelle legt das Beispiel ein Datenobjekt an, das die Nummer des Eintrags und die booleschen Wertepaare enthält. Da alle Einträge der XML-Datei Zeichenketten sind, müssen Sie die map-Funktion verwenden, um die Strings in die entsprechenden Werte umzuwandeln. Die Arbeit mit der Nummer des Eintrags ist unkompliziert – Sie wandeln diese lediglich in einen int-Wert um. Die xpath-Funktion akzeptiert den Pfad vom Wurzelknoten zu den Daten, der in diesem Fall 'Record/Number' ist.

Das Mapping des booleschen Wertes ist etwas schwieriger. Wie in den vorangegangenen Abschnitten müssen Sie die util.strtobool-Funktion verwenden, um die String-Werte, die boolesche Werte repräsentieren, in eine Zahl umzuwandeln, die wiederum die bool-Funktion in ein boolesches Äquivalent umwandeln kann. Wenn Sie jedoch versuchen, das Mapping doppelt durchzuführen, werden Sie eine Fehlermeldung erhalten, die Ihnen mitteilt, dass Listen die gewünschte Funktion tolower nicht enthalten. Um dieses Hindernis zu überwinden, müssen Sie ein dreifaches Mapping ausführen und die Daten in einen String umwandeln, indem Sie zuerst die str-Funktion verwenden.

Das Anlegen eines DataFrame läuft ebenfalls anders ab. Statt einzelne Zeilen hinzuzufügen, fügen Sie alle Zeilen auf einmal mit data hinzu. Das Einrichten der Spaltennamen funktioniert genauso wie vorher. Allerdings müssen Sie jetzt auch die Zeilennamen wie im vorherigen Beispiel hinzufügen. Diese Aufgabe kann durch Einstellen der index-Parameter auf die

Ausgabe der xpath-Version für den 'Record/String' gelöst werden. Hier ist die zu erwartende Ausgabe:

```
        Number  Boolean
First        1     True
Second       2    False
Third        3     True
Fourth       4    False
<type 'numpy.int64'>
<type 'numpy.bool_'>
```

Die Arbeit mit reinem Text

Obwohl reiner Text scheinbar kein Problem beim Parsen darstellt, weil er keine spezielle Formatierung besitzt, müssen Sie berücksichtigen, wie der Text gespeichert ist und ob er bestimmte Wörter enthält. Die verschiedenen Formen von Unicode können Probleme bereiten, die Sie bedenken müssen, wenn Sie mit Text arbeiten. Die Verwendung von regulären Ausdrücken kann Ihnen helfen, spezifische Informationen in einer Textdatei zu lokalisieren. Sie können reguläre Ausdrücke sowohl für die Bereinigung von Daten als auch für die Mustersuche verwenden. Die folgenden Abschnitte sollen Ihnen helfen, die Techniken der Bearbeitung von Textdateien zu verstehen.

Die Arbeit mit Unicode

Textdateien sind reiner Text – so viel ist sicher. Die Art und Weise, wie der Text codiert wird, kann unterschiedlich sein. Ein Zeichen beispielsweise kann sieben oder acht Bits für die Codierung benötigen. Die Nutzung spezieller Zeichen kann sich ebenso unterscheiden. Kurz: Die Interpretation von Bits, die für das Anlegen von Zeichen verwendet werden, unterscheidet sich von Codierung zu Codierung. Sie können eine Vielzahl solcher Codierungen unter http://www.i18nguy.com/unicode/codepages.html finden.

 Manchmal müssen Sie mit Codierungen arbeiten, die vom Standard der Python-Entwicklungsumgebung abweichen. Wenn Sie mit Python 3.x arbeiten, müssen Sie sich auf das Universal Transformation Format 8-Bit (UTF-8) als Codierung festlegen, das für das Lesen und Schreiben von Files eingesetzt wird. Die Entwicklungsumgebung ist immer auf UTF-8 gesetzt, und der Versuch, das zu ändern, resultiert in einer Fehlermeldung. Wenn Sie allerdings mit Python 2.x arbeiten, können Sie auch andere Codierungen auswählen. In diesem Fall ist die Codierung American Standard Code for Information Interchange (ASCII), aber Sie können sie auch in eine andere Codierung umwandeln.

Sie können diese Technik in jeder IPython-Notebook-Datei verwenden, aber Sie werden im Moment keine Ausgabe erhalten. Damit Sie eine Ausgabe erhalten, müssen Sie mit der IPython-Eingabeaufforderung arbeiten. Die folgenden Schritte helfen Ihnen dabei, mit Unicode-

Zeichen zu arbeiten, allerdings nur, wenn Sie Python 2.x verwenden (diese Schritte werden in der Python-3.x-Umgebung Fehler verursachen).

1. **Öffnen Sie die IPython-Kommandozeile.**

   Sie sehen das IPython-Fenster.

2. **Geben Sie den folgenden Code ein und drücken Sie nach jeder Zeile** [←].

   ```
   import sys
   sys.getdefaultencoding()
   ```

   Sie sehen die Standard-Codierung für Python, die in den meisten Fällen ASCII ist.

3. **Geben Sie** `reload(sys)` **ein und drücken Sie** [←].

   Python lädt das sys-Modul und stellt eine spezielle Funktion zur Verfügung.

4. **Geben Sie** `sys.setdefaultencoding('utf-8')` **ein und drücken Sie** [←].

   Python wechselt die Codierung, aber Sie werden das bis nach dem nächsten Schritt nicht bemerken.

5. **Geben Sie** `sys.getdefaultencoding()` **ein und drücken Sie** [←].

   Sie sehen, dass die Standard-Codierung jetzt UTF-8 ist.

 Das Verändern der Standard-Codierung zur falschen Zeit auf falsche Weise kann dazu führen, dass Sie Aufgaben wie das Importieren von Modulen nicht ausführen können. Überprüfen Sie Ihren Code nach jeder Änderung der Standard-Codierung gründlich und komplett, damit diese Änderungen die Funktionalität der Anwendung nicht beeinflussen. Weitere nützliche Artikel zu diesem Thema finden Sie unter `http://blog.notdot.net/2010/07/Getting-unicode-right-in-Python` und `http://web.archive.org/web/20120722170929/ http://boodebr.org/main/python/all-about-python-and-unicode`.

Stemming und Entfernen von Stoppwörtern

Stemming ist der Prozess des Reduzierens eines Wortes auf seinen Stamm (oder seine Wurzel). Das hat nichts damit zu tun, dass manche Wörter vom Lateinischen abstammen oder aus anderen Sprachen. Vielmehr geht es beim Stemming darum, ähnliche Wörter anzugleichen, um sie vergleichen oder gemeinsam nutzen zu können. Die Worte *cats*, *catty* und *catlike* beispielsweise haben den Stamm *cat*. Stemming hilft Ihnen bei der Analyse von Sätzen durch *Tokenisierung*, also bei der Segmentierung eines Satzes in Einheiten der Wortebene.

Das Entfernen von Suffixen zum Erhalt des Stammwortes und das Tokenisieren von Sätzen sind nur zwei Teile des Prozesses, um so etwas wie eine natürliche Schnittstelle für Sprachen zu schaffen. Sprachen beinhalten eine Vielzahl von Verbindungswörtern, die für einen Computer nicht viel bedeuten, aber eine signifikante Bedeutung für Menschen haben, etwa die Wörter *ein, wie, der, diese* und so weiter. Diese kurzen und für eine Textanalyse oftmals wenig nützlichen Wörter bezeichnet man als »Stoppwörter«. Sätze ergeben ohne sie keinen Sinn für den Menschen, aber den Computer können sie bei der Satzanalyse aus der Bahn werfen.

Der Prozess des Stemming und Entfernen von Stoppwörtern vereinfacht den Text und reduziert die Anzahl von Textelementen, sodass nur die wichtigsten Elemente übrig bleiben. Darüber hinaus nutzen Sie vor allem die Ausdrücke, die der wahren Bedeutung des Ausdrucks entsprechen. Durch die Reduzierung von Sätzen auf diese Weise kann ein Algorithmus schneller arbeiten und den Text effizienter verarbeiten.

 Dieses Beispiel erfordert das Natural Language Toolkit (NLTK), das von Anaconda (siehe Kapitel 3 für Details über Anaconda) nicht standardmäßig installiert ist. Um das Beispiel auszuprobieren, müssen Sie NLTK mit den Anweisungen auf http://www.nltk.org/install.html für Ihre Plattform herunterladen und installieren. Sie können, wenn Sie mit Anaconda arbeiten, das NLTK Toolkit auch über die Kommandozeilen-Anweisung conda install nltk installieren. Sie müssen NTLK für die Python-Version installieren, die Sie für dieses Buch verwenden, wenn Sie mehrere Versionen von Python auf Ihrem System installiert haben. Nach der Installation des NTLK müssen Sie auch die zugehörigen Pakete installieren. Die Anleitung auf http://www.nltk.org/data.html zeigt Ihnen, wie das geht (installieren Sie alle Pakete, damit Sie alles haben, was benötigt wird).

Das folgende Beispiel zeigt, wie Stemming und das Entfernen von Stoppwörtern bei Sätzen funktioniert. Es beginnt mit dem Trainieren eines Algorithmus, um die erforderliche Analyse an einem Testsatz durchzuführen. Danach überprüft das Beispiel einen zweiten Satz auf Wörter, die auch im ersten Satz auftauchen.

```
import sklearn.feature_extraction.text as ext
from nltk import word_tokenize
from nltk.stem.porter import PorterStemmer

stemmer = PorterStemmer()

def stem_tokens(tokens, stemmer):
    stemmed = []
    for item in tokens:
        stemmed.append(stemmer.stem(item))
    return stemmed

def tokenize(text):
    tokens = word_tokenize(text)
    stems = stem_tokens(tokens, stemmer)
    return stems

vocab = ['Sam loves swimming so he swims all the time']
vect = ext.CountVectorizer(tokenizer=tokenize, stop_words='english')
vec = vect.fit(vocab)

sentence1 = vec.transform(['George loves swimming too!'])

print vec.get_feature_names()
print sentence1.toarray()
```

Am Anfang entwirft das Beispiel ein Vokabular auf Basis des Satzes und legt es in vocab ab. Danach wird ein CountVectorizer angelegt und in der Variablen vect gespeichert. Damit kann man die Liste der Stammwörter erhalten, die jedoch keine Stoppwörter enthält. Der to-kenizer-Parameter definiert die Funktion für die Stammwörter. Der stop_words-Parameter bezieht sich auf die Pickle-Datei, die die Stoppwörter für eine spezifische Sprache enthält, in diesem Fall Englisch. Es gibt auch Dateien für andere Sprachen wie Französisch oder Deutsch. (Sie können sich andere Parameter für den CountVectorizer() auf http://scikit-learn.org/stable/modules/generated/sklearn.feature_extraction.text.CountVectorizer.html ansehen.) Das Vokabular wird in einen weiteren CountVectorizer, der in der Variablen vec gespeichert wird, eingebaut, der für die aktuelle Transformation eines Testsatzes mit der transform-Funktion verwendet wird. Hier ist die Ausgabe dieses Beispiels.

```
[u'love', u'sam', u'swim', u'time']
[[1 0 1 0]]
```

Die erste Ausgabe zeigt die Stammwörter. Beachten Sie, dass die Liste nur *swim*, nicht *swimming* oder *swims* enthält. Es fehlen auch alle Stoppwörter, beispielsweise sehen Sie die Wörter *so, he, all* oder *the* nicht.

Die zweite Ausgabe zeigt, wie oft jedes Stammwort im Testsatz auftaucht. In diesem Fall taucht eine *love*-Variante einmal und *swim* ebenfalls einmal auf. Die Wörter *sam* und *time* tauchen im zweiten Satz gar nicht auf, weshalb diese Werte auf 0 gesetzt wurden.

Einführung in reguläre Ausdrücke

Reguläre Ausdrücke bieten dem Data Scientist ein interessantes Feld von Tools, um Text zu analysieren. Es ist zunächst etwas anstrengend, herauszufinden, wie reguläre Ausdrücke überhaupt funktionieren. Seiten wie http://regexr.com/ bieten Ihnen die Möglichkeit, mit regulären Ausdrücken zu spielen,um festzustellen, wie eine Vielzahl dieser Ausdrücke spezifische Arten der *Mustersuche* ausführen kann. Natürlich müssen Sie zuerst die Muster-suche verstehen, bei der Sonderzeichen verwendet werden, um dem Parser zu sagen, was er im Textfile finden soll. Tabelle 7.1 zeigt eine Liste der Zeichen der Mustersuche und wie Sie sie verwenden müssen.

Zeichen	Interpretation
(re)	Gruppiert reguläre Ausdrücke und behält den übereinstimmenden Text.
(?: re)	Gruppiert reguläre Ausdrücke und behält den übereinstimmenden Text nicht.
(?#...)	Zeigt einen Kommentar, der nicht verarbeitet wird.
re?	Übereinstimmung bei 0 oder 1 Vorkommen im vorherigen Ausdruck (aber nicht mehr als 0 oder 1 Vorkommen)
re*	Übereinstimmung bei 0 oder mehrmaligen Vorkommen im vorherigen Ausdruck
re+	Übereinstimmung bei 1 oder mehrmaligen Vorkommen im vorherigen Ausdruck
(?> re)	Übereinstimmung mit einem unabhängigen Muster ohne Rückverfolgung
.	Übereinstimmung mit jedem möglichen einzelnen Zeichen außer dem Zeichen für eine neue Zeile (\n) (das Hinzufügen der m-Option erlaubt auch die Übereinstimmung in einer neuen Zeile)
[^...]	Übereinstimmung mit jedem möglichen einzelnen Zeichen oder einer Reihe von Zeichen, die nicht innerhalb der Klammern vorkommen
[...]	Übereinstimmung mit jedem möglichen einzelnen Zeichen oder einem Bereich von Zeichen, die innerhalb der Klammer auftauchen
re{n, m}	Übereinstimmung mit mindestens n und höchstens m Vorkommen des vorherigen Ausdrucks
\n, \t, und so weiter	Übereinstimmung mit Steuerzeichen wie neue Zeile (\n), Zeilenumbrüchen (\r) und Tabstopps (\t)
\d	Übereinstimmung mit Ziffern (äquivalent zur Verwendung von [0-9])
a|b	Übereinstimmung mit a oder b
re{ n}	Übereinstimmung mit exakt der Anzahl des Vorkommens des vorherigen Ausdrucks, spezifiziert durch n
re{ n,}	Übereinstimmung bei n oder mehrmaligem Vorkommen des vorherigen Ausdrucks
\D	Übereinstimmung mit einem Zeichen, das keine Zahl ist
\S	Übereinstimmung mit einem Zeichen, das kein Leerzeichen ist
\B	Übereinstimmung mit einer leeren Zeichenkette, die nicht Anfang oder Ende einer Wortgrenze ist
\W	Übereinstimmung mit einem Zeichen, das kein Buchstabe ist
\1...\9	Übereinstimmung mit dem n-ten gruppierten Unterausdruck
\10	Übereinstimmung mit dem n-ten gruppierten Unterausdruck, falls dieser bereits übereinstimmte (andernfalls bezieht sich das Muster auf die Darstellung eines oktalen Zeichencodes)
\A	Übereinstimmung mit dem Beginn einer Zeichenkette
^	Übereinstimmung mit dem Beginn einer Zeile
\z	Übereinstimmung mit dem Ende einer Zeichenkette
\Z	Übereinstimmung mit dem Ende einer Zeichenkette (wenn eine neue Zeile existiert, Übereinstimmung vor dem Zeilenumbruch)
$	Übereinstimmung mit dem Zeilenende
\G	Übereinstimmung mit Zeichen der zuletzt gefundenen Übereinstimmung

Zeichen	Interpretation
\s	Übereinstimmung mit Leerzeichen (äquivalent zur Verwendung von [\t\n\r\f])
\b	Übereinstimmung mit Wortgrenzen außerhalb der Klammern, Übereinstimmung mit Backspace (0x08) innerhalb der Klammern
\w	Übereinstimmung mit Wortzeichen
(?= re)	Gibt eine Position unter Verwendung eines Musters zurück (dieses Muster hat keinen bestimmten Bereich).
(?! re)	Gibt eine Position unter Verwendung der Negation eines Musters zurück (dieses Muster hat keinen bestimmten Bereich).
(?-imx)	Schaltet die i-, m- oder x-Option zeitweise innerhalb eines regulären Ausdrucks aus (wenn dieses Muster in Klammern steht, ist nur der Bereich innerhalb der Klammer betroffen).
(?imx)	Schaltet die i-, m- oder x-Option zeitweise innerhalb eines regulären Ausdrucks ein (wenn dieses Muster in Klammern steht, ist nur der Bereich innerhalb der Klammer betroffen).
(?-imx: re)	Schaltet die i- m- oder x-Option zeitweise innerhalb der Klammern aus.
(?imx: re)	Schaltet die i- m- oder x-Option zeitweise innerhalb der Klammern ein.

Tabelle 7.1: Zeichen für den Musterabgleich in Python

Die Verwendung regulärer Ausdrücke hilft Ihnen, komplexen Text zu bearbeiten, bevor Sie andere Techniken nutzen, die in diesem Kapitel beschrieben sind. Im folgenden Beispiel lernen Sie, wie Sie eine Telefonnummer aus einem Satz extrahieren können, ohne zu wissen, an welcher Stelle die Nummer auftaucht. Diese Art der Bearbeitung ist nützlich, wenn Sie mit Text unterschiedlichen Ursprungs in einem nicht bekannten Format arbeiten. Das große Ziel dieser Übung ist, dass Sie Text extrahieren können, den Sie nicht brauchen.

```
import re

data1 = 'My phone number is: 800-555-1212.'
data2 = '800-555-1234 is my phone number.'

pattern = re.compile(r'(\d{3})-(\d{3})-(\d{4})')

dmatch1 = pattern.search(data1).groups()
dmatch2 = pattern.search(data2).groups()

print dmatch1
print dmatch2
```

Das Beispiel beginnt mit zwei Telefonnummern in Sätzen an unterschiedlichen Orten. Bevor Sie damit etwas machen können, müssen Sie ein Muster erstellen. Lesen Sie ein Muster immer von links nach rechts. In diesem Fall schaut das Muster nach drei Ziffern, gefolgt von einem Strich, drei weiteren Ziffern, gefolgt von einem weiteren Strich und schließlich vier Ziffern.

Um den Prozess schneller und leichter zu machen, ruft der Code die `compile`-Funktion auf, um eine kompilierte Version des Musters zu erzeugen, damit Python dieses Muster nicht jedes Mal neu erzeugen muss, wenn Sie es benötigen. Das kompilierte Muster wird in der Variablen `pattern` abgelegt.

Die `search`-Funktion sucht nach Mustern in jedem der getesteten Sätze. Danach werden Übereinstimmungen im Text gruppiert, und ein Tupel wird in eine der beiden Variablen ausgegeben. Hier ist die Ausgabe dieses Beispiels.

```
('800', '555', '1212')
('800', '555', '1234')
```

Verwendung des Bag-of-Words-Modells und anderer Modelle

Das Ziel der meisten Datenimporte ist, mit den Daten irgendeine Art von Analyse durchzuführen. Bevor das mit Text funktioniert, müssen Sie jedes Wort innerhalb des Datensatzes tokenisieren. Der Prozess des Tokenisierens von Wörtern legt ein sogenanntes *Bag of Words* an. Sie können dieses Bag of Words dann verwenden, um einen *Klassifizierer* zu trainieren. Ein Klassifizierer ist eine spezielle Art von Algorithmus, der für die Einteilung von Wörtern in Kategorien genutzt wird. Die folgenden Abschnitte geben zusätzliche Einblicke in das Bag-of-Words-Modell und zeigen, wie man damit arbeitet.

Der 20-Newsgroups-Datensatz

Die Beispiele des folgenden Abschnitts nutzen den 20-Newsgroups-Datensatz (http://qwone.com/~jason/20Newsgroups/), der Teil der Scikit-learn-Installation ist. Dieser Datensatz ist gut geeignet, um verschiedenste Arten der Textanalyse vorzustellen.

Wenn Sie das erste Beispiel laufen lassen, sehen Sie die Meldung WARNING:sklearn. datasets.twenty_newsgroups:Downloadingdataset from http://people.csail. mit.edu/jrennie/20Newsgroups/20newsbydate.tar.gz (14 MB). Diese Meldung sagt Ihnen lediglich, dass Sie abwarten müssen, bis der komplette Datensatz heruntergeladen ist. Mit Ihrem System ist alles in Ordnung. Schauen Sie auf die linke Seite des Codes in IPython Notebook und Sie sehen den vertrauten In[*]-Eintrag. Wenn sich dieser Eintrag in eine Zahl ändert, ist der Download komplett. Die Meldung verschwindet erst, wenn Sie die Zelle das nächste Mal laufen lassen.

Funktionsweise des Bag-of-Words-Modells

Wie in der Einleitung erwähnt, müssen Sie die Wörter zunächst tokenisieren und ein Bag (= Tasche oder Behältnis) dafür anlegen, um Textanalysen unterschiedlicher Arten durchführen zu können. Die Bag-of-Words-Methode nutzt Zahlen, um Wörter, Worthäufigkeiten oder die Position eines Wortes darzustellen. Sie können sie mathematisch bearbeiten, um Muster erkennen zu können, damit die Wörter strukturiert und verwendet werden können. Das Modell ignoriert Grammatik und Wortreihenfolgen – der Fokus liegt auf der Vereinfachung von Text, damit er leicht zu analysieren ist.

Die Erzeugung des Modells geht auf Natural Language Processing (NLP) und Information Retrieval (IR) zurück. Bevor Sie mit dieser Art der Bearbeitung beginnen können, entfernen Sie für gewöhnlich alle Sonderzeichen (wie HTML-Formatierung von einer Webseite), entfernen Stoppwörter und führen möglichst auch das Stemming durch (wie beschrieben in »Stemming und Entfernen von Stoppwörtern« in diesem Kapitel). Für dieses Beispiel nutzen Sie direkt den 20-Newsgroups-Datensatz. Es folgt ein Beispiel dafür, wie Sie eine Texteingabe erzeugen und dafür ein Bag of Words anlegen:

```
from sklearn.datasets import fetch_20newsgroups
import sklearn.feature_extraction.text as ext

categories = ['comp.graphics', 'misc.forsale', 'rec.autos', 'sci.space']
twenty_train = fetch_20newsgroups(subset='train',
                                  categories=categories,
                                  shuffle=True,
                                  random_state=42)

count_vect = ext.CountVectorizer()
X_train_counts = count_vect.fit_transform(twenty_train.data)

print X_train_counts.shape
```

 Eine Reihe von Beispielen, die Sie sich online ansehen können, zeigt nicht klar auf, woher die Listen von Kategorien kommen, die verwendet werden. Die Seite auf `http://qwone.com/~jason/20Newsgroups/` stellt eine Liste mit allen verwendbaren Kategorien zur Verfügung. Diese Liste hat sicherlich einen bestimmten Ursprung, aber viele Beispiele stellen einfach keine Informationen darüber bereit. Beziehen Sie sich immer auf die Webseite, wenn Sie Fragen zu Themen wie den Datensatz-Kategorien haben.

Der Aufruf `fetch_20newsgroup()` lädt den Datensatz in den Speicher. Sie sehen das resultierende Trainingsobjekt, `twenty_train`, beschrieben als Bündel. An diesem Punkt haben Sie ein Objekt, das eine Liste von Kategorien und assoziierten Daten enthält, aber die Anwendung hat die Daten nicht tokenisiert, und der Algorithmus, der für die Arbeit mit den Daten verwendet werden soll, ist nicht trainiert.

Jetzt, da Sie ein Bündel von Daten haben, können Sie damit beginnen, dafür ein Bag of Words anzulegen. Der Prozess beginnt mit der Zuordnung eines Integer-Werts (eine Art Index) für jedes einzelne Wort der Trainingsmenge. Zusätzlich erhält jedes Dokument einen solchen Integer-Wert. Der nächste Schritt ist das Zählen jedes dieser Wörter in jedem Dokument. Eine Liste von Dokumenten wird erstellt, und Paare werden so gezählt, dass Sie wissen, welche Wörter wie oft in jedem Dokument auftreten.

Natürlich werden einige Wörter der Master-Liste in manchen Dokumenten nicht verwendet, wodurch ein *hoch-dimensionaler, spärlich besetzter (englisch: sparse) Datensatz* angelegt wird. Die scipy.sparse-Matrix ist eine Datenstruktur, die nur die Elemente speichert, die auch wirklich Dateneinträge enthalten, um Speicherplatz zu sparen. Wenn der Code die Funktion count_vect.fit_transform aufruft, wird das resultierende Bag of Words in X_train_counts abgelegt. Sie können die resultierende Anzahl der Einträge durch Zugriff auf das shape-Objekt einsehen. Das Ergebnis unter Verwendung der Kategorien für dieses Beispiel ist

```
(2356, 34750)
```

Arbeiten mit N-Grammen

Ein *N-Gramm* ist eine kontinuierliche Folge von Elementen in dem Text, den Sie analysieren wollen. Die Elemente können Silben, Buchstaben, Wörter oder Basenpaare sein. Das n in den N-Grammen bezieht sich auf die Länge. Ein N-Gramm, das zum Beispiel die Länge 1 hat, ist ein Unigramm. Das Beispiel in diesem Abschnitt hat die Länge 3, ist also ein Trigramm. Sie verwenden N-Gramme in einer probabilistischen Weise, um Aufgaben wie die Vorhersage der nächsten Sequenz einer Reihe zu lösen. Dies erscheint zunächst vielleicht nicht sehr nützlich, bis Sie anfangen, über Anwendungen wie Suchmaschinen nachzudenken. Diese versuchen, ein Wort, das Sie eingeben möchten, basierend auf den bereits eingegebenen Buchstaben vorherzusagen. Diese Technik kann vielfältig angewendet werden, etwa bei der DNA-Sequenzierung oder der Datenkomprimierung. Das folgende Beispiel zeigt, wie ein N-Gramm aus dem 20-Newsgroups-Datensatz angelegt wird.

```
from sklearn.datasets import fetch_20newsgroups
import sklearn.feature_extraction.text as ext

categories = ['sci.space']

twenty_train = fetch_20newsgroups(subset='train',
        categories=categories,
        remove=('headers', 'footers', 'quotes'),
        shuffle=True,
        random_state=42)

count_chars = ext.CountVectorizer(analyzer='char_wb',
        ngram_range=(3,3),
        max_features=10).fit(twenty_train['data'])
count_words = ext.CountVectorizer(analyzer='word',
        ngram_range=(2,2),
        max_features=10,
        stop_words='english').fit(twenty_train['data'])
X = count_chars.transform(twenty_train.data)

print count_words.get_feature_names()
print X[1].todense()
print count_words.get_feature_names()
```

Der Code fängt so an wie im vorherigen Abschnitt. Sie beginnen wieder mit dem Aufruf des Datensatzes und bündeln ihn. In diesem Fall allerdings bekommt die Vektorisierung eine neue Bedeutung. Die Argumente verarbeiten die Daten auf eine spezielle Art und Weise.

Hier ermittelt der `analyzer`-Parameter, wie die Anwendung ein N-Gramm anlegt. Sie können zwischen Wörtern (`word`), Zeichen (`char`) oder Zeichen innerhalb von Wortgrenzen (`char_wb`) wählen. Der `ngram_range`-Parameter erfordert zwei Eingaben in Form eines Tupels: Die erste ermittelt das Minimum der Größe des N-Gramms und die zweite das Maximum. Das dritte Argument, `max_features`, ermittelt, wie viele Eigenschaften der Vektor-Iterator zurückgibt. Im zweiten Aufruf des Vektor-Iterators entfernt das `stop_words`-Argument die in der englischen Pickle enthaltenen Begriffe (lesen Sie für Details den Abschnitt »Stemming und Entfernen von Stoppwörtern« weiter oben in diesem Kapitel). An diesem Punkt passt die Anwendung die Daten an den Transformationsalgorithmus an.

Das Beispiel liefert drei Ausgaben. Die erste zeigt die häufigsten Trigramme für Zeichen des Dokuments. Die zweite ist das N-Gramm für das erste Dokument. Es zeigt die Häufigkeit der häufigsten zehn Trigramme. Die dritte Ausgabe liefert die Top-10-Trigramme für Wörter. Hier ist die Ausgabe dieses Beispiels:

```
[u'ax ax', u'ax max', u'distribution world', u'don know',
u'edu organization', u'max ax', u'nntp posting',
u'organization university', u'posting host', u'writes article']
[[0 0 5 1 0 0 4 2 5 1]]
[u'ax ax', u'ax max', u'distribution world', u'don know',
u'edu organization', u'max ax', u'nntp posting',
u'organization university', u'posting host', u'writes article']
```

Implementierung von TF-IDF Transformationen

Die *Term Frequency times Inverse Document Frequency* (*TF-IDF*-)-Transformation ist eine Technik, die helfen soll, die unterschiedlichen Längen von Dokumenten zu kompensieren. Ein langes und ein kurzes Dokument können die gleichen Themen bearbeiten, aber das lange Dokument wird ein größeres Bag of Words besitzen, da es mehr Wörter enthält. Wenn Sie ein kurzes und ein langes Dokument vergleichen, wird das lange Dokument ohne diese Transformation eine unfaire Gewichtung erhalten. Suchmaschinen müssen Dokumente oft gleich gewichten, daher finden Sie diese Transformation bei Suchmaschinen häufig vor.

Was Ihnen die Transformation eigentlich sagt, ist, wie wichtig ein bestimmtes Wort für das Dokument ist. Je öfter ein Wort in einem Dokument vorkommt, umso wichtiger ist es für das Dokument. Jedoch wird die Messung durch die Dokumentgröße ausgeglichen – die gesamte Anzahl der Wörter eines Dokuments. Der TF-Teil der Gleichung ermittelt, wie häufig der Begriff in einem Dokument erscheint, während der IDF-Teil die Wichtigkeit festlegt. Sie können einige aktuelle Beispiele dieser speziellen Berechnung unter `http://www.tfidf.com/` sehen.

Hier ist ein Beispiel für die Berechnung von TF-IDF mit Python:

```
from sklearn.datasets import fetch_20newsgroups
import sklearn.feature_extraction.text as ext

categories = ['sci.space']

twenty_train = fetch_20newsgroups(subset='train',
        categories=categories,
        remove=('headers', 'footers', 'quotes'),
        shuffle=True,
        random_state=42)

count_vect = ext.CountVectorizer()
X_train_counts = count_vect.fit_transform(twenty_train.data)

tfidf = ext.TfidfTransformer().fit(X_train_counts)
X_train_tfidf = tfidf.transform(X_train_counts)

print X_train_tfidf.shape
```

Dieses Beispiel beginnt, ähnlich wie die anderen Beispiele in diesem Abschnitt, mit dem Aufruf des 20-Newsgroup-Datensatzes. Anschließend wird ein Bag of Words angelegt, wie im Abschnitt »Funktionsweise des Bag-of-Words-Modells« dieses Kapitels. Jetzt sehen Sie endlich, was Sie mit diesem Modell tun können.

In diesem Fall ruft das Programm die Funktion `TfidTransformer` auf, um das originale Newsgroup-Dokument in eine Matrix mit TF-IDF-Eigenschaften umzuwandeln. `use_idf` kontrolliert die Verwendung der Inversen-Dokument-Häufigkeit (IDF) als Neugewichtung, die standardmäßig eingeschaltet ist. Die vektorisierten Daten werden in den Transformationsalgorithmus eingebaut. Der Aufruf von `tfidf.transform()` führt den Transformationsprozess aus. Hier ist das Ergebnis für dieses Beispiel:

```
(593, 13564)
```

 TF-IDF hilft Ihnen, die wichtigsten Wörter oder N-Gramme zu lokalisieren, und schließt die unwichtigsten aus. Auch als Eingabe für lineare Modelle ist es sehr hilfreich, weil diese besser mit TF-IDF-Scores arbeiten als mit der Wortanzahl. An dieser Stelle trainieren Sie normalerweise einen Klassifizierer und führen unterschiedliche Arten der Analyse aus. Machen Sie sich erst mal keine Gedanken über den nächsten Schritt des Prozesses. Die Kapitel 12 und 15 werden Sie in die Arbeit mit Klassifizierern einführen. Erst in Kapitel 17 werden Sie ernsthaft mit Klassifizierern arbeiten.

Arbeiten mit Graphdaten

Stellen Sie sich Datenpunkte, die mit anderen Datenpunkten verbunden sind, vor wie Webseiten, die durch Hyperlinks verbunden sind. Jeder dieser Datenpunkte ist ein *Knoten*. Die Knoten sind untereinander durch *Verknüpfungen* verbunden. Nicht jeder Knoten ist mit einem anderen verbunden, weshalb die Knotenverknüpfungen wichtig sind. Durch die Analyse der Knoten und ihrer Verknüpfungen können Sie alle Arten von interessanten Aufgaben in Data Science bearbeiten, wie die Definition des besten Weges von Ihrer Arbeitsstelle nach Hause über Straßen und Autobahnen. Die folgenden Abschnitte beschreiben, wie Graphen arbeiten und wie man grundlegende Aufgaben mit ihnen durchführt.

Die Adjazenzmatrix

Die *Adjazenzmatrix* stellt die Verbindung zwischen Knoten eines Graphen dar. Wenn es eine Verbindung zwischen einem Knoten und einem anderen gibt, zeigt die Matrix einen Wert größer 0 an. Die exakte Darstellung einer Verbindung in der Matrix ist abhängig davon, ob der Graph gerichtet ist (wobei die Richtung der Verbindung zählt) oder ungerichtet.

Ein Problem mit vielen Online-Beispielen ist, dass die Autoren sie nur zum Zweck der Erläuterung nutzen. Richtige Graphen allerdings sind oft riesig und einfache Analysen durch Visualisierung meist nicht möglich. Denken Sie an die Anzahl von Knoten, die eine Stadt haben würde, wenn man die Straßenkreuzungen als Knoten betrachtete (mit Verknüpfungen, die die Straßen selbst sind). Viele andere Graphen sind weitaus größer und die bloße Betrachtung würde niemals ein interessantes Muster ergeben. Data Scientists nennen die Darstellung großer Graphen auf Basis einer Adjazenzmatrix aufgrund des komplexen Aussehens ein *Knäuel*.

Ein Schlüssel zur Analyse von Adjazenzmatrizen ist eine spezielle Sortierung. Sie könnten die Daten beispielsweise anhand ihrer Eigenschaften und nicht entsprechend der aktuellen Verbindungen sortieren. Der Graph der Straßenverbindungen könnte das Datum enthalten, an dem die Straße zuletzt gepflastert wurde. Damit könnten Sie nach Mustern suchen, die Ihnen sagen, welche Straßen den besten Zustand haben. Kurz, die Graphendaten wertvoll zu machen ist eine Frage der Datenaufbereitung auf bestimmte Art und Weise.

Grundlagen in NetworkX

Die Arbeit mit Graphen kann schwierig werden, wenn Sie all den Code von Hand eingeben müssen. Glücklicherweise macht das NetworkX-Paket in Python es leicht, Struktur, Dynamik und Funktionen komplexer Netzwerke (oder Graphen) anzulegen, zu bearbeiten oder zu untersuchen. Obwohl in diesem Buch nur einfache Graphen vorgestellt werden, können Sie dieses Paket auch für Di- und Multigraphen verwenden.

Der Schwerpunkt von NetworkX ist die Vermeidung von Datenknäueln. Einfache Aufrufe verdecken einen Großteil der Komplexität bei der Arbeit mit Graphen und Adjazenzmatrizen.

Das folgende Beispiel zeigt, wie eine einfache Adjazenzmatrix aus einem der von NetworkX unterstützten Graphen erstellt wird:

```
import networkx as nx

G = nx.cycle_graph(10)
A = nx.adjacency_matrix(G)

print(A.todense())
```

Das Beispiel beginnt mit dem Import der benötigten Pakete. Danach wird ein Graph unter Nutzung des cycle_graph()-Templates angelegt. Der Graph hat zehn Knoten. Der Aufruf von adjacency_matrix() legt die Adjazenzmatrix für den Graphen an. Der letzte Schritt ist die Ausgabe als Matrix, wie hier dargestellt:

```
[[0 1 0 0 0 0 0 0 0 1]
 [1 0 1 0 0 0 0 0 0 0]
 [0 1 0 1 0 0 0 0 0 0]
 [0 0 1 0 1 0 0 0 0 0]
 [0 0 0 1 0 1 0 0 0 0]
 [0 0 0 0 1 0 1 0 0 0]
 [0 0 0 0 0 1 0 1 0 0]
 [0 0 0 0 0 0 1 0 1 0]
 [0 0 0 0 0 0 0 1 0 1]
 [1 0 0 0 0 0 0 0 1 0]]
```

 Sie müssen keinen eigenen Graphen für den Test entwickeln. Die NetworkX-Seite stellt eine Anzahl von Standardgraphen zur Verfügung, die Sie nutzen können. Sie sind alle innerhalb IPython verfügbar. Eine Liste finden Sie unter https://networkx.github.io/documentation/latest/reference/generators.html.

Es ist interessant zu sehen, wie der Graph aussieht, nachdem Sie ihn generiert haben. Der folgende Code stellt den Graphen für Sie dar. Abbildung 7.1 zeigt den Plot.

```
import matplotlib.pyplot as plt
nx.draw_networkx(G)
plt.show()
```

Die Abbildung zeigt, dass Sie Kanten zwischen Knoten 1 und 5 hinzufügen können. Hier ist der Code, den Sie benötigen, um diese Aufgabe mit der add_edge()-Funktion zu meistern. Abbildung 7.2 zeigt das Ergebnis.

```
G.add_edge(1,5)
nx.draw_networkx(G)
plt.show()
```

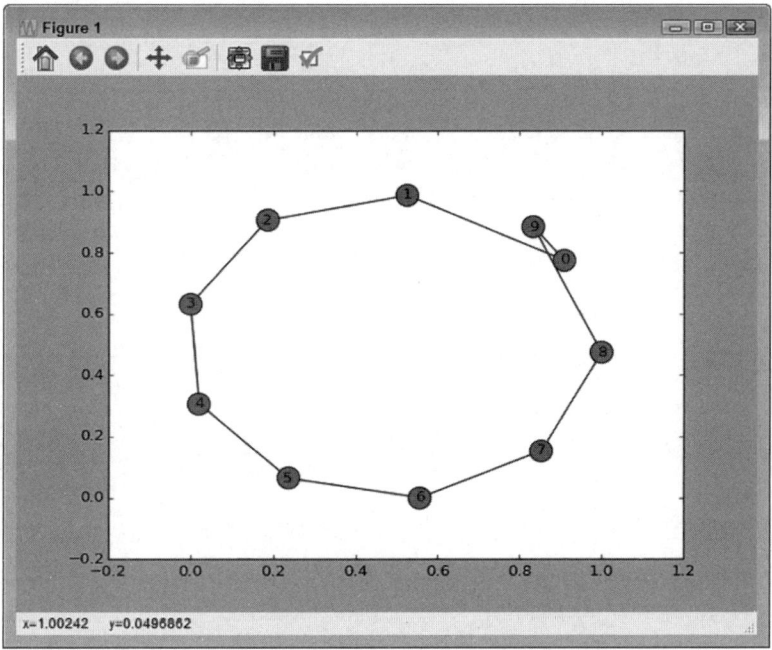

Abbildung 7.1: Plot des Originalgraphen

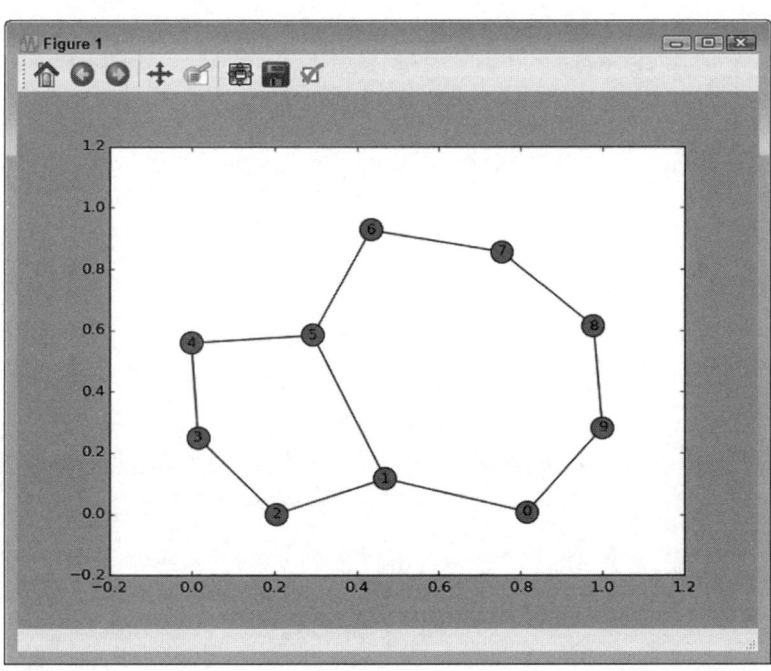

Abbildung 7.2: Darstellung der Erweiterung des Graphen

Das, was Sie schon wissen, in die Tat umsetzen

In diesem Kapitel

▶ Betrachtung von Data-Science-Problemen und -Daten aus der richtigen Perspektive

▶ Definition und Verwendung von Funktionen

▶ Arbeiten mit Arrays

Die vorangegangenen Kapitel waren eine Vorbereitung. Sie haben erfahren, wie Sie wichtige Data-Science-Aufgaben mit Python angehen können. Zusätzlich haben Sie Zeit mit unterschiedlichen Tools verbracht, die Python zur Verfügung stellt, um Data-Science-Aufgaben zu erleichtern. All diese Informationen sind wichtig, aber sie helfen Ihnen nicht, das große Ganze zu sehen – wo all das zusammengeführt wird. Dieses Kapitel zeigt Ihnen, wie Sie die Techniken der vorangegangenen Kapitel einsetzen, um reale Data-Science-Probleme in Angriff zu nehmen.

Dieses Kapitel ist nicht das Ende Ihrer Reise – es ist der Anfang. Die vorherigen Kapitel waren vergleichbar mit dem Packen Ihrer Reisetasche, den Reservierungen und der Erstellung der Route, bevor Sie Ihre Reise antreten. Diese Kapitel ist der Weg zum Flughafen, wo alles zusammenläuft.

Das Kapitel startet mit den Dingen, die Sie bedenken sollten, wenn Sie ein Data-Science-Problem lösen möchten. Sie können nicht einfach reinspringen und mit den Analysen beginnen; Sie müssen zuerst das Problem verstehen und die Ressourcen betrachten (die Form der Daten, den Algorithmus und Rechenressourcen). Wenn Sie das Problem in einen Kontext stellen, das heißt eine Sortierung festlegen, wird Ihnen das helfen, das Problem zu verstehen und zu definieren, wie Daten dieses Problem repräsentieren. Der Kontext ist entscheidend, weil genau wie bei Sprachen der Kontext die Bedeutung des Problems und seine Assoziation zu den Daten erschließt. Wenn Sie beispielsweise zu Ihrem Lebensgefährten sagen: »Ich habe eine rote Rose«, assoziiert dieser Satz etwas. Wenn Sie den gleichen Satz zu einem Kollegen sagen, ist die Assoziation eine andere. Die Rose ist eine Art von Daten und die Person, mit der Sie sprechen, ist der Kontext. Wenn man sagt: »Ich habe eine rote Rose«, hat das keine Bedeutung, es sei denn, Sie kennen den Kontext, in dem die Aussage getroffen wurde. Daten haben ebenfalls keine Bedeutung; sie beantworten keine Fragen, bis Sie den Kontext kennen, in dem die Daten verwendet werden. Zu sagen: »Ich habe Daten«, impliziert die Frage: »Was bedeuten die Daten?«

Am Ende werden Sie einen oder mehrere Datensätze benötigen. Zweidimensionale Datentabellen (Datensätze) beinhalten *Fälle* (die Zeilen) und *Merkmale* (die Spalten). Sie können ebenso auf Merkmale wie auf Variablen verweisen, wenn Sie eine statistische Terminologie benutzen. Die Merkmale, die Sie für die Datensätze verwenden, bestimmen die Art der Analyse, die Sie durchführen können, die Art und Weise, wie Sie die Daten bearbeiten können, und letztlich die Art der Ergebnisse, die Sie erhalten. Die Bestimmung, welche Merkmale Sie für die Daten festlegen können und wie Sie die Daten umwandeln müssen, damit die Analyse funktioniert, ist ein wichtiger Teil der Entwicklung einer Data-Science-Lösung.

Nachdem Sie sich ein Bild über das Problem, die Ressourcen, die Ihnen für die Lösung zur Verfügung stehen, sowie die benötigte Eingabe, die zu einer Lösung führt, verschafft haben, sind Sie bereit, damit zu arbeiten. Der letzte Abschnitt dieses Kapitels zeigt Ihnen, wie Sie einfache Aufgaben effizient lösen können. Sie können für die Lösung einer Aufgabe für gewöhnlich mehr als eine Methode einsetzen, aber wenn Sie mit großen Datensätzen arbeiten, sind die schnellen Methoden die besseren. Wenn Sie Arrays und Matrizen verwenden, um spezifische Aufgaben zu lösen, werden Sie bemerken, dass bestimmte Operationen sehr lange dauern können, es sei denn, Sie kennen ein paar Rechentricks. Der Einsatz solcher Tricks ist die grundlegendste Form der Daten-Manipulation, aber Sie müssen sie von Grund auf kennen. Die Anwendung dieser Techniken bereitet den Weg zu späteren Kapiteln, denn Sie werden anfangen, die Magie von Data Science spüren. Das hilft Ihnen, mehr in den Daten zu sehen, als auf den ersten Blick deutlich wird.

Sie müssen den Quellcode für dieses Kapitel nicht manuell eingeben. Tatsächlich ist es viel einfacher, wenn Sie die Quellen nutzen, die zum Download bereitstehen (lesen Sie in der Einleitung die Download-Anweisungen). Den Quellcode für dieses Kapitel finden Sie in der Datei P4DS4D; 08; Operations on Arrays and Matrices.ipynb.

Kontextualisierung von Problemen und Daten

Ein Problem in den richtigen Kontext zu stellen, ist ein wichtiger Teil der Entwicklung einer Data-Science-Lösung für jedes Problem und die assoziierten Daten. Data Science gehört definitiv zu den angewandten Wissenschaften und die Abstraktion manueller Ansätze kann für Ihr spezifisches Problem unter Umständen nicht anwendbar sein. Der Einsatz eines Hadoop-Clusters oder die Erstellung eines neuronalen Netzwerks mag Kollegen imponieren und Ihnen das Gefühl geben, dass Sie großartig Arbeit sind, aber Sie haben keinen Lösungsansatz für Ihr Problem. Wenn Sie das Problem in den richtigen Kontext stellen, ist das nicht nur eine Frage der Erwägung, ob Sie einen spezifischen Algorithmus nutzen oder Ihre Daten transformieren – es ist eine Kunst, das Problem und die zur Verfügung stehenden Ressourcen kritisch zu analysieren und Bedingungen zu schaffen, die die gewünschte Lösung hervorbringen.

Das Kernstück ist die *gewünschte* Lösung, aber es könnten auch unerwünschte Lösungen auftreten, weil Ihnen niemand sagt, was Sie wissen müssen – oder weil Sie es zwar wissen, aber zu viel Zeit und Ressourcen brauchen. Die folgenden Abschnitte geben Ihnen einen Überblick über den Prozess des Kontextualisierens von Problemen und Daten.

Auswertung eines Data-Science-Problems

Wenn Sie sich durch ein Data-Science-Problem arbeiten, müssen Sie damit beginnen, das Ziel festzulegen und die Ressourcen, die Ihnen dafür zur Verfügung stehen. Die Ressourcen sind Daten beziehungsweise Rechnerressourcen wie verfügbarer Speicher, CPUs und Festplattenspeicherplatz. In der realen Welt wird Ihnen niemand fertige Daten aushändigen und Ihnen sagen, dass Sie eine bestimmte Analyse damit durchführen können. Die meiste Zeit bei der Konfrontation mit völlig neuen Problemen werden Sie damit verbringen, Ihre Lösung zu erstellen. Während Ihrer ersten Auswertung eines Data-Science-Problems müssen Sie das Folgende bedenken:

✔ **Die Verfügbarkeit der Daten im Hinblick auf Zugänglichkeit, Quantität und Qualität.** Sie müssen die Daten im Hinblick auf mögliche Verzerrungen untersuchen, die die Eigenschaften und den Inhalt beeinflussen könnten. Daten sind niemals absolut wahr, es existieren nur relative Wahrheiten, die Ihnen eine mehr oder weniger nützliche Sicht auf die Dinge geben. Seien Sie immer vorsichtig mit der Wahrhaftigkeit der Daten und seien Sie kritisch bei Ihrer Analyse.

✔ **Die Methoden, die Sie für die Analyse Ihrer Daten verwenden.** Überlegen Sie, ob die Methoden einfach oder komplex sind. Sie müssen auch darüber nachdenken, wie gut Sie eine bestimmte Methode beherrschen. Beginnen Sie mit einfachen Ansätzen und bevorzugen Sie niemals eine bestimmte Technik. Es gibt weder ein kostenloses Mittagessen noch einen Heiligen Gral für Data Science.

✔ **Die Frage, die Sie mit Ihrer Analyse beantworten möchten, und wie Sie qualitativ messen können, ob Sie eine zufriedenstellende Antwort erhalten haben.** »Wenn Sie es nicht messen können, können Sie es nicht verbessern«, wie Lord Kelvin zu sagen pflegte (schauen Sie unter `http://zapatopi.net/kelvin/quotes/`). Wenn Sie die Leistung messen können, können Sie die Wirkung Ihrer Arbeit bestimmen und eine finanzielle Schätzung abgeben. Stakeholder werden erfreut sein, wenn Sie herausgefunden haben, was Sie tun müssen und welche Vorteile Ihr Data-Science-Projekt mit sich bringen wird.

Erforschung von Lösungen

Data Science ist ein komplexes Wissenssystem am Schnittpunkt von Computerwissenschaften, Mathematik, Statistik und Business. Sehr wenige Menschen wissen alles darüber, und wenn irgendjemand gerade mit dem gleichen Problem oder Dilemma konfrontiert wurde wie Sie, ergibt es wenig Sinn, das Rad neu zu erfinden. Jetzt, da Sie Ihr Problem kontextualisiert haben, wissen Sie, wonach Sie suchen, und können es auf unterschiedliche Weise angehen.

✔ **Sehen Sie sich die Python-Dokumentation an.** Sie werden Beispiele finden, die Ihnen eine mögliche Lösung anbieten. NumPy (`http://docs.scipy.org/doc/numpy/user/`), SciPy (`http://docs.scipy.org/doc/`), Pandas (`http://pandas.pydata.org/pandas-docs/version/0.15.2/`) und speziell Scikit-learn (`http://scikit-learn.org/stable/user_guide.html`) bieten detaillierte Dokumentationen mit reichlich Beispielen für Data-Science-Anwendungen.

✔ **Suchen Sie nach Online-Artikeln und Blogs, die Hinweise geben, wie andere ähnliche Probleme lösen.** Q&A-Webseiten wie Quora (`http://www.quora.com/`), Stack Overflow (http://stackoverflow.com/) und Cross Validated (http://stats.stacke xchange.com/) geben Ihnen viele Antworten zu ähnlichen Problemen.

✔ **Sehen Sie in wissenschaftlichen Veröffentlichungen nach.** Sie können Ihr Problem beispielsweise in Google Scholar oder Microsoft Academic Search eingeben. Sie werden eine Vielzahl akademischer Artikel finden, die Ihnen bei der Vorbereitung der Daten helfen oder einen Algorithmus detailliert darstellen, der für ein bestimmtes Problem besser funktioniert.

Dies hört sich zwar trivial an, aber die Lösungen, die Sie entwickeln, müssen das Problem widerspiegeln, das Sie zu lösen versuchen. Beim Suchen nach Lösungen werden Ihnen zunächst einige vielversprechend erscheinen, die Sie dann aber nicht erfolgreich auf Ihr Problem anwenden können, weil etwas in Ihrem Kontext anders ist. Ihr Datensatz könnte zum Beispiel unvollständig sein oder nicht ausreichend Eingaben bieten, um das Problem zu lösen. Zusätzlich könnte das von Ihnen gewählte Analysemodell nicht die Antwort liefern, die Sie benötigen, oder die Antwort könnte ungenau sein. Wenn Sie mit dem Problem arbeiten, scheuen Sie nicht davor zurück, Ihre Suche mehrmals durchzuführen, wenn Sie mögliche Lösungen entwickeln, testen und evaluieren, die Sie mit den verfügbaren Ressourcen und Beschränkungen anwenden können.

Formulierung einer Hypothese

An einem bestimmten Punkt werden Sie alles beieinanderhaben, was Sie vermeintlich für die Lösung benötigen. Natürlich wäre es ein Fehler, zu glauben, dass Ihr entwickelter Ansatz das Problem sofort lösen kann. Sie haben eine Hypothese anstelle einer Lösung, da Sie die Wirksamkeit der potenziellen Lösung zunächst auf wissenschaftliche Art beweisen müssen. Damit Sie eine Hypothese entwickeln und testen können, müssen Sie ein Modell mit einem Trainingsdatensatz trainieren und es dann mit einem komplett anderen Datensatz testen. In späteren Kapiteln dieses Buches wird der Prozess des Trainierens und Testens eines Algorithmus für eine Analyse ausführlich behandelt, es muss Sie also nicht beunruhigen, wenn Sie die Aspekte im Moment noch nicht ganz verstehen.

Vorbereitung Ihrer Daten

Nachdem Sie eine Idee haben, wie Sie ein Problem und die Lösung angehen können, kennen Sie die erforderlichen Eingaben, um Ihren Algorithmus zum Laufen zu bekommen. Leider werden Ihre Daten wahrscheinlich in unterschiedlichen Formen auftreten, Sie werden sie aus unterschiedlichen Quellen erhalten und manche Daten werden vollständig fehlen. Außerdem könnten die Entwickler von Merkmalen bereits existierender Datenquellen diese für andere Zwecke entwickelt haben (wie Buchhaltung oder Marketing) als für Ihre, sodass Sie sie erst umwandeln müssen, um die volle Kapazität des Algorithmus nutzen zu können. Um den Algorithmus zum Laufen zu bringen, müssen Sie Ihre Daten vorbereiten. Das beinhaltet, zu prüfen, ob Daten fehlen, das Anlegen von neuen Merkmalen, falls benötigt, und möglicherweise die Bearbeitung des Datensatzes, um ihn in eine Form zu bringen, die der Algorithmus akzeptiert, um eine Vorhersage zu treffen.

Betrachtung der Erstellung von Merkmalen

Merkmale haben etwas mit den Spalten Ihres Datensatzes zu tun. Sie müssen natürlich bestimmen, was diese Spalten beinhalten sollten. Möglicherweise werden sie später nicht genau den Daten aus der Originalquelle entsprechen. Die Originaldaten könnten eine Form haben, die zu einer ungenauen Analyse führt oder sogar das gewünschte Ergebnis verhindert, da sie nicht komplett für Ihren Algorithmus und Ihre Zwecke geeignet ist. Die Daten könnten beispielsweise zu viele redundante Informationen innerhalb verschiedener Variablen beinhalten. Dieses Problem haben wir *multivariate Korrelation* genannt. Die Aufgabe, die Spalten in der besten Art und Weise für die Datenanalyse zu bearbeiten, wird *Merkmalserstellung* (auch *Feature Engineering*) genannt. Die folgenden Abschnitte helfen Ihnen, die Merkmalserstellung und ihre Bedeutung zu verstehen. (Die nächsten Kapitel zeigen Ihnen anhand unterschiedlicher Beispiele, wie Sie die Merkmalserstellung für Ihre Analyse einsetzen können.)

Definition der Merkmalserstellung

Die Merkmalserstellung mag ein bisschen wie eine magische oder sogar seltsame Wissenschaft erscheinen, aber die Grundlagen liegen tatsächlich in der Mathematik. Die Aufgabe liegt in der Umwandlung der Daten in etwas, mit dem Sie arbeiten und Ihre Analyse durchführen können. Numerische Daten beispielsweise könnten in den Originaldaten als Zeichenkette auftreten. Um eine Analyse durchführen zu können, müssen Sie diese in vielen Fällen in numerische Werte umwandeln. Das Ziel der Merkmalserstellung ist eine im Vergleich mit den Originaldaten bessere Leistung der Algorithmen für die Analysen.

In vielen Fällen ist die Transformation nicht ganz einfach. Sie müssen die Werte auf irgendeine Art und Weise kombinieren oder mathematische Operationen darauf ausführen. Die Informationen können in allen Formen auftreten, und der Transformationsprozess lässt Sie mit den Daten auf ganz neue Art und Weise arbeiten, sodass Sie Muster darin sehen können. Schauen Sie sich einmal den beliebten Kaggle-Wettbewerb an: `http://www.kaggle.com/c/march-machine-learning-mania-2015`. Das Ziel ist die Nutzung aller Arten von Statistik für die Ermittlung, wer das NCAA-Basketball-Turnier gewinnen wird. Stellen Sie sich vor, Sie versuchen, Erkenntnisse aus Informationen abzuleiten, die über ein Spiel verfügbar sind, wie der geografische Ort, an den das Team reist, oder die Verfügbarkeit von Stammspielern, und Sie fangen an zu verstehen, warum Merkmale erstellt werden müssen, mit denen Sie arbeiten können.

 Wie Sie sich vorstellen können, ist die Merkmalserstellung eine Kunstform, und jeder hat vom Ablauf seine eigene genaue Vorstellung. Dieses Buch gibt Ihnen einige grundlegende Informationen über die Merkmalserstellung sowie eine Anzahl von Beispielen, jedoch wird auf fortgeschrittene Techniken, Experimente und Testversionen verzichtet. Wie Pedro Domingos, Professor an der Washington University in seinem Data Science Paper »A Few Useful Things to Know about Machine Learning« (siehe `http://homes.cs.washington.edu/~pedrod/papers/cacm12.pdf`) sagte, ist Feature Engineering vermutlich der wichtigste Faktor für den Erfolg oder Misserfolg eines Machine-learning-Projekts und nichts kann das intelligente Feature Engineering wirklich ersetzen.

Kombination von Variablen

Daten haben oft eine Form, die in Algorithmen überhaupt nicht funktioniert. Stellen Sie sich einfach eine Situation vor, in der Sie bestimmen müssen, ob eine Person ein Brett in einem Holzlager hochheben kann. Sie erhalten zwei Datentabellen. Die erste beinhaltet die Höhe, Breite und Dicke sowie die Holzarten. Die zweite beinhaltet eine Liste der Holzarten und die Holzdichte, das Gewicht pro Volumen. Einige Sendungen sind nicht beschriftet, sodass Sie die Holzart, mit der Sie arbeiten, im Moment nicht kennen. Das Ziel ist die Erstellung einer Vorhersage, damit die Firma weiß, wie viele Leute benötigt werden, um mit der Sendung zu arbeiten.

In diesem Fall legen Sie einen zweidimensionalen Datensatz an, indem Sie zwei Variablen kombinieren. Der resultierende Datensatz besitzt nur zwei Merkmale. Das erste Merkmal ist die Länge der Bretter. Es ist zu erwarten, dass eine einzelne Person ein Brett von bis zu drei Meter Länge tragen kann, aber Sie brauchen zwei Leute für längere Bretter – unabhängig vom Gewicht des Brettes. Das zweite Merkmal ist das Gewicht eines Brettes. Ein Brett, das drei Meter lang, 30 Zentimeter breit und 5 Zentimeter dick ist, hat ein Volumen von 0,045 Kubikmeter. Wenn das Brett aus Kiefernholz (mit einer Holzdichte von 520 Kilogramm pro Kubikmeter) gemacht wurde, wiegt das Brett insgesamt 23,4 Kilogramm – eine Person könnte es vermutlich heben. Wenn das Brett allerdings aus Eiche (mit einer Holzdichte von 870 Kilogramm pro Kubikmeter) gemacht wurde, beträgt das Gesamtgewicht fast 40 Kilogramm. Wahrscheinlich brauchen Sie zwei Personen, um das Brett zu heben, auch wenn das Brett kurz genug für eine Person wäre.

Die Erstellung des ersten Merkmals für Ihren Datensatz ist einfach. Alles, was Sie benötigen, ist die Länge jedes Bretts, das Sie lagern. Das zweite Merkmal erfordert jedoch die Kombination der Variablen aus beiden Tabellen: Länge in Metern × Breite in Metern × Tiefe in Metern × Holzdichte. Der resultierende Datensatz wird das Gewicht für jeden Bretttyp in jeder Länge enthalten. Mit diesen Informationen können Sie ein Modell entwickeln, das vorhersagt, ob eine bestimmte Aufgabe eine, zwei oder eben drei Personen erfordert.

Klasseneinteilung und Diskretisierung

Damit Sie einige Analysen durchführen können, müssen Sie numerische Werte in Klassen einteilen. Sie haben zum Beispiel einen Datensatz von Leuten mit einem Alter zwischen 0 und 80. Um Statistiken abzuleiten, die in diesem Fall funktionieren (wie der naive Bayes-Algorithmus), könnten Sie die Variablen in eine Reihe von Ebenen in Zehn-Jahre-Schritten einteilen. Der Prozess des Aufteilens des Datensatzes in diese Zehn-Jahre-Schritte ist eine *Klasseneinteilung*. Jede Einteilung ist eine numerische Kategorie, die Sie nutzen können.

Klasseneinteilungen verbessern die Genauigkeit des vorhersagenden Modells durch Reduzierung des Rauschens oder durch Hilfe bei nicht-linearen Modellen. Zusätzlich erlauben sie eine leichte Identifikation von *Ausreißern* (Werte außerhalb des erwarteten Bereichs) und ungültigen oder fehlenden Werten der numerischen Variablen.

Bei der Klasseneinteilung wird ausschließlich mit einzelnen numerischen Werten gearbeitet. Die *Diskretisierung* ist ein komplexerer Prozess, bei dem die Kombinationen von Werten aus unterschiedlichen Funktionen zusammengefasst werden – dabei wird die Anzahl der Zustände begrenzt. Im Gegensatz zur Klasseneinteilung arbeitet die Diskretisierung mit numerischen Werten und Zeichenketten. Es ist ein mehr verallgemeinertes Verfahren des Anlegens von Kategorien. Sie erhalten beispielsweise eine Diskretisierung als Nebenprodukt einer Clusteranalyse.

Verwendung von Indikatorvariablen

Indikatorvariablen sind Merkmale, die einen Wert von 0 oder 1 annehmen können. Ein anderer Name für Indikatorvariablen sind Dummy-Variablen. Es ist völlig egal, wie Sie sie nennen, diese Variablen haben den wichtigen Zweck, die Arbeit mit den Daten zu erleichtern. Wenn Sie zum Beispiel einen Datensatz anlegen möchten, in dem zum einen Individuen unter 25 und zum anderen Individuen von 25 und älter behandelt werden, könnten Sie dieses Altersmerkmal durch eine Indikatorvariable ersetzen, die 0 enthält, wenn das Individuum unter 25 ist, oder 1, wenn das Individuum 25 oder älter ist.

 Mit Indikatorvariablen können Sie Analysen schneller durchführen und Fälle in Kategorien mit höherer Genauigkeit einteilen als ohne diese Variablen. Die Indikatorvariable entfernt Zwischenzustände aus dem Datensatz. Jemand ist entweder unter 25 oder 25 und älter – dazwischen gibt es nichts. Da die Daten vereinfacht wurden, kann der Algorithmus seine Aufgaben schneller erfüllen, und Sie haben weniger mit Mehrdeutigkeiten zu kämpfen.

Umwandlung von Verteilungen

Eine *Verteilung* ist eine Anordnung von Werten einer Variablen, die die Häufigkeit des Auftretens widerspiegelt. Wenn Sie wissen, wie die Werte verteilt sind, werden Sie die Daten besser verstehen. Es existieren alle Arten von Verteilungen (schauen Sie sich eine Galerie der Verteilungen unter `http://www.itl.nist.gov/div898/handbook/eda/section3/eda366. htm` an) und die meisten Algorithmen können leicht damit arbeiten. Sie müssen jedoch für jede Verteilung einen passenden Algorithmus auswählen.

 Achten Sie besonders auf Gleichverteilungen und schiefe Verteilungen. Mit diesen zu arbeiten, ist aus unterschiedlichen Gründen ziemlich schwierig. Die glockenförmige Kurve, also die Normalverteilung, ist immer Ihr Freund. Wenn Sie auf eine andere Verteilung stoßen, sollten Sie über eine Transformation nachdenken.

Wenn Sie mit Verteilungen arbeiten, werden Sie eventuell feststellen, dass die Verteilung der Werte schief ist, wodurch jeder Algorithmus, der auf diese Werte angewendet wird, eine Ausgabe hervorbringt, die nicht Ihren Erwartungen entspricht. Die Umwandlung einer Verteilung erfordert die Anwendung einer Funktion auf die Werte, um spezifische Ziele, wie das Beheben der Schiefe, zu erreichen, damit die Ausgabe Ihres Algorithmus näher bei Ihren Erwartungen liegt. Zusätzlich hilft Ihnen die Umwandlung, die Verteilungen freundlicher zu gestalten, so als würden Sie einen Datensatz umwandeln, um eine Normalverteilung zu erhalten. Umwandlungen, die Sie bei Ihren numerischen Merkmalen immer ausprobieren sollten, sind:

✔ Logarithmus `np.log(x)` und Exponentialfunktion `np.exp(x)`

✔ Inverse `1/x`, Quadratwurzel `np.sqrt(x)` und Kubikwurzel `x**(1.0/3.0)`

✔ Polynomtransformationen, wie `x**2`, `x**3` und so weiter

Operationen mit Arrays

Eine grundlegende Form der Datenmanipulation ist die Eingliederung von Daten in Arrays oder Matrizen und damit die Verwendung von standardisierten und Mathematik-basierten Techniken, um die Form zu verändern. Mit diesem Ansatz können die Daten in eine praktische Form gebracht werden, um andere Operationen, wie Iterationen, durchführen zu können, weil diese die Architektur und einige hoch optimierte numerische lineare Algebra-Routinen der CPU beeinflussen können. Diese Operationen können von jedem Betriebssystem aufgerufen werden. Je größer die Daten und die Berechnungen, umso mehr Zeit wird benötigt. Zusätzlich ersparen Ihnen diese Techniken das Schreiben von langem und komplexem Pythoncode. Die folgenden Abschnitte beschreiben, wie man mit Arrays für Data-Science-Zwecke arbeitet.

Vektorisierung

Ihr Computer stellt Ihnen leistungsstarke Routineberechnungen zur Verfügung, die Sie nutzen können, wenn Ihre Daten die richtige Form haben. NumPys `ndarray` ist eine multidimensionale Datenspeicherstruktur, die Sie als Datentabelle verwenden können. Sie können sie sogar als Würfel oder Hyperwürfel nutzen, falls es mehr als drei Dimensionen gibt.

Die Verwendung von `ndarray` macht Berechnungen schnell und einfach. Das folgende Beispiel legt einen Datensatz mit drei Beobachtungen und sieben Merkmalen für jede Beobachtung an. In diesem Fall erhält das Beispiel den maximalen Wert für jede Beobachtung und subtrahiert von diesen den Minimumswert, um die Reihenfolge der Werte für jede Beobachtung zu erhalten.

```
import numpy as np
dataset = np.array([[2, 4, 6, 8, 3, 2, 5],
                    [7, 5, 3, 1, 6, 8, 0],
                    [1, 3, 2, 1, 0, 0, 8]])
print np.max(dataset, axis=1) - np.min(dataset, axis=1)
```

Die `print`-Anweisung erzeugt den Maximumwert für jede Beobachtung durch Aufruf von `np.max()` und subtrahiert dann den Minimumwert durch Aufruf von `np.min()`. Der maximale Wert jeder Beobachtung ist `[8 8 8]`. Der minimale Wert jeder Beobachtung ist `[2 0 0]`. Als Ergebnis erhalten Sie die folgende Ausgabe:

```
[6 8 8]
```

Einfache Arithmetik mit Vektoren und Matrizen

Die meisten Operationen und Funktionen von NumPy, die Sie bei der Arbeit mit Arrays anwenden, beeinflussen die Vektorisierung, wodurch sie schnell und effizient sind – viel effizienter als jede andere Lösung oder handgeschriebener Code. Die einfachsten Operationen wie Addition oder Division können die Vorteile der Vektorisierung schmälern. Die Form der Daten Ihres Datensatzes ist beispielsweise sehr oft nicht die, die Sie benötigen. Eine Liste von Zahlen könnte Prozentangaben als ganze Zahlen darstellen, obwohl Sie die Bruchzahl benötigen. In diesem Fall können Sie einfache Mathematik anwenden, um das Problem zu lösen, wie hier gezeigt:

```
import numpy as np
a = np.array([15.0, 20.0, 22.0, 75.0, 40.0, 35.0])
a = a*.01
print a
```

Das Beispiel legt ein Array an, füllt es mit ganzen Zahlen für die Prozentangaben und verwendet dann 0.01 als Multiplikator, um die Bruchzahlen der Prozentangaben festzulegen. Sie können diese Bruchzahlen mit anderen Zahlen multiplizieren, um zu ermitteln, wie die Prozente die Zahlen beeinflussen. Die Ausgabe dieses Beispiels ist

```
[ 0.15 0.2 0.22 0.75 0.4 0.35]
```

Matrix-Vektor-Multiplikation

Die effizienteste Operation beim Vektorisieren ist die Arbeit mit Matrizen, bei der Sie multiple Werte zu anderen multiplen Werten addieren und damit multiplizieren. NumPy macht die Multiplikation eines Vektors mit einer Matrix einfach, was sehr praktisch ist, wenn Sie für jede Beobachtung einen Wert erwarten, der die gewichtete Summe der Merkmale widerspiegelt. Hier ist ein Beispiel für diese Technik:

```
import numpy as np
a = np.array([2, 4, 6, 8])
b = np.array([[1, 2, 3, 4],
              [2, 3, 4, 5],
              [3, 4, 5, 6],
              [4, 5, 6, 7]])
c = np.dot(a, b)
print c
```

Beachten Sie, dass der als Vektor formatierte ndarray vor dem als Matrix formatierten ndarray bei der Multiplikation vorkommen muss, da Sie sonst eine Fehlermeldung erhalten. Das Beispiel gibt diese Werte aus:

```
[60 80 100 120]
```

Um die gezeigten Werte zu erhalten, multiplizieren Sie jeden Wert von ndarray mit der übereinstimmenden Spalte der Matrix – Sie multiplizieren den ersten Wert von ndarray mit der ersten Spalte und der ersten Zeile der Matrix. Der erste Wert der Ausgabe ist zum Beispiel 2 * 1 + 4 * 2 + 6 * 3 + 8 * 4, was 60 entspricht.

Matrix-Multiplikation

Sie können genauso eine Matrix mit einer anderen multiplizieren. In diesem Fall ist die Ausgabe das Ergebnis der Multiplikation der Zeilen der ersten Matrix mit den Spalten der zweiten Matrix. Hier multiplizieren Sie beispielsweise eine NumPy-Matrix mit einer anderen:

```
import numpy as np

a = np.array([[2, 4, 6, 8],
              [1, 3, 5, 7]])
b = np.array ([[1, 2],
               [2, 3],
               [3, 4],
               [4, 5]])
c = np.dot(a, b)
print c
```

Hier haben Sie am Ende eine 2x2-Matrix als Ausgabe. Dies sind die Werte, die Sie erhalten sollten, wenn Sie die Anwendung laufen lassen:

```
[[60 80]
[50 66]]
```

Jede Zeile der ersten Matrix wurde mit jeder Spalte der zweiten Matrix multipliziert. Um beispielsweise den Wert 50 in Zeile 2 zu erhalten, also Spalte 1 der Ausgabe, bringen Sie die Werte in Zeile 2 der Matrix a mit Spalte 1 der Matrix b zusammen, wie hier gezeigt: 1 * 1 + 3 * 2 + 5 * 3 + 7 * 4.

Teil III

Visualisierung des Unsichtbaren

In diesem Teil ...

✔ Erstellung von Grafiken und Diagrammen

✔ Ändern der Erscheinung von Grafiken und Diagrammen

✔ Effektive Verwendung von Streudiagrammen

✔ Arbeit mit geografischen Daten und anderen nicht-traditionellen Datentypen

✔ Verwendung von IPython-Tools

Ein Crashkurs in MatPlotLib

In diesem Kapitel

▶ Erstellung eines einfachen Graphen

▶ Hinzufügen von Messlinien zu Ihrem Graphen

▶ Ihr Diagramm mit Farben und Stilen verschönern

▶ Beschriftungen, Anmerkungen und Legenden hinzufügen

Die meisten Menschen können Informationen besser anhand einer Grafik verstehen als in Textform. Grafiken helfen den Menschen, Beziehungen besser zu erkennen und leichter Vergleiche anzustellen. Auch wenn Sie Daten in Textform gut abstrahieren können, bei einer Datenanalyse geht es um Kommunikation. Wenn Sie Ihre Ideen nicht mit anderen Leuten besprechen, hat der Prozess des Erhalts, Bearbeitens und Analysierens der Daten, außer für Ihre eigenen Bedürfnisse, nur einen geringen Wert. Glücklicherweise macht Python die Umwandlung von Textdaten in Grafiken mit MatPlotLib, die eigentlich eine Simulation der MATLAB-Anwendung darstellt, relativ einfach. Einen Vergleich der beiden finden Sie auf: `http://www.pyzo.org/python_vs_matlab.html`.

 Wenn Sie MATLAB bereits kennen (siehe das Buch *MATLAB für Dummies*, wenn Sie es lernen möchten), ist der Umstieg auf MatPlotLib relativ einfach, weil beide die gleiche Art von Maschinerie nutzen, um eine Aufgabe auszuführen, und eine ähnliche Methode zur Definition von Grafikelementen nutzen. Einige denken, dass MatPlotLib dem System MATLAB überlegen ist, weil Sie Aufgaben in MatPlotLib mit weniger Code lösen können (siehe `http://phillip mfeldman.org/Python/Advantages_of_Python_Over_Matlab.html`). Andere wiederum sagen, dass der Übergang von MATLAB zu MatPlotLib relativ unkompliziert ist (siehe `https://vnoel.wordpress.com/2008/05/03/bye-matlab-hello-python-thanks-sage/`). Wichtig ist, was Sie denken. Sie werden feststellen, dass Sie mit MATLAB und Ihren Daten experimentieren können, um dann basierend auf Ihren Erkenntnissen Anwendungen mit Python und MatPlotLib zu erstellen. Es ist eine Frage des Geschmackes und nicht eine Frage einer definitiven Wahrheit.

Dieses Kapitel konzentriert sich auf einen schnellen Start mit MatPlotLib, das Sie später im Buch einige Male nutzen werden. Daher ist diese kurze Funktionsübersicht wichtig, auch wenn Sie bereits mit MATLAB arbeiten. MATLAB-Erfahrungen sind sehr hilfreich, wenn Sie sich durch diese Kapitel arbeiten, und Sie werden schnell Fortschritte feststellen und einiges in den folgenden Abschnitten für sich nutzen können. Behalten Sie die Inhalte dieses Kapitels immer im Auge, wenn Sie später im Buch detailliert mit MatPlotLib arbeiten.

 Sie müssen den Quellcode für dieses Kapitel nicht von Hand eingeben. Es ist tatsächlich viel einfacher, wenn Sie sich den Code herunterladen (schauen Sie dazu in der Einleitung in die Download-Anweisungen). Der Quellcode für dieses Kapitel ist in der Quellcode-Datei `P4DS4D; 09; Getting a Crash Course in Mat PlotLib.ipynb` zu finden.

Mit einem Graphen beginnen

Ein Diagramm oder ein Graph ist eine einfache visuelle Darstellung numerischer Daten. MatPlotLib bietet eine große Anzahl von Graphen und Diagrammen. Natürlich können Sie jeden gebräuchlichen Graphen oder Diagrammtyp wählen, wie beispielsweise das Balkendiagramm, das Liniendiagramm oder das Kreisdiagramm. Wie auch mit MATLAB haben Sie Zugriff auf eine Vielzahl statistischer Diagrammtypen wie Boxplots, Fehlerbalken-Diagramme und Histogramme. Sie sehen eine Galerie der von MatPlotLib unterstützten Diagrammtypen unter `http://matplotlib.org/gallery.html`. Denken Sie daran, dass Sie die grafischen Elemente unendlich kombinieren können, um Ihre eigenen Daten zu präsentieren, egal wie komplex diese sind. Die folgenden Abschnitte beschreiben, wie Sie einen einfachen Graphen erstellen, Sie haben aber Zugriff auf viele weitere Funktionen, als diese Abschnitte darstellen.

Definition eines Plots

Plots zeigen anschaulich, was Sie numerisch definiert haben. Um einen Plot zu definieren, benötigen Sie einige Werte, das `matplotlib`-Modul und eine Vorstellung von dem, was Sie zeigen möchten. Dies ist im folgenden Code dargestellt.

```
values = [1, 5, 8, 9, 2, 0, 3, 10, 4, 7]
import matplotlib.pyplot as plt
plt.plot(range(1,11), values)
plt.show()
```

Hier erstellt die `plt.plot`-Funktion einen Plot, indem die x-Achsen-Werte zwischen 1 und 11 und die y-Achse-Werte aus der Liste `values` genutzt werden. Der Aufruf von `plot.show()` zeigt den Plot in einem separaten Dialogfeld, wie Abbildung 9.1 darstellt. Die Ausgabe ist ein Liniendiagramm. Kapitel 10 zeigt, wie Sie andere Diagramme und Graphentypen erstellen.

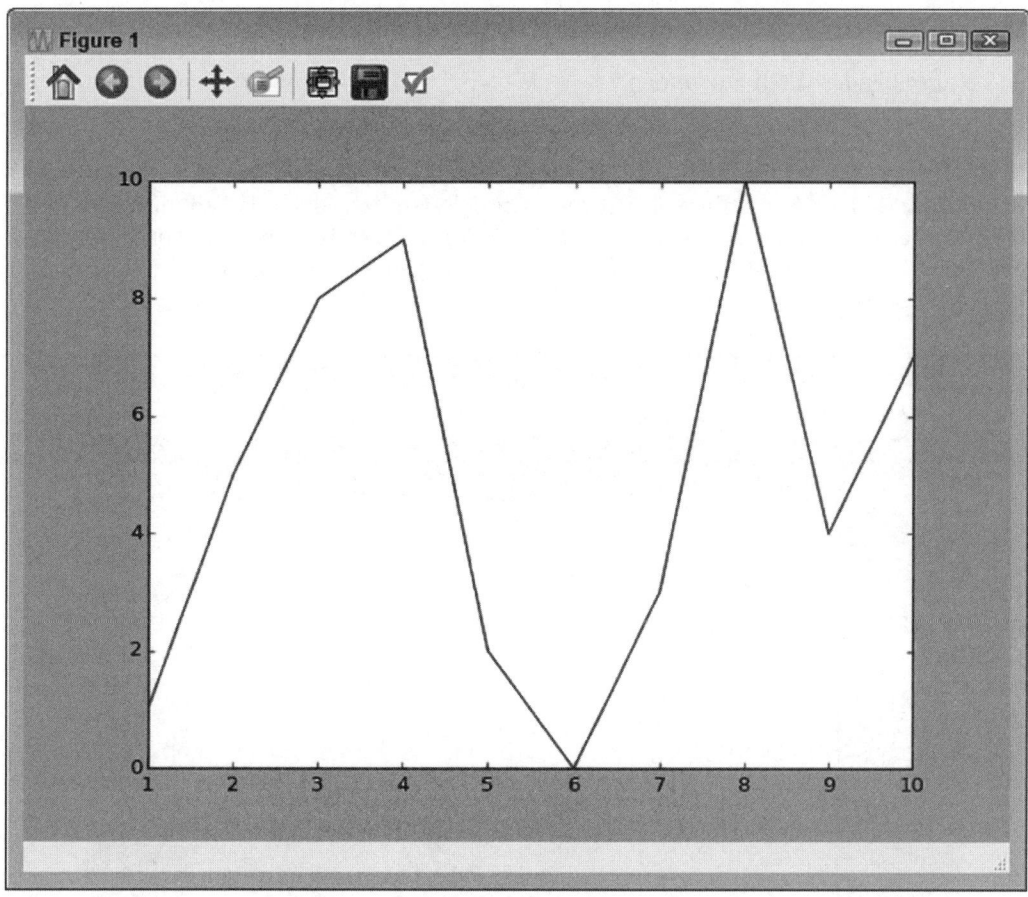

Abbildung 9.1: Ein einfacher Plot mit nur einer Linie

Zeichnen mehrerer Linien und Plots

In vielen Situationen benötigen Sie mehrere Plot-Linien, zum Beispiel beim Vergleich von zwei Mengen von Werten. Um solche Plots zu erstellen, nutzen Sie MatPlotLib und rufen plt.plot() mehrfach auf – für jede Plot-Linie je einmal, wie folgendes Beispiel zeigt.

```
values = [1, 5, 8, 9, 2, 0, 3, 10, 4, 7]
values2 = [3, 8, 9, 2, 1, 2, 4, 7, 6, 6]
import matplotlib.pyplot as plt
plt.plot(range(1,11), values)
plt.plot(range(1,11), values2)
plt.show()
```

Wenn Sie dieses Beispiel ausführen, sehen Sie gleich zwei Plot-Linien, wie in Abbildung 9.2 gezeigt. Auch wenn Sie es im Buch nicht sehen, die Linien haben unterschiedliche Farben, um sie auseinanderhalten zu können.

Speichern Sie Ihre Arbeit

Oft müssen Sie eine Kopie Ihrer Arbeit für spätere Referenzen oder als Teil eines größeren Berichts speichern. Der einfachste Weg ist das Anklicken des Buttons SAVE THE FIGURE (das Diskettensymbol in Abbildung 9.2). Sie sehen ein Dialogfenster, in dem Sie Ihre Darstellung speichern können.

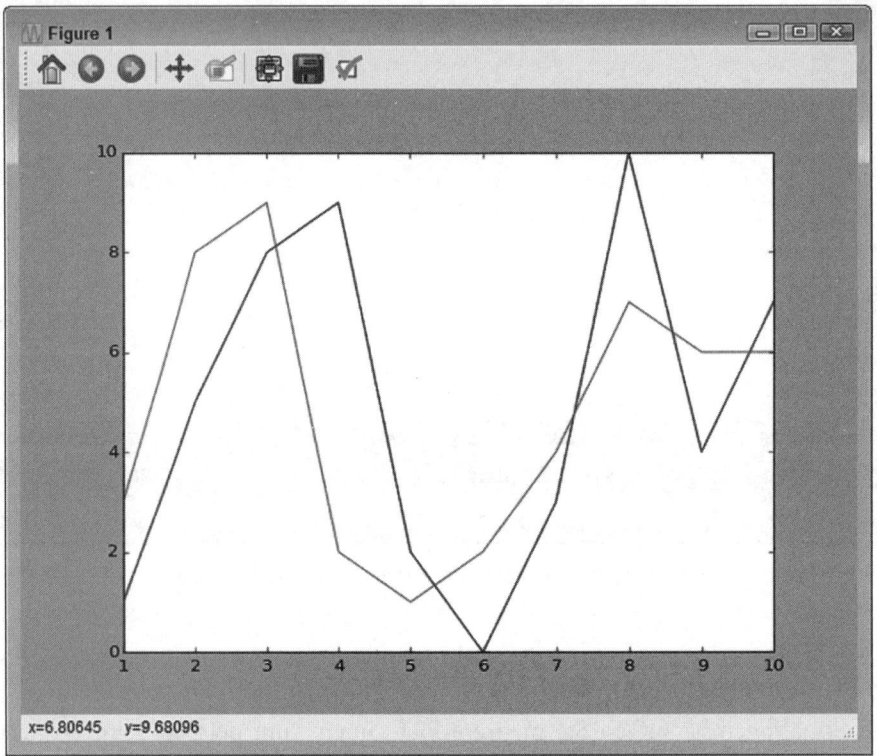

Abbildung 9.2: Definition eines Plots mit mehreren Linien.

Manchmal ist es nötig, die Grafik automatisch speichern zu lassen, anstatt darauf zu warten, dass der Nutzer es tut. In diesem Fall kann das programmgesteuert mittels der plt.save-fig-Funktion erfolgen, wie der folgende Code zeigt:

```
values = [1, 5, 8, 9, 2, 0, 3, 10, 4, 7]
import matplotlib.pyplot as plt
plt.plot(range(1,11), values)
plt.savefig('MySamplePlot.png', format='png')
```

Hier müssen Sie mindestens zwei Eingaben liefern. Die erste ist der Dateiname. Sie können gegebenenfalls einen Pfad zum Speichern der Datei einfügen. Die zweite Eingabe ist das Dateiformat. In diesem Fall wird die Datei im Portable-Network-Graphic-Format (PNG) gespeichert, aber Sie haben noch weitere Optionen: Portable Document Format (PDF), Encapsulated PostScript (EPS) und Scalable Vector Graphics (SVG).

Einstellen der Achsen, Intervalle und Gitternetzlinien

Es ist schwer, herauszufinden, was die Daten eigentlich bedeuten, wenn Sie keine Maßeinheit haben oder zumindest ein Mittel zur Durchführung eines Vergleichs mit anderen Werten. Achsen, Zeichen und Raster ermöglichen es, die relative Größe der Datenelemente zu veranschaulichen, damit der Betrachter eine Visualisierung des Vergleichsmaßstabes erhält. Sie werden diese Funktionen nicht bei jeder Grafik verwenden, außerdem hängen die Merkmale von den Bedürfnissen des Betrachters ab, aber es ist wichtig zu wissen, dass diese Funktionen existieren und wie sie anzuwenden sind, um Ihnen bei der Dokumentation der Daten in grafischer Umgebung zu helfen.

Die Achsen

Die Achsen definieren die x- und die y-Ebene der Grafik. Die x-Achse verläuft horizontal, die y-Achse vertikal. In vielen Fällen ermöglicht MatPlotLib ihre Formatierung. Manchmal muss man die Achsen aber auch manuell formatieren. Der folgende Code zeigt, wie Sie Zugriff auf die Achsen einer Grafik erhalten:

```
values = [0, 5, 8, 9, 2, 0, 3, 10, 4, 7]
import matplotlib.pyplot as plt
ax = plt.axes()
plt.plot(range(1,11), values)
plt.show()
```

Der Grund, weshalb Sie die Achsen in der Variablen ax platzieren, anstatt sie direkt zu manipulieren, ist, dass Sie so den Code einfacher und effizienter halten können. In diesem Fall drehen Sie die Standard-Achsen durch plt.axes() und platzieren so einen Handle an den Achsen in ax. Ein *Handle* ist eine Art Zeiger auf den Achsen. Denken Sie an eine Bratpfanne. Sie heben die Pfanne nicht direkt, sondern verwenden stattdessen einen Griff (englisch: Handle), um sie hochzuheben.

Formatierung der Achsen

Die einfache Anzeige der Achsen wird in vielen Fällen nicht ausreichen. Änderungen sind mit MatPlotLib möglich. Zum Beispiel dürfen Sie nicht den größten Wert t wählen, um die Spitze des Graphen zu definieren. Das folgende Beispiel zeigt nur eine kleine Anzahl von Aufgaben, die Sie ausführen können, wenn Sie die Achsen anpassen möchten.

```
values = [0, 5, 8, 9, 2, 0, 3, 10, 4, 7]
import matplotlib.pyplot as plt
ax = plt.axes()
ax.set_xlim([0, 11])
ax.set_ylim([-1, 11])
ax.set_xticks([1, 2, 3, 4, 5, 6, 7, 8, 9, 10])
ax.set_yticks([0, 1, 2, 3, 4, 5, 6, 7, 8, 9, 10])
plt.plot(range(1,11), values)
plt.show()
```

Mit set_xlim() und set_ylim() können Sie Achsengrenzen ändern, das heißt die Länge der einzelnen Achsen. set_xticks() und set_yticks() ändern die Achsenintervalle, die Sie benötigen, um Daten anzuzeigen. Sie können mit diesen Aufrufen einen Graphen sehr detailliert modifizieren. Beispielsweise können Sie einzelne Strichbeschriftungen ändern, wenn Sie das möchten. Abbildung 9.3 zeigt die Ausgabe dieses Beispiels. Beachten Sie, wie sich die Änderungen auf das gezeigte Liniendiagramm auswirken:

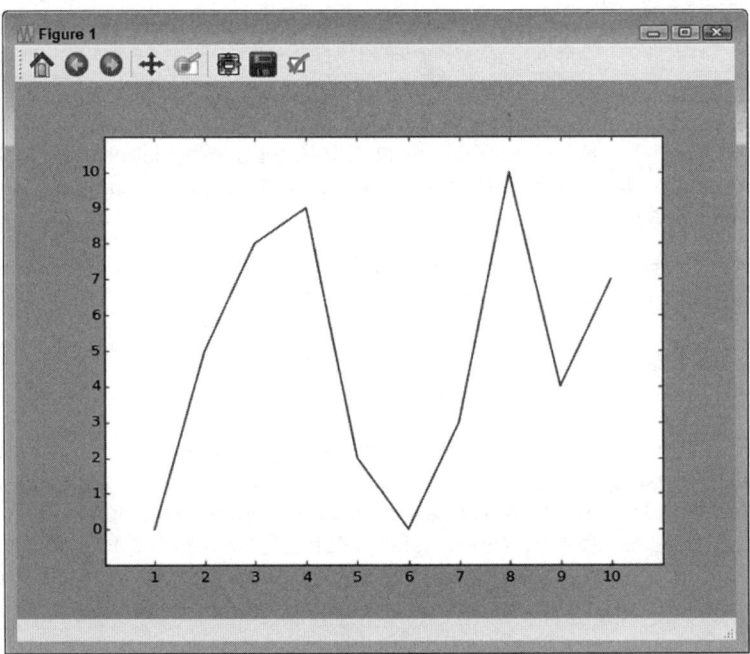

Abbildung 9.3: Spezifizieren Sie, wie die Achsenbeschriftungen für den Betrachter aussehen sollen.

Hinzufügen von Gitternetzen

Gitterlinien ermöglichen es, den genauen Wert der einzelnen Elemente eines Graphen zu sehen. Sie können sowohl x- als auch y-Koordinaten schneller bestimmen. Auf diese Weise können einzelne Punkte leichter verglichen werden. Natürlich fügen Gitterlinien auch ein Rauschen hinzu und erschweren den Datenfluss. Wichtig ist, dass man Raster gut verwenden kann, um spezielle Effekte zu erzielen. Der folgende Code fügt dem Diagramm aus dem vorigen Abschnitt ein Gitter hinzu:

```
values = [0, 5, 8, 9, 2, 0, 3, 10, 4, 7]
import matplotlib.pyplot as plt
ax = plt.axes()
ax.set_xlim([0, 11])
ax.set_ylim([-1, 11])
ax.set_xticks([1, 2, 3, 4, 5, 6, 7, 8, 9, 10])
ax.set_yticks([0, 1, 2, 3, 4, 5, 6, 7, 8, 9, 10])
ax.grid()
plt.plot(range(1,11), values)
plt.show()
```

Alles, was Sie tun müssen, ist, die `grid`-Funktion aufzurufen. Wie bei vielen anderen MatPlot-Lib-Funktionen können Sie Parameter hinzufügen, um das Raster so genau wie möglich zu erstellen. Zum Beispiel können Sie wählen, ob Sie x-Gitterlinien oder y-Gitterlinien oder beide hinzufügen. Die Ausgabe des Beispiels ist in Abbildung 9.4 zu sehen.

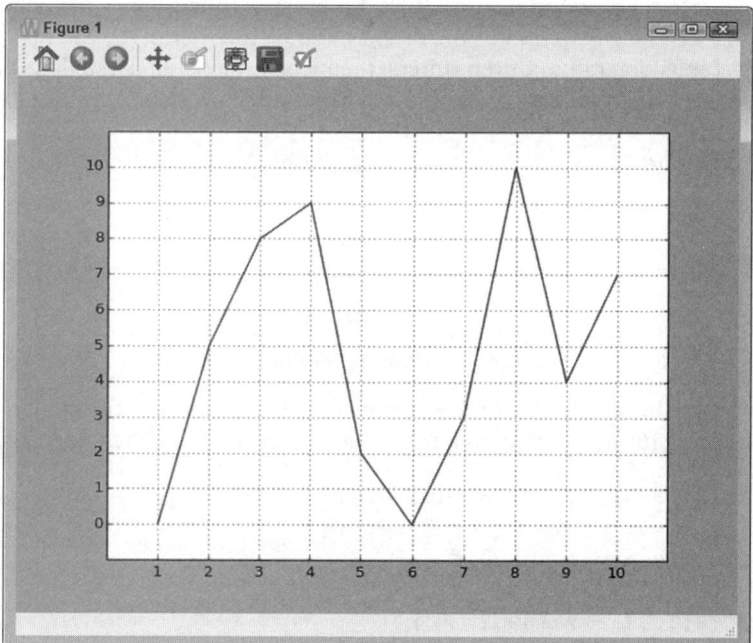

Abbildung 9.4: Das Hinzufügen von Gitterlinien erleichtert das Ablesen der Werte.

Das Erscheinungsbild von Linien festlegen

Das bloße Zeichnen von Linien bewirkt noch nicht, dem Betrachter die Wichtigkeit Ihrer Daten zu verdeutlichen. In den meisten Fällen müssen Sie verschiedene Linienstile nutzen, damit der Betrachter eine Datengruppe von einer anderen unterscheiden kann. Um die Bedeutung eines Wertes einer bestimmten Datengruppe zu unterstreichen, müssen Sie Farben verwenden. Farben zeigen dem Betrachter alle Ideenansätze. Die folgenden Abschnitte bringen Ihnen näher, wie man mit Linienstilen und Farben arbeitet, um Ideen und Konzepte dem Betrachter ohne Text zu kommunizieren.

Grafiken verständlich gestalten

Denken Sie nicht, dass jeder die Bedeutung Ihrer Grafiken erkennt. Zum Beispiel ist ein Farbenblinder nicht in der Lage, herauszufinden, ob eine Linie rot oder grün ist. Ebenso kann jemand mit Sehbehinderung nicht eine gestrichelte Linie von einer aus Strichen und Punkten bestehenden Linie unterscheiden. Nutzen Sie verschiedene Methoden, um jede Linie so darzustellen, dass Ihre Daten für jeden gut zu erkennen und verständlich sind.

Die Arbeit mit Linienstilen

Linienstile helfen dabei, Graphen aufgrund unterschiedlicher Linienformen zu unterscheiden. Eine einzigartige Darstellungsform jeder Linie wird Ihnen dabei helfen, diese unterscheidbar zu machen (sogar wenn der Ausdruck in Graustufen erfolgt). Sie können genauso ein bestimmtes Liniendiagramm durch unterschiedliche Linienstile darstellen (und den gleichen Stil für andere Linien nutzen). Tabelle 9.1 zeigt unterschiedliche MatPlotLib-Linienstile.

Zeichen	Linienstile
'_'	durchgezogene Linie
'--'	gestrichelte Linie
'-.'	Strich-Punkt Linie
':'	gepunktete Linie

Tabelle 9.1: MatPlotLib-Linienstile

Der Linienstil erscheint als das dritte Argument der plot-Funktion. Sie stellen einfach den erforderlichen String für den Linienstil zur Verfügung, wie im folgenden Beispiel dargestellt.

```
values = [1, 5, 8, 9, 2, 0, 3, 10, 4, 7]
values2 = [3, 8, 9, 2, 1, 2, 4, 7, 6, 6]
import matplotlib.pyplot as plt
plt.plot(range(1,11), values, '--')
plt.plot(range(1,11), values2, ':')
plt.show()
```

In diesem Fall nutzt der erste Liniengraph eine gestrichelte Linie, während der zweite Graph eine gepunktete Linie hat. Sie können das Ergebnis der Veränderung in Abbildung 9.5 sehen.

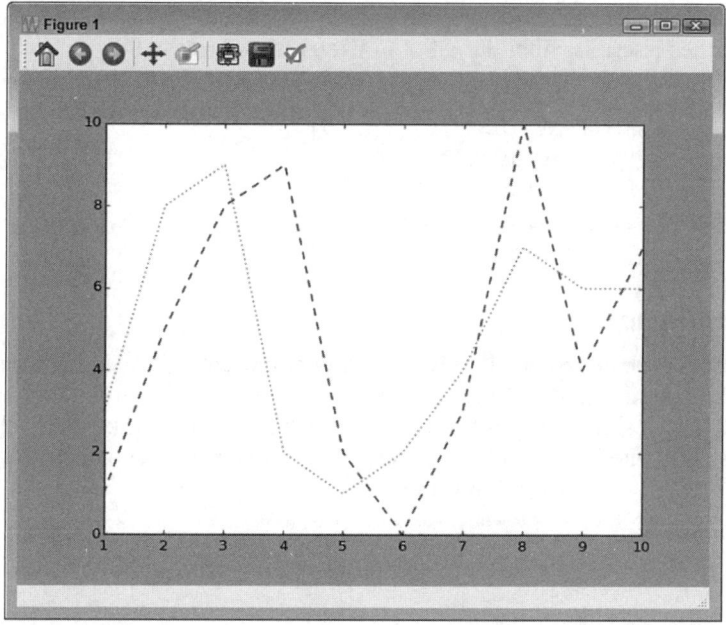

Abbildung 9.5: Linienstile helfen bei der Unterscheidung von Plots.

Verwendung von Farben

Farben bieten eine weitere Möglichkeit, Graphen zu unterscheiden. Natürlich kann es bei dieser Methode zu Problemen kommen. Die signifikantesten Probleme treten auf, wenn ein bunter Graph als schwarz-weiße Kopie erscheint – die Farbunterschiede werden lediglich in Graustufen dargestellt. Ein weiteres Problem ist, dass jemand mit Farbenblindheit die Linien nicht voneinander unterscheiden kann. Allerdings bietet die farbliche Darstellung eine für das Auge interessantere Präsentation. Tabelle 9.2 zeigt die Farben, die von MatPlotLib unterstützt werden.

Zeichen	Farben
'b'	Blau
'g'	Grün
'r'	Rot
'c'	Cyan
'm'	Magenta
'y'	Gelb
'k'	Schwarz
'w'	Weiß

Tabelle 9.2: MatPlotLib-Farben

Wie bei Linienstilen tauchen die Farben in einem String als drittes Argument des plot-Funktionsaufrufs auf. In diesem Fall sieht der Betrachter zwei Linien – eine in Rot und eine weitere in Magenta. Die aktuelle Darstellung sieht wie die in Abbildung 9.2 aus, allerdings mit spezifischen Farben anstelle der standardmäßigen Farben des Screenshots. Wenn Sie die gedruckte Version des Buches lesen, ist Abbildung 9.2 in Graustufen dargestellt.

```
values = [1, 5, 8, 9, 2, 0, 3, 10, 4, 7]
values2 = [3, 8, 9, 2, 1, 2, 4, 7, 6, 6]
import matplotlib.pyplot as plt
plt.plot(range(1,11), values, 'r')
plt.plot(range(1,11), values2, 'm')
plt.show()
```

Marker hinzufügen

Marker fügen ein spezielles Symbol zu jedem Datenpunkt eines Liniendiagramms hinzu. Im Gegensatz zu Linienstil und Farben sind Marker ein bisschen weniger anfällig, was Verständlichkeit und Druckergebnisse betrifft. Auch wenn der einzelne Marker nicht klar erkennbar ist, können die Leute die Marker normalerweise voneinander unterscheiden. Tabelle 9.3 zeigt eine Liste der Marker, die MatPlotLib unterstützt.

Zeichen	Marker-Typen
'.'	Punkt
','	Pixel
'o'	Kreis
'v'	Dreieck 1 nach unten
'^'	Dreieck 1 nach oben
'<'	Dreieck 1 nach links
'>'	Dreieck 1 nach rechts
'1'	Dreieck 2 nach unten
'2'	Dreieck 2 nach oben
'3'	Dreieck 2 nach links
'4'	Dreieck 2 nach rechts
's'	Quadrat
'p'	Fünfeck
'*'	Stern
'h'	Sechseck Stil 1
'H'	Sechseck Stil 2
'+'	Plus
'x'	X
'D'	Diamant
'd'	dünner Diamant
'|'	vertikale Linie
'_'	horizontale Linie

Tabelle 9.3: MatPlotLib-Marker

Wie Linienstile und Farben fügen Sie Marker als drittes Argument Ihrem plot-Aufruf hinzu. Das folgende Beispiel zeigt die Effekte der Kombination aus Linienstil und Markern für eine einzigartige Darstellung des Liniendiagramms.

```
values = [1, 5, 8, 9, 2, 0, 3, 10, 4, 7]
values2 = [3, 8, 9, 2, 1, 2, 4, 7, 6, 6]
import matplotlib.pyplot as plt
plt.plot(range(1,11), values, 'o--')
plt.plot(range(1,11), values2, 'v:')
plt.show()
```

Beachten Sie, wie die Kombination von Linienstil und Marker jede Linie in Abbildung 9.6 einzigartig macht. Selbst wenn Sie das Diagramm schwarz-weiß ausdrucken, können Sie die Linien leicht voneinander unterscheiden, weshalb Sie diese Präsentationstechniken häufig kombinieren sollten.

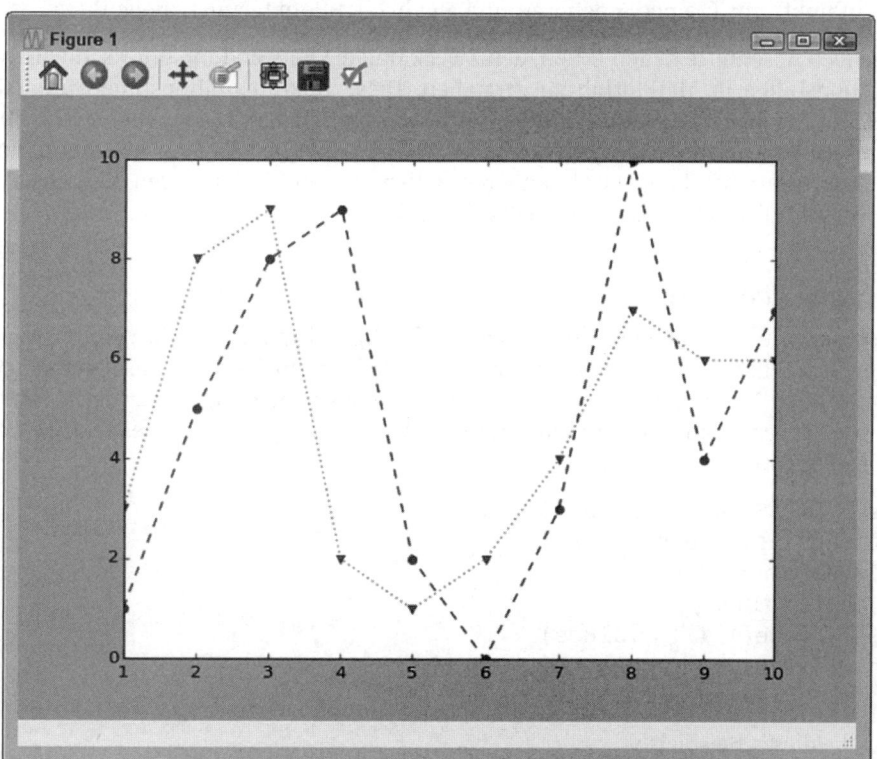

Abbildung 9.6: Marker heben die einzelnen Werte hervor.

Labels, Anmerkungen und Legenden

Um Ihren Graphen vollständig zu beschriften, sollten Sie Labels, Anmerkungen und Legenden einsetzen. Jedes dieser Elemente hat einen anderen Zweck:

✔ **Labels**: Beschriftung zur Identifikation bestimmter Datenelemente oder -gruppen. Das Ziel ist, dem Betrachter das Erfassen der Datenbezeichnungen und der Datenarten zu erleichtern.

✔ **Anmerkungen**: Erweitern die Informationen, die der Betrachter sofort sehen kann, um Hinweise, Quellen oder andere nützliche Informationen. Im Gegensatz zu einem Label hat eine Anmerkung nicht nur das Ziel, das Erfassen der Daten zu erleichtern, sondern zielt bereits auf das bessere Verständnis der Daten.

✔ **Legenden**: Die Legende zeigt eine Liste der Datengruppen innerhalb des Graphen und stellt oft Hinweise zur Verfügung (wie Linienstil oder Farben), um die Identifikation der Datengruppen zu erleichtern. Eine Legende informiert beispielsweise darüber, dass alle roten Punkte zur Gruppe A gehören und alle blauen Punkte zur Gruppe B.

Die folgenden Abschnitte helfen Ihnen, den Zweck und die Verwendung unterschiedlicher Dokumentationshilfen in MatPlotLib zu verstehen. Diese Dokumentationshilfen unterstützen Sie darin, eine sichere Umgebung für den Betrachter zu schaffen, um Quelle, Zweck und Verwendung der Datenelemente richtig zu interpretieren. Einige Graphen funktionieren auch ohne Dokumentationshilfen, aber in anderen Fällen werden Sie feststellen, dass Sie alle drei für die Kommunikation mit anderen Betrachtern benötigen.

Hinzufügen von Labels

Labels (Beschriftungen) helfen dem Betrachter, die Signifikanz jeder Achse eines Graphen zu verstehen. Ohne Labels haben die dargestellten Werte keine Bedeutung. Zusätzlich zu Namen können Sie auch Maßeinheiten, wie Inch oder Zentimeter, hinzufügen, damit die Betrachter wissen, wie die gezeigten Daten zu interpretieren sind. Das folgende Beispiel zeigt, wie Sie Labels zu Ihrem Graphen hinzufügen:

```
values = [1, 5, 8, 9, 2, 0, 3, 10, 4, 7]
import matplotlib.pyplot as plt
plt.xlabel('Entries')
plt.ylabel('Values')
plt.plot(range(1,11), values)
plt.show()
```

xlabel() beschriftet die x-Achse Ihres Graphen, ylabel()die y-Achse. Abbildung 9.7 zeigt die Ausgabe dieses Beispiels.

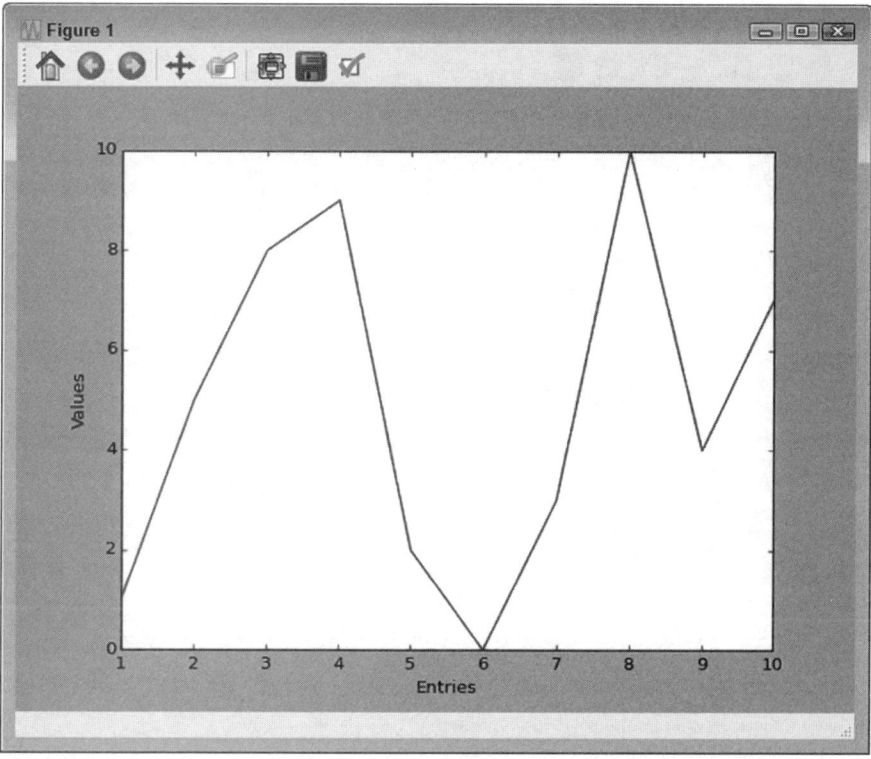

Abbildung 9.7: Verwenden Sie Labels für die Achsenbeschriftungen.

Hinzufügen von Anmerkungen zum Diagramm

Sie benutzen Anmerkungen, um spezielle Punkte des Graphen hervorzuheben. Sie können zum Beispiel zeigen, dass ein spezifischer Punkt sich außerhalb des erwarteten Bereichs innerhalb eines Datensatzes befindet. Das folgende Beispiel zeigt, wie Sie Anmerkungen zu Ihrem Graphen hinzufügen.

```
values = [1, 5, 8, 9, 2, 0, 3, 10, 4, 7]
import matplotlib.pyplot as plt
plt.annotate(xy=[1,1], s='First Entry')
plt.plot(range(1,11), values)
plt.show()
```

annotate() legt die Beschriftung fest, die Sie benötigen. Sie müssen einen Ort für die Anmerkungen festlegen, indem Sie den xy-Parameter verwenden, sowie den Text für die gewünschte Stelle mit dem s-Parameter definieren. Die annotate-Funktion stellt auch andere Parameter zur Verfügung, die Sie für spezielle Formatierungen oder Platzierungen auf dem Bildschirm verwenden können. Abbildung 9.8 zeigt die Ausgabe dieses Beispiels.

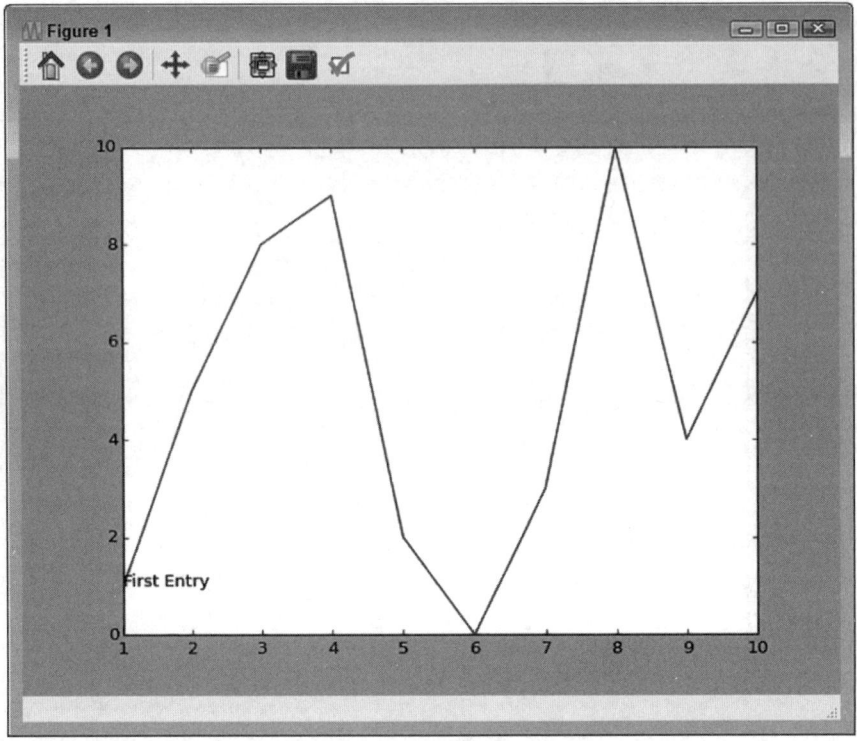

Abbildung 9.8: Anmerkungen können interessante Punkte hervorheben.

Erstellen einer Legende

Eine Legende dokumentiert die einzelnen Elemente des Plots. Jede Linie wird in einer Tabelle aufgeführt, die ein Label für sie enthält, sodass die Betrachter die Zeilen unterscheiden können. Eine Linie könnte zum Beispiel Schlussverkäufe im Jahr 2014 darstellen und eine andere die in 2015, sodass Sie je einen Legendeneintrag für die Linie für 2014 und 2015 erstellen. Das folgende Beispiel zeigt, wie Sie eine Legende zu Ihrem Plot hinzufügen.

```
values = [1, 5, 8, 9, 2, 0, 3, 10, 4, 7]
values2 = [3, 8, 9, 2, 1, 2, 4, 7, 6, 6]
import matplotlib.pyplot as plt
line1 = plt.plot(range(1,11), values)
line2 = plt.plot(range(1,11), values2)
plt.legend(['First', 'Second'], loc=4)
plt.show()
```

legend() erscheint, nachdem Sie den Plot erstellt haben und nicht davor, wie bei manch anderen Funktionen dieses Kapitels. Sie müssen den Zugriff auf jeden der Plots gewährleisten. Achten Sie darauf, dass das Ergebnis des ersten plot()-Aufrufs in der Variablen line1 gespeichert wird und das Ergebnis des zweiten Aufrufs in der Variablen line2.

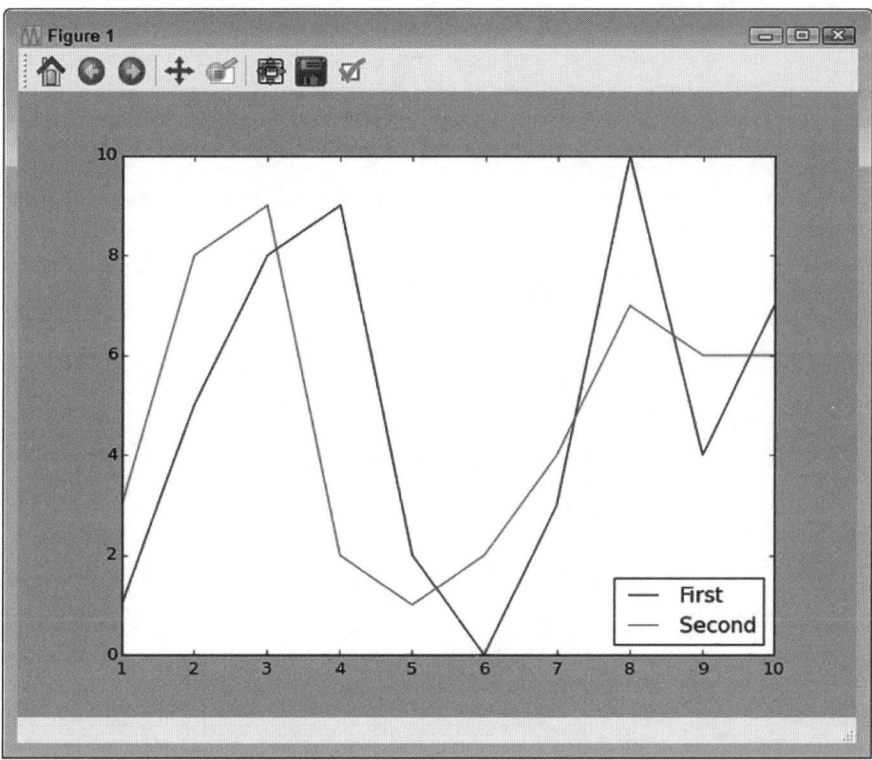

Abbildung 9.9: Nutzen Sie Legenden, um einzelne Linien zu bezeichnen.

Standardmäßig ist der Ort für die Legende die obere rechte Ecke des Plots, was für dieses Beispiel nicht sinnvoll wäre. Fügen Sie den `loc`-Parameter hinzu, um die Legende an einen anderen Ort zu platzieren. Schauen Sie sich die Dokumentation der `legend`-Funktion unter `http://matplotlib.org/api/legend_api.html` für zusätzliche Orte für Legenden an. Abbildung 9.9 zeigt die Ausgabe für dieses Beispiel.

Visualisierung von Daten

In diesem Kapitel

▶ Auswahl des Grafiktyps

▶ Arbeiten mit erweiterten Streudiagrammen

▶ Erkundung zeitbezogener Daten

▶ Erkundung geografischer Daten

▶ Erstellung von Grafiken

Kapitel 9 hat Ihnen beim Verständnis der Mechanismen während der Arbeit mit MatPlot-Lib geholfen, was ein wichtiger erster Schritt ist, um es zu verwenden. Dieses Kapitel ist der nächste Schritt dabei, Ihnen zu helfen, MatPlotLib effektiv einzusetzen. Das Ziel dieses Kapitels ist, Daten auf unterschiedliche Art und Weise visualisieren zu können. Eine grafische Darstellung Ihrer Daten ist entscheidend, wenn andere Leute verstehen sollen, was Sie sagen möchten. Auch wenn Sie selbst wissen, was die Zahlen aussagen – anderen werden Sie mithilfe von Grafiken verdeutlichen müssen, was Sie mit den unterschiedlichsten Arten der Aufbereitung von Daten erreichen wollen.

Das Kapitel beginnt mit einigen grundlegenden Arten von Grafiken, die von MatPlotLib unterstützt werden. Sie werden in diesem Kapitel nicht alle Grafiken und Plots finden, die es gibt – man bräuchte ein vollständiges Buch, um sie im Detail zu erläutern. Sie werden jedoch die gebräuchlichsten Typen finden.

Im Rest des Kapitels werden Sie spezifische Arten von Plots bei der Arbeit mit Data Science kennenlernen. Natürlich wäre kein Buch über Data Science komplett ohne die Behandlung von Streudiagrammen, die verwendet werden, um Muster in Datenpunkten zu sehen, die scheinbar nichts miteinander zu tun haben. Da viele der Daten, mit denen Sie jeden Tag arbeiten, zeitbezogen oder geografischer Natur sind, widmet dieses Kapitel diesen Themen zwei spezielle Abschnitte. Sie werden ebenfalls mit gerichteten und ungerichteten Graphen arbeiten, die sich gut für Social-Media-Analysen eignen.

Sie müssen den Quellcode für dieses Kapitel nicht manuell eingeben. Tatsächlich ist es viel einfacher, wenn Sie die Quellen nutzen, die zum Download bereitstehen. Den Quellcode für dieses Kapitel finden Sie in der Datei `P4DS4D; 10; Visualizing the Data.ipynb` (schauen Sie in die Einleitung für die Download-Anweisungen).

Die Wahl der richtigen Grafik

Die Art der von Ihnen gewählten Grafik bestimmt, wie andere die Daten sehen, weshalb die Wahl des Grafiktyps am Anfang besonders wichtig ist. Wenn Sie beispielsweise zeigen möchten, wie unterschiedliche Datenelemente zur Gesamtheit beitragen, sollten Sie ein Kreisdiagramm verwenden. Wenn Sie wiederum möchten, dass Betrachter Datenelemente vergleichen können, nutzen Sie ein Balkendiagramm. Die Idee dabei ist, den Grafiktyp so auszuwählen, dass die Betrachter ganz von allein die Rückschlüsse ziehen, die Sie sich erhoffen. Die folgenden Abschnitte beschreiben unterschiedliche Arten von Grafiken und bieten Ihnen grundlegende Beispiele für ihren Einsatz.

Darstellung von Teilen eines Ganzen mit Kreisdiagrammen

Kreisdiagramme legen den Fokus auf die Darstellung von Teilen eines Ganzen. Der vollständige Kreis entspricht 100 Prozent. Die Frage ist, wie viele dieser Prozentpunkte jedes Teilstück einnimmt. Die folgenden Beispiele zeigen, wie ein Kreisdiagramm mit vielen speziellen Eigenschaften erstellt wird:

```
import matplotlib.pyplot as plt

values = [5, 8, 9, 10, 4, 7]
colors = ['b', 'g', 'r', 'c', 'm', 'y']
labels = ['A', 'B', 'C', 'D', 'E', 'F']
explode = (0, 0.2, 0, 0, 0, 0)

plt.pie(values, colors=colors, labels=labels, explode=explode,
        autopct='%1.1f%%', counterclock=False, shadow=True)
plt.title('Values')

plt.show()
```

Der wichtigste Teil eines Kreisdiagramms sind die Werte. Sie könnten ein einfaches Kreisdiagramm nur unter Verwendung dieser Werte erstellen.

Der color-Parameter ermöglicht die Wahl unterschiedlicher Farben für jedes Kreisstück. Sie nutzen den label-Parameter, um jedes Stück zu beschriften. Oftmals muss ein Stück aus den anderen hervorgehoben werden, dafür können Sie den explode-Parameter mit einer Liste der hervorzuhebenden Werte einsetzen. Ein Wert von 0 hält das Stück an Ort und Stelle – jeder andere Wert bewegt das Stück aus dem Zentrum des Kreises heraus.

Jedes Kreisstück zeigt unterschiedliche Arten der Information. Dieses Beispiel zeigt die Anteile jedes Stücks mit dem autopct-Parameter. Sie müssen eine formatierte Zeichenkette übergeben, um die Prozentsätze zu formatieren.

 Einige Parameter beeinflussen, wie das Diagramm gezeichnet wird. Nutzen Sie den counterclock-Parameter für die Erstellung der Richtung der Stücke. Der shadow-Parameter legt fest, ob der Kreis einen Schatten erhält (für einen 3D-Effekt). Sie können andere Parameter auf http://matplotlib.org/api/pyplot_api.html finden.

Oftmals benötigt Ihr Kreisdiagramm einen Titel, damit andere wissen, was es darstellt. Nutzen Sie dafür die `title`-Funktion. Abbildung 10.1 zeigt die Ausgabe dieses Beispiels.

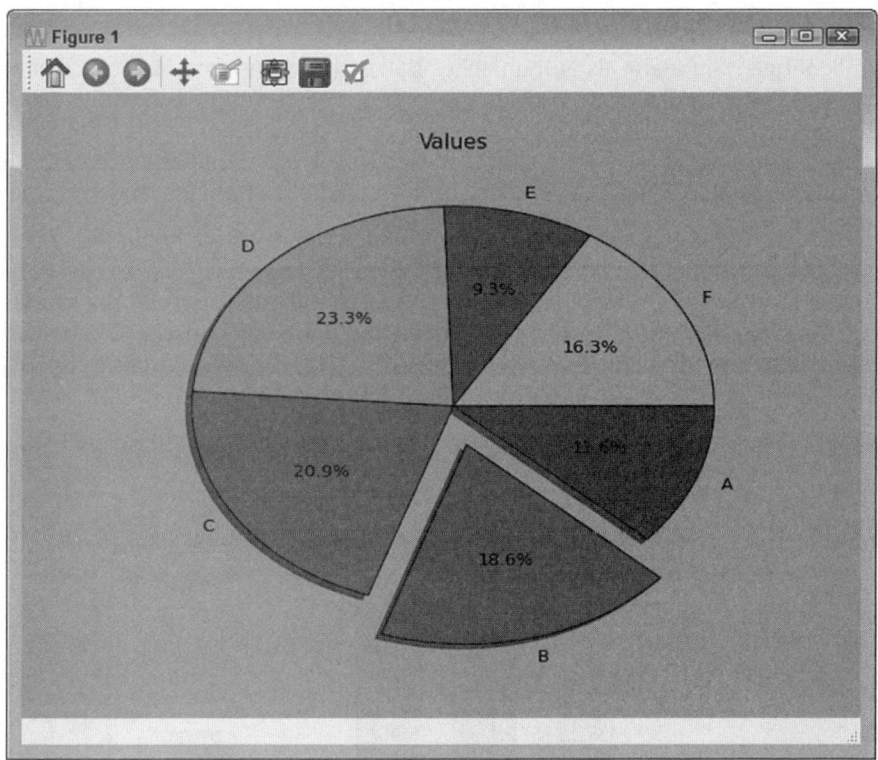

Abbildung 10.1: Kreisdiagramme zeigen die prozentualen Anteile eines Ganzen.

Darstellung von Vergleichen mit Balkendiagrammen

Balkendiagramme machen den Vergleich von Werten einfach. Die breiten Balken und getrennte Messungen betonen die Unterschiede zwischen den Werten – im Unterschied zu Liniendiagrammen, bei denen diese verbunden sind. Glücklicherweise verfügen Sie über sämtliche Methoden für das Hervorheben spezifischer Werte und für andere Tricks. Das folgende Beispiel zeigt einige Dinge, die Sie mit vertikalen Balkendiagrammen tun können.

```
import matplotlib.pyplot as plt

values = [5, 8, 9, 10, 4, 7]
widths = [0.7, 0.8, 0.7, 0.7, 0.7, 0.7]
colors = ['b', 'r', 'b', 'b', 'b', 'b']
plt.bar(range(0, 6), values, width=widths, color=colors, align='center')

plt.show()
```

Um ein einfaches Balkendiagramm zu erzeugen, müssen Sie eine Reihe von x-Koordinaten sowie die Höhe der Balken übergeben. Das Beispiel verwendet die range-Funktion, um die Werte für die x-Koordinaten bereitzustellen, und die Liste values beinhaltet die Höhen der Balken.

Natürlich benötigen Sie mehr als ein einfaches Balkendiagramm und MatPlotLib stellt eine Fülle von Möglichkeiten dafür zur Verfügung. In diesem Fall nutzt das Beispiel den width-Parameter, um die Breite jedes Balkens zu steuern, mit Betonung des zweiten Balkens, indem dieser etwas vergrößert wird. Dieser würde in Schwarz-Weiß dargestellt werden. Mit dem color-Parameter kann die Farbe des Balkens in Rot geändert werden (die anderen sind blau).

Genau wie andere Diagrammarten bietet das Balkendiagramm einige besondere Möglichkeiten, die Ihre Präsentation nützlich machen. Das Beispiel verwendet den align-Parameter, um die Daten auf der x-Koordinate zu zentrieren (die Standardposition ist linksbündig). Sie können auch andere Parameter, wie hatch, verwenden, um das optische Erscheinungsbild Ihres Balkendiagramms zu verbessern. Abbildung 10.2 zeigt die Ausgabe des Beispiels.

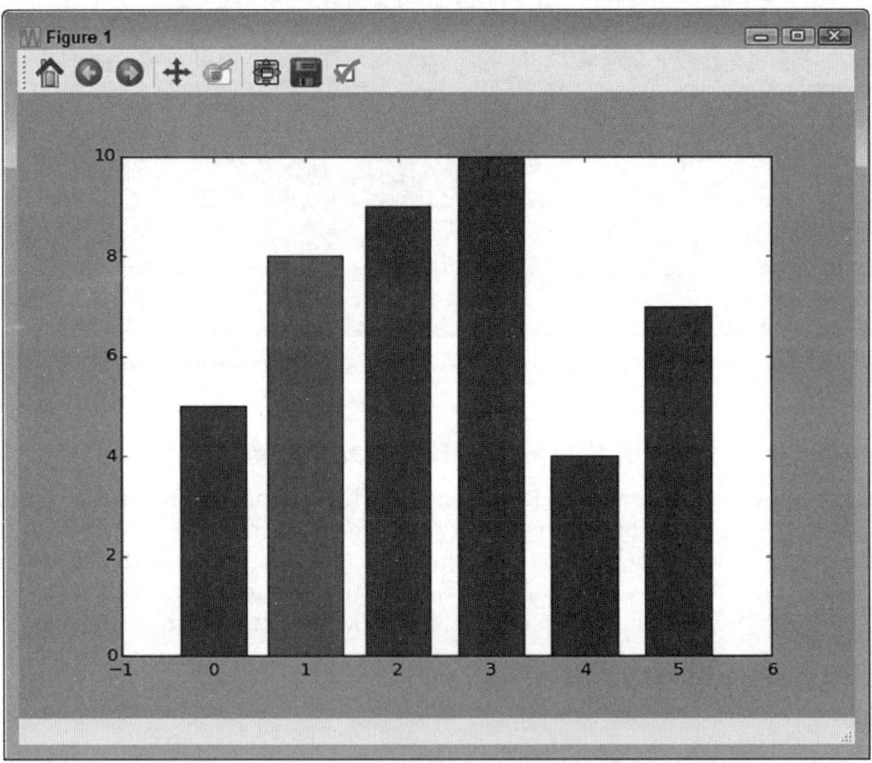

Abbildung 10.2: Balkendiagramme vereinfachen Vergleiche.

Darstellung von Vergleichen mit Histogrammen

Histogramme kategorisieren Daten durch ihre Aufteilung in *Kästen*, wobei jeder Kasten eine Teilmenge des Datenbereichs enthält. Ein Histogramm stellt die Anzahl von Gegenständen in jedem Kasten dar, wodurch Sie die Verteilung und die Entwicklung der Daten von Kasten zu Kasten betrachten können. In den meisten Fällen sehen Sie Kurven eines bestimmten Typs, beispielsweise eine Glockenkurve. Die folgenden Beispiele zeigen, wie Sie ein Histogramm mit randomisierten Daten erstellen:

```
import numpy as np
import matplotlib.pyplot as plt

x = 20 * np.random.randn(10000)

plt.hist(x, 25, range=(-50, 50), histtype='stepfilled',
        align='mid', color='g', label='Test Data')
plt.legend()
plt.title('Step Filled Histogram')
plt.show()
```

In diesem Fall sind die Eingabewerte eine Folge von zufälligen Zahlen. Die Verteilung dieser Zahlen sollte eine Art Glockenkurve darstellen. Sie müssen mindestens eine Reihe von Werten, in diesem Fall enthalten in der Variablen x, zur Verfügung stellen, um diese plotten zu können. Das zweite Argument beinhaltet die Anzahl von Kästen, die benötigt werden, wenn die Datenintervalle erstellt werden. Der Standardwert ist 10. Mit dem range-Parameter fokussieren Sie das Histogramm auf die wichtigsten Daten und schließen Ausreißer aus.

Sie können verschiedene Histogrammtypen erstellen. Die Standardeinstellung erzeugt ein Balkendiagramm. Sie können auch ein gestapeltes Balkendiagramm, also ein Stufendiagramm, erstellen oder ein gefülltes Stufendiagramm (der Typ, der im Beispiel gezeigt wird). Zusätzlich ist es möglich, die Ausrichtung der Ausgabe zu steuern, die Standardeinstellung ist vertikal.

Wie bei den meisten anderen Diagrammen und Grafiken dieses Kapitels können Sie die Ausgabe noch verbessern. Der align-Parameter zum Beispiel legt die Ausrichtung jedes Balkens entlang der Grundlinie fest. Mit dem color-Parameter bestimmen Sie die Farbe der Balken. Der label-Parameter wird gebraucht, um eine Legende anzulegen (wie in diesem Beispiel gezeigt). Abbildung 10.3 zeigt die typische Ausgabe dieses Beispiels.

 Randomisierte Daten unterscheiden sich von Aufruf zu Aufruf. Jedes Mal, wenn Sie dieses Beispiel laufen lassen, sehen die Ergebnisse etwas anders aus, weil sich der Zufallsprozess unterscheidet.

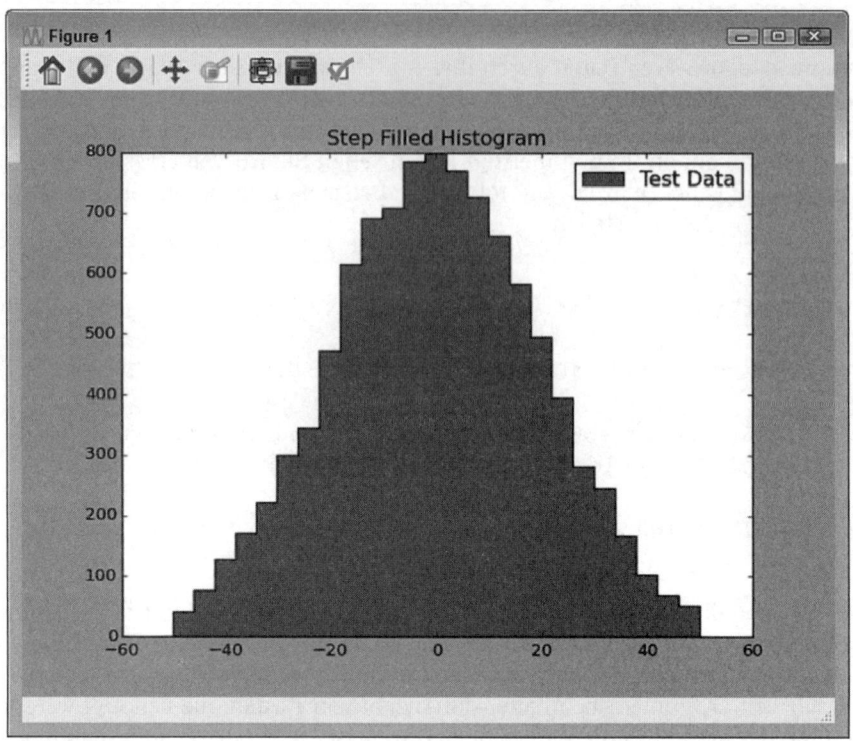

Abbildung 10.3: Histogramme lassen die Verteilung von Zahlen erkennen.

Darstellung von Gruppen mit Boxplots

Boxplots sind ein gebräuchliches Mittel zur Darstellung von *Quartilen* (die drei Punkte, die eine der Größe nach sortierte Menge von Werten in vier gleiche Teile aufteilen). Ein Boxplot hat also vier Linien, *Whiskers* genannt, die anzeigen, wenn sich Daten außerhalb der inneren und äußeren Quartile befinden. Der Abstand innerhalb eines Boxplots hilft, die Verzerrung und Streuung der Daten zu bestimmen. Das folgende Beispiel zeigt, wie man einen Boxplot mit randomisierten Daten erstellt.

```
import numpy as np
import matplotlib.pyplot as plt

spread = 100 * np.random.rand(100)
center = np.ones(50) * 50
flier_high = 100 * np.random.rand(10) + 100
flier_low = -100 * np.random.rand(10)
data = np.concatenate((spread, center, flier_high, flier_low))

plt.boxplot(data, sym='gx', widths=.75, notch=True)
plt.show()
```

Um einen verwendbaren Datensatz zu erstellen, müssen Sie unterschiedliche Techniken der Zahlengenerierung nutzen, wie zu Beginn dieses Kapitels erläutert. Hier sehen Sie, wie diese Techniken funktionieren:

✔ spread: Beinhaltet eine Menge zufälliger Zahlen zwischen 0 und 100.

✔ center: Stellt 50 Werte in der Mitte des Bereichs um 50 zur Verfügung.

✔ flier_high: Simuliert Ausreißer zwischen 100 und 200.

✔ flier_low: Simuliert Ausreißer zwischen 0 und -100.

Der Code kombiniert alle diese Werte in einem einzigen Datensatz mit der Funktion concatenate. Wenn mit spezifischen Merkmalen randomisiert wurde (wie einer großen Anzahl von Punkten im mittleren Bereich), wird die Ausgabe spezielle Merkmale haben, aber für dieses Beispiel gut funktionieren.

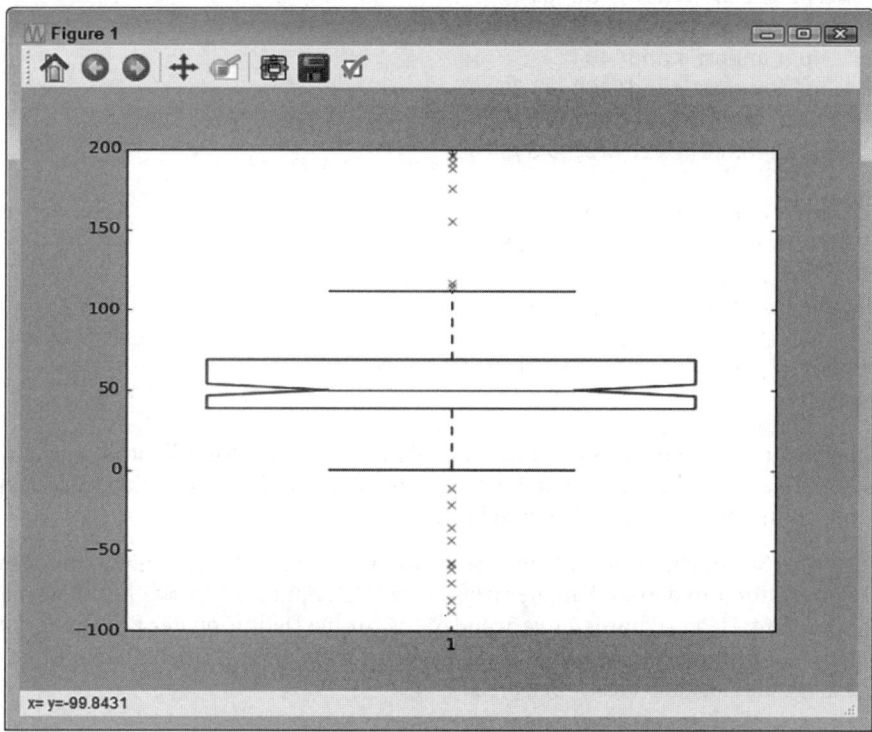

Abbildung 10.4: Verwenden Sie Boxplots, um Gruppierungen von Zahlen darzustellen.

boxplot() erfordert eigentlich nur die Variable data als Eingabe. Alle anderen Parameter haben Standardeinstellungen. In diesem Fall zeigt der Code die Ausreißer X durch den sym-Parameter grün an. Mit dem Parameter width können Sie die Größe der Box anpassen (in diesem Fall extragroß, um die Box besser sehen zu können). Zuletzt können Sie eine quadratische Box oder eine Box mit Kerbe mit dem notch-Parameter erstellen (dessen Standardwert normalerweise False ist). Abbildung 10.4 zeigt die typische Ausgabe dieses Beispiels.

Die Box zeigt die drei Datenpunkte der Box mit dem Median, der roten Linie in der Mitte. Die beiden schwarzen horizontalen Linien verbinden die Box durch Whisker und zeigen die obere und die untere Grenze (für vier Quartile). Die Ausreißer erscheinen oberhalb und unterhalb der oberen und unteren Grenze in grünen X.

Sehen von Datenmustern mit Streudigrammen

Streudiagramme zeigen Cluster von Daten anstelle von Trends (wie bei Liniendiagrammen) oder diskreten Werten (wie bei Balkendiagrammen). Der Zweck von Streudiagrammen ist es, Ihnen zu helfen, Muster in den Daten zu erkennen. Das folgende Beispiel zeigt, wie ein Streudiagramm mit randomisierten Daten erstellt wird:

```
import numpy as np
import matplotlib.pyplot as plt

x1 = 5 * np.random.rand(40)
x2 = 5 * np.random.rand(40) + 25
x3 = 25 * np.random.rand(20)
x = np.concatenate((x1, x2, x3))

y1 = 5 * np.random.rand(40)
y2 = 5 * np.random.rand(40) + 25
y3 = 25 * np.random.rand(20)
y = np.concatenate((y1, y2, y3))

plt.scatter(x, y, s=[100], marker='^', c='m')
plt.show()
```

Das Beispiel beginnt mit der Generierung von zufälligen x- und y-Koordinaten. Für jede x-Koordinate benötigen Sie eine korrespondierende y-Koordinate. Es ist möglich, Streudiagramme nur mit x- und y-Koordinaten zu erstellen.

Sie können Ihr Streudiagramm auf unterschiedliche Art und Weise schöner machen. Der s-Parameter ermittelt in diesem Fall die Größe jedes Datenpunkts, der marker-Parameter ermittelt seine Form. Den c-Parameter verwenden Sie für die Definition der Farben aller Datenpunkte oder Sie definieren unterschiedliche Farben für jeden einzelnen Datenpunkt. Abbildung 10.5 zeigt die Ausgabe dieses Beispiels.

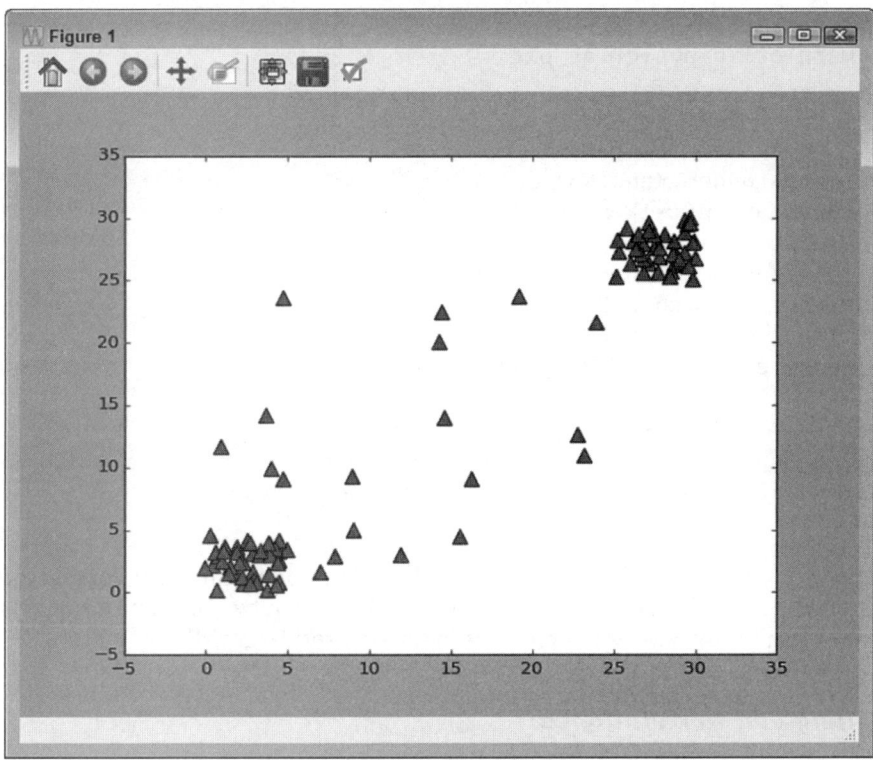

Abbildung 10.5: Verwenden Sie ein Streudiagramm, um Gruppierungen von Datenpunkten und Muster darzustellen.

Erstellung erweiterter Streudiagramme

Streudiagramme sind besonders wichtig für Data Science, da sie Datenmuster offenbaren, die nicht offensichtlich sind, wenn sie betrachtet werden. Sie können Datengruppierungen recht leicht erkennen und der Betrachter sieht, wenn die Daten zu einer speziellen Gruppe gehören. Auch Überlappungen der Gruppen sind zu sehen sowie bestimmte Daten, die sich außerhalb des erwarteten Bereichs befinden. Die unterschiedlichen Formen der Beziehungen innerhalb der Daten zu zeigen, ist eine fortgeschrittene Technik, die Sie beherrschen müssen, um das beste Ergebnis aus MatPlotLib herauszuholen. Die folgenden Abschnitte zeigen, wie Sie diese Techniken auf Streudiagramme anwenden, die Sie bereits zuvor in diesem Kapitel erstellt haben.

Darstellung von Gruppen

Die Farbe ist die dritte Achse, wenn Sie mit Streudiagrammen arbeiten. Farben ermöglichen das Hervorheben von Gruppen, damit andere sie leichter sehen können. Das folgende Beispiel zeigt, wie Sie Farben nutzen können, um Gruppen innerhalb von Streudiagrammen darzustellen:

```
import numpy as np
import matplotlib.pyplot as plt

x1 = 5 * np.random.rand(50)
x2 = 5 * np.random.rand(50) + 25
x3 = 30 * np.random.rand(25)
x = np.concatenate((x1, x2, x3))

y1 = 5 * np.random.rand(50)
y2 = 5 * np.random.rand(50) + 25
y3 = 30 * np.random.rand(25)
y = np.concatenate((y1, y2, y3))

color_array = ['b'] * 50 + ['g'] * 50 + ['r'] * 25

plt.scatter(x, y, s=[50], marker='D', c=color_array)
plt.show()
```

Das Beispiel funktioniert im Wesentlichen so wie das Streudiagramm im vorangegangenen Abschnitt, nur dass dieses Beispiel ein Array für die Farben nutzt. Die erste Gruppe ist blau, gefolgt von Grün für die zweite Gruppe. Ausreißer sind rot dargestellt.

Darstellung von Korrelationen

Manchmal müssen Sie die allgemeine Tendenz Ihrer Daten kennen, wenn Sie sich ein Streudiagramm anschauen. Selbst wenn Sie die Gruppen klar darstellen, wird die Richtung, die die Daten als Ganzes nehmen, vielleicht nicht unbedingt klar. In diesem Fall fügen Sie der Ausgabe eine Trendlinie hinzu. Hier ist ein Beispiel für das Hinzufügen einer solchen Trendlinie zu einem Streudiagramm, das Gruppen enthält, aber nicht so eindeutig ist wie das Streudiagramm aus Abbildung 10.6:

```
import numpy as np
import matplotlib.pyplot as plt
import matplotlib.pylab as plb

x1 = 15 * np.random.rand(50)
x2 = 15 * np.random.rand(50) + 15
x3 = 30 * np.random.rand(30)
x = np.concatenate((x1, x2, x3))

y1 = 15 * np.random.rand(50)
y2 = 15 * np.random.rand(50) + 15
y3 = 30 * np.random.rand(30)
y = np.concatenate((y1, y2, y3))

color_array = ['b'] * 50 + ['g'] * 50 + ['r'] * 25
```

```
plt.scatter(x, y, s=[90], marker='*', c=color_array)
z = np.polyfit(x, y, 1)
p = np.poly1d(z)
plb.plot(x, p(x), 'm-')

plt.show()
```

Der Code für die Erstellung des Streudiagramms ist im Wesentlichen der gleiche wie im Beispiel des Abschnitts »Darstellung von Gruppen« weiter oben in diesem Kapitel, jedoch definiert der Code die Gruppen nicht so eindeutig. Die Trendlinie wird mit der polyfit-Funktion aus NumPy den Daten hinzugefügt, die einen Vektor p der Koeffizienten zurückgibt, der die kleinsten Fehlerquadrate minimiert. (Die Regression der kleinsten Fehlerquadrate ist eine Methode zum Auffinden einer Linie, die die Beziehung zwischen zwei Variablen, wie in diesem Fall x und y, zumindest im Bereich der erklärenden Variablen x zusammenfasst. Der dritte Parameter der polyfit-Funktion gibt den Grad der Polynomanpassung vor.)

Die Vektorausgabe der polyfit-Funktion wird als Eingabe für die Funkion poly1d verwendet, die die Datenpunkte der y-Achse berechnet. plot() erstellt die Trendlinie des Streudiagramms. Sie sehen ein typisches Ergebnis dieses Beispiels in Abbildung 10.6.

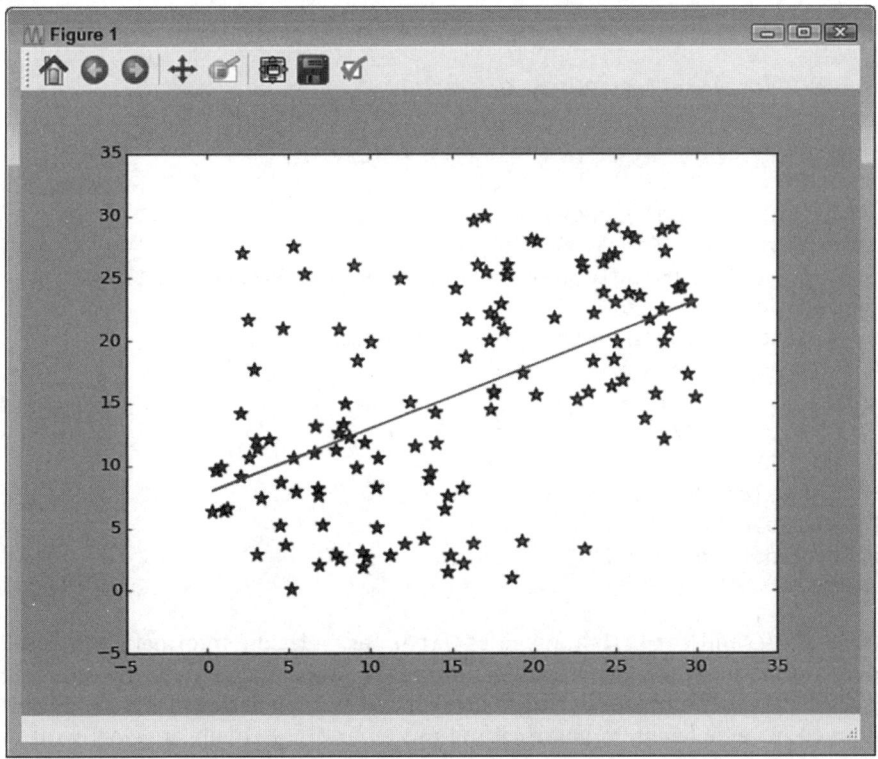

Abbildung 10.6: Trendlinien zeigen Ihnen in Streudiagrammen die Tendenz der Daten an.

Plotten von Zeitreihen

Nichts ist wirklich konstant. Wenn Sie Daten betrachten, sehen Sie oft Momentaufnahmen – Schnappschüsse dessen, wie die Daten einen Moment lang erscheinen. Natürlich sind diese Sichtweisen gebräuchlich und nützlich. Manchmal müssen Sie die Daten und ihre Veränderung jedoch im Verlauf der Zeit betrachten, um zu verstehen, was die Daten beeinflusst. Die folgenden Abschnitte beschreiben die Arbeit mit zeitbezogenen Daten.

Abbildung der Zeit auf den Achsen

Oftmals müssen Sie Daten im Verlauf der Zeit darstellen. Die Daten können viele Formen haben, aber generell haben sie eine Art von Zeittakt (eine Einheit der Zeit) gefolgt von einer oder mehreren Eigenschaften, die beschreiben, was während dieses bestimmten Takts passiert. Das folgende Beispiel zeigt eine einfache Menge von Tagen und Umsätzen an diesen Tagen für eine bestimmte Sache in Gesamtbeträgen (Integer).

```python
import datetime as dt
import pandas as pd
import matplotlib.pyplot as plt

df = pd.DataFrame(columns=('Time', 'Sales'))

start_date = dt.datetime(2015, 7,1)
end_date = dt.datetime(2015, 7,10)
daterange = pd.date_range(start_date, end_date)

for single_date in daterange:
    row = dict(zip(['Time', 'Sales'],
                [single_date, int(50*np.random.rand(1))]))
    row_s = pd.Series(row)
    row_s.name = single_date.strftime('%b %d')
    df = df.append(row_s)

df.ix['Jul 01':'Jul 07', ['Time', 'Sales']].plot()
plt.ylim(0, 50)
plt.xlabel('Sales Date')
plt.ylabel('Sale Value')
plt.title('Plotting Time')
plt.show()
```

Das Beispiel startet mit der Erstellung eines DataFrame, das die Informationen enthält. Die Quelle der Informationen könnte etwas Bestimmtes sein, aber das Beispiel generiert sie zufällig. Sie sehen, dass hier eine date_range für den Zeitrahmen des Start- und Enddatums der Informationen für eine leichtere Verarbeitung mit einer for-Schleife angelegt wird.

Ein wichtiger Teil dieses Beispiels ist die Erstellung einzelner Zeilen. Jede Zeile besitzt einen aktuellen Zeitwert, damit Sie keine Informationen verlieren. Beachten Sie aber, dass der Index (row_s.name-Eigenschaft) eine Zeichenkette ist. Dieser String sollte die Form haben, in der Sie das jeweilige Datum im Plot darstellen möchten.

Mit ix[] können Sie einen Datumsbereich aus der Gesamtheit der verfügbaren Einträge auswählen. Beachten Sie, dass dieses Beispiel nur einige der generierten Datumseinträge für die Ausgabe verwendet. Es werden anschließend einige verstärkende Informationen über den Plot hinzugefügt und auf dem Bildschirm ausgegeben. Abbildung 10.7 zeigt eine typische Ausgabe der zufällig generierten Daten.

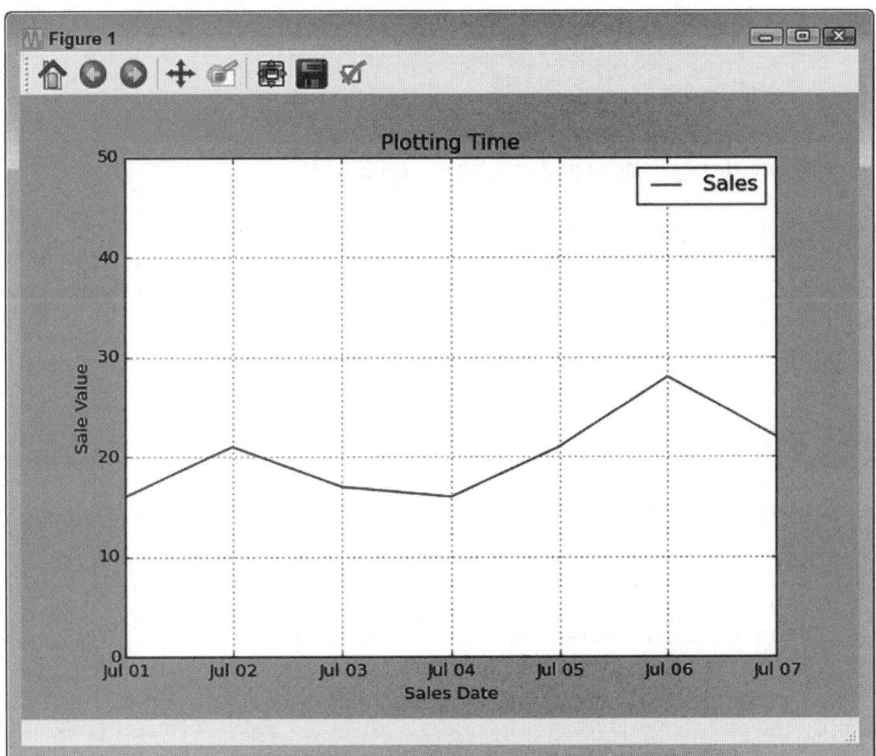

Abbildung 10.7: Verwenden Sie Liniendiagramme, um den Verlauf der Daten über einen bestimmten Zeitraum darzustellen.

Plotten von Trends über einen bestimmten Zeitraum

Wie bei vielen anderen Datenrepräsentationen können Sie manchmal ohne Hilfe nicht direkt sehen, in welche Richtung sich die Daten entwickeln. Die folgenden Beispiele beginnen mit dem Plot des vorangegangenen Abschnitts und fügen eine Trendlinie hinzu:

```python
import datetime as dt
import pandas as pd
import matplotlib.pyplot as plt
import numpy as np
import matplotlib.pylab as plb

df = pd.DataFrame(columns=('Time', 'Sales'))

start_date = dt.datetime(2015, 7,1)
end_date = dt.datetime(2015, 7,10)
daterange = pd.date_range(start_date, end_date)

for single_date in daterange:
    row = dict(zip(['Time', 'Sales'],
                   [single_date, int(50*np.random.rand(1))]))
    row_s = pd.Series(row)
    row_s.name = single_date.strftime('%b %d')
    df = df.append(row_s)

df.ix['Jul 01':'Jul 10', ['Time', 'Sales']].plot()

z = np.polyfit(range(0, 10),
               df.as_matrix(['Sales']).flatten(), 1)

p = np.poly1d(z)
plb.plot(df.as_matrix(['Sales']),
         p(df.as_matrix(['Sales'])), 'm-')

plt.ylim(0, 50)
plt.xlabel('Sales Date')
plt.ylabel('Sale Value')
plt.title('Plotting Time')
plt.legend(['Sales', 'Trend'])
plt.show()
```

Die Technik zum Hinzufügen der Trendlinie ist ähnlich wie die des Beispiels im Abschnitt »Darstellung von Korrelationen« in diesem Kapitel – mit einigen interessanten Unterschieden. Da die Daten in einem `DataFrame` abgelegt sind, müssen Sie sie mit der `as_matrix`-Funktion in eine Matrix exportieren und anschließend das Ergebnis mit der `flatten`-Funktion glätten, bevor Sie sie als Eingabe für `polyfit` nutzen können. Sie müssen die Daten exportieren, bevor Sie `plot()` aufrufen können, um die Trendlinie anzuzeigen.

Wenn Sie die ersten Daten plotten, generiert `plot()` automatisch eine Legende. MatPlotLib fügt die Trendlinie nicht automatisch hinzu, Sie müssen eine neue Legende für den Plot erstellen. Abbildung 10.8 zeigt eine typische Ausgabe dieses Beispiels mit zufällig generierten Daten.

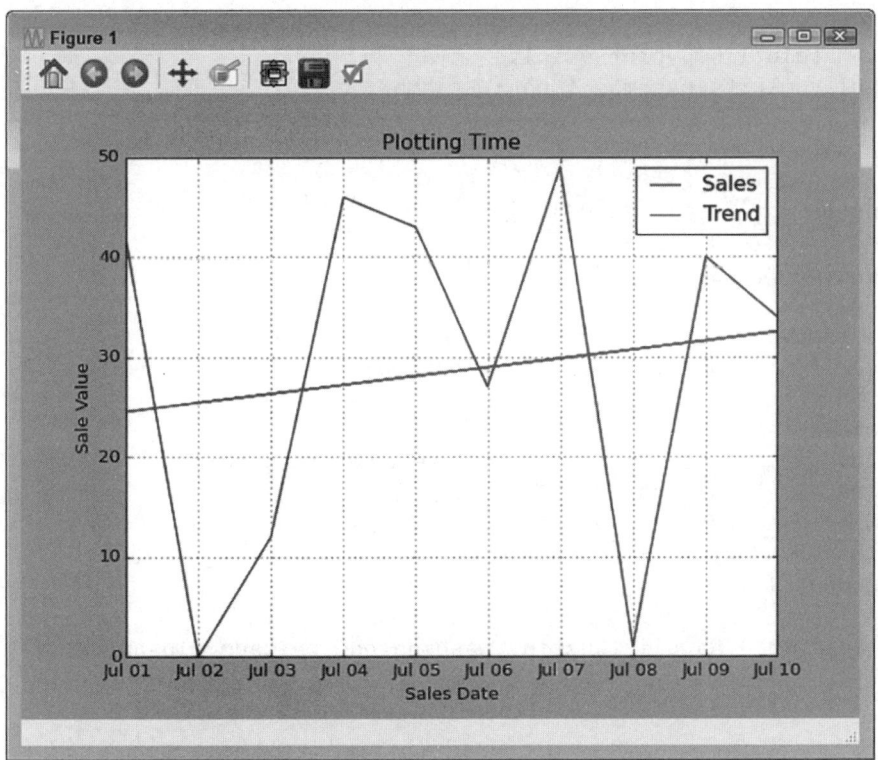

Abbildung 10.8: Fügen Sie eine Trendlinie hinzu, um die mittlere Tendenz der Änderung in einem Diagramm darzustellen.

Plotten geografischer Daten

Zu wissen, woher die Daten kommen oder was sie für bestimmte Orte bedeuten, kann wichtig sein. Wenn Sie zum Beispiel wissen möchten, wo eine Nahrungsmittelknappheit aufgetreten ist, und darüber nachdenken, wie man damit umgeht, müssen Sie Ihre Daten mit geografischen Orten in Zusammenhang bringen. Das Gleiche gilt für die Vorhersage von zukünftigen Rabattaktionen. Sie werden feststellen, dass Sie bereits existierende Daten nutzen müssen, um zu ermitteln, wo neue Filialen aufgemacht werden können. Andernfalls könnten Sie einen Laden an einer Stelle eröffnen, an dem kein großer Umsatz zu erwarten wäre, und Sie würden mehr Geld investieren, als der Laden abwürfe. Das folgende Beispiel zeigt, wie Sie eine Karte anlegen und Marker auf spezifische Orte setzen können:

```python
import numpy as np
import matplotlib.pyplot as plt
from mpl_toolkits.basemap import Basemap

austin = (-97.75, 30.25)
hawaii = (-157.8, 21.3)
washington = (-77.01, 38.90)
chicago = (-87.68, 41.83)
losangeles = (-118.25, 34.05)

m = Basemap(projection='merc',llcrnrlat=10,urcrnrlat=50,
            llcrnrlon=-160,urcrnrlon=-60)

m.drawcoastlines()
m.fillcontinents(color='lightgray',lake_color='lightblue')
m.drawparallels(np.arange(-90.,91.,30.))
m.drawmeridians(np.arange(-180.,181.,60.))
m.drawmapboundary(fill_color='aqua')
m.drawcountries()

x, y = m(*zip(*[hawaii, austin, washington, chicago, losangeles]))
m.plot(x, y, marker='o', markersize=6,
       markerfacecolor='red', linewidth=0)

plt.title("Mercator Projection")
plt.show()
```

Das Beispiel beginnt mit der Definition der Längen- und Breitengrade für unterschiedliche Städte. Danach wird eine Basiskarte erstellt. Der projection-Parameter definiert das Aussehen der Basiskarte. Die nächsten vier Parameter llcrnrlat, urcrnrlat, llcrnrlon und urcrnrlon legen die Seiten der Karte fest. Sie können auch andere Parameter definieren, aber diese erstellen zunächst eine nützliche Karte.

Die nächsten Aufrufe definieren die Angaben der Karte. Die Funktion drawcoastlines beispielsweise ermittelt, ob die Küstenlinien hervorgehoben werden, um sie besser erkennen zu können. Um Landmasse leichter von Wasser unterscheidbar zu machen, nutzen Sie die Funktion fillcontinents mit Farben Ihrer Wahl. Wenn Sie mit bestimmten Orten arbeiten, wie im Beispiel gezeigt, müssen Sie die Funktion drawcountries aufrufen, damit die Ländergrenzen auf der Karte angezeigt werden. An diesem Punkt haben Sie eine Karte, die mit Daten gefüllt werden kann.

In diesem Fall erstellt das Beispiel x- und y-Koordinaten mit den zuvor gespeicherten Werten für die Längen- und Breitengrade. Anschließend werden diese Orte auf der Karte in gegensätzlichen Farben geplottet, damit Sie sie leicht erkennen können. Der letzte Schritt ist die Anzeige der Karte, wie in Abbildung 10.9 dargestellt.

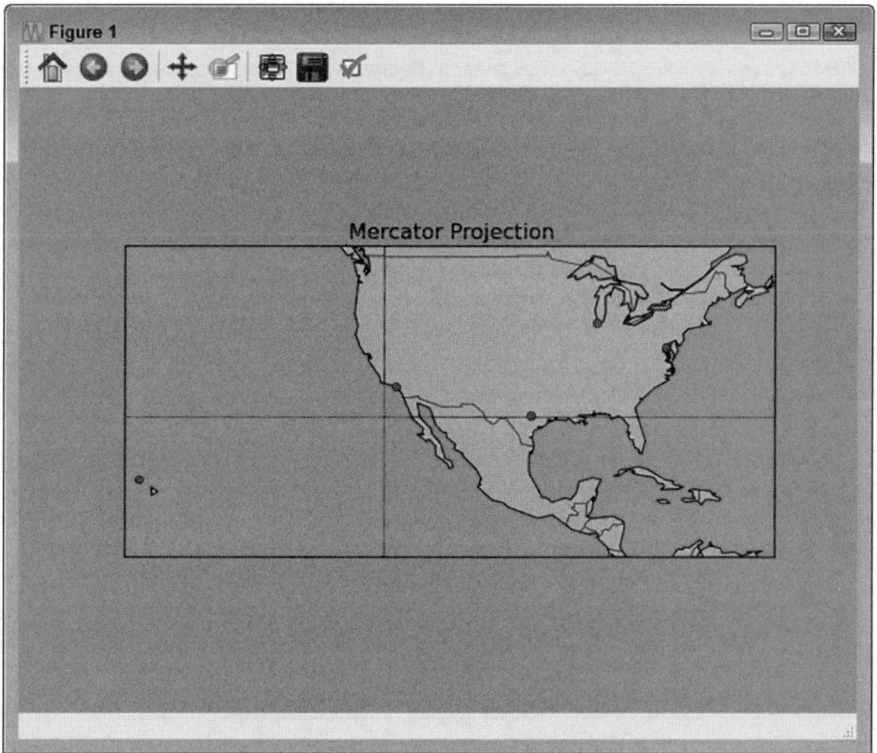

Abbildung 10.9: Karten können Daten auf eine Weise veranschaulichen, wie es Grafiken nicht tun.

Das Basemap-Toolkit

Bevor Sie mit Kartendaten arbeiten können, benötigen Sie eine Bibliothek, die die erforderlichen Funktionen dafür unterstützt. Eine Anzahl solcher Pakete ist verfügbar, aber es ist am einfachsten, das Basemap-Toolkit zu installieren und damit zu arbeiten. Dieses können Sie sich unter `http://matplotlib.org/basemap/users/intro.html` herunterladen, oder Sie installieren es in der Kommandozeile über `conda install basemap`, wenn Sie Anaconda benutzen. Die Seite enthält ergänzende Informationen über das Toolkit und stellt Download-Anweisungen zur Verfügung. Im Gegensatz zu anderen Paketen sind hier die Anweisungen für Mac-, Windows- und Linux-Nutzer enthalten. Zusätzlich gibt es einen Windows-spezifischen Installer.

Visualisierung mit Graphen

Ein *Graph* ist eine Darstellung von Daten, die die Verbindung zwischen Datenpunkten mithilfe von Linien zeigt. Das Ziel ist, zu zeigen, dass es Datenpunkte gibt, die zusammengehören, und welche, die innerhalb des Graphen nicht zusammengehören. Denken Sie an eine Karte eines U-Bahn-Netzes. Jede Station ist mit einer anderen verbunden, aber keine einzige Station ist mit allen Stationen des Netzes verbunden. Graphen sind beliebte Datenstrukturen in Data Science aufgrund ihrer Anwendungsmöglichkeiten in der Social-Media-Analyse. Bei der Durchführung solcher Analysen bilden Sie Netzwerke von Beziehungen ab, wie Freundschaften oder Geschäftsbeziehungen auf der Grundlage von sozialen Netzwerken wie Facebook, Google+, Twitter oder LinkedIn.

Die beiden gebräuchlichsten Arten von Graphen sind der ungerichtete Graph, der einfach Linien zwischen Datenelementen zeigt, und der gerichtete Graph, der Pfeile zu den Linien hinzufügt, die die Richtung des Datenflusses anzeigen. Stellen Sie sich zum Beispiel ein Wassersystem vor. Das Wasser wird in den meisten Fällen nur in eine Richtung fließen, weshalb Sie einen gerichteten Graphen mit Pfeilen nicht nur für Quellen und Mündungen, sondern auch für die Fließrichtung des Wassers für die Darstellung nutzen könnten. Die folgenden Abschnitte helfen Ihnen, die beiden Graphentypen besser zu verstehen, und sie zeigen Ihnen, wie sie erstellt werden.

Erstellung ungerichteter Graphen

Wie bereits festgestellt, zeigt ein ungerichteter Graph nur an, ob zwei Knoten verbunden sind. Die Repräsentation gibt keine Richtung von einem Knoten zum nächsten vor. Bei der Ermittlung von Verbindungen zwischen Webseiten zum Beispiel ist keine Richtung vorgegeben. Das folgende Beispiel zeigt, wie man einen ungerichteten Graphen erstellt.

```
import networkx as nx
import matplotlib.pyplot as plt

G = nx.Graph()
H = nx.Graph()

G.add_node(1)
G.add_nodes_from([2, 3])
G.add_nodes_from(range(4, 7))
H.add_node(7)
G.add_nodes_from(H)

G.add_edge(1, 2)
G.add_edge(1, 1)
G.add_edges_from([(2,3), (3,6), (4,6), (5,6)])
H.add_edges_from([(4,7), (5,7), (6,7)])
G.add_edges_from(H.edges())

nx.draw_networkx(G)
plt.show()
```

Im Gegensatz zum Beispiel aus »Grundlagen in NetworkX« in Kapitel 7 wird hier ein Graph mit unterschiedlichen Techniken erstellt. Das Beispiel beginnt mit dem Import des Network-X-Pakets, das Sie bereits in Kapitel 7 verwendet haben. Um einen neuen ungerichteten Graphen zu erstellen, ruft der Code den Konstruktor Graph auf, der eine Anzahl von Eingabeargumenten als Attribute verwendet. Sie können allerdings einen durchaus brauchbaren Graphen ohne Attribute erstellen, wie in diesem Beispiel.

Die einfachste Möglichkeit, einen Knoten hinzuzufügen, ist der Aufruf von add_node( ) mit einer Knotennummer. Sie können genauso eine Liste, ein Dictionary oder (mit range( ) und add_nodes_from( )) eine Auswahl von Knoten hinzufügen. Sie können sogar Knoten von anderen Graphen importieren, wenn Sie das möchten.

Obwohl die Knoten in diesem Beispiel auf Nummern basieren, müssen Sie diese Nummern für Ihre Knoten nicht verwenden. Ein Knoten kann ein einzelner Buchstabe, eine Zeichenkette oder sogar ein Datum sein. Knoten haben einige Beschränkungen. Sie können beispielsweise keine Knoten mit einem Boolean-Wert erstellen.

Knoten haben zu Beginn keine Verbindungen. Sie müssen diese Verbindungen (in der Graphentheorie oft als »Kanten« bezeichnet) erst definieren. Um eine einzelne Kante hinzuzufügen, rufen Sie die Funktion add_edge mit der Anzahl der Knoten auf, die Sie hinzufügen möchten. Wie bei Knoten können Sie add_edges_from( ) verwenden, um mehr als eine Kante mit einer Liste, einem Dictionary oder einem anderen Graphen als Eingabe hinzuzufügen. Abbildung 10.10 zeigt die Ausgabe dieses Beispiels (Ihre Ausgabe kann sich etwas unterscheiden, aber die Verbindungen sind gleich).

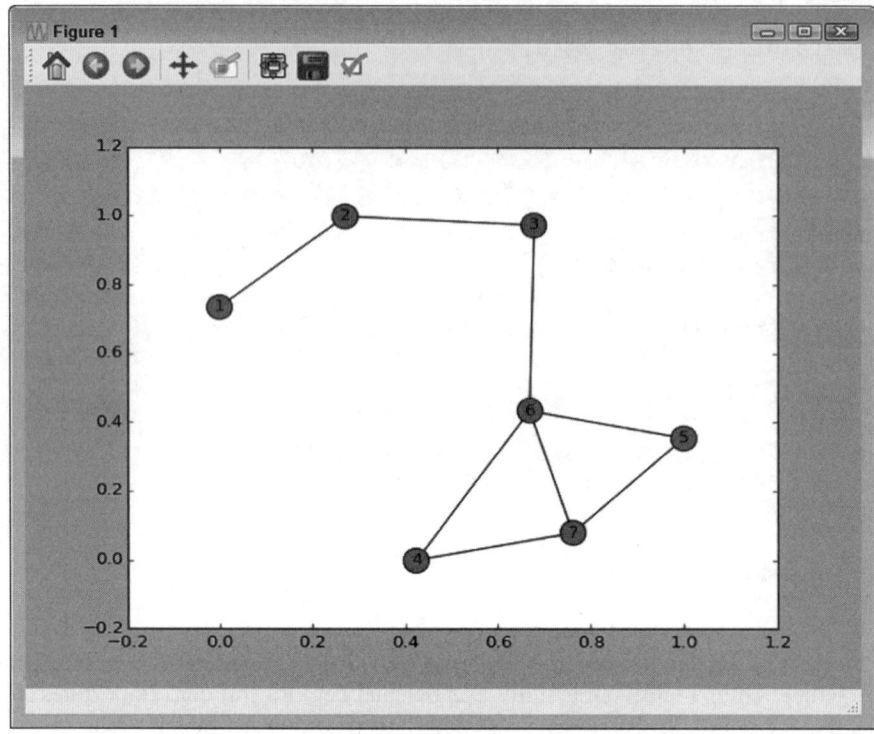

Abbildung 10.10: Ungerichtete Graphen verbinden Knoten zu Mustern.

Erstellung gerichteter Graphen

Gerichtete Graphen werden verwendet, wenn die Richtung der Verbindung zweier Knoten entscheidend ist, etwa vom Start- zum Endpunkt. Wenn Sie eine Karte haben, die zeigt, wie Sie von einem Punkt zum nächsten gelangen, sind Start- und Endknoten sowie die Linien zwischen diesen Knoten markiert (sowie alle Knoten dazwischen) und zeigen die Richtung an.

 Die Darstellung Ihres Graphen muss nicht langweilig sein. Sie können ihn auf viele Arten hübscher machen, damit der Betrachter zusätzliche Informationen auf unterschiedlichste Art und Weise erhält. Sie können beispielsweise benutzerdefinierte Beschriftungen erstellen, spezielle Farben für einzelne Knoten verwenden oder Farben einsetzen, um die Bedeutung hinter Ihren Graphen zu veranschaulichen. Sie können auch die Gewichtung der Kanten verändern und andere Techniken nutzen, um einen spezifischen Weg zwischen Knoten zu kennzeichnen. Das folgende Beispiel zeigt viele (aber natürlich nicht alle) Wege, mit denen Sie Ihren gerichteten Graphen verbessern und interessanter machen können:

```
import networkx as nx
import matplotlib.pyplot as plt

G = nx.DiGraph()

G.add_node(1)
G.add_nodes_from([2, 3])
G.add_nodes_from(range(4, 6))
G.add_path([6, 7, 8])

G.add_edge(1, 2)
G.add_edges_from([(1,4), (4,5), (2,3), (3,6), (5,6)])

colors = ['r', 'g', 'g', 'g', 'g', 'm', 'm', 'r']
labels = {1:'Start', 2:'2', 3:'3', 4:'4', 5:'5', 6:'6', 7:'7', 8:'End'}
sizes = [800, 300, 300, 300, 300, 600, 300, 800]

nx.draw_networkx(G, node_color=colors, node_shape='D',
                 with_labels=True, labels=labels, node_size=sizes)
plt.show()
```

Das Beispiel beginnt mit der Erstellung eines gerichteten Graphen mit dem Konstruktor DiGraph. Denken Sie daran, dass das NetworkX-Paket auch die Graphentypen Multi-Graph() und MultiDiGraph() unterstützt. Sie können eine Liste aller Graphentypen auf http://networkx.lanl.gov/reference/classes.html einsehen.

Das Hinzufügen von Knoten ähnelt der Arbeit mit ungerichteten Graphen. Sie können einzelne Knoten mit der Funktion add_node und mehrere Knoten mit der Funktion add_nodes_from hinzufügen. add_path() ermöglicht Ihnen die Erstellung von Knoten und Kanten gleichzeitig. Die Reihenfolge der Aufrufe ist entscheidend. Der Fluss von einem Knoten zum nächsten verläuft von links nach rechts entsprechend der Liste des Aufrufs.

 Das Hinzufügen von Kanten ähnelt ebenfalls der Arbeit mit ungerichteten Graphen. Sie können add_edge() für das Hinzufügen einzelner Kanten oder add_edges_from() für mehrere Kanten zur gleichen Zeit nutzen. Die Reihenfolge der Knotennummern ist allerdings wichtig. Der Fluss verläuft bei jedem Paar vom linken zum rechten Knoten.

Dieses Beispiel fügt spezielle Knoten-Farben, -Labels, -Formen (es wird nur eine Form verwendet) und -Größen zur Ausgabe hinzu. Dafür rufen Sie die Funktion draw_networkx auf. Die Veränderung der Parameter führt zu den angezeigten Veränderungen des Graphen. Beachten Sie, dass Sie den Parameter with_labels auf den Wert True setzen müssen, um die Beschriftungen durch den labels-Parameter angezeigt zu bekommen. Abbildung 10.11 zeigt die Ausgabe dieses Beispiels.

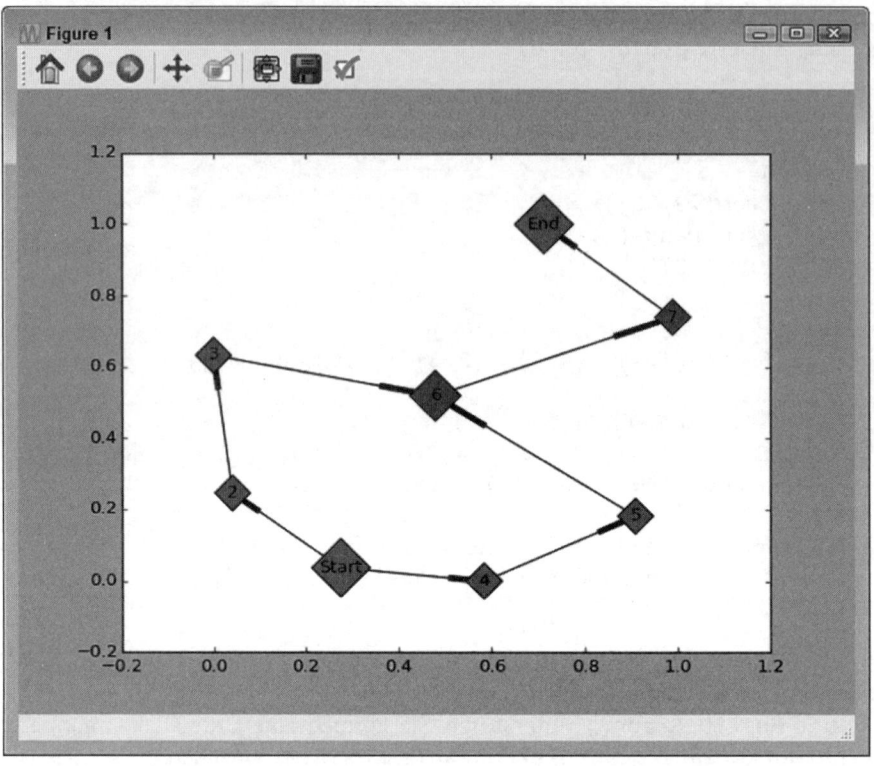

Abbildung 10.11: *Verwenden Sie gerichtete Graphen, um die Richtungen zwischen den Knoten zu zeigen.*

Die Tools verstehen

In diesem Kapitel

▶ Arbeiten mit der IPython-Konsole

▶ Arbeiten mit IPython-Notebook

▶ Interaktion von Multimedia und Grafiken

B is verbrachte dieses Buch viel Zeit damit, mit Python Data-Science-Aufgaben zu lösen, ohne dabei intensiver auf Tools von Anaconda einzugehen. Sicherlich geht es bei Ihrer Arbeit vor allem um die Eingabe von Code, um zu sehen, was passiert. Wenn Sie aber nicht genau wissen, wie Sie Ihre Tools gut einsetzen können, fehlen Ihnen Möglichkeiten, um Aufgaben leichter und schneller zu lösen. Die Automatisierung ist ein wichtiger Teil beim Lösen von Data-Science-Problemen mit Python.

Dieses Kapitel behandelt die Arbeit mit den beiden Hauptwerkzeugen von Anaconda: der IPython-Konsole und dem IPython Notebook. In vorangegangenen Kapiteln haben Sie schon einiges über die Tools erfahren, jedoch nicht im Detail. Das soll sich in diesem Kapitel ändern. Die Fähigkeiten, die Sie in hier entwickeln, werden Ihnen helfen, Aufgaben der nächsten Kapitel schneller und mit geringerem Aufwand zu lösen.

Das Kapitel geht auch auf Aufgaben ein, die Sie mit Ihren neu erworbenen Fähigkeiten meistern können. Je weiter Sie in diesem Buch vordringen, desto mehr Fähigkeiten werden Sie entwickeln, aber mit den hier behandelten Aufgaben können Sie schon ganz gut einschätzen, wie viel Sie schon können. Freuen Sie sich darüber, dass Ihre neuen Fähigkeiten Ihnen auch helfen, die Arbeit mit Python zu vereinfachen.

Sie müssen den Quellcode für dieses Kapitel nicht von Hand eingeben. Es ist tatsächlich viel einfacher, wenn Sie sich den Code herunterladen. Der Quellcode für dieses Kapitel ist in der Quellcode-Datei `P4DS4D; 11; Understanding the -Tools.ipynb` zu finden. (Schauen Sie für die Download-Anweisungen in die Einleitung.)

Arbeiten mit der IPython-Konsole

Mit der IPython-Konsole können Sie mit den Daten interaktiv experimentieren. Sie können Dinge ausprobieren und sehen sofort ein Ergebnis. Wenn Sie einen Fehler machen, schließen Sie die Konsole einfach und öffnen eine neue. Mit der Konsole können Sie herumspielen und herausfinden, was möglich ist. Die folgenden Abschnitte helfen ihnen zu verstehen, wie Sie noch mehr aus der IPython-Konsole herausholen können.

Die Standardkonsole von Python und die IPython-Konsole sehen ähnlich aus und Sie können oftmals die gleichen Aufgaben mit ihnen lösen. Wenn Sie schon wissen, wie Sie die Python-Standardkonsole nutzen können, haben Sie Vorteile beim Arbeiten mit IPython-Konsole. Es gibt aber auch Unterschiede. Die IPython-Konsole bietet Erweiterungen, die es bei der Python-Standardkonsole nicht gibt. Zusätzlich unterscheidet sich die Arbeit zwischen den beiden Konsolen bei bestimmten Aufgaben, wie dem Einfügen von großen Textmengen. Deshalb sollten Sie, selbst wenn Sie bereits Näheres über die Python-Standardkonsole wissen, die folgenden Abschnitte lesen.

Arbeiten mit Bildschirmtext

Wenn Sie IPython zum ersten Mal starten, sehen Sie ein Fenster wie das in Abbildung 11.1. Darin wurde Text geladen, der nützliche Informationen beinhaltet. Die obersten drei Zeilen sagen Ihnen, welche Versionen von Python und Anaconda Sie verwenden. Die darauf folgenden Begriffe (`copyright`, `credits` und `licence`) können Sie eingeben, um mehr Informationen über Ihre Version der beiden Produkte zu erfahren. Wenn Sie beispielsweise `credits` eingeben und ⏎ drücken, sehen Sie eine Auflistung der Mitwirkenden für die Version des Produkts.

```
IP  IPython (Py 2.7)                                        ─ □ ✕
Python 2.7.8 |Anaconda 2.1.0 (64-bit)| (default, Jul  2 2014, 15:12:11) [MSC v.1
500 64 bit (AMD64)]
Type "copyright", "credits" or "license" for more information.

IPython 2.2.0 -- An enhanced Interactive Python.
Anaconda is brought to you by Continuum Analytics.
Please check out: http://continuum.io/thanks and https://binstar.org
?         -> Introduction and overview of IPython's features.
%quickref -> Quick reference.
help      -> Python's own help system.
object?   -> Details about 'object', use 'object??' for extra details.

In [1]: _
```

Abbildung 11.1: Der Eröffnungsbildschirm stellt Informationen zur Verfügung, wo man noch mehr Hilfe bekommen kann.

Unterhalb dieses Textes sehen Sie einen weiteren Textbereich mit Informationen über IPython. Es folgen die vier Kommandos `?`, `%quickref`, `help` und `object?`, die Ihnen sagen, wo Sie zusätzliche Informationen über die folgenden Themen erhalten:

✔ Verwendung von IPython für die Ausführung Ihrer Arbeiten

✔ Informationen über magische Funktionen, die Python zur Verfügung stellt

✔ Lernen der Python-Programmiersprache

✔ Fakten über die Pakete, Objekte und Methoden, die Sie in Python für die Arbeit mit Daten verwenden

Abhängig von Ihrem Betriebssystem sollten Sie das IPython-Fenster anklicken können und ein Kontextmenü mit Optionen für die Arbeit mit Text im Fenster sehen. Abbildung 11.2 zeigt das Kontextmenü für Windows. Dieses Menü ist wichtig, weil es die Interaktion mit Text ermöglicht und das Ergebnis Ihres Experiments in eine dauerhafte Form bringt.

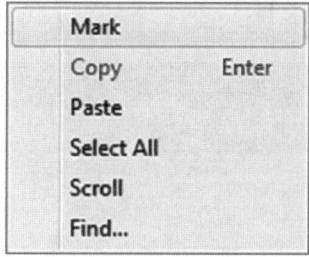

Abbildung 11.2: Sie können Text mit dem Kontextmenü ausschneiden, kopieren und einfügen.

Zugang zum gleichen Menü und den Optionen erhalten Sie auch über das Systemmenü (klicken Sie auf das Symbol in der oberen linken Ecke des Fensters) durch die Wahl des Menüs Edit. Die Optionen, die Sie für gewöhnlich sehen werden, sind folgende:

✔ **Mark:** Wählen Sie bestimmten Text aus, den Sie kopieren möchten.

✔ **Copy:** Kopiert den von Ihnen gewählten Text in die Zwischenablage (Sie können auch ⏎ drücken, nachdem Sie den Text markiert haben).

 **Paste:** Fügt den Text aus der Zwischenablage ins Fenster ein. Leider funktioniert dieser Befehl in IPython nicht für das Kopieren mehrerer Zeilen von Text. Verwenden Sie dafür stattdessen die Funktion `%paste`.

✔ **Select all:** Markiert den kompletten Text des Fensters.

✔ **Scroll:** Ermöglicht das Scrollen durch das Fenster mit den Pfeiltasten. Drücken Sie ⏎, um das Scrollen zu beenden.

✔ **Find:** Zeigt die Find-Dialogbox an, die Sie nutzen können, um Text irgendwo auf dem Bildschirm zu suchen. Dies ist ein außerordentlich nützlicher Befehl, weil Sie zuvor eingegebenen Text, den Sie irgendwie weiterverwenden möchten, schnell lokalisieren können.

 Ein Merkmal von IPython, das bei der Verwendung der Python-Standardkonsole nicht zur Verfügung steht, ist `cls` beziehungsweise *clear screen*. Um die Anzeige des Bildschirms löschen und neue Kommandos leichter eingeben zu können, tippen Sie einfach `cls` ein und drücken ⏎.

Wechseln der Fensteranzeige

Die Windows-Konsole ermöglicht einen einfachen Wechsel des IPython-Fensters. Abhängig von der Konsole und dem Betriebssystem, das Sie verwenden, werden Sie feststellen, dass es auch andere Optionen gibt. Wenn Ihre Konsole im Wechsel der Fenster keine Flexibilität bei der IPython-Anzeige bietet, können Sie die Anzeige des Fensters mit einer magischen Funktion, wie im Abschnitt »Nutzung der »magischen« Funktionen« weiter unten in diesem Kapitel beschrieben, ändern.

Um die Windows-Konsole zu wechseln, wählen Sie PROPERTIES im Systemmenü. Sie sehen ein Dialogfenster wie das in Abbildung 11.3.

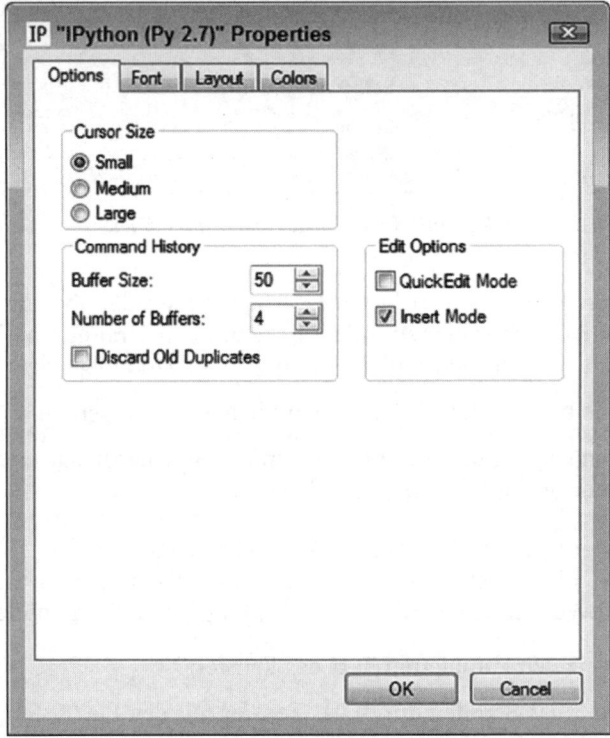

Abbildung 11.3: Mit dem Dialogfenster PROPERTIES kontrollieren Sie das Erscheinungsbild Ihres Fensters.

Jeder Tab kontrolliert einen anderen Aspekt der Windows-Anzeige. Obwohl Sie mit IPython arbeiten, beeinflusst die zugrunde liegende Konsole, was Sie sehen. Hier werden die Aufgaben jedes Tabs aus Abbildung 11.3 beschrieben:

✔ **Options:** Legt die Größe des Cursors fest (ein großer Cursor ist besser für helle Darstellungen), wie viele Kommandos hinterlegt werden und wie das Editieren funktioniert (zum Beispiel ob Sie einen Einfügemodus haben).

✔ **Font:** Definiert die Schrift, mit der Text im Fenster angezeigt wird. Die voreingestellte Schriftart ist meist ausreichend, aber die Wahl anderer Optionen für die Schrift kann Ihnen helfen, den Text unter bestimmten Bedingungen besser zu sehen.

✔ **Layout:** Spezifiziert die Fenstergröße, die Position auf dem Bildschirm und die Größe des Puffers, der für das Halten der Informationen zuständig ist, wenn Sie aus dem Sichtbereich scrollen. Wenn Sie feststellen, dass alte Kommandos beim Scrollen zu schnell verschwinden, kann das Vergrößern des Fensters helfen. Wenn Sie ältere Kommandos gar nicht finden, sollten Sie die Größe des Puffers erhöhen.

✔ **Colors:** Ermittelt die Standardeinstellungen der Farben des Fensters. Der Umgang mit dem voreingestellten schwarzen Hintergrund mit grauem Text ist für viele Menschen schwierig. Ein weißer Hintergrund mit schwarzer Schrift ist oft besser. Sie sollten die Einstellungen wählen, mit denen Sie am besten zurechtkommen. Die Farben werden durch Farben der magischen Funktion %colors ergänzt.

Die Python-Hilfe

Niemand kann sich an absolut alles in Bezug auf eine Programmiersprache erinnern. Selbst die besten Programmierer haben Gedächtnislücken. Daher ist die Hilfe für Programmiersprachen äußerst wichtig. Ohne diese Hilfe würden Programmierer online viel Zeit für die Untersuchung von Paketen, Klassen, Methoden und Eigenschaften investieren. Sicherlich, Sie haben sie irgendwann mal verwendet, aber es kann sein, dass Ihnen die erforderlichen Informationen aktuell einfach nicht in den Sinn kommen.

Der Python-Anteil der IPython-Konsole stellt zwei Methoden für die Hilfe zur Verfügung: den Hilfe-Modus und die interaktive Hilfe. Sie verwenden den Hilfe-Modus, wenn Sie die Programmiersprache entdecken möchten und planen, sich eine Weile damit zu beschäftigen. Die interaktive Hilfe ist besser, wenn Sie genau wissen, welche Hilfe Sie benötigen, und keine Zeit damit verschwenden möchten, sich andere Dinge anzusehen. Die folgenden Abschnitte erklären Ihnen, wie Sie Hilfe für die Sprache Python erhalten, wann immer Sie sie benötigen.

Einführung in den Hilfe-Modus

Für das Aufrufen des Hilfe-Modus geben Sie help() ein und drücken ⏎. Die Konsole wechselt in einen neuen Modus, in dem Sie Hilfe-relevante Kommandos eingeben können, um mehr über Python zu erfahren. Python-Kommandos können Sie in diesem Modus nicht eingeben. Die Python-Eingabeaufforderung wechselt zu help>, wie in Abbildung 11.4 dargestellt, um Sie daran zu erinnern, dass Sie im Hilfe-Modus sind.

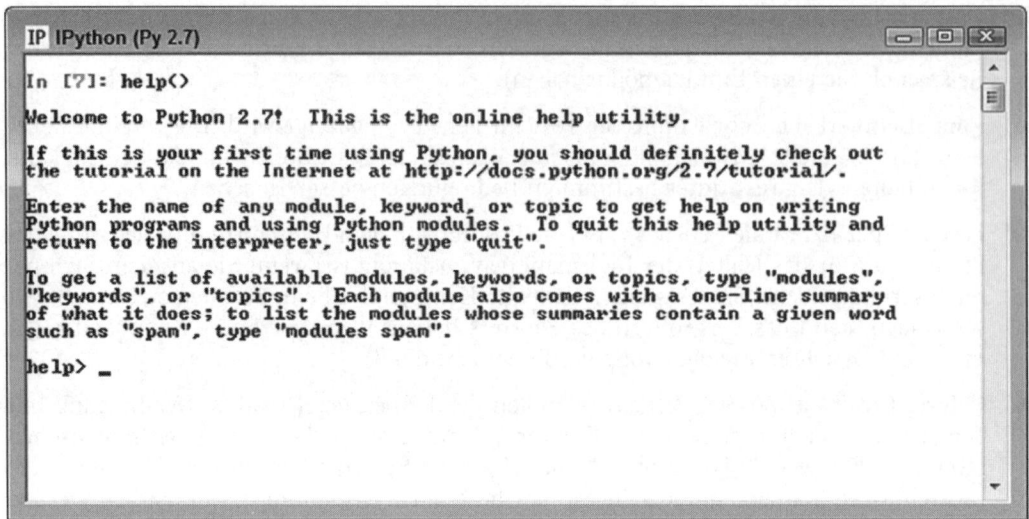

Abbildung 11.4: Der Hilfe-Modus verwendet die spezifische `help>`*-Eingabeaufforderung.*

Um Hilfe zu irgendeinem Objekt oder Kommando zu erhalten, geben Sie einfach den Namen des Objekts oder des Kommandos ein und drücken ⏎. Sie können auch eines der folgenden Kommandos eingeben, um eine Auflistung anderer Themen und Diskussionen aufzurufen.

✔ `modules`: Kompiliert eine Liste der gerade geladenen Module. Diese Liste ist abhängig von der Python-Konfigurierung zu einem bestimmten Zeitpunkt, wodurch sie immer etwas anders ausfällt, wenn Sie das Kommando verwenden. Die Ausführung des Kommandos kann eine Weile dauern und die Ausgabeliste ist meistens ziemlich lang (im Gegensatz zur Standard-Python-Konsole, in der die Liste relativ klein ist). Manchmal schlägt der Befehl aufgrund der Art und Weise fehl, wie Anaconda mit Python interagiert.

✔ `keywords`: Zeigt eine Liste der Schlüsselwörter in Python. Sie können zum Beispiel `assert` eingeben, um mehr über `assert`-Schlüsselwörter zu erfahren.

✔ `topics`: Zeigt eine Liste anderer Python-Themen, wie CONVERSIONS, an. Diese Themen sind in Großbuchstaben.

Hilfe im Hilfe-Modus anfordern

Um Hilfe im Hilfe-Modus zu erhalten, geben Sie einfach den Namen des Moduls, des Schlüsselworts oder des Themas ein, über das Sie mehr erfahren möchten, und drücken ⏎. Der Hilfe-Modus ist Python-spezifisch, was bedeutet, dass Sie nach `list` suchen können, nicht aber nach einem Objekt, das auf `list` basiert, zum Beispiel `mylist`. Sie erfahren auch nichts über IPython-spezifische Merkmale wie den `cls`-Befehl.

Wenn Sie mit Merkmalen arbeiten, die Teil eines Moduls sind, müssen Sie den Modulnamen einbeziehen. Möchten Sie beispielsweise etwas über die Methode `version` im `sys`-Modul wissen, geben Sie `sys.version` ein und drücken ⏎ in der `help>`-Eingabeaufforderung, anstatt nur `version` einzutippen.

Wenn das Thema der Hilfe zu umfangreich ist, um die Informationen auf einem einzigen Bildschirm anzuzeigen, sehen Sie –More– am Ende des Bildschirms. Drücken Sie ⏎ oder die Leertaste, um die Anzeige zeilenweise zu erweitern. Sie können in der Hilfe nicht zurückgehen. Drücken Sie Q, um die Anzeige der Informationen sofort zu beenden.

Verlassen des Hilfe-Modus

Nach Erkunden der Hilfe möchten Sie sicher zurück zur Python-Eingabeaufforderung, um dort andere Befehle eingeben zu können. Drücken Sie ganz einfach ⏎, ohne irgendetwas in die Hilfe-Eingabeaufforderung einzugeben, oder tippen Sie quit ein und drücken Sie ⏎.

Die interaktive Hilfe

Manchmal wollen Sie die Python-Eingabeaufforderung nicht verlassen, um Hilfe zu erhalten. In diesem Fall können Sie help('<topic>') eingeben und ⏎ drücken, um Informationen zu erhalten. Wenn Sie beispielsweise Hilfe zum print-Befehl benötigen, geben Sie help('print') ein und drücken ⏎. Beachten Sie, dass das Hilfethema in einfachen Anführungszeichen steht. Wenn Sie diese vergessen, erhalten Sie eine Fehlermeldung.

Die interaktive Hilfe funktioniert bei jedem Modul, Schlüsselwort oder Thema, das Python unterstützt. Sie können zum Beispiel help('CONVERSIONS') eingeben und ⏎ drücken, um Hilfe zum Thema CONVERSIONS zu bekommen. Bitte beachten Sie, dass die Groß- und Kleinschreibung wichtig ist.

Die IPython-Hilfe

Die Hilfe von IPython funktioniert anders als die der Python-Standardkonsole. Wenn Sie IPython-Hilfe erhalten, arbeiten Sie mit der Entwicklungsumgebung anstelle der Programmiersprache. Um die IPython-Hilfe zu nutzen, geben Sie ? ein und drücken ⏎. Sie sehen eine lange Liste unterschiedlicher Wege zum Gebrauch der IPython-Hilfe.

Einige andere wichtige Formen der Hilfe basieren auf der Eingabe eines Schlüsselwortes mit einem Fragezeichen. Wenn Sie beispielsweise mehr über den cls-Befehl wissen möchten, geben Sie cls? oder ?cls ein und drücken ⏎. Es ist egal, ob das Fragezeichen vor oder hinter dem Befehl steht.

Interessanterweise können Sie die IPython-Hilfe beschleunigen. Wenn Sie weitere Details zu einem Befehl oder IPython-Merkmal haben möchten, verwenden Sie zwei Fragezeichen. Der Befehl ??cls zeigt den Quellcode für den cls-Befehl an. Die doppelten Fragezeichen (??) liefern nur dann zusätzliche Informationen, wenn es welche gibt.

Wenn Sie die Anzeige der Informationen vorzeitig beenden möchten, drücken Sie Q. Andernfalls können Sie die Leertaste oder ⏎ drücken, um sich alle verfügbaren Informationen der Hilfe anzeigen zu lassen.

Nutzung der magischen Funktionen

Erstaunlicherweise gibt es tatsächlich so etwas wie magische Funktionen für Ihren Computer! IPython stellt eine Möglichkeit zur Verfügung, die *magische Funktionen* genannt wird. Diese Funktionen lassen Sie alle Arten von besonderen Aufgaben mit Ihrer IPython-Konsole meistern. Die folgenden Abschnitte geben Ihnen einen Überblick über magische Funktionen. Sie verwenden einige davon auch später in diesem Buch. Es wird trotzdem etwas Zeit in Anspruch nehmen, diese Funktionen auszuprobieren.

Die Liste der magischen Funktionen

Der beste Weg für den Start mit magischen Funktionen ist es, sich eine Liste mit %quickref und ⏎ anzeigen zu lassen. Sie sehen einen Hilfebildschirm, ähnlich wie in Abbildung 11.5 gezeigt. Die Auflistung verwirrt etwas; nehmen Sie sich also etwas Zeit.

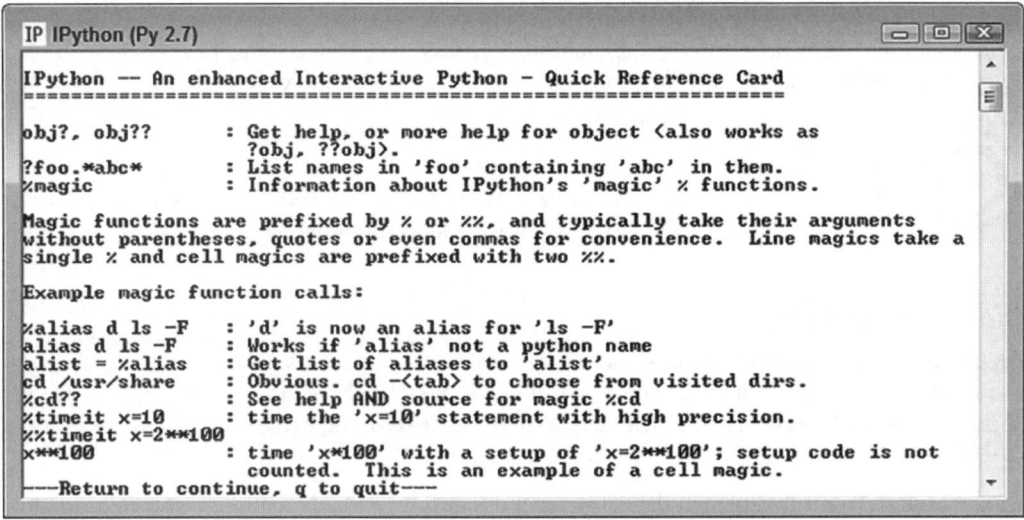

Abbildung 11.5: Nehmen Sie sich ein bisschen Zeit für die Hilfe zu den magischen Funktionen; Sie finden dort viele Informationen.

Arbeiten mit magischen Funktionen

Die meisten magischen Funktionen beginnen entweder mit einem einzelnen Prozentzeichen (%) oder zwei Prozentzeichen (%%). Die mit einem einzelnen Prozentzeichen arbeiten auf Kommandozeilenebene und jene mit zwei Prozentzeichen auf Zellebene. Die Vorstellung des IPython Notebooks später in diesem Kapitel stellt mehr Informationen zu Zellen zur Verfügung. Im Moment müssen Sie nur wissen, dass Sie magische Funktionen im Wesentlichen mit einem einzelnen Prozentzeichen innerhalb der IPython-Konsole verwenden.

Die meisten magischen Funktionen zeigen bestimmte Statusinformationen an. Wenn Sie beispielsweise %cd eingeben und ⏎ drücken, sehen Sie das aktuelle Verzeichnis. Um das Verzeichnis zu wechseln, geben Sie %cd und das neue Verzeichnis Ihres Systems ein. Es gibt jedoch ein paar Ausnahmen für diese Regel. Der Befehl %cls löscht beispielsweise die Anzeige, wenn er allein verwendet wird, weil er keine Parameter besitzt.

Eine der interessanteren magischen Funktionen ist %colors. Sie können diese Funktion zum Wechseln der Farben in der Bildschirmanzeige benutzen. Das ist nützlich, wenn Sie unterschiedliche Geräte verwenden. Die verfügbaren Optionen sind NoColor (alles in Schwarz-Weiß), Linux (Standardeinstellungen) und LightBG (blau-grünes Farbschema). Diese besondere Funktion ist eine weitere Ausnahme zur Regel. Die Eingabe von %colors alleine zeigt nicht das aktuelle Farbschema, sondern eine Fehlermeldung.

Objekte untersuchen

In Python dreht sich alles um Objekte. Tatsächlich können Sie in Python gar nichts ohne irgendeine Art von Objekt tun. Daher ist es nützlich, bei einem Objekt, mit dem Sie arbeiten möchten, vorher zu untersuchen, welche Merkmale es zur Verfügung stellt. Die folgenden Abschnitte erläutern Python-Objekte, die Sie für Ihren Code nutzen können.

Hilfe für Objekte

Mit IPython können Sie Information über spezifische Objekte mit dem Objektnamen und dem Fragezeichen (?) anfordern. Wenn Sie beispielsweise mehr über list mit dem Objektnamen mylist wissen möchten, geben Sie einfach mylist? ein und drücken ←. Die Ausgabe zeigt den Typ von mylist, den Inhalt in Form eines String-Objekts, die Länge und einen Dokumentstring mit einem kurzen Überblick über mylist.

Wenn Sie detaillierte Informationen zu mylist benötigen, geben Sie help(mylist) ein und drücken ←. Sie sehen die gleiche Hilfe, als würden Sie Informationen über den Typ list in Python anfordern. Sie erhalten Informationen entsprechend dem bestimmten Objekt, für das Sie Hilfe benötigen, anstatt erst den Objekttyp zu ermitteln und danach Informationen für dieses Objekt zu erhalten.

Besonderheiten von Objekten

Die dir-Funktion wird oftmals übersehen, aber es ist sehr wichtig, etwas über die Besonderheiten der Objekte zu lernen. Um eine Liste der Eigenschaften und Methoden, die mit einem Objekt assoziiert sind, zu erfahren, nutzen Sie dir(<object name>). Wenn Sie zum Beispiel eine Liste mit dem Namen mylist erstellen und wissen möchten, was Sie alles damit tun können, geben Sie dir(mylist) ein und drücken ←. IPython zeigt eine Liste von Methoden und Eigenschaften, die spezifisch für mylist sind.

Die IPython-Objekt-Hilfe

Python stellt eine Sorte Hilfe für Ihre Objekte zur Verfügung – und IPython eine andere. Wenn Sie mehr über Ihr Objekt wissen möchten, als Python zur Verfügung stellt, probieren Sie das Fragezeichen. Wenn Sie zum Beispiel mit einer list namens mylist, können Sie mylist? eingeben und ← drücken, um mehr über Typ, Inhalt, Länge und den assoziierten docstring zu erfahren. Ein sogenannter docstring gibt Ihnen einen kurzen Überblick über die Verwendung für diesen Typ – damit erhalten Sie noch mehr Informationen zu Objekten neben dem, was Sie bereits wissen.

Ein einzelnes Fragezeichen führt dazu, dass IPython langen Inhalt verkürzt. Benötigen Sie den kompletten Inhalt eines Objekts, verwenden Sie die doppelten Fragezeichen. Wenn Sie `mylist??` eingeben und (←) drücken, sehen Sie alle Details (es sei denn, es gibt keine zusätzlichen Informationen). Wann immer es möglich ist, stellt IPython Ihnen den kompletten Quellcode für ein Objekt zur Verfügung (vorausgesetzt, er ist verfügbar).

Sie können magische Funktionen auch mit Objekten verwenden. Diese Funktionen vereinfachen die Ausgabe der Hilfe und stellen nur die Informationen zur Verfügung, die Sie benötigen, wie hier gezeigt:

✔ `%pdoc`: Zeigt `docstring` für das Objekt an.

✔ `%pdef`: Zeigt an, wie ein Objekt aufgerufen wird (vorausgesetzt, das Objekt ist aufrufbar).

✔ `%source`: Zeigt den Quellcode des Objekts an (vorausgesetzt, der Code ist verfügbar).

✔ `%file`: Gibt den Namen der Datei aus, der den Quellcode für das Objekt beinhaltet.

✔ `%pinfo`: Zeigt detaillierte Informationen zum Objekt an (oftmals mehr als durch die Hilfe allein).

✔ `%pinfo2`: Zeigt extra detaillierte Informationen zum Objekt an (falls verfügbar).

Das IPython Notebook

Bis jetzt haben Sie in diesem Kapitel etwas über das IPython Notebook erfahren, um Code einzugeben, und das ist auch alles. Natürlich funktioniert das zu diesem Zweck bestens. Die IDE kann jedoch noch mehr für Sie tun. Die folgenden Abschnitte helfen beim Verständnis einiger interessanter Dinge, bei denen Ihnen IPython Notebook behilflich sein kann.

Arbeiten mit Formatvorlagen

IPython Notebook zeichnet sich gegenüber anderen Integrated Development Environments (IDEs), die Sie vielleicht noch nutzen werden, dadurch aus, dass Sie damit Ihre Ausgaben schick aufbereiten können. Statt einen Bildschirm mit einem Haufen hässlichen Code zu haben, können Sie in IPython Notebook einzelne Bereiche erstellen und Formatvorlagen verwenden, damit die Ausgabe schön formatiert wird. Am Ende haben Sie einen gut aussehenden Bericht mit ausführbarem Code. Der Grund für die verbesserte Ausgabe sind Formatvorlagen.

Wenn Sie Code in einem IPython Notebook eingeben, schreiben Sie ihn in eine Zelle. Jeder Abschnitt des Codes, den Sie erstellen, wird in eine separate Zelle geschrieben. Wenn Sie eine neue Zelle anlegen müssen, klicken Sie auf INSERT CELL BELOW (der Button mit einem Pluszeichen in einem schwarzen Kreis) unterhalb der Werkzeugleiste (Toolbar). Wenn Sie eine Zelle nicht länger benötigen, wählen Sie sie aus und klicken dann auf CUT CELL (der Button mit der Schere).

Das Standardformat für eine Zelle ist CODE. Klicken Sie jedoch neben dem Codeeintrag auf den Pfeil nach unten, sehen Sie eine Liste von Formaten, wie in Abbildung 11.6 dargestellt.

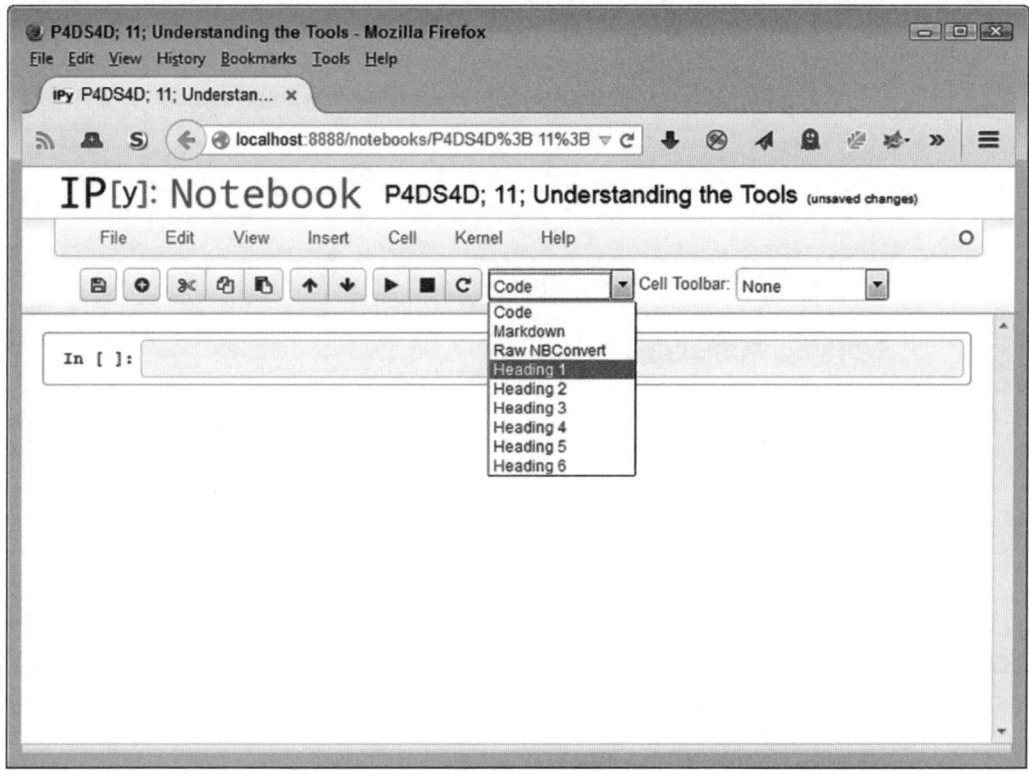

Abbildung 11.6: Das IPython Notebook ermöglicht die Auswahl von Formatvorlagen.

Die unterschiedlichen Formatvorlagen helfen Ihnen, den Inhalt auf verschiedene Art und Weise zu formatieren. Die Überschriften werden in der Regel dafür verwendet, Einträge voneinander zu trennen. Damit Sie das selbst ausprobieren können, geben Sie Using IPython Notebook in die erste Zelle ein; als Nächstes wählen Sie HEADING 1 aus der Drop-down-Liste und klicken auf RUN CELL. Der Inhalt wird zu einer Überschrift. Jetzt fügen Sie eine weitere Zelle durch Anklicken von INSERT CELL BELOW ein und geben Working with styles als HEADING 2 ein. Abbildung 11.7 zeigt, dass die beiden Einträge tatsächlich Überschriften sind und dass der zweite kleiner als der erste Eintrag ist.

Sie können ebenso HTML-Elemente zu Ihrem Dokument hinzufügen. Wählen Sie einfach das MARKDOWN-Format aus. Alle Standard-HTML-Tags sind erlaubt. Meistens werden Sie diese Formatvorlage für Dokumentationen und Links zu Zusatzmaterial verwenden. Mit HTML-Tags können Sie Listen und sogar Bilder integrieren. Sie können sogar ein HTML-Dokumentfragment in Ihr Notebook einbinden. Damit ist ein IPython Notebook viel wirkungsvoller als ein einfacher Texteditor.

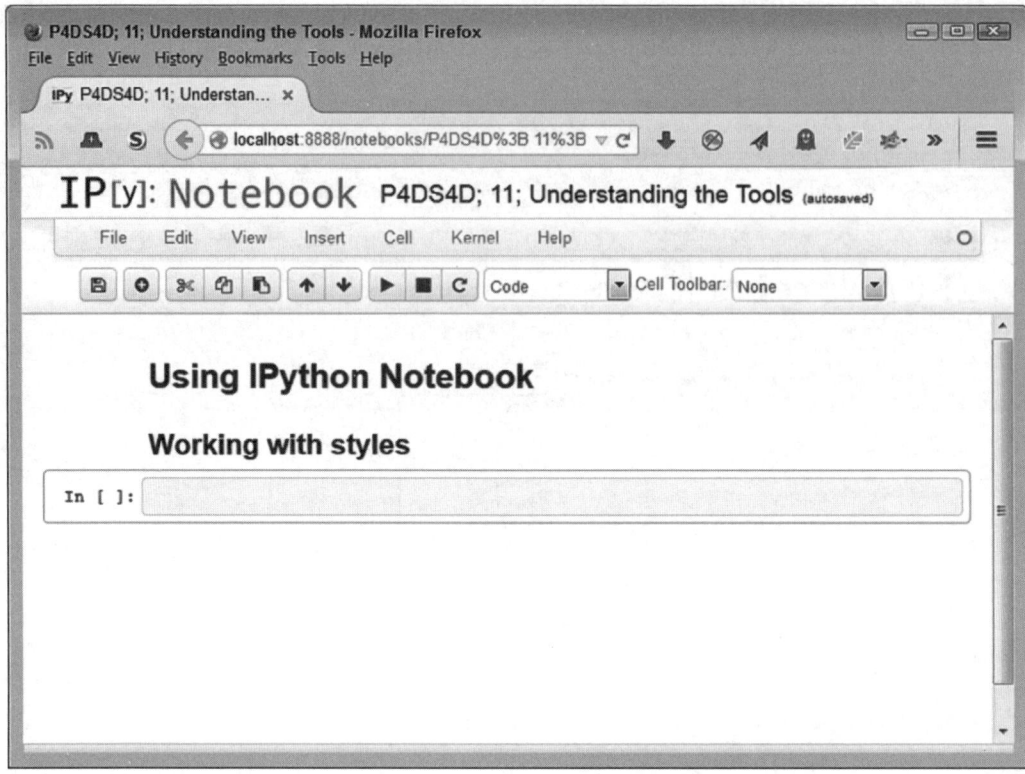

Abbildung 11.7: Überschriften vereinfachen das Zuordnen von Inhalten in Ihrem Notebook.

Die Verwendung der RAW NBCONVERT-Formatierungsoption wird in diesem Buch nicht behandelt. Sie enthält jedoch auch die Informationen, die nicht durch den Notebook-Konverter (NBConverter) verändert werden sollten. Sie können die IPython-Notebook-Ausgabe in vielen Formaten mit dem NBConverter wählen. Erfahren Sie mehr über dieses Merkmal unter https://ipython.org/ipython-doc/dev/notebook/nbconvert.html#nbconvert. Das Ziel der RAW NBCONVERT-Formatvorlage ist es, spezielle Inhalte, wie LaTeX-Inhalte, einzubeziehen. Das LaTeX-Dokumentsystem ist nicht an einen bestimmten Editor gebunden – es ist nur ein Mittel für die Codierung wissenschaftlicher Dokumente.

Neustarten des Kernels

Wenn Sie in Ihrem Notebook arbeiten, erstellen Sie Variablen, importieren Module und lösen jede Menge anderer Aufgaben, die die Entwicklungsumgebung modifizieren. An bestimmten Punkten können Sie nicht wirklich sicher sein, dass alles arbeitet, wie es soll. Um dieses Problem zu lösen, starten Sie den Kernel durch Klicken auf RESTART KERNEL neu, nachdem Sie Ihr Dokument durch Klicken auf SAVE AND CHECKPOINT gespeichert haben. Sie können Ihren Code dann erneut laufen lassen, um sicherzugehen, dass er wunschgemäß funktioniert.

Manchmal verursacht ein Fehler auch den Absturz des Kernels. Ihr Dokument startet und aktualisiert langsam, wirkt seltsam oder zeigt andere Zeichen dafür, dass etwas nicht stimmt. Auch dann sollten Sie den Kernel neu starten, um sicherzugehen, dass Ihre Entwicklungsumgebung korrekt funktioniert und Ihr Kernel so arbeitet, wie er soll.

Wann immer Sie auf RESTART KERNEL klicken, sehen Sie einen Warnhinweis, wie in Abbildung 11.8 dargestellt. Achten Sie auf diese Warnung, da Sie temporäre Änderungen verlieren könnten, während Sie den Kernel neu starten. Sichern Sie Ihre Dokumente immer, bevor Sie den Kernel neu starten.

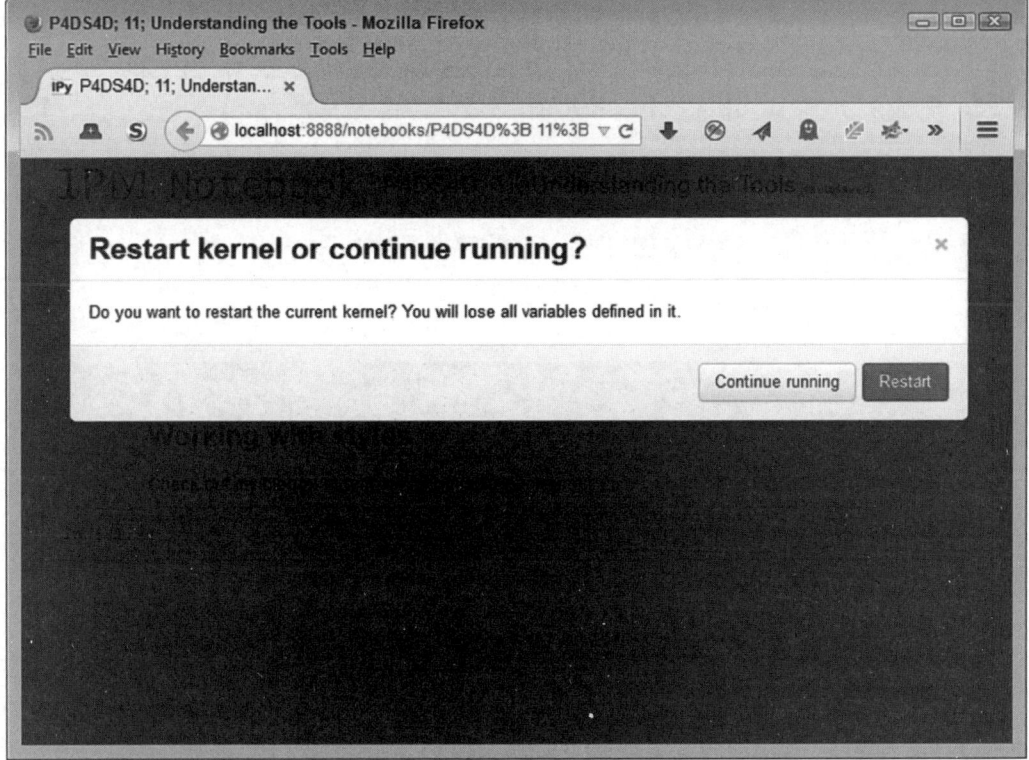

Abbildung 11.8: Speichern Sie Ihr Dokument, bevor Sie den Kernel neu starten.

Wiederherstellung eines Checkpoints

Von Zeit zu Zeit werden Sie sicher mal feststellen, dass Sie einen Fehler gemacht haben. In IPython Notebook gibt es jedoch keinen UNDO-Button. Stattdessen legen Sie jedes Mal, wenn Sie eine Aufgabe erledigt haben, einen Checkpoint an. Das Anlegen von Checkpoints, wenn das Dokument stabil und fehlerfrei läuft, hilft Ihnen, sich schneller von Fehlern zu erholen.

 Um zu den Einstellungen eines Checkpoint zurückzukehren, wählen Sie FILE|REVERT TO CHECKPOINT. Sie sehen eine Liste der verfügbaren Checkpoints. Wählen Sie den gewünschten aus, und Sie sehen einen Warnhinweis, wie in Abbildung 11.9 dargestellt. Wenn Sie auf REVERT klicken, verschwinden alle alten Informationen und die Einstellungen des Checkpoints werden übernommen.

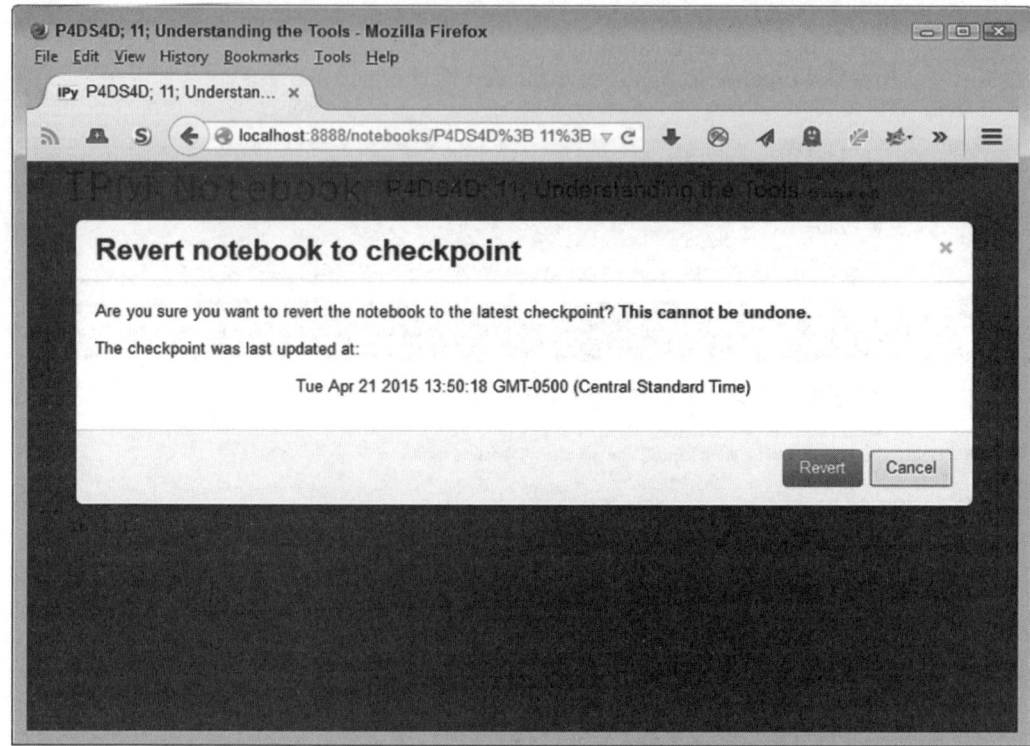

Abbildung 11.9: Gehen Sie zurück zu vorangegangenen Einstellungen, um Fehler rückgängig zu machen.

Multimedia- und Grafikintegration

Bilder sagen vieles aus, was Wörter nicht können (oder sie tun es zumindest mit weniger Mühe). IPython Notebook ist Codierungs- und eine Präsentationsplattform in einem. Sie werden überrascht sein, was Sie damit alles machen können. Die folgenden Abschnitte geben einen kurzen Überblick über die interessantesten Merkmale.

Einbetten von Plots und anderen Bildern

Manchmal werden Sie Multimedia-Elemente oder Grafiken in IPython Notebook einbetten müssen und sich fragen, wieso Sie sie in Ihren eigenen Dateien nicht sehen können. Alle grafischen Beispiele dieses Buches wurden bis zu diesem Punkt als separate Abbildungen und nicht als Codeteil dargestellt. Glücklicherweise können Sie mit einer weiteren magischen Funktion, %matplotlib, noch mehr zaubern. Die möglichen Werte für diese Funktion sind 'gtk', 'gtk3', 'inline', 'nbagg', 'osx', 'qt', 'qt4', 'qt5', 'tk' und 'wx', und jeder Wert definiert ein anderes Plotting Backend (der Code, der für die Darstellung verwendet wird), das verwendet wird, um Informationen auf dem Bildschirm auszugeben.

Lassen Sie %matplotlib inline laufen, erscheint jeder erstellte Plot als Teil des Dokuments. Wenn Sie diese Technik mit dem Beispiel aus »Darstellung von Teilen eines Ganzen mit Kreisdiagrammen« in Kapitel 10 ausprobieren, bekommen Sie eine Ausgabe wie die in Abbildung 11.10.

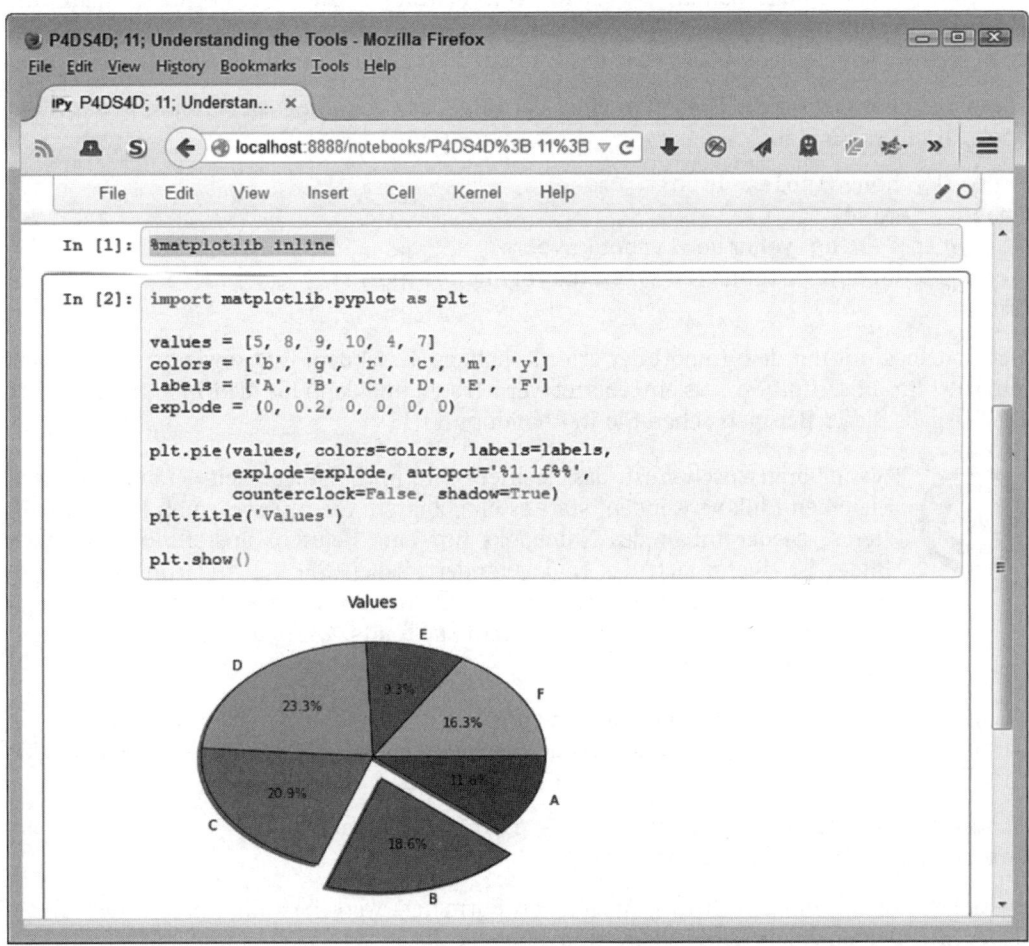

Abbildung 11.10: Sie können Multimediainhalte und Grafiken in Ihr Notebook einbetten.

Laden von Beispielen aus Webseiten

Einige Beispiele, die Sie online finden, sind schwer verständlich, es sei denn, Sie haben sie in Ihr System geladen. Sie sollten daher an die magische Funktion %load denken. Alles, was Sie benötigen, ist die URL des Beispiels, das Sie auf Ihrem System betrachten möchten. Versuchen Sie es mit %load vor der URL. Wenn Sie auf RUN CELL klicken, lädt IPython Notebook das Beispiel direkt unterhalb der Zelle. Sie können es laufen lassen und sehen die Ausgabe auf Ihrem eigenen System.

Erhalt von Online-Grafiken und Multimedia

Ein Großteil der Funktionalität, die für die Verarbeitung spezieller Multimediainhalte und Grafiken benötigt wird, befindet sich in IPython.display. Durch den Import der erforderlichen Klasse können Sie Aufgaben wie das Einbetten von Bildern in Ihr Notebook umsetzen.

Hier ist ein Beispiel für das Einbetten eines der Bilder aus dem Blog der Autoren in das Notebook für dieses Kapitel:

```
from IPython.display import Image
Embed = Image(
    'http://blog.johnmuellerbooks.com/' +
    'wp-content/uploads/2015/04/Layer-Hens.jpg')
Embed
```

Der Code beginnt mit dem Import der erforderlichen Klasse, dem Bild sowie den Merkmalen zunächst für die Definition, was eingebettet werden soll, und dann für die Einbettung an sich. Die Ausgabe dieses Beispiels sehen Sie in Abbildung 11.11.

 Wenn vorauszusehen ist, dass sich ein Bild im Laufe der Zeit verändert, sollten Sie einen Link verwenden, statt es einzubetten. Sie müssen einen Link aktualisieren, da der Inhalt des Notebooks nur eine Referenz anstelle des aktuellen Bildes ist. Wenn sich das Bild verändert, sehen Sie die Änderungen auch in Ihrem Notebook. Nutzen Sie dafür SoftLinked = Image(url='http://blog. johnmuellerbooks.com/wp-content/uploads/2015/04/Layer-Hens.jpg') anstelle von Embed.

Wenn Sie regelmäßig mit eingebetteten Bildern arbeiten, sollten Sie die Form festlegen, in der die Bilder eingebettet werden. Bevorzugen Sie beispielsweise PDFs, können Sie folgenden Code verwenden:

```
from IPython.display import set_matplotlib_formats
set_matplotlib_formats('pdf', 'svg')
```

Sie haben Zugang zu einer großen Anzahl von Formaten, wenn Sie mit einem Notebook arbeiten. Die gebräuchlichsten Formate sind 'png', 'retina', 'jpeg', 'svg' und 'pdf'.

Das IPython-Anzeigesystem ist wirklich erstaunlich und dieser Abschnitt hat bisher lediglich einen kleinen Teil dessen beschreiben können, was das IPython Notebook zu bieten hat. Sie können beispielsweise ein YouTube-Video importieren und es direkt als Teil Ihrer Präsentation in Ihr Notebook integrieren.

Abbildung 11.11: Die Einbettung eines Bildes kann Ihre Präsentation verschönern.

Teil IV

Daten handhabbar machen

In diesem Teil ...

✔ Programmiertricks, um Data-Science-Probleme zu lösen

✔ Datenanalysen durchführen

✔ Daten einfacher analysierbar machen

✔ Datensätze zusammenführen

✔ Daten, die außerhalb des vorhergesagten Bereiches liegen

Pythons Möglichkeiten erweitern

In diesem Kapitel

▶ Verstehen, wie Scikit-learn mit Klassen arbeitet

▶ Nutzung dünnbesetzter Matrizen und des Hashing-Tricks

▶ Test der Performance und des Speicherverbrauchs

▶ Zeitersparnis mit Mehrkern-Algorithmen

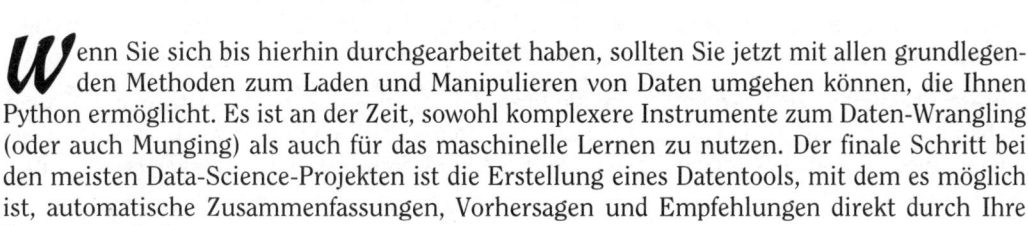

*W*enn Sie sich bis hierhin durchgearbeitet haben, sollten Sie jetzt mit allen grundlegenden Methoden zum Laden und Manipulieren von Daten umgehen können, die Ihnen Python ermöglicht. Es ist an der Zeit, sowohl komplexere Instrumente zum Daten-Wrangling (oder auch Munging) als auch für das maschinelle Lernen zu nutzen. Der finale Schritt bei den meisten Data-Science-Projekten ist die Erstellung eines Datentools, mit dem es möglich ist, automatische Zusammenfassungen, Vorhersagen und Empfehlungen direkt durch Ihre Daten zu erhalten.

Bevor Sie diesen finalen Schritt gehen, müssen Sie immer noch alles aus Ihren Daten herausholen. Dazu nutzen Sie Transformationen, die noch radikaler sind. Das ist das sogenannte *Data Wrangling* oder *Data Munging*, wobei im Anschluss an anspruchsvolle Transformationen weitere Transformationen visuellen und statistischen Auswertungen folgen. In den nächsten Abschnitten werden Sie große Textströme handhaben lernen, die grundsätzlichen Charakteristiken von Datensätzen ergründen, die Geschwindigkeit Ihrer Experimente erhöhen, Daten komprimieren und neue Funktionen erzeugen, neue Gruppen und Klassifikationen erstellen und unerwartete oder ausgefallene Fälle entdecken, die zum Scheitern Ihres Projekts führen könnten.

Ab jetzt werden Sie das Scikit-learn-Paket mehr und mehr nutzen (was bedeutet, immer mehr daraus zu erfahren – die vollständige Dokumentation finden Sie unter `http://scikit-learn.org/stable/documentation.html`). Das Scikit-learn-Paket bietet eine Quelle für fast alle Tools, die Sie als Data Scientist benötigen für die erfolgreiche Durchführung Ihres Data-Science-Projekts. In diesem Kapitel werden Sie wichtige Eigenschaften von Scikit-learn entdecken, aufgeteilt in Module, Klassen und Funktionen, sowie einige fortgeschrittene Python-Zeitsparer für die Verbesserung der Performance bei großen unstrukturierten Daten und zeitintensiven Rechenoperationen.

 Sie müssen nicht den Quelltext dieses Kapitels abtippen. Tatsächlich ist es viel einfacher, wenn Sie die herunterladbare Quelle nutzen (siehe Anleitung zum Herunterladen in der Einleitung). Der Quelltext für dieses Kapitel ist in der `P4DS4D; 12; Stretching Pythons Capabilities.ipynb`-Quelltext-Datei zu finden.

Mit Scikit-learn spielen

Manchmal findet man am besten heraus, wie man mit etwas umgeht, indem man damit herumspielt. Je komplexer ein Tool ist, umso wichtiger wird das Spielen – gerade auch bei den komplexen Matheaufgaben, die Sie mit Scikit-learn durchführen. Die folgenden Abschnitte sollen Sie zum Spielen mit Scikit-learn verleiten. Sie sollen das Konzept verstehen, das hinter Scikit-learn steht, indem Sie erstaunliche Data-Science Kunststücke vollbringen.

Klassen in Scikit-learn verstehen

Zu verstehen, wie Klassen funktionieren, ist eine wichtige Voraussetzung, um mit dem Scikit-learn-Paket richtig zu arbeiten. Scikit-learn ist das Paket für maschinelles Lernen und Data Science, beliebt bei vielen Data Scientists. Es enthält eine Vielzahl an etablierten Lernalgorithmen, Fehlerfunktionen und Test-Prozeduren.

Im Kern besitzt Scikit-learn einige Basisklassen, auf die alle anderen Algorithmen aufbauen. Neben BaseEstimator, der Klasse, aus der alle anderen Klassen hervorgehen, existieren vier Klassentypen zur Abdeckung aller grundlegenden Funktionalitäten im Umfeld des maschinellen Lernens:

✔ Klassifizierung

✔ Regression

✔ Gruppieren zu Clustern

✔ Transformation von Daten

Obwohl alle Basisklassen spezifische Methoden und Attribute besitzen, werden die Kernfunktionalitäten für die Verarbeitung von Daten und maschinelles Lernen durch eine oder mehrere Abfolgen von Methoden und Attributen, die als Interface bezeichnet werden, garantiert. Das Interface liefert eine einheitliche Programmierschnittstelle (API), um die Ähnlichkeit der einzelnen Methoden und Attribute zwischen all den verschiedenen Algorithmen des Pakets zu erzwingen. Dazu gibt es in Scikit-learn vier objektbasierte Interfaces:

✔ estimator: zum Anpassen der Parameter, Ableiten aus den Daten, passend zum Algorithmus

✔ predictor: für Vorhersagen aus den angepassten Parametern

✔ transformer: für die Transformation von Daten und Implementierung der angepassten Parameter

✔ model: für den Bericht der Anpassungsgüte oder anderer Gütekriterien

Das Paket gruppiert die Algorithmen aus Basisklassen und einem oder mehrerer Objekt-Interfaces zu Modulen, dabei stellt jedes Modul eine Spezialisierung für die Lösung einer bestimmten Art von maschinellem Lernen dar. So ist zum Beispiel das linear_modul-Modul für die lineare Modellierung und metrics für die Bewertung und Verlustmessung zuständig.

Um einen spezifischen Algorithmus in Scikit-learn zu finden, muss man zuerst das Modul finden, das eine ähnliche Art von Algorithmen besitzt, für die man sich interessiert. Anschließend selektiert man es von der Inhaltsliste des Moduls. Der Algorithmus ist typischerweise eine eigenständige Klasse, dessen Methoden und Attribute schon bekannt sind, da sie auch in anderen Scikit-learn-Algorithmen vorkommen.

 Es kann einige Zeit in Anspruch nehmen, bis man sich mit den Scikit-learn-Klassen vertraut gemacht hat. Jedoch ist für alle anderen in diesem Paket verfügbaren Tools die API immer dieselbe. Somit lernen Sie durch eine Klasse zwangsläufig die anderen Klassen. Die beste Herangehensweise ist es, eine Klasse komplett zu lernen und dann das Gelernte auf die anderen Klassen anzuwenden.

Anwendungen für Data Science erkennen

Zunächst einmal ist es wichtig herauszufinden, wie man Data Science einsetzt, um konstruktive Ergebnisse zu erzielen. Zum Beispiel können Sie das Interface der Schätzfunktion anwenden auf

✔ **Klassifikationsprobleme:** Vermuten, dass eine neue Beobachtung zu einer bestimmten Gruppe gehört

✔ **Regressionsprobleme:** Den Wert einer neuen Beobachtung schätzen

Das funktioniert mit der Methode fit(X,y), wobei X ein zweidimensionales Array von Vorhersagen ist (die Menge der zu lernenden Beobachtungen) und y die gesuchte Ausgabe (ein anderes eindimensionales Array).

Durch Anwendung von fit werden die Informationen in X so mit y verbunden, dass bei einer neuen bekannten Information mit den gleichen Eigenschaften wie X wir y korrekt abschätzen können.

Bei diesem Prozess werden einige Parameter intern durch die fit-Methode bestimmt. fit macht es möglich, zwischen Parametern, die gelernt wurden, und Hyperparametern, die anstelle der Parameter von Ihnen festgelegt wurden, als Sie den Lerner instanziierten, zu unterscheiden.

Instanziierung beinhaltet die Zuweisung einer Scikit-learn-Klasse zu einer Python-Variablen. Zusätzlich zu Hyperparametern können Sie auch mit festen anderen funktionierenden Parametern arbeiten, wie eine notwendige Normalisierung oder das Setzen von zufälligen Ausgangswerten, um die gleichen Resultate bei gleichbleibenden Eingabedaten für jeden Aufruf zu erzeugen.

Hier ist ein Beispiel mit linearer Regression, ein sehr einfacher und üblicher maschineller Lernalgorithmus. Sie müssen dazu einige Daten hochladen, und Scikit-learn stellt einige nützliche Beispiele zur Verfügung. Der Boston-Datensatz beinhaltet beispielsweise Vorhersagevariablen, die das Beispielprogramm mit Immobilienpreisen vergleichen kann. Dies hilft dabei, einen Prädiktor zu erstellen, der den Wert einer Immobilie über einige gegebene charakteristische Merkmale ausmachen kann.

```
from sklearn.datasets import load_boston
boston = load_boston()
X, y = boston.data,boston.target
print X.shape, y.shape
```

```
(506L, 13L) (506L,)
```

Die Ausgabe zeigt, dass beide Listen die gleiche Anzahl an Zeilen haben und X 13 Merkmale hat. Die shape-Methode führt eine Analyse anhand der Listen durch und gibt deren Dimensionen aus.

Die Zeilen von X müssen die gleiche Länge besitzen wie die von y. Sie müssen des Weiteren darauf achten, dass X und y miteinander korrespondieren, denn es wird nur gelernt, wenn der Algorithmus die Zeilen von X mit dem entsprechenden Element von y vergleicht. Wenn Sie die beiden Listen durcheinanderbringen, ist kein Lernen möglich.

Die Eigenschaften von X, ausgedrückt durch die Spalten von X, werden Variablen genannt (ein eher statistischer Begriff) oder Merkmale (ein Begriff aus dem maschinellen Lernen).

Nach dem Import der LinearRegression-Klasse können wir nun eine Variable, genannt hypothesis, instanziieren und einen Parameter setzen, der den Algorithmus anweist, zu standardisieren (das bedeutet, den Mittelwert auf 0 zu setzen und die Standardabweichung für alle Variablen festzulegen – eine statistische Operation, um alle Variablen auf eine ähnliche Stufe zu bringen), bevor die Parameter für das Lernen abgeschätzt werden.

```
from sklearn.linear_model import LinearRegression
hypothesis = LinearRegression(normalize=True)
hypothesis.fit(X,y)
print hypothesis.coef_
```

```
[ -1.07170557e-01    4.63952195e-02    2.08602395e-02
    2.68856140e+00   -1.77957587e+01    3.80475246e+00
    7.51061703e-04   -1.47575880e+00    3.05655038e-01
   -1.23293463e-02   -9.53463555e-01    9.39251272e-03
   -5.25466633e-01]
```

Nach der Anpassung beinhaltet hypothesis die gelernten Parameter, und Sie können sie nun mit der coef_-Methode anzeigen, was typisch für alle linearen Modelle ist (bei denen die Ausgabe des Modells eine Aufzählung von Variablen ist, die durch Koeffizienten gewichtet sind). Sie können dies auch Anpassungsaktivitätstraining nennen (wie in »Trainieren eines maschinellen Lernalgorithmus«).

Eine *Hypothese* ist eine Möglichkeit, einen mit Daten trainierten Lernalgorithmus zu beschreiben. Die Hypothese beschreibt eine mögliche Darstellung von y bei gegebenem X, die Sie auf Gültigkeit überprüfen. Es ist also sowohl aus wissenschaftlicher Sicht als auch aus der des maschinellen Lernens eine Hypothese.

Neben der Abschätzungsklasse sind der Prädiktor und die Model-Objektklassen sehr wichtig. Die Prädiktor-Klasse, die die Wahrscheinlichkeit möglicher Ergebnisse angibt, beinhaltet die Ergebnisse neuer Beobachtungen durch die Methoden von `predict` und `predict_proba` wie in diesem Skript:

```
import numpy as np
new_observation = np.array(
    [1,0,1,0,0.5,7,59,6,3,200,20,350,4], Dtype=float)
print hypothesis.predict(new_observation)

25.8972783977
```

Achten Sie darauf, dass die neuen Beobachtungen die gleiche Anzahl an Eigenschaften haben und wie in der Trainingsmenge X angeordnet sind, andernfalls wird die Vorhersage inkorrekt.

Das Klassenmodell gibt Informationen über die Qualität der Anpassung durch die `score`-Methode wieder, wie hier gezeigt:

```
hypothesis.score(X,y)

0.74060774286494291
```

In diesem Fall gibt `score` die Koeffizientenbestimmung R^2 der Vorhersage zurück. R^2 ist eine Messung zwischen 0 und 1, die unsere Vorhersage mit einem einfachen Mittelwert vergleicht. Hohe Werte zeigen, dass unsere Vorhersage gut funktioniert. Verschiedene Lernalgorithmen können verschiedene Bewertungsfunktionen nutzen. Konsultieren Sie am besten die Onlinedokumentation für jeden Algorithmus oder bitten Sie die Python-Konsole nach Hilfe:

```
help(LinearRegression)
```

Die Transformationsklasse wendet Transformationen auf andere Datenarrays an, die von der Anpassungsphase abgeleitet wurden. `LinearRegression` hat keine Transformationsmethode – im Unterschied zu den meisten Vorverarbeitungsalgorithmen. Zum Beispiel kann `MinMaxScaler` des Scikit-learn-Moduls `preprocessing` Werte in einem bestimmten Bereich zwischen minimalen und maximalen Werten transformieren und lernt dabei die Transformationsformel von einem Beispiel-Array.

```
from sklearn.preprocessing import MinMaxScaler
scaler = MinMaxScaler(feature_range=(0, 1))
scaler.fit(X)
print scaler.transform(new_observation)
```

```
[ 0.01116872  0.          0.01979472  0.
  0.23662551  0.65893849  0.57775489  0.44288845
  0.08695652  0.02480916  0.78723404  0.88173887
  0.06263797]
```

In diesem Fall wendet der Code die gelernten min- und max-Werte aus X auf die Variable new_observation an und gibt die Transformation zurück.

Den Hashing-Trick durchführen

Scikit-learn stellt Ihnen die meisten Datenstrukturen und Funktionalitäten zur Verfügung, die für ein erfolgreiches Data-Science-Projekt nötig sind. Es gibt selbst Klassen für die trickreichsten und aktuellsten Probleme.

Zum Beispiel ist der sogenannte *Hashing-Trick* eine der nützlichsten Lösungen aus dem Scikit-learn-Paket, wenn Sie mit Text arbeiten. Sie finden heraus, wie Sie mit Text arbeiten, wenn Sie das Bag-of-Words-Modell (siehe den Abschnitt »Verwendung des Bag-of-Words-Modells und weiterer Modelle« in Kapitel 7) verwenden und ihn mittels TF-IDF gewichten. All diese mächtigen Transformationen können nur dann wie gewünscht funktionieren, wenn Ihr gesamter Text bekannt und im Speicher Ihres Computers verfügbar ist.

Eine ernstere Data-Science-Aufgabe ist die Analyse von online generierten Textflüssen, etwa von sozialen Netzwerken oder großen Online-Textquellen. Dieses Szenario stellt durchaus eine Herausforderung dar beim Versuch, den Text in eine für die Analyse passende Daten-Matrix zu wandeln. Bei der Bearbeitung solcher Probleme ist es von Vorteil, den Hashing-Trick zu kennen, der Ihnen einige Vorteile bringen kann:

✔ Handhabung großer Datenmatrizen basierend auf laufenden Texten

✔ Korrigieren unerwarteter Werte oder Variablen in Ihren Textdateien

✔ Aufbau von skalierbaren Algorithmen für große Sammlungen von Dokumenten

Hash-Funktionen nutzen

Hash-Funktionen können beliebige Eingaben in Ausgaben umwandeln, deren Eigenschaften vorhersehbar sind. Normalerweise geben sie einen Wert zurück, bei dem die Ausgabe auf ein spezifisches Intervall begrenzt ist, dessen Extremwerte von negativen zu positiven Zahlen reichen oder nur positive Zahlen umfassen. Sie können sich das als Durchsetzung eines Standards für Ihre Daten vorstellen – es ist egal, welche Werte Sie zur Verfügung stellen, es wird immer ein spezifisches Datenprodukt zurückgegeben.

Die nützlichste Eigenschaft einer Hash-Funktion ist, dass eine bestimmte Eingabe immer denselben numerischen Ausgabewert zur Verfügung stellt. Als Konsequenz daraus werden diese Funktionen auch als deterministische Funktionen bezeichnet. Geben Sie zum Beispiel ein Wort wie *Hund* ein und die Hash-Funktion gibt immer die gleiche Zahl zurück.

In einem gewissen Sinne sind Hash-Funktionen wie ein Geheimcode, alles wird in Zahlen umgewandelt. Im Gegensatz zu Geheimcodes können Sie den Hash-Code nicht in seine ursprünglichen Werte zurückkonvertieren. Zusätzlich kommt es in einigen Ausnahmefällen vor, dass unterschiedliche Wörter den gleichen Hash-Wert zurückgeben (auch als Hash-Kollision bezeichnet).

Hash-Tricks demonstrieren

Es gibt viele Hash-Funktionen, MD5 (oft genutzt, um die Datei-Integrität zu prüfen, da ganze Dateien gehasht werden können) und SHA (in der Kryptografie genutzt) sind die populärsten. Python besitzt eine eingebaute Hash-Funktion namens `hash()`, die Sie nutzen können, um Dateiobjekte zu vergleichen, bevor sie in einem Verzeichnis gespeichert werden. Beispielsweise können Sie testen, wie Python seinen Namen hasht:

```
hash('Python')
-539294296
```

 Die Python-Sitzung an Ihrem Computer gibt möglicherweise einen anderen Wert aus als den auf der vorherigen Zeile gezeigten. Keine Sorge – die eingebauten Hash-Funktionen sind nicht auf allen Computern konsistent. Wenn Sie konsistente Ausgaben benötigen, nutzen Sie stattdessen die Scikit-learn-Hash-Funktion, da die Ausgabe über alle Maschinen konsistent ist.

Eine Scikit-learn-Hash-Funktion kann auch den Index in einem bestimmten positiven Bereich ausgeben. Sie können Ähnliches mit der eingebauten Hash-Funktion durch die Standarddivision und ihrem Rest nutzen:

```
abs(hash('Python')) % 1000
296
```

Wenn Sie nach dem Rest einer absoluten Zahl fragen, die aus einer Hash-Funktion resultiert, erhalten Sie eine Zahl, die niemals den Wert überschreitet, den Sie für die Division genutzt haben.

Um zu sehen, wie das funktioniert, nehmen wir an, dass Sie eine Zeichenkette aus dem Internet in einen numerischen Vektor (einen Merkmalsvektor) transformieren wollen, damit Sie sie für den Start eines maschinellen Lernprojekts nutzen können. Eine gute Strategie für die Verwaltung dieser Data-Science-Aufgaben ist die One-Hot-Codierung, die ein Bag-of-Words erzeugt. Hier sind die Schritte für eine One-Hot-Codierung einer Zeichenkette (»Python for data science«) in einen Vektor aufgeführt.

1. Zuweisung einer Nummer für jedes Wort, beispielsweise `Python=0`, `for=1`, `data=2`, `science=3`.

2. Initialisierung eines Vektors, Zählen der jeweiligen Wörter, denen Sie im ersten Schritt einen Code zugewiesen haben.

3. Nutzung der in Schritt 1 zugewiesenen Codes als Indizes für die Besetzung des Vektors mit Werten, Zuweisung einer 1, falls es eine Übereinstimmung mit einem in dem Ausdruck vorkommenden Wort gibt.

Der resultierende Merkmalsvektor wird ausgedrückt als Sequenz [1,1,1,1] und besteht aus exakt vier Elementen. Sie haben einen maschinellen Lernprozess gestartet und dem Programm gesagt, dass es Sequenzen bestehend aus vier Textmerkmalen erwarten soll. Plötzlich taucht eine neue Phrase auf und Sie müssen folgenden Text ebenfalls in einen Vektor konvertieren: »Python for machine learning«. Jetzt haben Sie zwei neue Wörter – »machine learning« –, mit denen Sie arbeiten müssen. Die folgenden Schritte helfen Ihnen, den neuen Vektor zu erstellen:

1. Zuweisung dieser neuen Codes: machine=4, learning=5.

2. Vergrößere den vorherigen Vektor, um die neuen Wörter einzuschließen: [1,1,1,1,0,0].

3. Berechne den Vektor für die neue Zeichenkette: [1,1,0,0,1,1].

One-Hot-Codierung ist recht optimal, da es effiziente und geordnete Merkmalsvektoren erstellt. Unglücklicherweise versagt die One-Hot-Codierung und wird schwierig zu handhaben, wenn Ihr Projekt einer sehr großen Variabilität in Bezug auf seine Eingaben unterliegt. Dies ist eine übliche Situation in Data-Science-Projekten, die mit Text oder anderen symbolischen Merkmalen arbeiten, bei denen Daten aus dem Internet oder anderen Online-Umgebungen bezogen werden oder zu Ihren ursprünglichen Daten hinzukommen. Eine Hash-Funktion ist ein cleverer Weg, um diese Unvorhersehbarkeit in Ihren Eingaben zu handhaben:

1. Definieren eines Bereichs für die Ausgabe der Hash-Funktion. All Ihre Merkmalsvektoren werden diesen Bereich nutzen. Das Beispiel nutzt einen Bereich aus Werten von 0 bis 24.

2. Berechnen eines Index für jedes Wort in Ihrer Zeichenkette durch die Hash-Funktion.

3. Zuordnen eines Wertes für jede Position des Vektors entsprechend den Wort-Indizes.

In Python können Sie einen einfachen Hash-Trick definieren, indem Sie eine Funktion erstellen und die Ergebnisse zweier Test-Strings prüfen:

```
def hashing_trick(input_string, vector_size=20):
    feature_vector = [0] * vector_size
    for word in input_string.split(' '):
        index = abs(hash(word)) % vector_size
        feature_vector[index] = 1
    return feature_vector
```

Jetzt können Sie beide Zeichenketten prüfen:

```
hashing_trick(input_string='Python for data science',
    vector_string=20)
[1, 0, 0, 0, 0, 1, 0, 0, 0, 0, 0, 0, 0, 0, 0, 0, 1, 0, 1, 0]
hashing_trick(input_string='Python for machine learning',
    vector_size=20)
[0, 0, 0, 0, 0, 0, 0, 0, 0, 0, 1, 0, 1, 0, 0, 0, 1, 0, 1, 0]
```

Wenn Sie die Merkmalsvektoren betrachten, sollte Ihnen Folgendes auffallen:

✔ Sie müssen nicht wissen, wo sich welche Position jedes Worts befindet. Wenn es wichtig ist, den Prozess der Zuweisung von Wörtern zu Indizes umkehren zu können, müssen Sie die Beziehung zwischen dem Wort und dem entsprechenden Hash-Wert separat abspeichern (zum Beispiel können Sie ein Dictionary verwenden, in dem die Schlüssel die Hash-Werte und die Werte die Wörter sind).

✔ Für kleine Werte des Funktionsparameters vector_size (zum Beispiel vector_size=10) überlappen viele Wörter in der gleichen Position der Liste, die den Merkmalsvektor darstellt. Um die Überlappung zu minimieren, müssen Sie die Grenzen der Hash-Funktion größer wählen als die Anzahl der Elemente, die später indiziert werden sollen.

Die Merkmalsvektoren in diesem Beispiel bestehen meist nur aus Null-Einträgen, was eine Verschwendung von Speicherplatz darstellt, verglichen mit der speichereffizienten One-Hot-Codierung. Einer der Wege, diesem Problem zu begegnen, ist die Nutzung von dünnbesetzten Matrizen, die im nächsten Abschnitt beschrieben werden.

Mit deterministischer Selektion arbeiten

Dünnbesetzte Matrizen sind die Antwort auf den Umgang mit Daten, die wenige Werte enthalten. Das ist der Fall, wenn die meisten Werte der Matrix null sind. Dünnbesetzte Matrizen speichern nur die Koordinaten der Zellen und ihre Werte anstelle der Informationen aller Zellen der Matrix. Wenn eine Anwendung Daten von einer leeren Zelle anfordert, wird die dünnbesetzte Matrix einen Nullwert zurückgeben, nachdem sie nach den Koordinaten gesucht hat und diese nicht finden konnte. Hier ist ein Beispielvektor:

```
[1, 0, 0, 0, 0, 1, 0, 0, 0, 0, 0, 0, 0, 0, 0, 0, 1, 0, 1, 0]
```

Der folgende Code wandelt ihn in eine dünnbesetzte Matrix um.

```
from scipy.sparse import csc_matrix
print csc_matrix([1, 0, 0, 0, 0, 1, 0, 0, 0, 0, 0, 0, 0,
                  0, 0, 0, 1, 0, 1, 0])

(0, 0)        1
(0, 5)        1
(0, 16)       1
(0, 18)       1
```

Beachten Sie, dass die Koordinaten (ausgedrückt in einem Tupel aus Zeilen- und Spaltenindizes) und der Wert der Zelle dargestellt werden.

Das SciPy-Paket stellt eine große Vielzahl an dünnbesetzten Matrizenstrukturen zur Verfügung – jede davon speichert die Daten auf eine andere Art und jede arbeitet auf eine andere Weise. (Einige sind gut bei der Auftrennung, andere sind besser mit der Berechnung.) Normalerweise ist csc_matrix (eine auf Zeilen basierende komprimierte Matrix) eine gute Wahl, da die meisten Scikit-learn-Algorithmen diese als Eingabe akzeptieren und sie optimal für Matrix-Operationen sind.

Als Data Scientist müssen Sie sich keine Sorgen um die Programmierung des Hashing-Tricks machen. Scikit-learn stellt HashingVectorizer zur Verfügung, eine Klasse, die sehr schnell eine beliebige Sammlung von Text in eine dünnbesetzte Matrix umwandelt und dabei den Hashing-Trick nutzt. Hier ist ein Beispielskript, das das vorherige Beispiel wiederholt:

```
import sklearn.feature_extraction.text as txt
one_hot_enconder = txt.CountVectorizer()
one_hot_encoded = one_hot_enconder.fit_transform(
    ['Python for data science',
     'Python for machine learning'])

<2x6 sparse matrix of type '<type 'numpy.int64'>'
with 8 stored elements in Compressed Sparse Row format>
```

Sobald ein neuer Text dazukommt, funktioniert CountVectorizer nicht mehr:

```
one_hot_encoded.transform(['New text has arrived'])
AttributeError: transform not found
```

Bei HashingVectorizer gibt es immer Platz für ein neues Wort in der Datenmatrix. Im schlimmsten Fall besetzt ein Wort eine schon besetzte Position, was zur Wort-Kollision führt.

```
sklearn_hashing_trick = txt.HashingVectorizer(
    n_features=20, binary=True, norm=None)
text_vector = sklearn_hashing_trick.transform(
    ['Python for data science',
     'Python for machine learning'])
text_vector
<2x20 sparse matrix of type '<type 'numpy.float64'>'
with 8 stored elements in Compressed Sparse Row format>

sklearn_hashing_trick.transform(['New text has arrived'])
<1x20 sparse matrix of type '<type 'numpy.float64'>'
with 4 stored elements in Compressed Sparse Row format>
```

 HashingVectorizer ist die perfekte Funktion, wenn Ihre Daten nicht in den Speicher passen und ihre Merkmale nicht fest sind. Andernfalls nutzen Sie den intuitiveren CountVectorizer.

Zeit und Performance berücksichtigen

Da die Themen im Buch immer komplexer werden, fragen Sie sich vielleicht, wie diese ganzen Prozesse die Anwendungsgeschwindigkeit beeinflussen. Die Antwort lautet: Sowohl Laufzeit als auch verfügbarer Speicher sind tangiert.

Das Verwalten der Systemressourcen ist tatsächlich eine Kunst, die Kunst der Optimierung, und sie zu meistern, benötigt Zeit. Beginnen Sie also unverzüglich mit dem Üben, indem Sie einige genaue Geschwindigkeitsmessungen durchführen und realisieren, welche Probleme Sie wirklich haben. Die Profilierung der Zeit, die eine Operation benötigt, und die Messung, wie viel Speicher das Hinzufügen von Daten oder die Durchführung einer Transformation Ihrer Daten benötigt, können Ihnen helfen, Performance-Flaschenhälse in Ihrem Code zu entdecken. Suche Sie dann nach Alternativen.

Wie in Kapitel 11 beschrieben, ist IPython die perfekte Umgebung für das Experimentieren, Optimieren und Verbessern Ihres Codes. Die Arbeit mit Blöcken von Code, die Aufzeichnung der Ergebnisse und Ausgaben sowie das Schreiben zusätzlicher Notizen und Kommentare lassen Ihre Data-Science-Lösungen auf einem kontrollierbaren und reproduzierbaren Weg Gestalt annehmen.

Benchmarking mit timeit

Als wir uns weiter oben in diesem Kapitel durch das Hashing-Trick-Beispiel im Abschnitt »Den Hashing-Trick durchführen« hindurcharbeiteten, haben wir die zwei Alternativmethoden für das Encodieren von Textinformationen in eine Datenmatrix verglichen, die sich an unterschiedliche Notwendigkeiten orientiert:

✔ `CountVectorizer`: Encodiert optimal Text in eine Datenmatrix, aber kann nicht mit nachfolgenden Daten im Text umgehen.

✔ `HashingVectorizer`: Bietet Flexibilität in Situationen, in denen es wahrscheinlich ist, dass die Anwendung neue Daten empfängt, aber ist weniger optimal als Techniken, die auf Hash-Funktionen basieren.

Obwohl ihre Vorteile recht klar sind, wenn es darum geht, wie Daten gehandhabt werden, mögen Sie sich wundern, welchen Einfluss das jeweilige Verfahren auf die Ausführungszeit hat, wenn es um die Geschwindigkeit und Speichernutzbarkeit geht.

Bei der Betrachtung der Geschwindigkeit bietet IPython eine einfache Out-of-the-Box-Lösung, die magische Zeilenfunktion `%timeit` und die magische Zellfunktion `%%timeit`:

✔ `%timeit`: Berechnet die beste Durchführungszeit für eine Anweisung.

✔ `%%timeit`: Berechnet die beste Zeit für die Durchführung aller Anweisungen in einer Zelle, außer der Anweisung auf derselben Zelllinie wie die magische Zellfunktion (die deshalb als initialisierende Anweisung genutzt werden kann).

Beide magischen Kommandos berichten die beste Ausführungsgeschwindigkeit in r Versuchen, wiederholt in n Schleifen. Wenn Sie die –r- und –n-Parameter hinzufügen, wählt IPython die Zahlen entsprechend aus, um eine Antwort zu liefern, ansonsten werden die Parameter automatisch ausgewählt.

Hier ist ein Beispiel für einen Test, in dem es darum geht zu prüfen, ob eine Liste von 10^6 Ordinalwerten schneller erstellt ist, indem man Listen-Komprehension nutzt oder indem man die Werte in einer `for`-Schleife anfügt:

```
%timeit l = [k for k in range(10**6)]
```

```
10 loops, best of 3: 94.8 ms per loop
```

Das Ergebnis für die Listen-Komprehension kann durch die Erhöhung beider Werte, die Beispielleistung und die Wiederholungen des Tests, getestet werden:

```
%timeit -n 20 -r 5 l = [k for k in range(10**6)]
```

```
20 loops, best of 5: 95.6 ms per loop
```

Da die for-Schleife eine ganze Zelle benötigt, nutzt das Beispiel die magische Zellfunktion. Beachten Sie, dass die erste Zeile, die Zuweisung des Wertes von 10**6, nicht in der Leistung berücksichtigt wird.

```
%%timeit limit = 10**6
l = list()
for k in range(limit):
    l.append(k)
```

```
10 loops, best of 3: 176 ms per loop
```

Die Listen-Komprehension ist also circa 50 Prozent schneller als eine for-Schleife. Sie können dann den Test mit verschiedenen Textcodierungsstrategien wiederholen.

```
import sklearn.feature_extraction.text as txt
sklearn_hashing_trick = txt.HashingVectorizer(
    n_features=20, binary=True, norm=None)
enconder = txt.CountVectorizer()
texts = ['Python for data science',
        'Python for machine learning']
```

Ist die initialisierte Ladung der Klassen und deren Instanziierung erfolgt, können Sie die beiden Lösungen testen:

```
%timeit enconded = enconder.fit_transform(texts)
```

```
1000 loops, best of 3: 1.27 ms per loop
```

```
%timeit hashing = sklearn_hashing_trick.transform(texts)
```

```
10000 loops, best of 3: 158 µs per loop
```

Der Hash-Trick ist schneller als die One-Hot-Codierung. Es ist möglich, den Unterschied zu erklären, wenn man sieht, dass der letztere Algorithmus optimiert ist, und darauf achtet, wie die Wörter codiert sind. Dies macht der Hash-Trick nicht.

IPython ist die beste Umgebung, um einen Benchmark der Geschwindigkeit Ihres Data-Science-Lösungscodes durchzuführen. Möchten Sie die Leistung in der Kommandozeile oder in einem Skript, das von einer IDE aus läuft, im Auge behalten, können Sie die `timeit`-Klasse importieren und die `timeit`-Funktion für die Leistungsüberwachung eines Kommandos durch die Angabe des Eingabeparameters als String verwenden.

Wenn Ihr Kommando Variablen, Klassen oder Funktionen benötigt, die nicht standardmäßig in Python verfügbar sind (wie die Scikit-learn-Klasse), können Sie dies als zweiten Eingabeparameter angeben. Sie formulieren einen String, in dem Python alle nötigen Objekte von der Hauptumgebung importiert, wie in dem folgenden Beispiel gezeigt:

```
import timeit
cumulative_time = timeit.timeit(
    "hashing = sklearn_hashing_trick.transform(texts)",
    "from __main__ import sklearn_hashing_trick,texts",
    number=10000)
print cumulative_time / 10000.0
```

Mit dem Speicher-Profiler arbeiten

Wie Sie Ihren Anwendungscode schon auf die Leistungsmerkmale (Geschwindigkeitsmerkmale) getestet haben, können Sie analog auch Informationen über die Speichernutzung erhalten. Die Überwachung des Speicherverbrauchs kann Ihnen über mögliche Probleme berichten, wie Daten von Lernalgorithmen verarbeitet oder an diese übertragen werden. Das Paket `memory_profiler` implementiert die benötigten Funktionalitäten. Es wird nicht standardmäßig von Python oder IPython zur Verfügung gestellt und benötigt eine Installation. Nutzen Sie die folgenden Kommandos, um das Paket und seine Abhängigkeiten von der Kommandozeile aus zu installieren:

```
ipython -m pip install psutil
ipython -m pip install memory_profiler
```

Wenn Sie Anaconda verwenden, können Sie auch den von Anaconda verwendeten Installer nutzen und die Module wie folgt installieren:

```
conda install psutil
conda install memory_profiler
```

Nutzen Sie folgendes Kommando für jede IPython-Sitzung, die Sie überwachen möchten:

```
%load_ext memory_profiler
```

Nachdem Sie diesen Befehl ausgeführt haben, können Sie einfach nachverfolgen, wie viel Speicher ein Befehl benötigt:

```
hashing = sklearn_hashing_trick.transform(texts)
%memit dense_hashing = hashing.toarray()
peak memory: 68.79 MiB, increment: 0.14 MiB
```

Nutzung des preferred installer program (pip)

Python stellt eine große Anzahl an Paketen zur Verfügung, die installiert werden können. Viele dieser Pakete gibt es als separate, herunterladbare Module. Einige davon haben eine Ausführungsdatei für eine Plattform wie Windows, was bedeutet, dass Sie sie leicht installieren können. Wie auch immer, viele andere Pakete verlassen sich auf pip, eine Funktion, die Sie direkt in der Kommandozeile ausführen können. Dies setzt voraus, dass Sie neuere Versionen von Python nutzen, eingeschlossen sind 2.7.9 und 3.4.

Wenn Sie mit älteren Python-Versionen arbeiten, müssen Sie pip durch die Installation eines Pakets wie distribute erst installieren. (https://pypi.python.org/pypi/distribute). Wenn Sie mit einem Linux- oder Mac-System arbeiten, erledigen Sie mit sudo diese Aufgabe durch die Eingabe von sudo apt-get install python3-pip und dem Bestätigen mit der ⏎-Taste. Funktioniert keine dieser Techniken bei Ihnen, versuchen Sie es mit den Anleitungen auf https://pip.pypa.io/en/latest/installing.

Um pip zu nutzen, öffnen Sie die Kommandozeile oder das Terminal. Dieses Buch nutzt IPython als Umgebung. Wenn Sie eine neue Erweiterung installieren möchten, tippen Sie ipython ein, um eine Kopie von IPython zu starten, -m, um ein Modul zu laden, pip zum Start von pip und den Namen des Pakets, das Sie installieren möchten. Um etwa psutil zu installieren, geben Sie ipython –m pip install psutil ein und drücken ⏎.

Einen kompletten Überblick über den Speicherverbrauch erhalten Sie, wenn Sie eine IPython-Zelle auf der Festplatte speichern und sie dann für das Profiling mittels des magischen Kommandos %mprun auf einer extern importierten Funktion anwenden. (Das magische Kommando funktioniert nur mit externen Pythonskripts.) Das Profiling liefert Kommando für Kommando einen detaillierten Report, wie folgendes Beispiel zeigt:

```
%%writefile example_code.py
import sklearn.feature_extraction.text as txt
def comparison_test():
    sklearn_hashing_trick = txt.HashingVectorizer(
        n_features=20, binary=True, norm=None)
    one_hot_enconder = txt.CountVectorizer()
    texts = ['Python for data science',
            'Python for machine learning']
    one_hot_encoded = one_hot_enconder.fit_transform(texts)
    hashing = sklearn_hashing_trick.transform(texts)

from example_code import comparison_test
%mprun –f comparison_test comparison_test()
```

```
Line # Mem usage Increment Line Contents
========================================
    2  68.5 MiB    0.0 MiB def comparison_test():
    3  68.5 MiB    0.0 MiB     HashingVectorizer(...)
    4  68.5 MiB    0.0 MiB     CountVectorizer(...)
    5  68.5 MiB    0.0 MiB     texts = [...]
    6  68.7 MiB    0.2 MiB     one_hot_enconder.fit_t(...)
    7  68.7 MiB    0.0 MiB     sklearn_hashing_trick.(...)
```

Der Bericht listet den Speicherverbrauch jeder einzelnen Zeile in der Funktion auf und weist auf die größten Zuwächse hin.

Parallele Verarbeitung

Die meisten Computer besitzen heutzutage mehrere CPU-Kerne (zwei oder mehr Prozessoren in einem einzigen System), einige mit mehreren physischen CPUs. Eine der wichtigsten Limitationen von Python ist, dass es standardmäßig nur einen Kern nutzt. (Es wurde in einer Zeit entwickelt, als ein CPU-Kern die Norm war.)

Data-Science-Projekte benötigen sehr viele Berechnungen. Insbesondere ein Teil des wissenschaftlichen Aspekts der Data Science verlässt sich auf wiederholtes Testen und Experimente mit verschiedenen Datenmatrizen. Vergessen Sie nicht, dass die Arbeit mit großen Datenmengen bedeutet, dass die meisten zeitaufwendigsten Transformationen eine Beobachtung nach der anderen wiederholen (zum Beispiel identische und nicht verknüpfte Operationen auf verschiedene Teile einer Matrix).

Mehrere CPU-Kerne beschleunigen die Berechnung um einen Faktor, der fast der Anzahl an Kernen gleicht. Zum Beispiel würde die Nutzung von vier Kernen bedeuten, dass im besten Fall die Arbeit viermal schneller fertig ist. Sie erhalten jedoch keine vierfache Steigerung der Leistung, da es zusätzliche Verwaltungsdaten gibt, wenn parallele Prozesse gestartet werden – neue laufende Python-Instanzen müssen mit den richtigen im Speicher befindlichen Informationen aufgesetzt und gestartet werden. Aufgrund dessen wird die Verbesserung geringer ausfallen als potenziell möglich, sie ist jedoch immer noch signifikant. Zu wissen, wie mehr als eine CPU genutzt wird, ist deshalb eine fortgeschrittene, aber auch unglaublich nützliche Fertigkeit. Sie steigern die Anzahl an fertiggestellten Analysen und beschleunigen Ihre Operationen sowohl beim Erstellen als auch bei der Nutzung Ihrer Datenprodukte.

Multiprocessing (Mehrkern-Verarbeitung) funktioniert durch das Kopieren desselben Codes und Speicherinhalts in mehreren neuen Python-Instanzen (den Arbeitern, englisch: »worker«), das Berechnen der Resultate in jeder Instanz und die Rückgabe der gesammelten Ergebnisse an die Haupt- beziehungsweise Originalkonsole. Wenn Ihre ursprüngliche Instanz bereits viel von Ihrem verfügbaren RAM-Speicher verbraucht, wird es nicht möglich sein, eine neue Instanz zu erstellen, und Ihrem System könnte möglicherweise der Speicher ausgehen.

Mehrkern-Verarbeitung durchführen

Um eine Mehrkern-Verarbeitung mit Python durchzuführen, binden Sie das Scikit-learn-Paket mit dem joblib-Paket für zeitaufwendige Operationen, wie das Replizieren von Modellen für die Validierung von Ergebnissen oder für die Suche nach den besten Hyperparametern, ein. Insbesondere erlaubt Scikit-learn Mehrkern-Verarbeitung in diesen Fällen:

✔ **Kreuzvalidierung:** Testen der Resultate einer maschinellen Lernhypothese durch verschiedene Trainings- und Testdaten.

✔ **Gittersuche:** Systematische Änderung der Hyperparameter einer maschinellen Lernhypothese und Testen der daraus folgenden Ergebnisse.

✔ **Multimarker-Vorhersage:** Wiederholte Durchführung eines Algorithmus gegen verschiedene Ziele, wenn verschiedene Zielausgaben zur selben Zeit vorhergesagt werden sollen.

✔ **Ensemble maschineller Lernmethoden:** Die Modellierung einer großen Anzahl von Klassifizierern, jeder unabhängig vom anderen, sowie die `RandomForest`-basierte Modellierung.

Sie müssen nichts Besonderes tun, um die Vorteile der parallelen Berechnung zu nutzen – Sie können den Parallelismus aktivieren, indem Sie den `n_jobs`-Parameter auf einer Zahl von Kernen größer als 1 setzen oder das Setzen des Wertes auf -1. Dies bedeutet, dass Sie alle verfügbaren CPU-Instanzen nutzen wollen.

 Wenn Sie Ihren Code nicht von der Konsole oder dem IPython Notebook ausführen, ist es sehr wichtig, dass Sie Ihren Code von sämtlichen Paketimporten und globalen Variablen-Zuweisungen separieren, indem Sie Ihrem Skript den `if __name__=='__main__':`-Befehl am Beginn jeglichen Codes hinzufügen, den Sie in der Mehrkern-Verarbeitung ausführen möchten. Die `if`-Anweisung prüft, ob das Programm direkt oder von einer bereits laufenden Python-Konsole startet, um somit jegliche Verwirrung und jeden Fehler durch den parallelen Prozess zu vermeiden (sowie den rekursiven Aufruf des Parallelismus).

Mehrkern-Verarbeitung demonstrieren

Es bietet sich an, IPython zu nutzen, wenn Sie zeigen wollen, wie Sie mit Mehrkern-Verarbeitung wirklich Zeit während Ihres Data-Science-Projekts einsparen. IPython bietet den Vorteil des magischen Kommandos `%timeit` zur Überprüfung der Laufzeit. Sie beginnen mit dem Laden eines Datensatzes, eines komplexen maschinellen Lernalgorithmus (der Support Vector Classifier oder SVC) und eines Kreuzvalidierungsprozesses zur Abschätzung zuverlässiger Werte aus allen Prozeduren. Sie finden die Details zu all diesen Tools weiter unten im Buch. Das Wichtigste, was Sie wissen müssen, ist, dass die Prozeduren sehr groß werden, da der SVC zehn Modelle produziert, und zwar zehnmal. Dabei wird jedes Mal die Kreuzvalidierung genutzt, insgesamt also für eine Gesamtanzahl von 100 Modellen.

```
from sklearn.datasets import load_digits
digits = load_digits()
X, y = digits.data,digits.target
from sklearn.svm import SVC
from sklearn.cross_validation import cross_val_score
%timeit single_core_learning = cross_val_score(SVC(), X, y,
    cv=20, n_jobs=1)
```

```
Out [1] : 1 loops, best of 3: 17.9 s per loop
```

Nach diesem Test müssen Sie den Multikern-Parallelismus aktivieren und können die Zeit für die Berechnung mit folgendem Kommando erhalten:

```
%timeit multi_core_learning = cross_val_score(SVC(), X, y,
    cv=20, n_jobs=-1)
```

```
Out [2] : 1 loops, best of 3: 11.7 s per loop
```

Das Beispielsystem zeigt den positiven Erfolg der Mehrkern-Verarbeitung, obwohl ein kleiner Datensatz genutzt wurde, in dem Python einen Großteil der Zeit mit dem Start der Konsolen und der Ausführung eines Teils des Codes in jeder davon verbringt. Die Verarbeitungszeit der Auslagerungsdaten – nur einige Sekunden – ist immer noch signifikant, da die absolute Ausführungszeit um einige Sekunden erhöht wird. Stellen Sie sich vor, was passieren würde, wenn Sie mit großen Datenmengen arbeiten – Ihre Ausführungszeit könnte einfach um das Zwei- bis Dreifache reduziert werden.

Obwohl der Code gut in IPython funktioniert, können das Schreiben in einem Skript und der Befehl an Python, es in der Konsole oder einer IDE zu nutzen, zu Fehlern führen. Grund dafür sind interne Operationen von Mehrkern-Aufgaben. Die Lösung, wie schon zuvor angemerkt, ist das Einfügen des gesamten Codes in eine if-Anweisung, die prüft, ob das Programm direkt ausgeführt oder später aufgerufen wird. Hier ist ein Beispielskript:

```
from sklearn.datasets import load_digits
from sklearn.svm import SVC
from sklearn.cross_validation import cross_val_score
if __name__ == '__main__':
    digits = load_digits()
    X, y = digits.data,digits.target
    multi_core_learning = cross_val_score(SVC(), X, y,
        cv=20, n_jobs=-1)
```

Datenanalyse erforschen

In diesem Kapitel

▶ Verstehen der Philosophie der Explorativen Datenanalyse (EDA)

▶ Beschreibung numerischer und kategorialer Verteilungen

▶ Abschätzung von Korrelation und Assoziation

▶ Testen der Mittelwertunterschiede in Gruppen

▶ Visualisierung von Verteilungen, Relationen und Gruppen

Data Science verlässt sich auf komplexe Algorithmen zum Aufbau von Vorhersagen und der Sichtung von wichtigen Signalen in den Daten. Dabei hat jeder Algorithmus verschiedene Stärken und Schwächen. Kurz: Sie wählen eine Reihe von Algorithmen. Diese wenden Sie auf Ihre Daten an und optimieren deren Parameter, so gut Sie können. Schließlich entscheiden Sie sich, welcher Ihnen am besten beim Aufbau Ihres Datenprodukts hilft oder Ihnen Einsicht in Ihre Probleme ermöglicht.

Es klingt ein bisschen nach Automatismus und teilweise ist es das auch, dank mächtiger Analysesoftware und Skriptsprachen wie Python. Lernalgorithmen sind komplex und ihre raffinierten Prozeduren wirken automatisch und anfänglich etwas undurchsichtig. Falls also einige dieser Tools auf Sie wie schwarze Magie oder Zauberei wirken, behalten Sie das simple Akronym im Kopf: GIGO. GIGO steht für »Garbage In/Garbage Out« – längst ein sehr bekanntes Sprichwort in der Statistik (und Informatik). Es spielt keine Rolle, wie mächtig der maschinelle Lernalgorithmus ist, den Sie nutzen, Sie werden keine guten Ergebnisse erhalten, wenn etwas mit Ihren Daten nicht stimmt.

Explorative Datenanalyse (englisch: Exploratory Data Analysis, kurz: EDA) ist ein allgemeiner Ansatz, um Datensätze mittels Auswertungsstatistiken und grafischer Visualisierungen zu erkunden, um ein tieferes Verständnis der Daten zu erhalten. EDA hilft Ihnen, effektiver in der anschließenden Datenanalyse und -modellierung zu werden. In diesem Kapitel werden Sie die erforderlichen und unverzichtbaren grundlegenden Beschreibungen der Daten erkunden und sehen, wie diese Beschreibungen Ihnen helfen zu entscheiden, welche Datentransformationen und Lösungen angemessen sind.

Sie müssen nicht den Quelltext dieses Kapitels abtippen. Tatsächlich ist es viel einfacher, wenn Sie die herunterladbare Quelle nutzen. Der Quelltext für dieses Kapitel ist in der `P4DS4D; 13; Exploring Data Analysis.ipynb`-Quelltext-Datei zu finden.

Der EDA-Ansatz

EDA wurde in den Bell Labs von John Tukey entwickelt, einem Mathematiker und Statistiker, der mehr Aktivitäten mit den Daten selbst erreichen wollte – im Gegensatz zu dem vorherrschenden bestätigenden Ansatz seiner Zeit. Ein bestätigender Ansatz setzt auf eine Theorie – die Daten sind nur für das Testen da. EDA entstand Ende der 70er-Jahre, lange bevor Big-Data zum Thema wurde. Tukey ahnte bereits, dass bestimmte Aktivitäten, wie das Testen und Modellieren, leicht zu automatisieren wären. In einer seiner bekanntesten Publikationen sagte Tukey:

> »Die einzige Sache, die Menschen BESSER machen können als Computer, ist, die Chance zu nutzen, es SCHLECHTER zu machen als diese«

Dieses Zitat erklärt, warum Sie sich als Data Scientist nicht auf automatisierte Lernalgorithmen beschränken sollten, sondern auch manuelle und kreative Erkundungsaufgaben wahrnehmen sollten. Computer sind unschlagbar bei der Optimierung, aber Menschen sind besser beim Einschlagen unerwarteter Wege und bei der Suche nach unwahrscheinlichen, aber sehr effektiven Lösungen.

Haben Sie die Beispiele aus den vorherigen Kapiteln nachvollzogen sind, haben Sie schon mit ziemlich vielen Daten gearbeitet. EDA ist dabei etwas anderes, da es die Standardannahmen über die Datenbearbeitbarkeit prüft, was tatsächlich auch die initiale Datenanalyse (englisch: Initial Data Analysis, kurz: IDA) umfasst. Bis jetzt hat das Buch gezeigt, wie:

✔ Beobachtungen vervollständigt oder fehlende Fälle durch entsprechende Eigenschaften markiert werden

✔ Text oder kategoriale Variablen transformiert werden

✔ neue Eigenschaften basierend auf Fachwissen über das Datenproblem erstellt werden

✔ numerische Datensätze zu handhaben sind, in denen Zeilen, Beobachtungen und Spalten Variablen sind

EDA geht weiter als IDA. EDA liegt eine andere Einstellung zugrunde: über die Standardannahmen hinauszugehen. Mit EDA können Sie:

✔ Ihre Daten beschreiben

✔ die Datenverteilung näher betrachten

✔ Beziehungen zwischen Variablen verstehen

✔ anormale oder unerwartete Situationen beobachten

✔ Daten in Gruppen platzieren

✔ unerwartete Muster innerhalb Gruppen beachten

✔ Gruppenunterschiede zur Kenntnis nehmen

Beschreibende Statistik für numerische Daten

Die erste Aktion, die Sie mit Ihren Daten durchführen können, ist das Erstellen einiger synthetischer Maße, um zu erkennen, was vor sich geht. Sie benötigen Wissen über Größen wie Maximal- und Minimalwerte und bestimmen, welche Intervalle die besten für den Anfang sind.

Während Ihrer Erkundung werden Sie einen simplen, aber nützlichen Datensatz verwenden, der auch im vorherigen Kapitel genutzt wurde, Fischers Iris-Datensatz. Sie können ihn aus dem Scikit-learn-Paket durch folgenden Code laden:

```
from sklearn.datasets import load_iris
iris = load_iris()
```

Nachdem Sie den Iris-Datensatz in eine Variable einer benutzerdefinierten Scikit-learn-Klasse geladen haben, können Sie ein NumPy-nparray und ein pandas `DataFrame` davon ableiten:

```
import Pandas as pd
import numpy as np
print 'Ihre Pandas-Version ist: %s' % pd.__version__
print 'Ihre NumPy-Version ist %s' % np.__version__
iris_nparray = iris.data
iris_dataframe = pd.DataFrame(iris.data, columns=iris.feature_names)
iris_dataframe['group'] = pd.Series([iris.target_names[k]
    for k in iris.target], dtype="category")
```

```
Ihre Pandas-Version ist: 0.15.2
Ihre NumPy-Version ist: 1.8.1
```

 Pakete wie NumPy, Scikit-learn und speziell Pandas werden ständig weiterentwickelt. Bevor Sie also mit der Arbeit mit EDA beginnen, Sollten Sie die Produktversionsnummer prüfen. Eine alte Version könnte dazu führen, dass Ihre Ausgabe von dem abweicht, was in diesem Buch gezeigt wird, oder es führt zum Scheitern einiger Befehle.

 Dieses Kapitel stellt eine Reihe von Pandas- und NumPy-Befehlen vor, die Ihnen bei Ihrer Erkundung der Struktur der Daten hilft. Auch wenn die Anwendung einzelner explorativer Kommandos Ihnen mehr Freiheit in Ihrer Analyse gewährt, können Sie erfreulicherweise die meisten dieser Statistiken erhalten, indem Sie die describe-Methode auf Ihr `DataFrame`-Objekt anwenden – zum Beispiel `print iris_dataframe.describe()`, wenn Sie sich mit Ihrem Data-Science-Projekt beeilen müssen.

Lagemaße bestimmen

Der Mittelwert und der Median sind die ersten Maße, um numerische Variablen zu berechnen, wenn Sie mit EDA beginnen. Sie können Ihnen eine Prognose zu EDA liefern, wenn die Variablen zentriert und irgendwie symmetrisch sind.

Mit der Pandas-Bibliothek können Sie schnell sowohl Mittelwert als auch Median (für Länge und Breite des Blüten- und Kelchblatts; Blütenblatt = engl. *petal*, Kelchblatt = engl. *sepal*) berechnen. Hier ist ein Befehl, mit dem Sie den Mittelwert des Iris-DataFrame erhalten:

```
print iris_dataframe.mean(numeric_only=True)
```

```
sepal length (cm)    5.843333
sepal width (cm)     3.054000
petal length (cm)    3.758667
petal width (cm)     1.198667
```

Ähnlich arbeitet dieser Befehl für den Median:

```
print iris_dataframe.median(numeric_only=True)
```

```
sepal length (cm)    5.80
sepal width (cm)     3.00
petal length (cm)    4.35
petal width (cm)     1.30
```

Der Median liefert die mittlere Position in einer Reihe von sortierten Werten. Wenn Sie eine Variable erstellen, ist es ein Maß, das nicht so stark von anormalen Fällen oder von asymmetrischen Verteilungen der Werte um den Mittelwert beeinflusst wird. Was Sie feststellen sollten, ist, dass der Mittelwert nicht zentriert ist (keine Variable ist mittelwertfrei), und der Median der Blütenblattlänge ist ganz anders als der Mittelwert, was weitere Untersuchungen nach sich zieht.

Wenn Lagemaße bestimmt werden sollen, sollten Sie:

✔ überprüfen, ob die Mittelwerte NULL sind

✔ beachten, ob sich der Median vom Mittelwert unterscheidet

Messung von Varianz und Spannweite

Als nächsten Schritt sollten Sie die Varianz durch Quadrieren der Standardabweichung prüfen. Die Varianz ist ein guter Indikator dafür, ob ein Mittelwert ein geeigneter Indikator für die Verteilung einer Variablen ist.

```
print iris_dataframe.std()
```

```
sepal length (cm)    0.828066
sepal width (cm)     0.433594
petal length (cm)    1.764420
petal width (cm)     0.763161
```

Zusätzlich kann die Spannweite, die die Differenz zwischen Maximal- und Minimalwert für jede quantitative Variable ist, sehr aufschlussreich sein.

```
print iris_dataframe.max(numeric_only=True)-
    iris_dataframe.min(numeric_only=True)
```

```
sepal length (cm)   3.6
sepal width (cm)    2.4
petal length (cm)   5.9
petal width (cm)    2.4
```

Betrachten Sie die Standardabweichung und die Spannweite in Bezug auf Mittelwert und Median. Eine Standardabweichung oder Spannweite, die hinsichtlich der Lagemaße (Mittelwert und Median) zu hoch ist, könnte auf ein Problem hindeuten mit extrem ungewöhnlichen Werten, die Ihre Berechnung beeinflussen könnten.

Arbeiten mit Perzentilen

Da der Median an der mittleren (zentralen) Stelle Ihrer Werteverteilung steht, wollen Sie vielleicht noch andere wichtiger Positionen prüfen. Neben Minimum und Maximum sind der Schwellenwert bei 25 Prozent Ihrer Werte (das untere Quartil) und der Schwellenwert bei 75 Prozent (das obere Quartil) nützlich, um herauszufinden, wie die Verteilung der Daten strukturiert ist. Die beiden Quartile sind die Grundlage für ein anschauliches Diagramm, genannt *Boxplot*, also eines der Themen dieses Kapitels.

```
print iris_dataframe.quantile(np.array([0,.25,.50,.75,1]))
```

	sepal length (cm)	sepal width (cm)	petal length (cm)	petal width (cm)
0.00	4.3	2.0	1.00	0.1
0.25	5.1	2.8	1.60	0.3
0.50	5.8	3.0	4.35	1.3
0.75	6.4	3.3	5.10	1.8
1.00	7.9	4.4	6.90	2.5

Die Differenz zwischen dem oberen und dem unteren Quartil stellt den Interquartilsabstand (IQR) dar, der ein Maß für die Streuung der Variablen ist, die am meisten interessieren. Sie müssen ihn nicht berechnen, aber Sie werden ihn im Boxplot finden, da er hilft, die Konsistenz Ihrer Daten zu bestimmen. Was zwischen dem unteren Quartil und dem Minimum und dem oberen Quartil und dem Maximum liegt, sind außergewöhnlich seltene Werte, die die Ergebnisse Ihrer Analyse negativ beeinflussen können. Solche seltenen Fälle sind Ausreißer – das Thema von Kapitel 16.

Normalitätsmaße

Die letzten Maße, wie die numerischen Variablen, die für dieses Beispiel genutzt werden, strukturiert sind, sind Schiefe (skewness) und Wölbung (kurtosis):

✔ *Schiefe* definiert die Asymmetrie der Daten in Bezug zum Mittelwert. Wenn die Schiefe negativ ist, ist der linke Schwanz zu lang und die Masse an Beobachtungen liegt auf der rechten Seite der Verteilung. Wenn die Schiefe positiv ist, ist das Gegenteil der Fall.

✔ *Wölbung* zeigt, ob die Datenverteilung, besonders die Spitze und der Schwanz, die richtige Form haben. Wenn die Wölbung über null ist, besitzt die Verteilung eine deutliche Spitze. Wenn die Wölbung unter null ist, ist die Verteilung stattdessen eher flach.

Das Betrachten der Zahlen hilft Ihnen, die Form Ihrer Daten zu bestimmen. Das Beachten solcher Maße stellt einen formalen Test zum Auswählen der Variablen dar, die möglicherweise angepasst oder transformiert werden müssen, damit die Verteilung etwa einer Gauß-Verteilung ähnlicher wird. Denken Sie daran, dass Sie die Daten später auch visualisieren, somit ist dies der erste Schritt in einem längeren Prozess.

Als Beispiel zeigt eine vorherige Darstellung in diesem Kapitel, dass das Merkmal der Blütenblattlängen einen Unterschied zwischen dem Mittelwert und dem Median darstellt (siehe »Messung der Varianz und Spannweite« weiter oben in diesem Kapitel). In diesem Abschnitt testen Sie dasselbe Beispiel auf Wölbung und Schiefe, um zu bestimmen, ob die Variable angepasst werden muss.

Beim Durchführen des Wölbungs- und Schiefe-Tests müssen Sie bestimmen, ob der p-Wert kleiner oder gleich 0.05 ist. Wenn dem so ist, müssen Sie die Normalverteilung verwerfen, was impliziert, dass Sie bessere Ergebnisse erhalten könnten, wenn Sie versuchen, Ihre Variable in eine nicht-normalverteilte zu transformieren. Der folgende Code zeigt, wie der benötigte Test durchgeführt wird:

```
from scipy.stats import kurtosis, kurtosistest
k = kurtosis(iris_dataframe['petal length (cm)'])
zscore, pvalue = kurtosistest(iris_dataframe['petal length (cm)'])
print 'Wölbung %0.3f z-score %0.3f p-Wert %0.3f' % (k, zscore, pvalue)

Wölbung -1.395 z-score -14.811 p-Wert 0.000

from scipy.stats import skew, skewtest
s = skew(iris_dataframe['petal length (cm)'])
zscore, pvalue = skewtest(iris_dataframe['petal length (cm)'])
print 'Schiefe %0.3f z-score %0.3f p-Wert %0.3f' % (s, zscore, pvalue)

Schiefe -0.272 z-score -1.398 p-Wert 0.162
```

Das Testergebnis sagt Ihnen, dass die Daten leicht nach links schief sind, aber nicht genug, um sie unbrauchbar zu machen. Das richtige Problem ist, dass die Kurve viel zu flach ist, um glockenähnlich geformt zu sein. Sie müssen die Sache daher weiter untersuchen.

Es ist eine gute Übung, alle Variablen auf Wölbung und Schiefe automatisch zu testen. Anschließend können Sie die Variablen prüfen, deren Werte am meisten herausstechen. Nichtnormalität einer Verteilung kann auch andere Probleme verbergen, etwa Ausreißer von Gruppen, die Sie nur durch eine grafische Darstellung erkennen.

Zählen von kategorialen Daten

Der Iris-Datensatz besteht aus vier metrischen Variablen und einem qualitativen Zielergebnis. So, wie Sie Mittelwerte und Varianzen als beschreibende Größen für metrische Variablen nutzen, so sagen Häufigkeiten etwas über qualitative Variablen aus.

Da der Datensatz aus metrischen Messungen besteht (Breite und Länge in Zentimetern), müssen Sie sie durch das Teilen in Gruppen gemäß spezifischen Intervallen qualitativ machen. Die Pandas-Bibliothek verfügt über zwei nützliche Funktionen, cut und qcut, die eine metrische Variable in eine qualitative transformieren können:

✔ cut erwartet eine Reihe von Eckwerten, um die Messungen zu teilen, oder eine ganzzahlige Anzahl von Gruppen, um die Variablen in gleich große Gruppen zu teilen.

✔ qcut erwartet eine Reihe von Perzentilen, um die Variable zu teilen.

Sie können einen neuen kategorialen DataFrame durch folgendes Kommando erhalten, das die Klasseneinteilung (siehe für Details Abschnitt »Klasseneinteilung und Diskretisierung« in Kapitel 8) für jede Variable verbindet:

```
iris_binned = pd.concat([
pd.qcut(iris_dataframe.ix[:,0], [0, .25, .5, .75, 1]),
pd.qcut(iris_dataframe.ix[:,1], [0, .25, .5, .75, 1]),
pd.qcut(iris_dataframe.ix[:,2], [0, .25, .5, .75, 1]),
pd.qcut(iris_dataframe.ix[:,3], [0, .25, .5, .75, 1]),
], join='outer', axis = 1)
```

Dieses Beispiel setzt auf die Klasseneinteilung, es kann auch aufdecken, wenn die Variable über oder unter einem singulären Hürdenwert liegt, normalerweise der Mittelwert oder der Median. In diesem Fall setzen Sie pd.qcut auf die 0.5-Perzentile oder pd.cut auf den Mittelwert der Variablen.

Die Klasseneinteilung transformiert numerische Variablen in kategoriale. Diese Transformation kann das Verständnis Ihrer Daten verbessern und in der folgenden maschinellen Lernphase das Rauschen (Ausreißer) oder die Nichtlinearität der Variablen reduzieren.

Häufigkeiten verstehen

Sie können Häufigkeiten für jede kategoriale Variable eines Datensatzes erhalten, für die prädikativen Variablen wie auch für die Ergebnisse, indem folgender Code genutzt wird:

```
print iris_dataframe['group'].value_counts()
```

```
virginica    50
versicolor   50
setosa       50
```

```
print iris_binned['petal length (cm)'].value_counts()
```

```
[1, 1.6]      44
(4.35, 5.1]   41
(5.1, 6.9]    34
(1.6, 4.35]   31
```

Dieses Beispiel liefert Ihnen einige grundlegende Häufigkeitsinformationen sowie die Anzahl an eindeutigen Werten in jeder Variablen und die Art der Häufigkeit (top- und freq-Zeilen der Ausgabe).

```
print iris_binned.describe()
```

	sepal length (cm)	sepal width (cm)	petal length (cm)	petal width (cm)
count	150	150	150	150
unique	4	4	4	4
top	[4.3, 5.1]	[2, 2.8]	[1, 1.6]	[0.1, 0.3]
freq	41	47	44	41

Häufigkeiten können eine Anzahl von interessanten Charakteristiken qualitativer Merkmale zeigen:

✔ Der Modus der Häufigkeitsverteilung, der der Merkmalswert mit der größten Häufigkeit ist.

✔ Die anderen häufigsten Merkmalswerte, speziell wenn die Häufigkeit vergleichbar mit der Häufigkeit des Modus ist (bimodale Verteilung) oder wenn ein großer Unterschied zwischen den Häufigkeiten besteht.

✔ Die Verteilung der Häufigkeit zwischen den Merkmalen, ob diese schnell abnehmend oder gleich verteilt sind.

✔ Seltene Merkmale, die sich versammeln.

Kontingenztafeln erstellen

Durch das Vergleichen unterschiedlicher kategorialer Häufigkeitsverteilungen können Sie die Beziehungen zwischen qualitativen Variablen darstellen. Die pandas.crosstab-Funktion kann Variablen oder Gruppen von Variablen vergleichen und somit helfen, mögliche Datenstrukturen oder Beziehungen zu erkennen.

Im folgenden Beispiel prüfen Sie, wie die Ergebnisvariable mit der Blütenblattlänge verbunden ist, und beobachten, dass verschiedene Ergebnisse und die Blütenblattgruppen nie zusammen auftreten:

```
print pd.crosstab(iris_dataframe['group'], iris_binned['petal length (cm)'])
```

petal length (cm)	(1.6, 4.35]	(4.35, 5.1]	(5.1, 6.9]	[1, 1.6]
group				
setosa	6	0	0	44
versicolor	25	25	0	0
virginica	0	16	34	0

Die pandas.crosstab-Funktion ignoriert die Anordnung kategorialer Variablen und zeigt immer die Zeilen- und Spaltenkategorie in alphabetischer Reihenfolge. Dieses Ärgernis ist immer noch in der Version von Pandas (Version 0.15.2), die in diesem Buch genutzt wird, vorhanden, wird künftig aber wohl behoben werden.

Angewandte Visualisierung für EDA

Bis jetzt hat dieses Kapitel Variablen nur erforscht durch das jeweils separate Betrachten. Genau genommen haben Sie, wenn Sie den Beispielen gefolgt sind, eine *univariate* Beschreibung der Daten geschaffen (das bedeutet, Sie beachten nur eigenständige Variationen der Daten). Die Daten sind reich an Informationen, weil sie mit der Darstellung mehrerer Variablen und deren reziproken Variationen eine Perspektive ermöglichen, die über die einer einzelnen Variablen hinausgeht. Das Erstellen einer *bivariaten* Untersuchung (wie Paare von Variablen zueinander in Beziehung stehen) schafft die Möglichkeit, mehr Daten zu nutzen. Dies ist auch die Grundlage für komplexe Datenanalysen, basierend auf einem *multivariaten* Ansatz, der eine gleichzeitige Berücksichtigung aller bestehenden Beziehungen zwischen den Variablen mit in Betracht zieht.

Wenn der univariate Ansatz eine begrenzte Anzahl an beschreibenden Statistiken untersucht, dann steigert das Anpassen verschiedener Variablen oder Gruppen von Variablen die Anzahl der Möglichkeiten. Solche Untersuchungen können den Data Scientist durch verschiedene Tests und bivariate Analysen überfordern. Visualisierung ist ein schneller Weg, um die Tests und Analysen auf nur die wichtigen Spuren und Hinweise zu begrenzen. Visualisierung kann die Vielfalt von statistischen Charakteristiken der Variablen und ihrer reziproken Beziehung viel einfacher übermitteln.

Boxplots untersuchen

Boxplots liefern einen Weg, Verteilungen und deren Streuungs- und Lagemaße in einer Darstellung zusammenzufassen, um zu zeigen, ob einige Beobachtungen zu weit vom Kern der Daten entfernt liegen – eine problematische Situation für einige Lernalgorithmen. Der folgende Code zeigt, wie ein einfacher Boxplot zum Iris-Datensatz erstellt wird:

```
boxplots = iris_dataframe.boxplot(return_type='axes')
```

In Abbildung 13.1 sehen Sie die Struktur der Verteilung für jede Variable, dargestellt durch die 25%- und die 75%-Perzentile (die Seiten der Box) und den Median (im Zentrum der Box). Die Linien, sogenannte Whiskers, stellen den 1,5-fachen IQR von den Seiten der Boxen (oder den Abstand zu dem extremsten Wert innerhalb des 1,5-fachen IQR) dar. Der Boxplot markiert jede Beobachtung außerhalb der Whisker (als ungewöhnlicher Wert betrachtet) durch ein Zeichen.

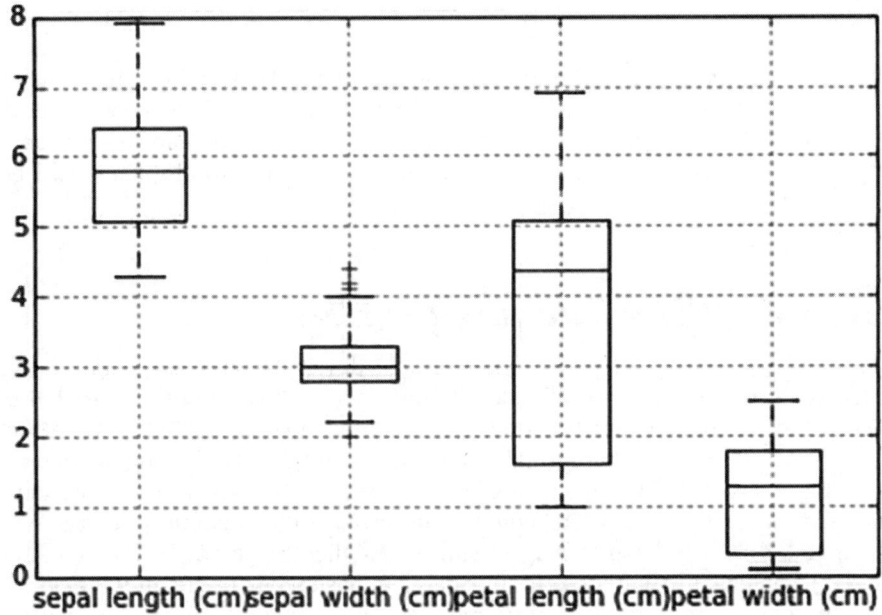

Abbildung 13.1: Ein nach Variablen angeordneter Boxplot

Boxplots sind ebenfalls extrem nützlich für das visuelle Prüfen von Gruppenunterschieden. Beachten Sie in Abbildung 13.2, wie ein Boxplot verdeutlicht, dass die drei Gruppen Setosa, Versiscolor und Virginica unterschiedliche Blütenblattlängen besitzen mit nur teilweise überlappenden Werten an den Rändern der beiden Letztgenannten.

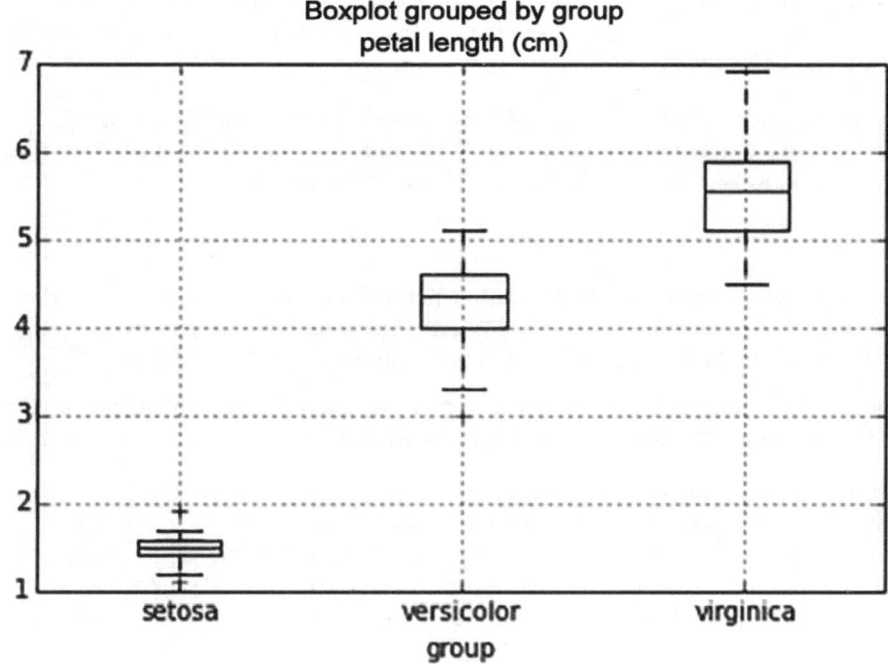

Abbildung 13.2: Ein nach Gruppen angeordneter Boxplot

T-Test nach dem Boxplot durchführen

Nachdem Sie einen möglichen Gruppenunterschied – relativ gesehen zu der Variablen – entdeckt haben, kann ein T-Test (genutzt in Situationen, in denen eine Beispiel-Population eine exakte Normalverteilung besitzt) oder eine einseitige Analyse der Varianz (ANOVA) durchgeführt werden, um Ihnen eine statistische Bestätigung der Signifikanz des Unterschieds zwischen den Mittelwerten der Gruppen zu liefern.

```
From scipy.stats import ttest_ind
group0 = iris_dataframe['group'] == 'setosa'
group1 = iris_dataframe['group'] == 'versicolor'
group2 = iris_dataframe['group'] == 'virginica'
print 'var1 %0.3f var2 %03f' % (
    iris_dataframe['petal length (cm)'][group1].var(),
    iris_dataframe['petal length (cm)'][group2].var())

var1 0.221 var2 0.304588
```

Der T-Test vergleicht zwei Gruppen zur gleichen Zeit und Sie müssen definieren, ob die Gruppen eine ähnliche Varianz besitzen oder nicht. So ist es notwendig, die Varianz im Vorfeld zu berechnen, wie hier gezeigt:

```
t, pvalue = ttest_ind(iris_dataframe[sepal width (cm)'][group1],
    iris_dataframe['sepal width (cm)'][group2], axis=0, equal_var=False)
print 't Statistik %0.3f p-Wert %0.3f' % (t, pvalue)

t Statistik -3.206 p-Wert 0.002
```

Sie interpretieren den pvalue als die Wahrscheinlichkeit, dass die berechnete statistische Differenz t nur ein Zufall ist. Wenn dieser Wert unter 0.05 liegt, können Sie normalerweise bestätigen, dass sich die Mittelwerte der Gruppen signifikant unterscheiden.

Sie können mit dem einseitigen ANOVA-Test mehr als zwei Gruppen gleichzeitig prüfen. In diesem Fall interpretiert der pvalue ähnlich wie im T-Test:

```
from scipy.stats import f_oneway
f, pvalue = f_oneway(iris_dataframe['sepal width (cm)'][group0],
                     iris_dataframe['sepal width (cm)'][group1],
                     iris_dataframe['sepal width (cm)'][group2])
print "einseitiger ANOVA F-Wert %0.3f p-Wert%0.3f" % (f,pvalue)

einseitiger ANOVA-F-Wert 47.364 p-Wert 0.000
```

Parallele Koordinaten beobachten

Parallele Koordinaten können helfen, Gruppen zu erkennen, deren Ergebnisvariablen sich leicht von den anderen trennen lassen. Es ist ein richtiger multivariater Plot, da er auf einen Blick alle Daten gleichzeitig darstellt. Das folgende Beispiel zeigt, wie parallele Koordinaten genutzt werden:

```
from pandas.tools.plotting import parallel_coordinates
iris_dataframe['labels'] = [iris.target_names[k] for k in
iris_dataframe['group']]
pll = parallel_coordinates(iris_dataframe,'labels')
```

Wie in Abbildung 13.3 gezeigt, finden Sie auf der x-Achse, der Abszissenachse, alle quantitativen Variablen aufgelistet. Auf der Ordinate finden Sie alle Beobachtungen, sorgfältig als parallele Linien dargestellt, jede in einer anderen Farbe, die die Zugehörigkeit zu unterschiedlichen Gruppen zeigt.

Wenn die parallelen Linien jeder Gruppe entlang der Darstellung in unterschiedlichen Teilen des Graphen weit von den anderen Gruppen entfernt verlaufen, ist die Gruppe einfach zu separieren. Die Visualisierung liefert auch die Mittel, die Gruppen anhand verschiedener Merkmale zu trennen.

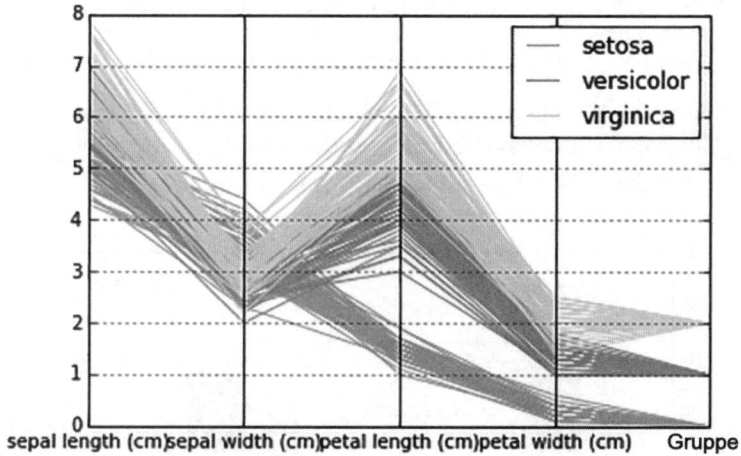

Abbildung 13.3: Parallele Koordinaten lassen erkennen, ob Gruppen einfach trennbar sind.

Grafische Darstellung von Verteilungen

Normalerweise übertragen Sie die Informationen, die Boxplots und andere deskriptive Statistiken liefern, in eine Kurve oder ein Histogramm für einen Überblick über die komplette Verteilung der Werte. Die in Abbildung 13.4 gezeigte Ausgabe stellt die Verteilung innerhalb des Datensatzes dar. Die verschiedenen Streuungen und Formen sind sofort erkennbar sowie der Fakt, dass die Blütenblattmerkmale zwei Spitzen haben.

```
densityplot = iris_dataframe[iris_dataframe.columns[:4]].plot(
    kind='density')
```

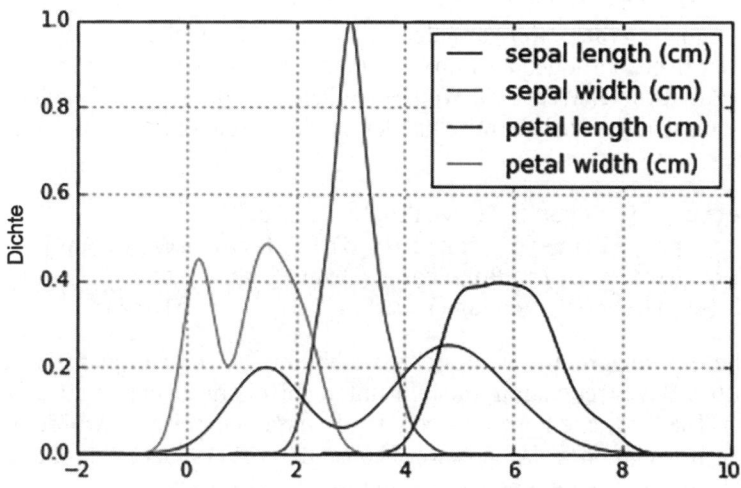

Abbildung 13.4: Merkmalsverteilung und -dichte

Histogramme liefern ein anderes, detaillierteres Bild der Verteilung:

```
single_distribution = iris_dataframe['petal length (cm)'].plot(kind='hist')
```

Abbildung 13.5 zeigt das Histogramm der Blütenblattlänge. Es zeigt eine Lücke in der Verteilung, eine möglicherweise interessante Entdeckung, wenn Sie es auf eine bestimmte Gruppe von Irisblumen beziehen können.

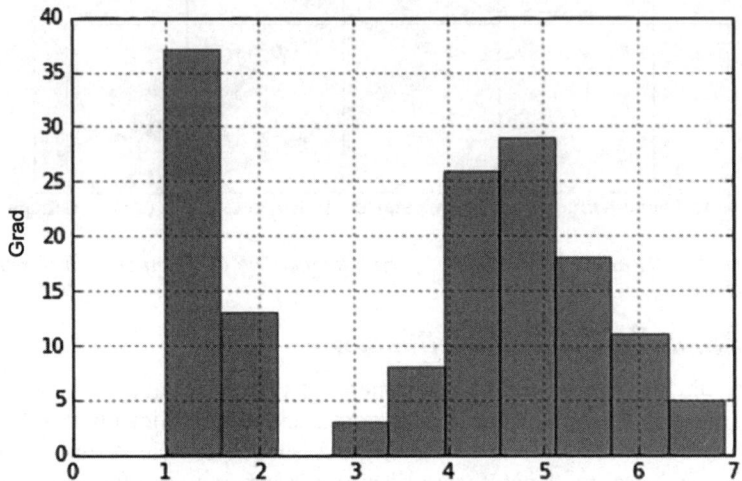

Abbildung 13.5: Histogramme können Verteilungen genauer beschreiben.

Streudiagramme zeichnen

In Streudiagrammen werden zwei Variablen miteinander verglichen, die die Koordinaten für das Zeichnen der Beobachtungen als Punkte auf einer Fläche liefern. Das Ergebnis ist normalerweise eine Punktwolke. Wenn die Wolke länglich ist und eine Linie bildet, können Sie davon ausgehen, dass die Variablen miteinander linear korrelieren. Das folgende Beispiel zeigt dieses Prinzip.

```
colors_palette = {0: 'red', 1: 'yellow', 2:'blue'}
colors = [colors_palette[c] for c in iris_dataframe['group']]
simple_scatterplot = iris_dataframe.plot(kind='scatter',
    x='petal length (cm)', y='petal width (cm)', c=colors)
```

Dieses einfache Streudiagramm, dargestellt in Abbildung 13.6, vergleicht Länge und Breite der Blütenblätter. Das Streudiagramm stellt unterschiedliche Gruppen durch unterschiedliche Farben dar. Die längliche Form, die von den Punkten beschrieben wurde, zeigt Hinweise auf eine starke Korrelation zwischen zwei beobachteten Variablen, und die Einteilung der Wolke in Gruppen deutet eine mögliche Aufteilung der Gruppen an.

Da die Anzahl der Variablen nicht zu groß ist, können Sie Streudiagramme auch automatisch aus einer Kombination der Variablen generieren. Diese Darstellung ist eine Matrix von Streudiagrammen. Das folgende Beispiel demonstriert, wie Sie eine solche Matrix erstellen:

```
from pandas.tools.plotting import scatter_matrix
colors_palette = {0: "red", 1: "yellow", 2: "blue"}
colors = [colors_palette[c] for c in iris_dataframe['group']]
matrix_of_scatterplots = scatter_matrix(iris_dataframe,
    figsize=(6, 6), color=colors, diagonal='kde')
```

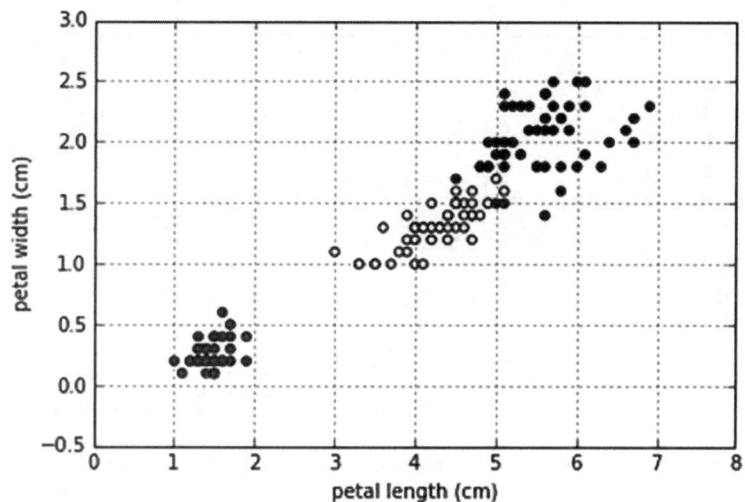

Abbildung 13.6: Ein Streudiagramm verrät, wie zwei Variablen zueinander stehen.

In Abbildung 13.7 können Sie die resultierende Darstellung des Iris-Datensatzes sehen. Die Diagonale, die die Dichteschätzung darstellt, kann mittels des Parameters diagonal='hist' durch ein Histogramm ersetzt werden.

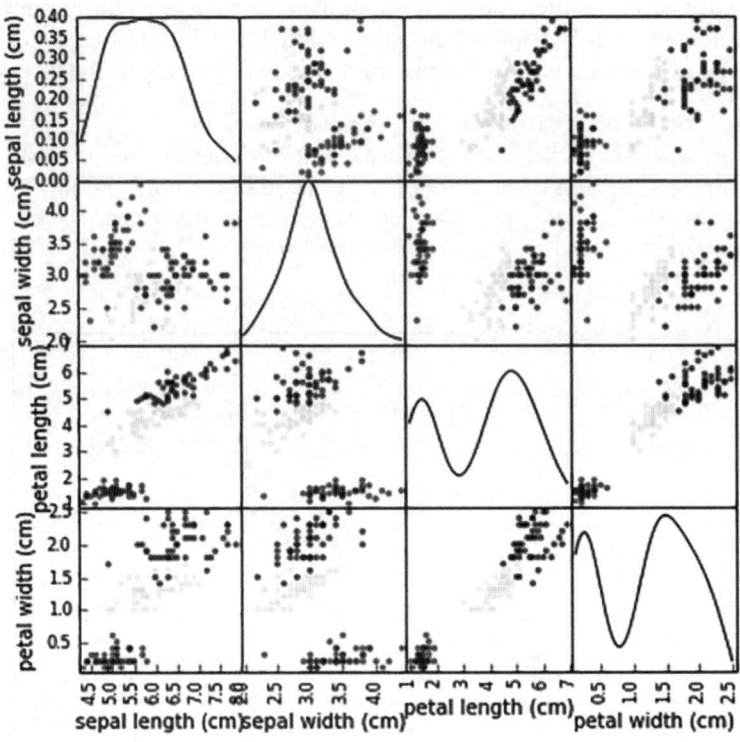

Abbildung 13.7: Eine Matrix von Streudiagrammen zeigt mehr Informationen auf einmal.

Korrelation verstehen

So wie die Beziehung zwischen Variablen grafisch dargestellt werden kann, so kann sie auch durch statistische Schätzung gemessen werden. Beim Arbeiten mit numerischen Variablen ist diese Abschätzung die Korrelation, und davon ist die sogenannte Pearson-Korrelation die bekannteste. Die Pearson-Korrelation ist der Grundstein für komplexe lineare Schätzungsmodelle. Wenn Sie mit kategorialen Variablen arbeiten, ist die Schätzung eines Zusammenhangs und die Chi-Quadrat-Statistik das am häufigsten genutzte Werkzeug für die Bestimmung des Zusammenhangs zwischen Merkmalen.

Kovarianz und Korrelation nutzen

Kovarianz ist die erste Messung des Zusammenhangs zweier Variablen. Sie gibt an, ob beide Variablen hinsichtlich ihrer Mittelwerte ein übereinstimmendes Verhalten aufweisen. Wenn die einzelnen Werte zweier Variablen normalerweise über oder unter dem jeweiligen Durchschnitt liegen, besitzen die zwei Variablen einen positiven Zusammenhang. Es bedeutet, dass sie eher übereinstimmen, und Sie können aus dem Verhalten einer der beiden Variablen durch Betrachten die andere ableiten. In solch einem Fall wird deren Kovarianz ein positiver Wert sein, und je höher der Wert, desto höher ist die Übereinstimmung.

Wenn stattdessen eine Variable normalerweise unter und die andere Variable über ihrem Durchschnitt ist, ist der Zusammenhang zwischen den Variablen negativ. Selbst wenn die beiden nicht übereinstimmen, ist es eine interessante Situation für Vorhersagen. Durch die Beobachtung des Zustands einer der beiden Variablen können Sie den wahrscheinlichen Zustand der anderen herausfinden (auch wenn dieser gegenteilig ist). In diesem Fall wird deren Kovarianz ein negativer Wert sein.

Ein dritter Zustand ist, dass die beiden Variablen nicht systematisch miteinander übereinstimmen. In diesem Fall wird die Kovarianz gegen null tendieren, ein Zeichen dafür, dass die beiden Variablen nicht viel gemeinsam haben und ein unabhängiges Verhalten aufweisen.

Wenn Sie eine numerische Zielvariable haben, möchten Sie idealerweise, dass sie eine hohe positive oder negative Kovarianz mit den Vorhersagevariablen hat. Eine hohe positive oder negative Kovarianz unter den Vorhersagevariablen ist ein Zeichen für Informationsredundanz. Die *Informationsredundanz* signalisiert, dass die Variablen auf dieselben Daten verweisen – die Variablen sagen uns also, dass sie dieselben Dinge in einer leicht unterschiedlichen Weise nutzen.

Die Berechnung der Kovarianzmatrix ist mit Pandas einfach möglich. Sie können sie sofort auf den `DataFrame` des Iris-Datensatzes anwenden:

```
iris_dataframe.cov()
                  sepal length (cm) sepal width (cm) petal length (cm) \
sepal length (cm)      0.685694         -0.039268          1.273682
sepal width (cm)      -0.039268          0.188004         -0.321713
petal length (cm)      1.273682         -0.321713          3.113179
petal width (cm)       0.516904         -0.117981          1.296387

                  petal width (cm)
sepal length (cm)      0.516904
sepal width (cm)      -0.117981
petal length (cm)      1.296387
petal width (cm)       0.582414
```

Die Ausgabe der Matrix zeigt Variablen in Zeilen und in Spalten. Durch Betrachtung verschiedener Zeilen- und Spaltenkombinationen können Sie den Wert der Kovarianz zwischen ausgewählten Variablen bestimmen. Nach Betrachtung der Ergebnisse verstehen Sie sofort, dass ein geringer Zusammenhang zwischen Blütenblattlänge und -breite existiert. Das bedeutet, dass es verschiedene informative Werte gibt. Es könnte zwar einen speziellen Zusammenhang zwischen Blütenblattlänge und -breite geben, aber das Beispiel sagt uns nichts über diesen Zusammenhang, da die Messung nicht einfach interpretierbar ist.

Die Streuung der beobachteten Variablen beeinflusst die Kovarianz. Daher ist es in vielen Situationen angebracht, ein anderes, aber standardisiertes Maß zu nutzen. Die Lösung ist die Korrelation – die Abschätzung der Kovarianz nach der Standardisierung der Variablen.

Hier ist ein Beispiel für die Berechnung der Korrelation durch eine einfache Pandas-Methode:

```
print iris_dataframe.corr()
                 sepal length (cm) sepal width (cm) petal length (cm) \
sepal length (cm)     1.000000        -0.109369          0.871754
sepal width (cm)     -0.109369         1.000000         -0.420516
petal length (cm)     0.871754        -0.420516          1.000000
petal width (cm)      0.817954        -0.356544          0.962757

                 petal width (cm)
sepal length (cm)     0.817954
sepal width (cm)     -0.356544
petal length (cm)     0.962757
petal width (cm)      1.000000
```

Nun ist es noch interessanter, da die Korrelationswerte zwischen -1 und +1 liegen, sodass der Zusammenhang zwischen Blütenblattlänge und -breite positiv und mit 0.96 auch fast das mögliche Maximum ist.

Sie können die Kovarianz- und Korrelationsmatrizen auch durch NumPy-Befehle berechnen, wie hier gezeigt:

```
covariance_matrix = np.cov(iris_nparray, rowvar=0, bias=1)
correlation_matrix= np.corrcoef(iris_nparray, rowvar=0, bias=1)
```

 In der Statistik wird diese Art von Korrelation *Pearson-Korrelation* genannt, und sein Koeffizient ist *Pearson's r*.

 Ein anderer netter Trick ist, das Quadrat der Korrelation zu berechnen. Durch das Quadrieren verlieren Sie die Vorzeichen. Die quadrierte Zahl sagt Ihnen den prozentualen Anteil der Informationen, die von beiden Variablen geteilt werden. In diesem Beispiel sagt Ihnen eine Korrelation von 0.96, dass 96 Prozent der Informationen gemeinsam genutzt werden. Sie können die quadrierte Korrelationsmatrix durch folgenden Befehl erzielen: print iris_dataframe. corr()**2.

 Wichtig zu merken ist, dass Kovarianz und Korrelation auf Mittelwerten basieren. So tendieren sie dazu, Zusammenhänge darzustellen, die Sie durch lineare Formulierungen ausdrücken können. Variablen in den realen Datensätzen haben normalerweise keine schönen linearen Formulierungen. Stattdessen sind sie höchst nichtlinear. Sie können sich auf mathematische Transformationen verlassen, um lineare Zusammenhänge zwischen den Variablen zu erzeugen. Eine gute Regel ist die Nutzung der Korrelationen, nur um Zusammenhänge zwischen Variablen geltend zu machen, nicht um sie auszuschließen.

Nichtparametrische Korrelation nutzen

Korrelationen können wunderbar funktionieren, wenn Ihre Variablen numerisch sind und ihre Beziehung streng linear. Manchmal können Ihre Merkmale ordinal sein (numerische Variable mit Reihenfolge), oder Sie vermuten eine Nichtlinearität aufgrund einer Nichtnormalverteilung in Ihren Daten. Eine mögliche Lösung dafür ist, die zweifelhafte Korrelation mit einer nichtparametrischen Korrelation wie der Spearman-Korrelation (es gibt weniger Anforderungen hinsichtlich der Verteilung der betrachteten Variablen) zu testen. Eine *Spearman-Korrelation* transformiert Ihre numerischen Werte in Ränge und korreliert dann die Ränge. Dies minimiert den Einfluss jeglichen nichtlinearen Zusammenhangs zwischen den zwei überwachten Variablen.

Als Beispiel bestätigen Sie den Zusammenhang zwischen den Blütenblattlängen und -breiten, deren Pearson-Korrelation relativ schwach war:

```
from scipy.stats import spearmanr
from scipy.stats.stats import pearsonr
spearmanr_coef, spearmanr_p = spearmanr(
    iris_dataframe['sepal length (cm)'],
    iris_dataframe['sepal width (cm)'])
pearsonr_coef, pearsonr_p = pearsonr(
    iris_dataframe['sepal length (cm)'],
    iris_dataframe['sepal width (cm)'])
print 'Pearson Korrelation %0.3f | Spearman Korrelation %0.3f' % (
    pearsonr_coef, spearmanr_coef)
Pearson Korrelation -0.109 | Spearman Korrelation -0.159
```

In diesem Fall bestätigt der Code den schwachen Zusammenhang zwischen den beiden Variablen durch einen nichtparametrischen Test.

Chi-Quadrat für Tabellen betrachten

Sie können andere nichtparametrische Tests zur Abhängigkeit durchführen, wenn mit Kreuztabellen gearbeitet wird. Dieser Test eignet sich für kategoriale und numerische Daten (nachdem sie in Gruppen diskretisiert wurden). Die Chi-Quadrat-Statistik sagt Ihnen, ob die Tabellenverteilung von zwei Variablen statistisch vergleichbar mit einer Tabelle ist, in der die beiden Variablen hypothetisch unabhängig voneinander sind (sogenannte Unabhängigkeits-Hypothese). Hier sehen Sie ein Beispiel für diese Technik:

```
from scipy.stats import chi2_contingency
table = pd.crosstab(iris_dataframe['group'],
    iris_binned['petal length (cm)'])
chi2, p, dof, expected = chi2_contingency(table.values)
print 'Chi-Quadrat %0.2f p-Wert %0.3f' % (chi2, p)

Chi-Quadrat 212.43 p-Wert 0.000
```

Wie schon zuvor gesehen, ist der p-Wert die Wahrscheinlichkeit, dass der Chi-Quadrat-Unterschied nur Zufall ist.

Der Chi-Quadrat-Messwert hängt von der Anzahl der Zellen einer Tabelle ab. Nutzen Sie die Chi-Quadrat-Messung nicht, um unterschiedliche Chi-Quadrat-Tests zu vergleichen, es sei denn, Sie sind sicher, dass sich die beiden Tabellen im Vergleich die gleiche Struktur teilen.

Chi-Quadrat ist besonders interessant für die Zuweisung der Zusammenhänge zwischen gruppierten numerischen Variablen, selbst wenn die Anwesenheit einer starken Nichtlinearität Pearson's r täuschen kann. Im Gegensatz zu Korrelationsmessungen kann es Sie über mögliche Zusammenhänge informieren, aber es wird Ihnen keine klaren Details über die Richtung oder die absolute Größe liefern.

Datenverteilungen modifizieren

Als Nebenprodukt der Datenerkundung können Sie in einer EDA-Phase Folgendes tun:

✔ Neue Merkmalskreationen aus der Kombination verschiedener, aber zusammenhängender Variablen erhalten

✔ Versteckte Gruppen oder ungewöhnliche Werte, die in Ihren Daten lauern, entdecken

✔ Einige nützliche Modifikationen Ihrer Datenverteilung durch Gruppierung (oder andere Diskretisierungen, wie binäre Variablen) ausprobieren

Wenn EDA durchgeführt wird, müssen Sie die Wichtigkeit der Datentransformation für die Vorbereitung der Lernphase berücksichtigen, was auch das Nutzen bestimmter mathematischer Formeln bedeutet. Der nachfolgende Abschnitt zeigt eine Übersicht der gebräuchlichsten mathematischen Formeln für EDA (wie die lineare Regression). Die von Ihnen gewählte Datentransformation hängt von der Verteilung Ihrer Daten ab, wobei eine Normalverteilung die üblichste ist. Zusätzlich zeigt dieser Abschnitt die Notwendigkeit des Abgleichs des Transformationsprozesses mit Ihrer verwendeten mathematischen Formel.

Die Normalverteilung nutzen

Die Normal- oder Gauß-Verteilung ist dank ihrer häufigen Wiederkehr und ihrer besonderen mathematischen Eigenschaften die nützlichste Verteilung in der Statistik. Sie ist die essenzielle Grundlage vieler statistischer Tests und Modelle, wobei einige davon, wie die lineare Regression, allgemein in Data Science genutzt wird.

In der Data-Science-Praxis werden Sie auf eine große Auswahl von verschiedenen Verteilungen treffen – einige davon sind nach Wahrscheinlichkeitstheorien benannt, andere nicht. Bei einigen Verteilungen besteht die Annahme, dass sie sich wie eine Normalverteilung verhalten, für andere mag das nicht zutreffen. Dies könnte ein Problem sein, abhängig von dem Algorithmus, den Sie für den Lernprozess nutzen. Als generelle Regel gilt: Wenn Ihr Modell eine lineare Regression oder Teil einer linearen Modellfamilie ist, weil es auf die Summierung von Koeffizienten hinausläuft, sollten sowohl die Standardisierung als auch die Verteilungstransformation in Betracht gezogen werden.

Eine Z-Score-Standardisierung erstellen

In Ihrem EDA-Prozess haben Sie vielleicht bemerkt, dass Ihre Variablen unterschiedlich struen und in ihrer Verteilung heterogen sind. Als Konsequenz Ihrer Analyse müssen Sie Ihre Variablen auf eine Weise transformieren, die sie einfach vergleichbar macht.

```
from sklearn.preprocessing import scale
stand_sepal_width = scale(iris_dataframe['sepal width (cm)'])
```

Andere beachtenswerte Verteilungen transformieren

Wenn Sie Ihre Variablen mit hoher Schiefe und Wölbung auf ihre Korrelation prüfen, könnte das Ergebnis für Sie enttäuschend sein. Wie Sie zuvor in diesem Kapitel festgestellt haben, erfahren Sie durch ein nichtparametrisches Korrelationsmaß wie dem von Spearman mehr, als Pearson's r Ihnen sagen könnte. In diesem Fall sollten Sie Ihre Erkenntnis in ein neues transformiertes Merkmal transformieren:

```
tranformations = {'x': lambda x: x, '1/x': lambda x: 1/x,
                  'x**2': lambda x: x**2, 'x**3': lambda x: x**3,
                  'log(x)': lambda x: np.log(x)}
for transformation in tranformations:
    pearsonr_coef, pearsonr_p = pearsonr(
    iris_dataframe['sepal length (cm)'],
    tranformations[transformation](iris_dataframe['sepal width (cm)']))
    print 'Transformation: %s \t Pearson\'s r: %0.3f' % (transformation,
        pearsonr_coef)
```

```
Transformation: x          Pearson's r: -0.109
Transformation: x**2       Pearson's r: -0.122
Transformation: x**3       Pearson's r: -0.131
Transformation: log(x)     Pearson's r: -0.093
Transformation: 1/x        Pearson's r: 0.073
```

Beim Erkunden verschiedener möglicher Transformationen kann Ihnen eine for-Schleife sagen, dass eine Potenztransformation die Korrelation zwischen den zwei Variablen erhöhen wird, wodurch sich auch die Leistung des linearen maschinellen Lernalgorithmus erhöht. Sie können auch weitere Transformationen wie die Quadratwurzel np.sqrt(x), exponentielle np.exp(x) und verschiedene Kombinationen aus allen Transformationen, wie den invertierten Logarithmus np.log(1/x), verwenden.

Dimensionalität verringern

In diesem Kapitel

▶ Entdecken der Magie der Singulärwertzerlegung

▶ Verstehen des Unterschieds zwischen Faktoren und Komponenten

▶ Vergleich unbekannter Bilder mit bekannten Bildern

▶ Automatisches Erfassen von Themen aus Texten

▶ Bau eines Filmempfehlungssystems

*B*ig Data ist definiert als Sammlung von Datensätzen, die so groß ist, dass es schwierig wird, sie mit traditionellen Techniken zu verarbeiten. Die Manipulation von großen Datenmengen unterscheidet sich von statistischen Problemen, die auf kleineren Stichproben basieren. Typischerweise nutzen Sie traditionelle statistische Techniken für kleinere Probleme und Data-Science-Techniken für große Probleme.

Daten werden zunächst mal als groß betrachtet werden, wenn sie aus vielen Beispielen bestehen. Die Analyse einer Datenbank mit Millionen von Kunden, mit denen gleichzeitig zu interagieren ist, stellt eine anständige Herausforderung dar. Das ist jedoch nicht die einzige mögliche Sicht auf große Datenmengen.

Eine andere Sicht auf große Datenmengen bezieht sich auf ihre Erzeugung und Geschwindigkeit; das ist die Zeitdimension. Selbst wenn die Zahl Ihrer Beobachtungen gering ist – Datenpunkte über einen längeren Zeitraum zu erzeugen, resultiert in einer riesigen Menge von Informationen. Der Datensatz berichtet beharrlich jeden Zeitpunkt oder jede Änderung Ihrer Fälle.

Ein dritter Blick auf große Daten sieht die Datendimensionalität, die sich darauf bezieht, wie viele Aspekte eines Falls durch eine Anwendung aufgezeichnet werden. Daten mit hoher Dimensionalität können mehrere Merkmale (Variablen) offerieren – oft Hunderte oder Tausende davon. Und das kann zu einem echten Problem werden. Selbst wenn Sie nur ein paar Fälle über eine kurze Zeit betrachten, das Arbeiten mit zu vielen Merkmalen macht die meisten Analysen widerspenstig.

Die Komplexität der Arbeit mit so vielen Dimensionen zieht die Notwendigkeit verschiedener Datentechniken nach sich, um Informationen zu filtern – die Daten zu behalten, die das Problem besser zu lösen scheinen. Der Filter reduziert die Dimensionalität durch Entfernen redundanter Informationen aus hochdimensionalen Datensätzen.

Der Fokus dieses Kapitels liegt auf der Reduzierung der Datendimensionalität, wenn die Daten zu viele Wiederholungen derselben Information besitzen. Sie können diese Reduzierung als eine Art von Informationskomprimierung betrachten, die der Komprimierung von Dateien zur Platzersparnis auf einer Festplatte ähnelt.

Sie müssen den Quelltext dieses Kapitels nicht abtippen. Tatsächlich ist es viel einfacher, wenn Sie die herunterladbare Quelle nutzen (siehe die Download-Anleitungen in der Einleitung). Der Quelltext für dieses Kapitel ist in der P4DS4D; 13; Reducing Dimensionality.ipynb-Quelltext-Datei zu finden.

SVD verstehen

Der Kern der Datenreduzierungsmagie liegt in einer Form von linearer Algebra, genannt Singulärwertzerlegung (SVD). *SVD* ist eine mathematische Methode, die Daten als Eingabe in Form einer einzelnen Matrix nimmt und drei daraus resultierende Matrizen zurückgibt, die multipliziert die ursprüngliche Eingabematrix zurückgeben. Die Formel von SVD ist

$$M = U * s * Vh$$

Die in der Formel genutzten Buchstaben bedeuten:

✔ **U:** Enthält alle Informationen Ihrer Zeilen (Ihre Beobachtungen).

✔ **Vh:** Enthält alle Informationen über Ihre Spalten (Ihre Merkmale).

✔ **s:** Zeichnet den SVD-Prozess auf (eine Art von Protokolleintrag).

Drei Matrizen aus einer zu erstellen, erscheint kontraproduktiv, wenn es das Ziel ist, die Datendimensionalität zu reduzieren. Sollte SVD nicht eher als Datenexplosion bezeichnet werden als als Reduzierung? Jedoch verbirgt sich die Magie von SVD in der Arbeitsweise: Wenn es die neuen Matrizen erstellt, trennt es die Informationen hinsichtlich der Zeilen und Spalten aus der ursprünglichen Matrix. Als Ergebnis komprimiert es alle wertvollen Informationen in den ersten Zeilen der neuen Daten.

Die resultierende Matrix s zeigt, wie die Komprimierung vorgeht. Die Summe aller Werte in s sagt Ihnen, wie viele Informationen zuvor in Ihrer ursprünglichen Matrix gespeichert waren, und jeder Wert in r sagt, wie viele Daten in der jeweiligen Spalte von U und Vh zusammengeführt wurden.

Um zu verstehen, wie das alles funktioniert, müssen Sie auf einzelne Werte schauen. Wenn beispielsweise die Summe von s 100 ist und der erste Wert von s 99, bedeutet dies, dass 99 Prozent der Informationen jetzt in der ersten Spalte von U und Vh gespeichert sind. Deshalb können Sie fröhlich alle verbleibenden Spalten nach der ersten Spalte verwerfen, ohne irgendwelche wichtigen Informationen für Ihren Data-Science-Wissensentdeckungsprozess zu verlieren.

Auf der Suche nach Dimensionalitätsverringerung

Wie kann Python Ihnen also helfen, Datenkomplexität zu verringern? Das folgende Beispiel zeigt eine Methode, um Ihre großen Daten zu reduzieren. Sie können diese Technik in vielen anderen interessanten Anwendungen ebenfalls nutzen.

```
import numpy as np
M = np.array([[1, 3, 4], [2, 3, 5], [1, 2, 3], [5, 4, 6]])
print(M)

[[1 3 4]
 [2 3 5]
 [1 2 3]
 [5 4 6]]
```

Sagen wir, Sie haben eine Matrix M, die die Daten beinhaltet, die Sie verringern möchten. M besteht aus vier Beobachtungen mit jeweils drei Merkmalen. Mit dem Modul linalg von NumPy können Sie auf die svd-Funktion zugreifen, die Ihre ursprüngliche Matrix in drei Variablen, U, s und Vh, aufteilt.

```
U, s, Vh = np.linalg.svd(M, full_matrices=False)
print np.shape(U), np.shape(s),np.shape(Vh)
print s

(4L, 3L) (3L,) (3L, 3L)
[ 12.26362747   2.11085464   0.38436189]
```

Die Matrix U, die die Zeilen zeigt, hat vier Zeilenwerte. Die Matrix Vh ist eine quadratische Matrix und ihre drei Zeilen stellen die ursprünglichen Spalten dar. Die Matrix s ist eine Diagonalmatrix. Eine Diagonalmatrix beinhaltet Nullen in jedem Element außer in der Diagonale. Die Länge der Diagonale ist genau die Länge der drei ursprünglichen Spalten. In s sehen Sie, dass der höchste Wert im ersten Element ist, was darauf hindeutet, dass die erste Spalte die meisten Informationen bereithält (mehr als 80 Prozent), die zweite besitzt einige Werte (circa 14 Prozent) und die dritte die restlichen Werte.

Sie können prüfen, ob SVD sein Versprechen hält, indem Sie die Ausgabe des Beispiels betrachten. Das Beispiel rekonstruiert die ursprüngliche Matrix unter Nutzung der dot-NumPy-Funktion, um U, s (diagonal) und Vh zu multiplizieren. Matrizenmultiplikation ist nicht ganz dasselbe wie das Multiplizieren zweier Zahlen.

```
print np.dot(np.dot(U, np.diag(s)), Vh) # vollständige Matrix-Rekonstruktion

[[ 1. 3. 4.]
 [ 2. 3. 5.]
 [ 1. 2. 3.]
 [ 5. 4. 6.]]
```

Die Rekonstruktion ist perfekt. Nun wird es Zeit, ein bisschen mit den Ergebnissen zu spielen. Zum Beispiel möchten Sie vielleicht sehen, was passiert, wenn Sie die dritte Spalte, die am wenigsten wichtige der drei, weglassen. Das folgende Beispiel zeigt, was dann passiert.

```
print np.round(np.dot(np.dot(U[:,:2], np.diag(s[:2])), Vh[:2,:]),1)
                                          # k=2 Rekonstruktion
```

```
[[ 1.  2.8 4.1]
 [ 2.  3.2 4.8]
 [ 1.  2.  3. ]
 [ 5.  3.9 6. ]]
```

Die Ausgabe ist fast identisch. Sie unterscheidet sich nur um wenige Zehntel. Wir wollen das Beispiel noch ein wenig weiterführen und mit dem folgenden Code die zweite und dritte Spalte entfernen.

```
print np.round(np.dot(np.dot(U[:,:1], np.diag(s[:1])), Vh[:1,:]),1)
                                          # k=1 Rekonstruktion
[[ 2.1 2.5 3.7]
 [ 2.6 3.1 4.6]
 [ 1.6 1.8 2.8]
 [ 3.7 4.3 6.5]]
```

Jetzt werden die Fehler größer. Einigen Elementen der Matrix fehlen mehr als nur ein paar Zehntel. Jedoch können Sie sehen, dass die meisten numerischen Informationen intakt sind. Stellen Sie sich das Potenzial solch einer Technik bei einer großen Matrix mit Hunderten von Spalten vor.

Eine der beachtenswerten Schwierigkeiten ist es, zu bestimmen, wie viele Spalten behalten werden sollen. Das Erstellen einer kumulierten Summe von Diagonalmatrizen s (die NumPy-cumsum-Funktion ist perfekt für diese Aufgabe) ist nützlich, um zu verfolgen, wie Informationen durch wie viele Spalten ausgedrückt sind. Als generelle Regel sollten Sie Lösungen betrachten, die 70 bis 99 Prozent der ursprünglichen Informationen beachten, jedoch ist dies keine strikte Regel – es ist wirklich abhängig davon, wie wichtig es für Sie ist, den ursprünglichen Datensatz zu rekonstruieren.

SVD nutzen, um das Unsichtbare zu messen

Eine Eigenschaft von SVD ist es, die ursprünglichen Daten auf einem solchen Level und auf eine solch clevere Art zu komprimieren, dass in bestimmten Fällen diese Technik wirklich neue bedeutsame und nützliche Merkmale erzeugen kann und nicht nur Variablen komprimiert. Dafür hätten Sie die drei Spalten der U-Matrix aus dem vorherigen Beispiel als neues Merkmal nutzen können.

Wenn Ihre Daten Tipps und Hinweise über eine verborgene Ursache oder ein Motiv enthalten, kann eine SVD diese zusammensetzen und bietet angemessene Antworten und Einsichten. Das ist insbesondere dann der Fall, wenn Ihre Daten aus interessanten Informationsteilen bestehen, wie die aus folgender Liste:

✔ **Text in dem Dokument weist auf Ideen und relevante Kategorien hin.** So wie Sie sich Gedanken über bestimmte Themen durch Lesen von Blogs und Zeitungen machen, so kann SVD Ihnen helfen, eine bedeutungsvolle Klassifikation von Dokumentgruppen oder spezifischen Themen zu erstellen, über die darin geschrieben wird.

✔ **Bewertungen von bestimmten Filmen oder Büchern weisen auf Ihre persönlichen Präferenzen und auf größere Produktkategorien hin.** Wenn Sie auf einer Bewertungsseite angeben, dass Sie die Original-*Star-Trek*-Serie lieben, wird es möglich, zu bestimmen, was Sie in Bezug auf andere Filme, Verbraucherprodukte oder Persönlichkeitstypen mögen.

Ein Beispiel für eine auf SVD basierende Methode ist Latent Semantic Indexing (LSI). LSI wird erfolgreich genutzt, um Dokumente und Wörter zu verknüpfen, basierend auf der Idee, dass unterschiedliche Wörter dazu tendieren, die gleiche Bedeutung zu haben, wenn sie in einem ähnlichen Kontext stehen. Diese Art von Analyse schlägt nicht nur Synonyme vor, sondern auch höhere Gruppierungskonzepte. Zum Beispiel kann eine LSI-Analyse aufgrund einiger ausgewählter Sportnachrichten Baseballteams der Major League gruppieren, allein basierend auf dem gemeinsamen Auftreten der Teamnamen in ähnlichen Artikeln und ohne vorheriges Wissen darüber, was ein Baseballteam oder die Major League sind.

Faktor- und Hauptkomponentenanalyse durchführen

SVD arbeitet direkt mit den numerischen Werten Ihrer Daten, aber Sie können Daten auch als Beziehung zwischen Variablen ausdrücken. Jedes Merkmal hat eine bestimmte Variation. Sie können die Variabilität wie die Varianz um den Mittelwert berechnen. Je größer die Varianz, desto mehr Informationen beinhaltet eine Variable. Wenn Sie die Variablen in eine Reihe setzen, können Sie zusätzlich die Varianz zweier Variablen vergleichen, um zu bestimmen, ob diese korrelieren. Dies ist ein Maß dafür, wie ähnlich ihre Werte sind.

Beim Überprüfen aller möglichen Korrelationen zwischen Variablen mit anderen in der Reihe können Sie entdecken, dass Sie zwei Typen von Varianzen haben:

✔ **Einzigartige Varianz:** Einige Varianzen sind einzigartig für die beobachtete Variable. Sie können nicht mit dem in Verbindung gebracht werden, was mit anderen Variablen passiert.

✔ **Geteilte Varianz:** Einige Varianzen werden mit einer oder mehreren anderen Variablen gemeinsam geteilt, was Redundanz in den Daten erzeugt. Redundanz bedeutet, dass Sie die gleiche Information mit leicht unterschiedlichen Werten in verschiedenen Merkmalen und über viele Beobachtungen finden können.

Natürlich ist der nächste Schritt, den Grund für die geteilte Varianz zu bestimmen. Der Versuch, solch eine Frage zu beantworten, sowie die Bestimmung, wie mit einzigartigen und geteilten Varianzen umgegangen werden soll, führt zu der Faktor- und Hauptkomponentenanalyse.

Das psychometrische Modell berücksichtigen

Lange bevor viele maschinelle Lernalgorithmen erdacht wurden, versuchte die *Psychometrie*, die Disziplin der Psychologie, die sich mit psychologischen Messungen beschäftigt, eine statistische Lösung zu finden, um Dimensionen der Persönlichkeit effektiv zu messen. Unsere Persönlichkeit, wie auch andere persönliche Aspekte, sind nicht direkt messbar. Zum Beispiel ist es nicht möglich, präzise zu messen, wie introvertiert oder intelligent eine Person ist. Fragesteller und psychologische Tests weisen nur auf diese Werte hin.

Psychologen wissen von SVD und versuchen, es auf ihre Probleme anzuwenden. Die Einheitsvarianz zog ihre Aufmerksamkeit auf sich: Wenn einige Variablen fast gleich sind, sollten sie die gleiche Ursache haben, dachten sie. Psychologen erstellten *Faktoranalysen,* um diese Aufgabe durchzuführen! Statt SVD direkt auf die Daten anzuwenden, wendeten sie es auf die frisch erstellte Matrix an und erfassten die übliche Varianz, in der Hoffnung, all die Informationen zu verdichten und neue nützliche Merkmale, genannt *Faktoren*, zu erhalten.

Nach versteckten Faktoren suchen

Einen guten Start, um zu zeigen, wie die Faktorenanalyse zu nutzen ist, bietet der Iris-Datensatz:

```
from sklearn.datasets import load_iris
from sklearn.decomposition import FactorAnalysis
iris = load_iris()
X, y = iris.data, iris.target
factor = FactorAnalysis(n_components=4,random_state=101).fit(X)
```

Sind die Daten geladen und in allen vorhergesagten Merkmalen gespeichert, wird die FactorAnalysis-Klasse mit einer Anfrage, nach vier Faktoren zu suchen, initialisiert. Die Daten sind dann angepasst. Sie können die Ergebnisse durch die Beobachtung des n_components-Attributs erkunden, das ein Array mit den Messungen der Beziehungen zwischen den neu geschaffenen Faktoren zurückgibt. Diese sind in Reihen und die ursprünglichen Merkmale in Spalten angeordnet. Bei der Überschneidung jedes Faktors und jedes Merkmals deutet eine positive Zahl auf ein positives Verhältnis zwischen den beiden hin. Eine negative Zahl hingegen zeigt, dass sie sich unterscheiden, und das eine ist das Gegenteil vom anderen.

 Sie müssen verschiedene Werte des n_components-Attributs testen, weil es nicht möglich ist, zu wissen, wie viele Faktoren in den Daten existieren. Wenn der Algorithmus mehr Faktoren benötigt, als tatsächlich existieren, wird er Faktoren mit kleinen Werten in dem components_-Array generieren.

```
import pandas as pd
print pd.DataFrame(factor.components_,columns=iris.feature_names)
```

	sepal length (cm)	sepal width (cm)	petal length (cm)	petal width (cm)
0	0.707227	-0.153147	1.653151	0.701569
1	0.114676	0.159763	-0.045604	-0.014052
2	0.000000	-0.000000	-0.000000	-0.000000
3	-0.000000	0.000000	0.000000	-0.000000

In dem Test mit dem Iris-Datensatz sollte die Anzahl der resultierenden Faktoren maximal zwei und nicht vier sein, weil nur zwei Faktoren eine signifikante Verbindung mit den ursprünglichen Merkmalen besitzen. Sie können diese zwei Faktoren als neue Variablen in Ihrem Projekt nutzen, da sie ein unbemerktes, aber wichtiges Merkmal widerspiegeln, das in den vorherigen zur Verfügung stehenden Daten nur angedeutet wurde.

Komponenten nutzen, nicht Faktoren

Wenn eine SVD erfolgreich auf die Einheitsvarianz angewendet werden konnte, wundert es Sie vielleicht, dass das nicht bei allen Varianzen funktioniert. Durch eine leicht modifizierte Anfangsmatrix könnten alle Beziehungen innerhalb der Daten auf eine ähnliche Weise, wie es bei SVD geschieht, reduziert und komprimiert werden. Das Ergebnis dieses Prozesses, der SVD stark ähnelt, nennt man *Hauptkomponentenanalyse* (PCA). Die neu erstellten Merkmale werden *Komponenten* genannt. Im Gegensatz zu Faktoren werden Komponenten nicht als der eigentliche Kern der Datenstruktur beschrieben, sondern sind nur restrukturierte Daten, sodass Sie diese als große, clevere Summierung ausgewählter Variablen betrachten können.

Für Data-Science-Anwendungen sind PCA und SVD recht ähnlich. Jedoch ist PCA nicht durch die Skalierung der Original-Merkmale beeinflusst (da es mit Messungen der Korrelation arbeitet, die zwischen Werten von -1 und +1 festgelegt sind), und PCA konzentriert sich auf den Wiederaufbau der Beziehungen zwischen den Variablen, was andere Ergebnisse als SVD liefert.

Dimensionalitätsverringerung erreichen

Die Prozedur, um eine PCA zu erhalten, ist der der Faktoranalyse sehr ähnlich. Der Unterschied ist, dass Sie keine Anzahl an zu extrahierenden Komponenten festlegen müssen. Sie entscheiden später, wie viele Komponenten Sie nach dem Prüfen des explained_variance_ratio_-Attributs behalten, das eine Quantifizierung (in Prozenten) der informativen Werte jeder extrahierten Komponente liefert. Das folgende Beispiel zeigt, wie diese Aufgabe durchgeführt wird:

```
from sklearn.decomposition import PCA
import pandas as pd
pca = PCA().fit(X)
print 'Explained variance by component: %s' % pca.explained_variance_ratio_
print pd.DataFrame(pca.components_,columns=iris.feature_names)

Explained variance by component: [ 0.92461621 0.05301557 0.01718514
            0.00518309]
   sepal length (cm)  sepal width (cm)  petal length (cm)  petal width (cm)
0       0.361590         -0.082269          0.856572          0.358844
1      -0.656540         -0.729712          0.175767          0.074706
2       0.580997         -0.596418         -0.072524         -0.549061
3       0.317255         -0.324094         -0.479719          0.751121
```

In dieser Zerlegung des Iris-Datensatzes zeigt die durch `explained_variance_ration` gelieferte Liste der Vektoren, dass die meisten Informationen sich in der ersten Komponente konzentrieren (92.5 Prozent). Sie sahen die gleiche Art von Ergebnis nach der Faktorenanalyse. Es ist daher möglich, den gesamten Datensatz auf zwei Komponenten zu reduzieren. Dies bedeutet eine Reduzierung des Rauschens und redundanter Informationen der ursprünglichen Daten.

Einige Anwendungen verstehen

Die Algorithmen zu verstehen, die die Familie der SVD-abgeleiteten Datenzerlegungstechniken bilden, ist wegen ihrer mathematischen Komplexität und der vielfältigen Varianten (wie Faktoranalyse, PCA und SVD) ein komplexer Prozess. Einige Anwendungen könnten Ihnen beim Verständnis dieser mächtigen Data-Science-Werkzeuge helfen.

In den folgenden Abschnitten werden Sie mit einigen Algorithmen arbeiten, die Sie schon in Aktion gesehen haben, wenn Sie:

✔ eine Suche auf Basis von Bildern mittels einer Suchmaschine durchgeführt haben oder ein Bild in soziale Netzwerke gestellt haben

✔ automatisch Blogeinträge oder Fragen in FAQ-Webseiten beschriftet haben

✔ Empfehlungen für Ihren Kauf in einem Online-Handel erhalten haben

Gesichter erkennen mit PCA

Unser erstes Beispiel arbeitet mit Bildern, genauer: mit Gesichtsbildern. Sie haben sich vielleicht gewundert, wie soziale Netzwerke es schaffen, Bilder mit passenden Beschriftungen oder Namen zu markieren. Das folgende Beispiel demonstriert Ihnen, wie das geht.

```
from sklearn.datasets import fetch_olivetti_faces
dataset = fetch_olivetti_faces(shuffle=True, random_state=101)
train_faces = dataset.data[:350,:]
test_faces = dataset.data[350:,:]
train_answers = dataset.target[:350]
test_answers = dataset.target[350:]
```

Das Beispiel beginnt mit dem Olivetti-Gesichtsdatensatz, einem Satz von Bildern – leicht zugänglich über Scikit-learn. Für dieses Experiment teilt der Code den Datensatz von beschrifteten Bildern in einen Trainings- und einen Testdatensatz. Sie müssen vorgeben, die Beschriftung des Trainingsdatensatzes zu kennen, aber nichts aus dem Testdatensatz. Als Ergebnis möchten Sie Bilder aus dem Testdatensatz den ähnlichsten Bildern aus dem Trainingsdatensatz zuordnen.

```
print dataset.DESCR
```

Der Olivetti-Datensatz besteht aus 400 Fotos von 40 Personen (also zehn Fotos für jede Person). Die Fotos derselben Person wurden jeweils zu unterschiedlichen Tageszeiten mit unterschiedlichem Licht, unterschiedlichem Gesichtsausdruck und variierenden Details (zum Beispiel mit und ohne Brille) gemacht. Die Bilder sind 64×64 Pixel groß, sodass die Übertragung aller Pixel in jeweils ein Merkmal einen Datensatz aus 400 Fällen und 4.096 Variablen erzeugt.

```
from sklearn.decomposition import RandomizedPCA
n_components = 25
Rpca = RandomizedPCA(n_components=n_components, whiten=True,
    random_state=101).fit(train_faces)
print 'Explained variance by %i components: %0.3f' % (n_components,
    np.sum(Rpca.explained_variance_ratio_))
compressed_train_faces = Rpca.transform(train_faces)
compressed_test_faces = Rpca.transform(test_faces)


Explained variance by 25 components: 0.794
```

Die RandomizedPCA-Klasse entspricht (fast) der PCA-Implementierung, die am besten funktioniert, wenn der Datensatz groß ist (viele Zeilen und Variablen). Die Zerlegung erzeugt 25 neue Variablen (n_components-Parameter) und eine Aufhellung (whiten=True), wodurch konstantes Rauschen (erzeugt durch Text- und Fotokörnung) aus den Bildern entfernt wird. Die resultierende Zerlegung nutzt 25 Komponenten, was ungefähr 80 Prozent der Informationen entspricht, die in 4.096 Merkmalen enthalten sind.

```
import matplotlib.pyplot as plt
photo = 17 # Das Foto des Testdatensatzes, über das wir Informationen wollen
print 'Wir suchen nach der Gesichts-ID=%i' % test_answers[photo]
plt.subplot(1, 2, 1)
plt.axis('off')
plt.title('Unbekanntes Gesicht '+str(photo)+' in Testsatz)
plt.imshow(test_faces[photo].reshape(64,64), cmap=plt.cm.gray,
           interpolation='nearest')
```

Abbildung 14.1 zeigt das ausgewählte Foto aus dem Testdatensatz.

Unbekanntes Gesicht 17 im Testdatensatz

Abbildung 14.1: Die Beispielanwendung würde ähnliche Fotos finden.

Nach der Zerlegung des Testdatensatzes nimmt das Beispiel nur die Daten, die sich auf Foto 17 beziehen, und subtrahiert sie von der Zerlegung des Trainingsdatensatzes. Nun besteht der Trainingsdatensatz aus den Unterschieden hinsichtlich des Beispielfotos. Der Code quadriert diese (um negative Werte zu entfernen) und summiert sie zeilenweise. Das führt zu einer Serie von summierten Fehlern. Die Fotos, die sich am wenigsten unterscheiden, sind die mit dem kleinsten Fehlerquadrat.

```python
mask = compressed_test_faces[photo,] #Nur der Vektor der Wertkomponenten
                                     #unseres Bilds
squared_errors = np.sum((compressed_train_faces - mask)**2,axis=1)
minimum_error_face = argmin(squared_errors)
most_resembling = list(np.where(squared_errors < 20)[0])
print 'Bestes ähnliches Gesicht im Trainingssatz: %i' % train_answers
                                                [minimum_error_face]
```

```
Bestes ähnliches Gesicht im Trainingssatz: 34
```

Wie schon zuvor kann der Code nun Foto 17 zeigen, das den Bildern vom Trainingsdatensatz am meisten ähnelt.

```python
import matplotlib.pyplot as plt
plt.subplot(2, 2, 1)
plt.axis('off')
plt.title('Unbekanntes Gesicht '+str(photo)+' im Testdatensatz')
plt.imshow(test_faces[photo].reshape(64,64), cmap=plt.cm.gray,
           interpolation='nearest')
for k,m in enumerate(most_resembling[:3]):
    plt.subplot(2, 2, 2+k)
    plt.title('Treffer im Trainingssatz Nr. '+str(m))
    plt.axis('off')
    plt.imshow(train_faces[m].reshape(64,64), cmap=plt.cm.gray,
               interpolation='nearest')
plt.show()
```

Das ähnlichste Bild ist zwar sehr ähnlich (es ist nur etwas anders skaliert), die anderen zwei Fotos sind dagegen aber recht unterschiedlich. Doch selbst wenn diese Fotos nicht so gut mit dem Testbild übereinstimmen, zeigen sie wirklich die Person aus Foto 17.

Unbekanntes Gesicht 17
im Testdatensatz

Treffer im Trainingssatz Nr. 170

Treffer im Trainingssatz Nr. 191   Treffer im Trainingssatz Nr. 216

Abbildung 14.2: Die Ausgabe zeigt Resultate, die dem Testbild ähneln.

Themen mit NMF extrahieren

Textdaten sind ein weiteres Anwendungsgebiet für die Familie der Datenreduktionsalgorithmen. Die Idee, die zu solch einer Anwendung führte, ist folgende: Wenn eine Gruppe von Personen miteinander über etwas spricht oder schreibt, tendieren diese Menschen dazu, Wörter eines begrenzten Wortschatzes zu nutzen, da es sich sich um dasselbe oder ein verwandtes Thema handelt. Die Wörter ähneln sich in der Bedeutung oder sind Teil derselben Gruppe. Wenn Sie folglich eine Sammlung von Texten haben und nicht wissen, auf welche Themen der Text sich bezieht, können Sie die vorherige Überlegung umkehren – Sie können einfach nach Gruppen von Wörtern suchen, die dazu tendieren, miteinander in Verbindung zu stehen. So kann die durch die Dimensionalitätsverringerung neu geformte Gruppe auf die Themen hinweisen, über die Sie etwas wissen wollten.

Dies ist eine perfekte Anwendung für die Familie der SCD-Algorithmen, da durch die Reduktion der Zeilenanzahl die Merkmale (in einem Dokument sind die Wörter die Merkmale) in Dimensionen zusammengefasst werden, und Sie können die Themen durch Prüfen der Wörter mit hohen Werten entdecken. SVD und PCA liefern Merkmale, die sich positiv und negativ auf die neu erstellten Dimensionen beziehen können. So kann ein resultierendes Thema durch die Anwesenheit eines Wortes (hoher positiver Wert) oder durch seine Abwesenheit (hoher negativer Wert) ausgedrückt werden. Das macht die Interpretation weniger kompliziert und für Menschen intuitiver. Glücklicherweise enthält Scikit-learn die nicht-negative Matrix-Faktorisierungs-Zerlegungsklasse (NMF), die es erlaubt, ein ursprüngliches Merkmal nur positiv mit einer resultierenden Dimension zu verbinden.

Dieses Beispiel fängt mit einem neuen Experiment an. Nach dem Laden der 20-Newsgroups-Datensatz werden nur die Einträge mit Bezug zu Verkaufsobjekten selektiert, Kopf- und Fußzeile sowie die Anführungszeichen werden automatisch entfernt.

```
from sklearn.datasets import fetch_20newsgroups
dataset = fetch_20newsgroups(shuffle=True, categories = ['misc.forsale'],
    remove=('headers', 'footers', 'quotes'), random_state=101)
print 'Beiträge: %i' % len(dataset.data)
```

```
Beiträge: 585
```

Die `TfidVectorizer`-Klasse wurde importiert und aufgesetzt, um Stoppwörter zu entfernen (gebräuchliche Wörter wie *das* oder *und*) und nur kennzeichnende Wörter zu behalten. Sie erstellt eine Matrix, deren Spalte auf die bestimmten Wörter zeigt.

```
from sklearn.feature_extraction.text import TfidfVectorizer
vectorizer = TfidfVectorizer(max_df=0.95, min_df=2, stop_words='english')
tfidf = vectorizer.fit_transform(dataset.data)
```

```
from sklearn.decomposition import NMF
n_topics = 5
nmf = NMF(n_components=n_topics, random_state=101).fit(tfidf)
```

 *Vorkommenshäufigkeit-inverse Dokumentenhäufigkeit* (Tf-idf) ist eine simple Berechnung basierend auf der Häufigkeit eines Wortes in einem Dokument. Es ist durch das seltene Auftreten des Wortes über alle verfügbaren Dokumente gewichtet. Die Gewichtung von Wörtern ist ein effektiver Weg, um Wörter zu entfernen, die Ihnen nicht dabei helfen können, Dokumente während der Textverarbeitung zu klassifizieren oder zu identifizieren. Zum Beispiel können Sie gebräuchliche Wortklassen oder gebräuchliche Wörter eliminieren.

Wie auch bei anderen Algorithmen des `sklearn.decomposition`-Moduls gibt der `n_components`-Parameter die Anzahl an erwünschten Komponenten an. Wenn Sie nach mehr Themen suchen möchten, nutzen Sie eine höhere Anzahl. Wenn die benötigte Anzahl an Themen steigt, berichtet die `reconstruction_err_`-Methode geringere Fehlerraten. Es liegt an Ihnen, sich zu entscheiden und einen Kompromiss zwischen mehr Zeit für die Berechnung und mehr Themen zu finden.

Der letzte Teil des Skripts gibt die resultierenden fünf Themen aus. Beim Lesen der gedruckten Wörter können Sie über die Bedeutung der extrahierten Themen entscheiden dank der Produktcharakteristiken (zum Beispiel beziehen sich die Wörter *drive*, *hard*, *card* und *floppy* auf Computer) oder dem exakten Produkt (zum Beispiel *comics*, *car*, *stereo*, *games*).

```
feature_names = vectorizer.get_feature_names()
n_top_words = 15
for topic_idx, topic in enumerate(nmf.components_):
    print "Thema #%d:" % (topic_idx+1),
    print " ".join([feature_names[i] for i in topic.argsort()
                [:-n_top_words-1:-1]])
```

```
Thema #1: drive hard card floppy monitor meg ram disk motherboard vga
          scsi brand color
    internal modem
Thema #2: 00 50 dos 20 10 15 cover 1st new 25 price man 40 shipping comics
Thema #3: condition excellent offer asking best car old sale good new miles 10
          000 tape
    cd
Thema #4: shipping vcr stereo works obo included amp plus great volume
          vhs unc mathes
    gibbs radley
Thema #5: email looking games game mail interested send like thanks price
          package list
    sale want know
```

Erkunden Sie das resultierende Modell durch Betrachten der Attribute components_ von dem trainierten NMF-Modell. Es besteht aus einem NumPy-ndarray, das die positiven Werte für mit dem Thema verbundene Wörter enthält. Durch die argsort-Methode können Sie die Indizes der besten Assoziationen sortieren, dessen hohe Werte darauf hindeuten, dass dies die repräsentativsten Wörter sind.

```
print nmf.components_[0,:].argsort()[:-n_top_words-1:-1]
                # Erhalten der besten Wörter für Thema 0
[1337 1749 889 1572 2342 2263 2803 1290 2353 3615 3017 806 1022 1938 2334]
```

Die Entschlüsselung der Wortindizes erzeugt lesbare Zeichenketten, indem diese aus dem Array aufgerufen werden, das sich aus der Anwendung der get_feature_names-Methode auf den TfidfVectorizer ableitet, der zuvor angepasst wurde.

```
print vectorizer.get_feature_names()[1337]
                # Transformieren der Indizes in Wörter
    drive
```

Filme empfehlen

Andere interessante Anwendungen für die Datenreduktion sind Systeme zur Erzeugung von Empfehlungen zu Dingen, die Sie kaufen oder über die Sie mehr erfahren möchten. Sie haben wahrscheinlich schon einige Erfahrungen mit Empfehlungsprogrammen gemacht. Bei den meisten Onlinehändlern sehen Sie andere Kaufempfehlungen basierend auf den vorigen Kundenerfahrungen (die Methode wird *kollaboratives Filtern* genannt), nachdem Sie sich eingeloggt, einige Produktseiten besucht und Bewertungen abgegeben haben oder ein Produkt in Ihren elektronischen Einkaufskorb gelegt haben.

Sie können kollaborative Empfehlungen implementieren, basierend auf einfachen Mittelwerten oder Häufigkeiten, die aus anderen Kundendatensätzen von gekauften Dingen oder Bewertungen mit SVD berechnet werden. Dieser Ansatz hilft Ihnen, verlässliche Empfehlungen selbst bei den Produkten zu erstellen, die ein Verkäufer nur selten verkauft oder die noch neu für den Nutzer sind.

Für dieses Beispiel verwenden Sie eine bekannte Datenbank, erstellt von der MovieLens-Webseite, die Nutzerbewertungen von Filmen sammelte. Da es ein externer Datensatz ist, müssen Sie ihn zuerst von der Webseite herunterladen:

```
http://files.grouplens.org/datasets/movielens
```

Nach dem Herunterladen entpacken Sie ihn in das Arbeitsverzeichnis von Python. Sie können mit folgendem Kommando Ihr Arbeitsverzeichnis ermitteln:

```
import os
print os.getcwd()
```

Beachten Sie das angezeigte Verzeichnis und extrahieren Sie die ml-1m-Datenbank dahin. Danach führen Sie folgenden Code aus:

```
import pandas as pd
from scipy.sparse import csr_matrix
users = pd.read_table('ml-1m/users.dat', sep='::', header=None,
            names=['user_id', 'gender', 'age', 'occupation', 'zip'])
ratings = pd.read_table('ml-1m/ratings.dat', sep='::', header=None,
            names=['user_id', 'movie_id', 'rating', 'timestamp'])
movies = pd.read_table('ml-1m/movies.dat', sep='::', header=None,
            names=['movie_id', 'title', 'genres'])
MovieLens = pd.merge(pd.merge(ratings, users), movies)
```

Mit pandas lädt der Code die unterschiedlichen Datentabellen und vereint sie anhand der Merkmale mit den gleichen Namen (die user_id- und movie_id-Variablen).

```
ratings_mtx_df = MovieLens.pivot_table(values='rating', rows='user_id',
            cols='title', fill_value=0)
movie_index = ratings_mtx_df.columns
```

pandas wird ebenfalls helfen, eine Datentabelle zu erstellen, bei der sich die Informationen der Nutzer in den Zeilen befinden und in den Spalten die Filmtitel. Ein Filmindex wird den Überblick darüber behalten, welcher Film jede Spalte darstellt.

```
from sklearn.decomposition import TruncatedSVD
recom = TruncatedSVD(n_components=10, random_state=101)
R = recom.fit_transform(ratings_mtx_df.values.T)
```

Die TruncatedSVD-Klasse reduziert die Datentabelle auf zehn Komponenten. Diese Klasse bietet einen skalierbareren Algorithmus als der im vorherigen Beispiel genutzte SciPy. linalg.svd. TruncatedSVD berechnet resultierende Matrizen genau nach der Form, die Sie mit dem n_components-Parameter festlegen (die vollständigen resultierenden Matrizen sind nicht berechnet). Dies führt zu einer schnelleren Ausgabe und weniger Speicherverbrauch.

Durch die Berechnung der Vh-Matrix können Sie die Bewertungen verschiedener, aber ähnlicher Nutzer (alle Wertungen eines Nutzers sind in einer Zeile ausgedrückt) in komprimierte Dimensionen reduzieren, die allgemeine Geschmäcker und Vorlieben rekonstruiert. Bitte beachten Sie auch: Da Sie an der Vh-Matrix (die Spalten/Reduktion der Filme) interessiert sind, der Algorithmus Ihnen aber nur die U-Matrix liefert (die auf Zeilen basierende Zerlegung), müssen Sie die Transposition der Datentabelle eingeben (bei diesem Ansatz werden Spalten zu Zeilen und Sie erhalten die TruncatedSVD-Ausgabe, die die Vh-Matrix ist).

```
# 1196::Star Wars: Episode V – The Empire Strikes Back
# (1980)::Action|Adventure|Drama|Sci-Fi|War
favoured_movie_idx = list(movie_index).index(
    'Star Wars: Episode V – The Empire Strikes Back (1980)')
print R[favoured_movie_idx]


[ 184.72254552 -17.7761415 47.33483561 -51.46669814 -47.9152707
-17.65000951 -14.34294204 -12.88678007 -17.48586358 -5.38370224]
```

Über den Filmtitel (in diesem Fall suchen Sie nach Empfehlungen basierend auf der Vorliebe für eine Star-Wars-Episode) können Sie herausfinden, in welcher Spalte der Film steht (Spaltenindex 3154 in diesem Fall), und die Werte der zehn Komponenten ausgeben. Diese Sequenz liefert das Filmprofil. Sie könnten versuchen, es zu deuten, aber der Fokus liegt auf den anderen Filmen, die ähnliche Nutzerbewertungen haben. Diese Filme korrelieren stark mit dem gewählten Film. Eine gute Strategie ist die Berechnung einer Korrelationsmatrix aller Filme, den Anteil zu nehmen, der sich auf den Zielfilm bezieht, und darin herauszufinden, welche Filmtitel am ehesten dazu passen (charakterisiert durch hohe positive Korrelationen – mindestens 0,98), indem Sie Indexing nutzen, wie folgender Code zeigt:

```
import numpy as np
correlation_matrix = np.corrcoef(R)
P = correlation_matrix[favoured_movie_idx]
print list(movie_index[(P > 0.98) & (P < 1.0)])


['Raiders of the Lost Ark (1981)', 'Star Wars: Episode IV – A New Hope (1977)',
'Star Wars: Episode VI – Return of the Jedi (1983)']
```

Es scheint, als gäbe es einige Titel, die Fans mögen dürften, wie natürlich Star Wars Episode IV und VI. Zusätzlich könnten Fans »Raiders of the Lost Ark« mögen, vielleicht aufgrund des Hauptdarstellers aller Filme, Harrison Ford.

 SVD wird immer den besten Weg finden, um eine Zeile oder Spalte in Ihren Daten zu verbinden, dabei entdecken Sie komplexe Interaktionen oder Beziehungen, die Sie sich zuvor nicht vorgestellt haben. Sie müssen sich nichts vorher überlegen, es ist ein vollständig datengesteuerter Ansatz.

Clustering

In diesem Kapitel

▶ Das Potenzial von unüberwachtem Clustering erkunden

▶ K-means mit kleinen und großen Daten arbeiten lassen

▶ DBScan als eine alternative Option versuchen

*E*ine der Grundfertigkeiten der Menschheit seit der Urzeit ist die Einteilung der bekannten Welt in getrennte Klassen, in denen sich eigenständige Objekte Gemeinsamkeiten teilen, die durch einen Klassifizierer als wichtig erachtet werden. Die primitiven Höhlenbewohner klassifizierten ihre natürliche Welt dahin gehend, dass sie beispielsweise in Pflanzen und Tiere unterschieden, die nützlich oder gefährlich für das Überleben waren. In der modernen Zeit angekommen, klassifizieren Marketing-Agenturen Konsumenten in Zielgruppen und arbeiten anschließend mit angepassten Vermarktungsstrategien.

Klassifizierung ist entscheidend für den Prozess, neues Wissen zu generieren. Durch das Sammeln von ähnlichen Objekten können wir:

✔ alle Elemente einer Klasse mit der gleichen Bezeichnung benennen

✔ relevante Merkmale in veranschaulichten Klassentypen zusammenfassen

✔ bestimmte Aktionen verbinden oder das spezifische Wissen automatisch wieder aufrufen

Heutzutage benötigt die Arbeit mit den großen Datenströmen vergleichbare Klassifikationsfähigkeiten, aber in anderen Größeneinheiten. Um unbekannte Signalgruppen in den Daten zu erkennen, brauchen wir spezialisierte Algorithmen, die fähig sind, zu lernen, wie Beispiele bestimmten gegebenen Klassen zuzuweisen (*überwachtes* Lernen) und neue interessante Klassen zu entdecken sind, die wir nicht bemerkt haben (*unüberwachtes* Lernen).

Obwohl Ihre Haupttätigkeit als Data Scientist es sein wird, Ihre Vorhersagefähigkeiten in die Praxis umzusetzen, werden Sie auch nützliche Einblicke in mögliche strukturierte Informationen liefern müssen, die in Ihren Daten vorhanden sind. Zum Beispiel werden Sie oft neue Merkmale erkennen müssen, um die Vorhersagekraft Ihrer Modelle zu stärken, um einfache Wege zu finden, um komplexe Vergleiche in Daten anzustellen und um Gemeinschaften in sozialen Netzwerken zu erkennen.

Ein datengesteuerter Ansatz zur Klassifizierung, genannt *Clustering*, wird sich als große Hilfe hinsichtlich des Erfolgs Ihres Datenprojekts erweisen, wenn Sie neue Einsichten von Grund auf neu liefern müssen.

Clusteringtechniken sind ein Satz von *unüberwachten Klassifikationsmethoden*, die bedeutungsvolle Klassen durch die direkte Verarbeitung Ihrer Daten erschaffen ohne vorheriges Wissen oder Hypothesen über die möglichen vorhandenen Gruppen. Während alle überwachten Algorithmen bezeichnete Beispiele brauchen (Klassenbezeichnungen), können unüberwachte Algorithmen für sich selbst herausfinden, was die am besten passenden Bezeichnungen sein könnten.

Es gibt einige Arten von Clusteringtechniken. Sie unterscheiden sie auf Basis der folgenden Richtlinien

✔ Jedes Beispiel einer einzigartigen Gruppe (Partitionierung) oder mehreren (Fuzzy Clustering) zuweisen.

✔ Die Heuristik bestimmen – das ist die Faustregel, die genutzt wird, um herauszufinden, ob ein Beispiel Teil einer Gruppe ist.

✔ Spezifizieren, wie der Unterschied zwischen Beobachtungen quantifiziert wird über ein sogenanntes Distanzmaß.

Einen Großteil der Zeit nutzen Sie *Partitions-Clustering-Techniken* (ein Datenpunkt kann nur Teil einer Gruppe sein, sodass die Gruppen nicht überlappen; ihre Zugehörigkeit ist unterschiedlich), und von den Partitionierungsmethoden werden Sie am häufigsten K-means nutzen. Aber auch andere nützliche Methoden werden in diesem Kapitel erläutert, die auf agglomerierenden Methoden und Datendichte basieren.

Agglomerierende Methoden verbinden Datenpunkte in Clustern basierend auf ihrer Distanz. *Ansätze zur Datendichte* ziehen Vorteil aus der Idee, dass Gruppen sehr dicht und kontinuierlich sind; wenn Sie also eine Verringerung in der Dichte bei der Betrachtung von Teilpunkten einer Gruppe bemerken, könnte es bedeuten, dass Sie an einer der Grenzen angekommen sind.

Da Sie normalerweise nicht wissen, wonach Sie suchen, können Ihnen verschiedene Methoden unterschiedliche Ergebnisse und Sichten auf die Daten liefern. Das Geheimnis erfolgreichen Clusterings ist es, so viele Rezepte wie möglich auszuprobieren, die Resultate zu vergleichen und zu versuchen, eine Erklärung dafür zu finden, dass Sie bestimmte Beobachtungen im Vergleich zu anderen als Gruppe abgrenzen können.

Sie müssen den Quelltext dieses Kapitels nicht abtippen. Tatsächlich ist es viel einfacher, wenn Sie die herunterladbare Quelle nutzen (siehe die Download-Anleitung in der Einleitung). Der Quelltext für dieses Kapitel ist in der `P4DS4D; 15; Clustering.ipynb`-Quelltext-Datei zu finden.

Mit K-means clustern

K-means ist ein iterativer Algorithmus, der beim maschinellen Lernen sehr populär wurde. Grund dafür ist seine Einfachheit, Geschwindigkeit und Anpassungsfähigkeit für eine große Anzahl an Datenpunkten. Der K-means-Algorithmus beruht auf der Idee, dass eine spezifische Anzahl von Datengruppen existiert, genannt *Cluster*. Jede Datengruppe ist um einen zentralen Punkt verstreut, mit dem sie einige Schlüsselmerkmale teilt.

Sie können sich den zentralen Punkt eines Clusters, genannt *Schwerpunkt* (Centroid), als Sonne vorstellen. Die Datenpunkte verteilen sich um den Schwerpunkt wie Planeten. Cluster sollten sich deutlich voneinander abgrenzen, sodass sie innerhalb der Gruppe homogen sind, sich nach außen aber von anderen Gruppen unterscheiden.

 Der K-means-Algorithmus versucht, Cluster in Ihren Daten zu finden. Er wird sie finden, selbst wenn sie nicht existieren! Es ist wichtig, innerhalb der Gruppe zu prüfen, um festzustellen, ob diese Gruppe ein echter (Daten-)Schatz ist.

Alles, was Sie bei einer solchen Annahme tun müssen, ist, die Anzahl an Gruppen zu spezifizieren, die Sie erwarten (Sie können auch raten oder es mit einer Zahl möglicher wünschenswerter Lösungen versuchen), und der K-means-Algorithmus wird mit einer Heuristik, die die Position des zentralen Punkts bestimmt, nach ihnen suchen.

Die Clusterschwerpunkte sollten sich erkennbar durch ihre Charakteristiken und Positionen voneinander unterscheiden. Selbst wenn Sie damit beginnen, erst mal zu raten, wo sie sein könnten, werden Sie sie letzten Endes nach ein paar Korrekturen immer durch die vielen Datenpunkte, die um diese Schwerpunkte kreisen, finden.

K-means-Algorithmen verstehen

Die Prozedur zum Auffinden der Schwerpunkte ist einfach:

1. Schätze eine Zahl K von Clustern.

   K Schwerpunkte werden zufällig von Ihren Datenpunkten ausgesucht oder so gewählt, dass sie in Ihren Daten in großem Abstand zueinander platziert werden. Alle anderen Punkte werden ihrem nächsten Schwerpunkt zugewiesen, basierend auf der euklidischen Distanz.

2. Bilde die anfänglichen Cluster.

3. Wiederholen der Clusterbildung, bis Sie feststellen, dass sich Ihre Lösung nicht mehr ändert.

   Sie berechnen die Schwerpunkte neu als Durchschnitt aller Punkte, die die Gruppe darstellen. Alle Datenpunkte werden den Gruppen, basierend auf deren Distanz zu den neuen Schwerpunkten, neu zugewiesen.

Dieser sich wiederholende Zuweisungsprozess führt in den meisten Fällen zu dem wahrscheinlichsten Schwerpunkt. Nach der Bildung des Mittelwerts des ausgewählten Schwerpunkts, um einen neuen Schwerpunkt zu finden, wird sich die Position des Schwerpunkts langsam zu dem Punkt verschieben, an dem die meisten Datenpunkte liegen. Das Ergebnis daraus ist, dass Sie am Ende die richtige Position des Schwerpunkts erhalten.

Dieser Ablauf hat nur zwei Schwachpunkte, die Sie beachten müssen. Der erste ist, dass Sie die anfänglichen Schwerpunkte zufällig wählen, was bedeutet, dass Ihr Startpunkt schlecht gewählt sein könnte. In dem Fall wird der iterative Prozess an einer ungewöhnlichen Lösung stoppen – zum Beispiel wenn ein Schwerpunkt in der Mitte zweier Gruppen liegt. Um sicherzustellen, dass Ihre Lösung die wahrscheinlichste ist, müssen Sie den Algorithmus einige Male ausprobieren und die Ergebnisse aufzeichnen. Je öfter Sie es versuchen, desto wahrscheinlicher ist es, dass Sie die richtige Lösung finden. Die Scikit-learn-Implementierung von K-means wird das für Sie tun, weshalb Sie nur entscheiden müssen, wie oft Sie es versuchen möchten. (Der Kompromiss ist, dass mehr Iterationen bessere Ergebnisse erzielen, aber jede Iteration unter Umständen wertvolle Rechenzeit kostet.)

Der zweite Schwachpunkt ist die Distanz, die K-means nutzt, die _euklidische Distanz_. Das ist die Distanz zwischen zwei Punkten auf einer Ebene oder im Raum (ein Konzept, das Sie wahrscheinlich in der Schule gelernt haben). In einer K-means-Anwendung ist jeder Datenpunkt ein Vektor von Merkmalen. Wenn Sie Distanzen also vergleichen, machen Sie Folgendes:

1. Eine Liste mit den Unterschieden der Elemente aus den zwei Vektoren erstellen.

2. Alle Elemente des Differenzvektors quadrieren.

3. Die Quadratwurzel aus der Summe aller Elemente berechnen.

Probieren Sie ein einfaches Beispiel in Python. Nehmen Sie an, Sie haben zwei Punkte A und B und diese haben drei numerische Merkmale. Wenn A und B die Datenrepräsentation zweier Personen ist, sind deren Unterscheidungsmerkmale Größe (cm), Gewicht (kg) und Alter (Jahre), wie in folgendem Code gezeigt ist:

```
import numpy as np
A = np.array([165, 50, 22])
B = np.array([185, 80, 21])
```

Das folgende Beispiel zeigt, wie die Differenz zwischen diesen drei Elementen berechnet wird (Quadrieren der resultierenden Ergebnisse und Bestimmung der Quadratwurzel der quadrierten Werte):

```
D = (A-B)
D = D**2
D = np.sqrt(np.sum(D))
print D

45.0
```

Letzten Endes ist die euklidische Distanz wirklich nur eine große Summe. Wenn sich die Variablen, die den Differenzvektor bilden, deutlich in ihren Größen voneinander unterscheiden (in unserem Beispiel könnte die Höhe in Metern ausgedrückt werden), wird die Distanz von den Elementen mit dem größten Maßstab dominiert werden. Es ist sehr wichtig, die Variablen neu zu skalieren, damit sie ähnliche Größen nutzen, bevor K-means auf sie angewandt wird. Sie können einen festgelegten Bereich oder eine statistische Normalisierung mit einem Mittelwert von 0 und einer Einheitsvarianz nutzen, um dieses Ziel zu erreichen.

Ein anderes Problem neben dem Maßstab ist möglicherweise, dass die Korrelation zwischen Variablen eine Redundanz von Informationen mit sich bringt. Wenn zwei Variablen stark miteinander korrelieren, bedeutet dies, dass sich ein Teil ihres Informationsgehalts wiederholt.

Wiederholungen implizieren, die gleichen Informationen mehr als einmal in der Aufsummierung zu zählen, die für die Berechnung der Distanz genutzt wird. Wenn Sie sich dieses Korre-
lationsproblems nicht bewusst sind, werden einige Variablen Ihre Berechnung des Distanz-
maßes dominieren – eine Situation, die dazu führen könnte, dass Sie nicht den sinnvollen
Cluster finden, den Sie möchten. Die Lösung ist die Entfernung der Korrelation mithilfe von
Dimensionalitätsverringerungs-Algorithmen wie der Hauptkomponentenanalyse (PCA). Scikit-learn hat eine Funktion in dem Vorverarbeitungsmodul, die Ihre Variablen richtig skalieren kann, sowie eine Funktion für PCA. Es liegt jedoch an Ihnen, diese Funktionen zu nutzen,
bevor K-means angewendet wird und andere Clustertechniken die Distanzmaße nutzen.

Ein Beispiel mit Bilddaten

Ein Beispiel mit Bilddaten zeigt, wie das Werkzeug angewendet wird und wie man Einsichten
von Clustern erhält. Ein ideales Beispiel ist das Clustern des handschriftlichen Zahlen-Datensatzes, das das Scikit-learn-Paket zur Verfügung stellt. Handschriftliche Zahlen sind von
Mensch zu Mensch recht unterschiedlich – sie besitzen Variabilität, da es verschiedene Wege
gibt, bestimmte Zahlen zu schreiben. Natürlich haben wir alle unterschiedliche Schreibweisen, daher ist es natürlich, dass sich die Zahlen aller Personen leicht unterscheiden. Der folgende Code zeigt, wie der Bilddatensatz zu importieren ist.

```
from sklearn.datasets import load_digits
digits = load_digits()
X = digits.data
ground_truth = digits.target
```

Das Beispiel beginnt mit dem Importieren des Zahlendatensatzes von Scikit-learn und der Zuweisung der Daten zu einer Variablen. Danach werden die Bezeichnungen für die spätere Veri-
fikation in einer anderen Variablen gespeichert. Der nächste Schritt ist, die Daten mit PCA zu
verarbeiten.

```
from sklearn.decomposition import PCA
from sklearn.preprocessing import scale
pca = PCA(n_components=40)
Cx = pca.fit_transform(scale(X))
print 'Explained variance %0.3f' % sum(pca.explained_variance_ratio_)

Explained variance 0.951
```

Durch die Anwendung einer PCA auf skalierte Daten behandelt der Code das Problem der Skalierung und Korrelation. Selbst wenn die PCA die gleiche Anzahl an Variablen neu erstellt, die
in den Eingabedaten vorhanden sind, entfernt der Beispielcode einige durch den n_compo
nents-Parameter. Die Entscheidung ist, 40 Komponenten zu nutzen, verglichen mit den ursprünglichen 64 Variablen. Dies erlaubt dem Beispiel, die meisten ursprünglichen Informationen zu behalten (95 Prozent der ursprünglichen Variationen innerhalb der Daten), und vereinfacht den Datensatz durch das Entfernen von Korrelationen und einigem Rauschen.

In diesem Beispiel erscheinen die PCA-transformierten Daten in der Cx-Variablen. Nach dem Importieren der KMeans-Klasse definiert der Code seine Hauptparameter:

✔ n_clusters ist die Anzahl der Schwerpunkte K, die zu finden sind.

✔ n_init ist die Anzahl an Versuchen, die K-means mit unterschiedlichen Start-Schwerpunkten durchführen soll – wie hier gezeigt beispielsweise 10.

```
from sklearn.cluster import KMeans
clustering = KMeans(n_clusters=10, n_init=10, random_state=1)
clustering.fit(Cx)
```

Nach dem Erstellen der Parameter ist die Clusterklasse zur Nutzung bereit. Sie können die fit-Methode auf die Cx-Variable anwenden, was einen skalierten und dimensionsverringerten Datensatz liefert.

Nach optimalen Lösungen suchen

Wie in den vorherigen Abschnitten erwähnt, clustert das Beispiel zehn unterschiedliche Zahlen. Es ist Zeit, nach einer Lösung für K = 10 zu suchen. Der folgende Code vergleicht das Clusterergebnis mit der *Ground Truth* – den wahren Bezeichnungen –, um zu bestimmen, ob es Übereinstimmungen gibt.

```
import numpy as np
import pandas as pd
ms = np.column_stack((ground_truth,clustering.labels_))
df = pd.DataFrame(ms, columns = ['Ground truth','Clusters'])
pd.crosstab(df['Ground truth'], df['Clusters'], margins=True)
```

Unsere Lösung wird intern von der labels-Variable an die clustering-Klasse übergeben. Die Umwandlung in ein pandas DataFrame erlaubt es uns, eine Kreuztabellierung durchzuführen und die ursprünglichen Bezeichnungen mit den Bezeichnungen aus dem Clustern zu vergleichen. Sie können die Ergebnisse in Abbildung 15.1 betrachten. Da die Zeilen die Ground Truth darstellen, können Sie nach den Zahlen suchen, bei denen der Großteil der Beobachtungen auf verschiedene Cluster verteilt ist. Diese Beobachtungen sind die handgeschriebenen Beispiele, die schwieriger mit K-means zu klassifizieren sind.

Beachten Sie, dass die Nummern 7 oder 0 konzentriert in ihren jeweils eigenen Clustern liegen. Andere dagegen, wie 3 und 9, tendieren dazu, sich in der gleichen Gruppe, Cluster 1, zu sammeln. Aus solchen Entdeckungen können Sie ableiten, dass bestimmte handgeschriebene Zahlen leicht zu erraten sind und andere nicht.

Die Darstellung der Schwerpunkte ist auch nützlich. Sie können Statistik nutzen, um diese Aufgabe durchzuführen. Da die Daten jedoch aus Pixeln bestehen, können Sie die Fälle visualisieren, die dem jeweiligen Schwerpunkt am nächsten sind. Der folgende Code zeigt, wie diese Aufgabe durchgeführt wird.

Cluster	0	1	2	3	4	5	6	7	8	9	All
Ground truth											
0	0	0	0	0	2	0	0	176	0	0	178
1	107	0	0	0	47	0	0	0	27	1	182
2	20	6	0	1	3	0	3	0	45	99	177
3	6	155	0	0	0	0	11	0	1	10	183
4	0	0	0	3	154	9	15	0	0	0	181
5	6	74	2	0	4	0	48	0	0	48	182
6	6	0	174	0	0	0	0	1	0	0	181
7	1	0	0	0	3	17	150	0	0	8	179
8	90	51	2	0	3	0	15	0	0	13	174
9	1	146	0	0	14	4	14	0	0	1	180
All	237	432	178	4	230	30	256	177	73	180	1797

Abbildung 15.1: Kreuztabelle der Ground Truth und K-means-Cluster

```
import matplotlib.pyplot as plt
for k,img in enumerate(np.argmin(dist,axis=0)):
    cluster = clustering.labels_[img]
    plt.subplot(2, 5, cluster)
    plt.imshow(digits.images[img],cmap='binary', interpolation='none')
    plt.title('cl '+str(cluster))
plt.show()
```

Die Beobachtung der dargestellten Schwerpunkte kann verdeutlichen, warum Cluster 1 die meisten der Zahlen 3 und 9 enthält und wie eine Zahl 8 irrtümlicherweise für eine Zahl 1 in Cluster 0 gehalten werden kann. Im Allgemeinen sind Schlussfolgerungen durch die Nutzung von Clusterschwerpunkten in der Tat einfach, da wir Tausende Fälle auf wenige Cluster zum Lernen und Vergleichen reduziert haben.

 Clustern kann Ihnen helfen, große Mengen an Daten zusammenzufassen. Es ist eine effektive Technik für die Darstellung der Daten bei einem nichtfachlichen Auditorium und zur Fütterung eines überwachten Lernalgorithmus mit Gruppenvariablen sowie der Lieferung von zusammengefassten und signifikanten Informationen.

Eine andere mögliche Beobachtung ist, dass es auch bei den nur zehn Zahlen in diesem Beispiel jeweils mehrere Schreibweisen gibt, was auf die Notwendigkeit, weitere Cluster zu finden, hinweist. Natürlich ist es problematisch, zu bestimmen, wie viele Cluster man braucht.

Sie nutzen die Trägheit, um die Realisierbarkeit eines Clusters zu messen. *Trägheit* (Inertia) ist die Summe aller Unterschiede zwischen jedem Element eines Clusters und dessen Schwerpunkt. Wenn der Unterschied klein ist, so ist es auch die Trägheit. Trägheit als eigenständige

Messung verrät nur wenig. Wenn Sie zudem die Trägheit verschiedener Cluster allgemein vergleichen, stellen Sie fest, dass die Trägheit kleiner ist, je mehr Gruppen Sie haben. Nutzen Sie stattdessen die Trägheit direkt, wollen Sie die Trägheit einer Clusterlösung mit vorherigen Clusterlösungen vergleichen. Dieser Vergleich liefert Ihnen die Änderungsrate – eine interpretierbare Messung. Um die Trägheitsänderungsrate in Python zu erhalten, müssen Sie eine Schleife erzeugen. Versuchen Sie, fortlaufende Clusterlösungen innerhalb einer Schleife zu definieren, und zeichnen Sie ihre Werte auf. Hier ist ein Skript für das Beispiel der handgeschriebenen Zahlen:

```
inertia = list()
delta_inertia = list()
for k in range(1,21):
    clustering = KMeans(n_clusters=k, n_init=10, random_state=1)
    clustering.fit(Cx)
    if inertia: # Wir vergleichen also nicht die Lösungen k==1
        delta_inertia.append(inertia[-1] - clustering.inertia_)
    inertia.append(clustering.inertia_)
```

Sie nutzen die `inertia`-Variable innerhalb der Clusterklasse, nachdem das Clustern angepasst wurde. Die Trägheitsvariable ist eine Liste mit den Trägheitsänderungsraten zwischen einer Lösung und der vorherigen. Hier ist etwas Code, der ein Liniendiagramm der Änderungsrate ausgibt, dargestellt in Abbildung 15.2.

```
import matplotlib.pyplot as plt
plt.figure()
plt.plot([k for k in range(2,21)], delta_inertia, 'ko-')
plt.xlabel('Anzahl an Clustern')
plt.ylabel('Veränderungsrate der Trägheit ')
plt.show()
```

Untersuchen Sie die Änderungsraten von `inertia`, suchen Sie nach Sprüngen in der Rate selbst. Wenn die Rate nach oben springt, bedeutet es, dass ein weiterer Cluster verglichen mit der vorigen Lösung einen größeren Vorteil als erwartet liefert. Wenn es stattdessen einen Sprung nach unten gibt, erzwingen Sie wahrscheinlich einen Cluster zu viel. Alle Clusterlösungen vor einem Sprung nach unten könnten gute Kandidaten sein nach dem Grundsatz der Sparsamkeit (ein Sprung signalisiert eine Verfeinerung in unserer Analyse, aber normalerweise ist die richtige Lösung die einfachste). In dem Beispiel ist der erste Sprung nach unten bei K=14, daher ist die erste auszuwertende Lösung K=13. Sie können einen weiteren interessanten Sprung nach unten bei K=18 beobachten, Sie sollten also auch K=17 auswerten, was eine Spitze ist.

Die Trägheitsänderungsrate wird Ihnen nur ein paar Tipps dazu liefern, wo eine gute Clusterlösung sein könnte. Die Entscheidung, welche zu wählen ist, wenn Sie zusätzliche Einsicht in die Daten brauchen, liegt bei Ihnen. Wenn stattdessen das Clustern nur ein Schritt in einem komplexen Data-Science-Projekt ist, können Sie einfach die gesamte Lösung zu dem nächsten maschinellen Lernalgorithmus weitergeben.

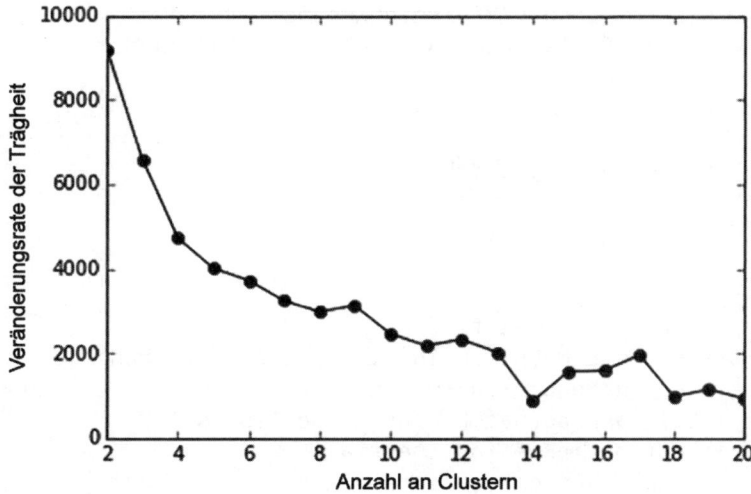

Abbildung 15.2: Veränderungsrate der Trägheit für Lösungen bis zu K=20

Big Data clustern

K-means ist ein Weg, die Komplexität Ihrer Daten durch die Zusammenfassung der vielen Beispiele in Ihrem Datensatz zu reduzieren. Dafür laden Sie die Daten in den Speicher Ihres Computers, was nicht immer machbar sein wird, gerade wenn Sie mit großen Datenmengen arbeiten. Scikit-learn bietet einen alternativen Weg, um K-means anzuwenden – der `Mini BatchKMeans` ist eine Variante, die fortlaufend separierte Datenblöcke clustert. Tatsächlich verarbeiten Batch-Lernverfahren Daten Stück für Stück. Es gibt nur zwei Unterschiede zwischen der Standard K-means-Funktion und `MiniBatchKMeans`:

✔ Sie können nicht automatisch unterschiedliche Start-Schwerpunkte testen, außer Sie versuchen, die Analyse erneut laufen zu lassen.

✔ Die Analyse startet, wenn ein Stapel (englisch: batch) mit einer Mindestanzahl von Fällen vorhanden ist. Dieser Wert wird normalerweise durch den `batch_size`-Parameter auf 100 gesetzt (aber je mehr Fälle vorhanden sind, desto besser ist das Ergebnis).

Eine einfache Demonstration für den vorherigen Datensatz der handgeschriebenen Zahlen zeigt, wie effektiv und einfach es ist, die `MiniBatchKMeans`-Clusterklasse zu nutzen.

```
from sklearn.cluster import MiniBatchKMeans
batch_clustering = MiniBatchKMeans(n_clusters=10, random_state=1)
batch = 100
guessed_labels = list()
inertia = 0
for row in range(0,len(Cx),batch):
    if row+batch < len(Cx):
        feed = Cx[row:row+batch,:]
    else:
        feed = Cx[row:,:]
    batch_clustering.partial_fit(feed)
    # Wir müssen die Ergebnisse in eine Liste schreiben,
    # weil MiniBatchKMean nicht mit all den Stapeln zurechtkommt
    guessed_labels.append(batch_clustering.labels_)
    inertia += batch_clustering.inertia_
# NumPy hstack macht aus einer Liste von Arrays ein Array
# Indem Sie in die Variable guess_labels schauen,
# erfahren Sie den zugewiesenen Cluster.
guessed_labels = np.hstack(guessed_labels)
print "Kmeans inertia: %0.1f\n" + "MiniBatchKmeans inertia: %0.1f"
        % (clustering.inertia_,inertia)

Kmeans inertia: 48591.7
MiniBatchKmeans inertia: 67027.5
```

Dieses Skript iteriert durch die Indizes des vorherigen skalierten und durch die PCA vereinfachten Datensatzes (Cx), wobei Stapel mit je 100 Beobachtungen erstellt werden. Die `partial_fit`-Methode passt ein K-means-Clustering für jeden Stapel an und nutzt dabei die gefundenen Schwerpunkte aus dem vorherigen Aufruf. Der Algorithmus stoppt, wenn er keine Daten mehr hat. Danach berichtet er seine Trägheit für eine 10-Cluster-Lösung und vergleicht das Ergebnis mit der Trägheit derselben Lösung mit der Standard-K-means-Klasse. Normalerweise ergibt der `MiniBatchKMeans` eine höhere Trägheit als der Standardalgorithmus, also heben Sie sich diese Lösung für den Fall auf, dass Sie mit Datensätzen arbeiten, die nicht in den Arbeitsspeicher passen.

Hierarchisches Clustering durchführen

Während sich der K-means-Algorithmus mit Schwerpunkten beschäftigt, versucht hierarchisches Clustering (auch als agglomeratives Clustering bekannt), jeden Datenpunkt durch ein Distanzmaß mit seinem nächsten Nachbarn zu verknüpfen und daraus einen Cluster zu bilden. Bei Wiederholungen des Algorithmus mit unterschiedlichen Verknüpfungsmethoden sammelt der Algorithmus alle verfügbaren Punkte in einer schnell abnehmenden Anzahl von Clustern zusammen, bis zum Schluss alle Punkte in einer einzigen Gruppe vereint sind.

Das visualisierte Ergebnis wird stark einer biologischen Klassifikation von lebenden Dingen ähnlich. Sie haben es vielleicht in der Schule oder auf Postern im naturwissenschaftlichen Museum gesehen: ein umgedrehter Baum, dessen Äste in einem Stamm konvergieren. Solch ein bildlicher Baum ist ein *Dendogramm* und Sie sehen, wie es in medizinischen oder biologischen Untersuchungen genutzt wird. Die Scikit-learns-Implementierung des agglomerativen Clusterns bietet nicht die Möglichkeit der Darstellung eines Dendogramms aus Ihren Daten, da solch eine Visualisierungstechnik nur in wenigen Fällen gut funktioniert, während Sie erwarten können, mit vielen Beispielen zu arbeiten.

Verglichen mit K-means sind agglomerative Algorithmen schwerfälliger und skalieren nicht gut mit großen Datensätzen. Agglomerative Algorithmen sind besser für statistische Untersuchungen geeignet (etwa in den Naturwissenschaften, der Archäologie und auch in der Psychologie). Diese Algorithmen bieten den Vorteil, die komplette Reichweite einer verschachtelten Clusterlösung zu erstellen, sodass Sie nur die richtige für Ihren Zweck wählen müssen.

Um agglomeratives Clustern effektiv zu nutzen, müssen Sie etwas über die verschiedenen Verknüpfungsmethoden (die Heuristik fürs Clustern) und die Distanzmetriken wissen. Es gibt drei Verknüpfungsmethoden:

✔ **Ward:** Tendiert zur Suche nach kugelförmigen Clustern, innerhalb stark bindend und extrem unterschiedlich zu anderen Gruppen. Eine andere nette Charakteristik ist, dass die Methode dazu tendiert, Cluster mit ähnlicher Größe zu finden. Die Methode funktioniert mit der euklidischen Distanz.

✔ **Complete:** Verknüpft Cluster über den maximalen Abstand aller Elementpaare. Folglich tendieren Cluster, die mit dieser Methode erstellt wurden, dazu, aus sehr ähnlichen Beobachtungen zu bestehen, was die resultierenden Gruppen sehr kompakt macht.

✔ **Average:** Verknüpft Cluster durch ihre Schwerpunkte und ignoriert deren Grenzen. Diese Methode erschafft größere Gruppen als die Complete-Methode. Zusätzlich können sich die Cluster, im Gegensatz zur Ward-Lösung, in Größe und Form voneinander unterscheiden. Folglich findet dieser durchschnittliche Allzweckansatz seine erfolgreiche Nutzung im Feld der Biowissenschaften.

Es gibt auch drei Distanzmetriken:

✔ **Euklidische (euklidisch oder 12):** wie in K-means zu sehen

✔ **Manhattan (manhattan oder 11):** Ähnlich der euklidischen, jedoch wird die Distanz durch die Summierung der absoluten Differenzwerte zwischen den Dimensionen berechnet. Wenn die euklidische Distanz in einer Karte die kürzeste Strecke zwischen zwei Punkten ist, impliziert die Manhattan-Distanz, erst entlang der einen Achse und dann entlang der anderen gerade zu verlaufen – so wie ein Auto in einer Stadt ein Ziel durch Fahren entlang der Häuserblöcke erreichen würde (die Distanz ist auch als Cityblock-Distanz bekannt).

✔ **Kosinus (kosinus):** Eine gute Wahl, wenn zu viele Variablen vorhanden sind und Sie sich sorgen, dass einige Variablen nicht signifikant sein könnten (nur Rauschen). Die Kosinus-Distanz reduziert das Rauschen durch die Berücksichtigung der Form der Variablen, weniger durch ihre Werte. Diese Distanz tendiert dazu, Beobachtungen miteinander zu verknüpfen, die die gleiche Anzahl an maximalen und minimalen Variablen besitzen, ohne Beachtung ihrer tatsächlichen Werte.

Wenn Ihr Datensatz nicht allzu viele Beobachtungen enthält, ist es einen Versuch wert, agglomeratives Clustern mit allen Kombinationen aus Verknüpfungen und Distanzen zu versuchen und die Ergebnisse anschließend sorgfältig zu vergleichen. Beim Clustern wissen Sie selten bereits schon die richtige Antwort und agglomeratives Clustern kann Ihnen eine andere mögliche nutzbare Lösung liefern. Zum Beispiel erstellen Sie die vorherige Analyse mit K-means und den handgeschriebenen Ziffern erneut, indem die Ward-Verknüpfung und die euklidische Distanz wie folgt genutzt werden:

```
from sklearn.cluster import AgglomerativeClustering
# Affinity = {"euclidean", "l1", "l2", "manhattan", "cosine"}
# Linkage = {"ward", "complete", "average"}
Hclustering = AgglomerativeClustering(n_clusters=10,
    affinity='euclidean', linkage='ward')
Hclustering.fit(Cx)
ms = np.column_stack((ground_truth,Hclustering.labels_))
df = pd.DataFrame(ms, columns = ['Ground truth','Clusters'])
pd.crosstab(df['Ground truth'], df['Clusters'], margins=True)
```

Das Ergebnis in diesem Fall ist vergleichbar mit dem von K-means. Möglicherweise haben Sie bemerkt, dass die Analyse mit diesem Ansatz länger gebraucht hat als mit K-means. Beim Arbeiten mit großen Mengen von Beobachtungen kann die Berechnung mit hierarchischen Clusterlösungen Stunden zum Vervollständigen benötigen, was diese Lösung wenig geeignet macht. Sie können das Zeitproblem umgehen, indem Sie das Zwei-Phasen-Clustern nutzen, das schneller ist und Ihnen eine hierarchische Lösung liefert, selbst wenn Sie mit großen Datensätzen arbeiten.

Um das Zwei-Phasen-Clustern einzubinden, müssen Sie Ihre ursprünglichen Beobachtungen durch K-means mit einer großen Anzahl an Clustern verarbeiten. Eine gute Faustregel ist, die Quadratwurzel der Anzahl an Beobachtungen zu nehmen und als Schätzung zu nutzen. Jedoch müssen Sie die Anzahl an Clustern immer in einem Bereich zwischen 100 und 200 für die zweite Phase halten, basierend auf dem hierarchischen Clustering, um gut zu arbeiten. Das folgende Beispiel nutzt 100 Cluster.

```
from sklearn.cluster import KMeans
clustering = KMeans(n_clusters=100, n_init=10, random_state=1)
clustering.fit(Cx)
```

Der schwierigste Teil ist jetzt, im Auge zu behalten, welcher Teil welchem Cluster, abgeleitet durch K-means, zugeordnet wurde. Für solche Zwecke können Sie ein Dictionary nutzen.

```
Kx = clustering.cluster_centers_
Kx_mapping = {case:cluster for case,
    cluster in enumerate(clustering.labels_)}
```

Der neue Datensatz ist Kx, der aus den Cluster-Schwerpunkten besteht, die der K-means-Algorithmus entdeckt hat. Sie können sich jeden Cluster als eine gut präsentierte Zusammenfassung der ursprünglichen Daten vorstellen. Wenn Sie die Zusammenfassung nun clustern, wird es fast dasselbe sein, als würden Sie die ursprünglichen Daten clustern.

```
from sklearn.cluster import AgglomerativeClustering
Hclustering = AgglomerativeClustering(n_clusters=10,
    affinity='cosine', linkage='complete')
Hclustering.fit(Kx)
```

Bilden Sie jetzt die Ergebnisse auf die Schwerpunkte der ursprünglich genutzten ab, sodass Sie einfach bestimmen können, ob ein hierarchischer Cluster aus einem bestimmten K-means-Schwerpunkt besteht. Das Ergebnis besteht aus den Beobachtungen, die die Schwerpunkte der K-means-Cluster erstellt haben.

```
H_mapping = {case:cluster for case,
    cluster in enumerate(Hclustering.labels_)}
final_mapping = {case:H_mapping[Kx_mapping[case]]
    for case in Kx_mapping}
```

Nun können Sie die Lösung auswerten, die Sie mit einer ähnlichen Konfusionsmatrix erhalten haben, so wie mit K-means und dem hierarchischen Clustering zuvor.

```
ms = np.column_stack((ground_truth,
 [final_mapping[n] for n in range(max(final_mapping)+1)]))
df = pd.DataFrame(ms, columns = ['Ground truth','Clusters'])
pd.crosstab(df['Ground truth'], df['Clusters'], margins=True)
```

Die Lösung, die Sie erhalten, ist analog zu den vorherigen Lösungen. Das Ergebnis zeigt, dass dieser Ansatz eine brauchbare Methode für die Handhabung großer Datensätze und sogar von Big-Data-Datensätzen ist. Die Datensätze werden auf kleinere Mengen reduziert und anschließend mittels weniger skalierbarer Clustering-Methoden bearbeitet, die dafür aber vielseitiger und genauer sind. Der Zwei-Phasen-Ansatz hat noch einen anderen Vorteil, da er gut mit verrauschten oder Randdaten arbeitet – die anfängliche K-means-Phase filtert solche Probleme heraus und verweist sie an getrennte Clusterlösungen.

Jenseits von runden Clustern: DBScan

Sowohl K-means als auch das agglomerative Clustern – besonders wenn Sie das Ward-Verknüpfungskriterium nutzen – erstellen blasenähnliche zusammenhängende Gruppen – gleichmäßig verteilt in alle Richtungen.

Die Realität kann manchmal komplexe und verunsichernde Ergebnisse produzieren – Gruppen, die ungewöhnliche Formen haben, weit entfernt von kanonischen Blasen. Das Scikit-learn-Datensatz-Modul bietet eine große Auswahl von kniffligen Formen, die Sie nicht erfolgreich mit K-means oder dem agglomerativen Clustering zerlegen können: große Kreise, die kleinere beinhalten, überlappende kleine Kreise und spiralförmige Schweizer-Rollen-Datensätze (benannt nach der Biskuitkuchenrolle, weil die Datenpunkte in der Form arrangiert sind).

DBScan ist ein weiterer Cluster-Algorithmus und basiert auf einer raffinierten Annahme, die selbst die schwierigsten Probleme löst. DBScan stützt sich auf die Idee, dass Cluster dicht sind, also startet die Erkundung des Datenraums in jede Richtung und markiert eine Clustergrenze, wenn die Abnahme der Dichte ausreichend ist. Bereiche des Datenraums mit unzureichender Punktdichte werden als leer betrachtet und die Punkte sind Rauschen oder *Ausreißer*. Das sind Punkte, die durch ungewöhnliche oder seltsame Werte gekennzeichnet sind.

DBScan ist komplexer und benötigt längere Laufzeiten als K-means (ist jedoch schneller als das agglomerative Clustering). Es schätzt automatisch die Anzahl an Clustern ab und weist auf seltsame Daten hin, die nicht einfach so in irgendeine Klasse passen. Dies unterscheidet DBScan von den vorherigen Algorithmen, die versuchen, jede Beobachtung in eine Klasse zu zwingen.

Die Wiederholung des Clusterings der Handschriften-Ziffern-Daten benötigt nur einige Zeilen Python-Code:

```
from sklearn.cluster import DBSCAN
DB = DBSCAN(eps=4.35, min_samples=25, random_state=1)
DB.fit(Cx)
```

Durch DBScan müssen Sie keine Anzahl K von erwarteten Clustern setzen; der Algorithmus wird sie von sich aus finden. Offenbar scheint der Mangel einer Zahl K die Nutzung von DBScan zu vereinfachen. In Wirklichkeit benötigt der Algorithmus zwei wichtige Parameter, eps und min_sample, um richtig zu funktionieren:

✔ eps: Die maximale Distanz zwischen zwei Beobachtungen, die es erlaubt, Teil der gleichen Nachbarschaft zu sein.

✔ min_sample: Die minimale Anzahl an Beobachtungen in einer Nachbarschaft, die diese in einen Kern verwandelt.

Der Algorithmus arbeitet, indem er die Daten durchläuft und Cluster durch Verknüpfen von Beobachtungen bildet, angeordnet in einer Nachbarschaft. Eine *Nachbarschaft* ist ein kleiner Cluster von Datenpunkten, alle innerhalb eines Distanzwerts von eps. Wenn die Anzahl an Punkten in der Nachbarschaft kleiner ist als die Zahl von min_sample, formt DBScan die Nachbarschaft nicht.

Egal welche Clusterform, DBScan verknüpft alle Nachbarschaften miteinander, wenn sie nah genug sind (innerhalb des Distanzwerts von eps). Wenn keine weiteren Nachbarschaften in Reichweite sind, versucht DBScan, selbst einzelne Datenpunkte zu einer Gruppe zu verbinden, wenn sie in der eps-Distanz sind. Datenpunkte, die mit keiner Gruppe in Verbindung stehen, werden als Rauschpunkte behandelt (zu speziell, um Teil einer Gruppe zu sein).

 Probieren Sie viele Werte von eps und min_sample aus. Die resultierenden Cluster können sich abhängig von den Werten dieser beiden Parameter drastisch verändern.

 Beginnen Sie mit einer kleinen Anzahl von min_samples. Eine kleine Anzahl erlaubt es, viele Nachbarschaften zu Clustern zu vereinen. Die Standardzahl 5 ist häufig sinnvoll. Nehmen Sie danach verschiedene Zahlen für eps, begonnen mit 0,1 aufwärts. Seien Sie nicht enttäuscht, wenn Sie nicht sofort ein brauchbares Ergebnis erhalten – testen Sie weiter unterschiedliche Kombinationen.

Nach dieser einführenden Erklärung der DBScan-Details zurück zu unserem Beispiel: Ein Erkunden der Daten kann Ihnen hier helfen, das Ergebnis aus dem richtigen Blickwinkel zu betrachten. Zuerst zählen Sie die Cluster:

```
from collections import Counter
print Counter(DB.labels_)

Counter({-1: 913, 4: 222, 1: 176, 3: 162, 0: 134, 2: 104, 5: 86})
```

Eine große Anzahl von Beobachtungen ist dem Cluster, bezeichnet als -1, zugeordnet, die das Rauschen darstellt (Rauschen ist definiert als die Beispiele, die zu ungewöhnlich sind, um sich zu gruppieren). Durch die hohe Anzahl von Dimensionen unserer Daten (40 nicht korrelierende Variablen aus der PCA-Analyse) und ihre hohe Variabilität (schließlich handelt es sich um handgeschriebene Beispiele) fallen viele Fälle wahrscheinlich nicht auf natürliche Weise zusammen in die gleiche Gruppe.

Jetzt geben Sie eine visuelle Darstellung einiger Beispielcharakteristiken der sechs Cluster aus (wie in Abbildung 15.3 gezeigt):

```
import matplotlib.pyplot as plt
for k,cl in enumerate(np.unique(DB.labels_)):
    if cl >= 0:
        example = np.min(np.where(DB.labels_==cl))
        plt.subplot(2, 3, k)
        plt.imshow(digits.images[example],
        cmap='binary',interpolation='none')
    plt.title('cl '+str(cl))
plt.show()
ms = np.column_stack((ground_truth,DB.labels_))
df = pd.DataFrame(ms, columns = ['Ground truth','Clusters'])
pd.crosstab(df['Ground truth'], df['Clusters'], margins=True)
```

(a)

(b)

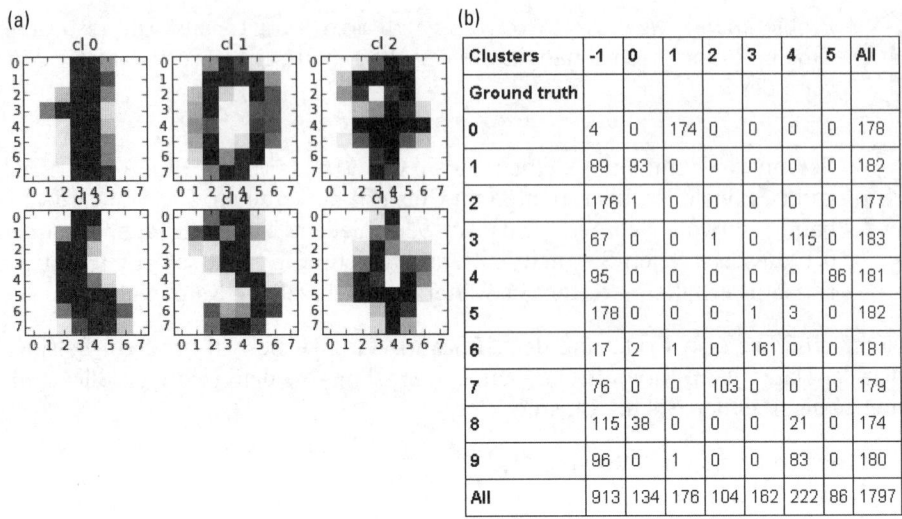

Clusters	-1	0	1	2	3	4	5	All
Ground truth								
0	4	0	174	0	0	0	0	178
1	89	93	0	0	0	0	0	182
2	176	1	0	0	0	0	0	177
3	67	0	0	1	0	115	0	183
4	95	0	0	0	0	0	86	181
5	178	0	0	0	1	3	0	182
6	17	2	1	0	161	0	0	181
7	76	0	0	103	0	0	0	179
8	115	38	0	0	0	21	0	174
9	96	0	1	0	0	83	0	180
All	913	134	176	104	162	222	86	1797

Abbildung 15.3: Vertreter der DBScan-Cluster

Die sechs Beispiele in Abbildung 15.3 zeigen die Zahlen 1, 0, 7, 6, 3 und 4 ziemlich deutlich. Auch die Kreuztabellen der Clusterzugehörigkeit mit den wirklichen Bezeichnungen zeigen, dass DBScan erfolgreich in der präzisen Auffindung der Zahlen war und die verschiedenen Zahlen nicht miteinander vermischte.

 Die Stärke von DBScan ist die Bereitstellung verlässlicher, konsistenter Cluster. Letztendlich ist DBScan nicht wie K-means und agglomeratives Clustering gezwungen, eine Lösung mit einer bestimmten Anzahl von Clustern zu erreichen, selbst wenn eine solche Lösung nicht existiert.

Ausreißer in Daten aufspüren

In diesem Kapitel

▶ Verstehen, was ein Ausreißer ist

▶ Zwischen Extremwerten und Neuheiten unterscheiden

▶ Einfache Statistiken nutzen, um Ausreißer zu erfassen

▶ Die schwierigsten Ausreißer mit erweiterten Techniken auffinden

---

*F*ehler passieren, wenn Sie am wenigsten damit rechnen, und das stimmt auch in Bezug auf Ihre Daten. Zusätzlich sind Datenfehler schwierig zu erkennen, besonders wenn Ihr Datensatz viele Variablen verschiedener Typen und Maße enthält (eine hochdimensionale Datenstruktur).

Datenfehler können verschiedene Formen annehmen. Zum Beispiel können die Werte für bestimmte Variablen systematisch fehlen, falsche Zahlen können hier und da auftauchen und die Daten könnten Ausreißer beinhalten. Ein rotes Tuch muss gehisst werden, wenn folgende Charakteristiken passen:

✔ Wenn fehlende Werte in bestimmten Fallgruppen oder Variablen darauf hinweisen, dass ein spezieller Fall einen Fehler generiert.

✔ Wenn falsche Werte von der Anwendung abhängen, die diese erstellt oder manipuliert hat. Nehmen wir an, Sie müssen wissen, ob die Anwendung Daten von einem Messgerät enthält. Externe Faktoren und menschliche Fehler können die Verlässlichkeit eines Geräts beeinflussen.

✔ Wenn der Fall offensichtlich gültig ist, jedoch stark von den normalen Werten abweicht, die die Variable beschreiben. Wenn Sie den Grund für diese Abweichung nicht erklären können, könnten Sie das als Ausreißer betrachten.

Neben den dargestellten Fehlern ist das kniffligste Problem, das es zu lösen gilt, die Handhabung von Ausreißern. Sie haben nicht immer eine eindeutige Definition für Ausreißer und auch der Grund für ihr Auftreten in den Daten ist nicht immer klar. Daraus resultierend hängt vieles von Ihrer Untersuchung und Evaluierung ab. Die gute Nachricht ist, dass Python Ihnen einige Werkzeuge für das Entdecken von Ausreißern und anderen Arten von unerwarteten Werten bereitstellt, weshalb Sie letztendlich nicht nach der Nadel im Heuhaufen suchen müssen.

Sie müssen nicht den Quellcode dieses Kapitels per Hand abtippen. Tatsächlich ist es viel einfacher, wenn Sie die herunterladbare Quelle nutzen (siehe die Download-Anleitung in der Einleitung). Der Quellcode für dieses Kapitel befindet sich in der Quelltextdatei in `P4DS4D; 16; Outliers.ipynb`.

Das Aufspüren von Ausreißern in Betracht ziehen

In einer allgemeinen Definition gelten Ausreißer als Daten, die signifikant (bezüglich ihrer Distanz) von anderen Daten in Ihrer Probe abweichen. Die Ursache für ihre Abweichung ist, dass ein oder mehrere Werte zu hoch oder zu niedrig sind, verglichen mit dem Hauptanteil der Werte. Sie könnten auch eine fast einzigartige Kombination von Werten darstellen. Wenn Sie zum Beispiel die Daten von Studenten analysieren, die in einer Universität immatrikuliert sind, könnten Studenten, die zu jung oder zu alt sind, Ihre Aufmerksamkeit erregen. Daten von Studenten, die ungewöhnliche Mischungen aus verschiedenen Kursen studieren, würden ebenfalls eine Überprüfung benötigen.

Ausreißer verzerren Ihre Datenverteilung und beeinflussen all Ihre Statistiken, die auf Lagemaßen beruhen: Mittelwerte werden hoch- oder runtergeschoben, was alle anderen deskriptiven Messungen beeinflusst. Ein Ausreißer wird immer die Varianz erhöhen und die Korrelation modifizieren, wodurch Sie verkehrte Annahmen über Ihre Daten und die Beziehungen zwischen den Variablen erhalten.

Das folgende einfache Beispiel kann diesen Effekt (in einer kleinen Skala) eines einzigen Ausreißers in Bezug auf mehr als 1.000 normale Beobachtungen zeigen.

```
import numpy as np
from scipy.stats.stats import pearsonr
np.random.seed(101)
normal = np.random.normal(loc=0.0, scale= 1.0, size=1000)
print 'Mittelwert: %0.3f Median: %0.3f Varianz: %0.3f' % (np.mean(normal),
                        np.median(normal), np.var(normal))
```

```
Mittelwert: 0.026 Median: 0.032 Varianz: 1.109
```

Mit dem Zufallsgenerator von NumPy erstellen wir die Variable normal, die 1.000 Beobachtungen von der Standardnormalverteilung ableitet. Allgemeine deskriptive Statistiken (Mittelwert, Median, Varianz) zeigen nichts Unerwartetes.

Nun ändern wir einzelne Werte durch das Einfügen von weit entfernten Werten:

```
outlying = normal.copy()
outlying[0] = 50.0
print 'Mittelwert: %0.3f Median: %0.3f Varianz: %0.3f' % (np.mean(outlying),
    np.median(outlying), np.var(outlying))
print 'Pearsons Korrelationskoeffizient: %0.3f p-Wert: %0.3f' %
                    pearsonr(normal,outlying)
```

```
Mittelwert: 0.074 Median: 0.032 Varianz: 3.597
Pearsons Korrelationskoeffizient: 0.619 p-Wert: 0.000
```

Wir nennen diese neue Variable `outlying` und weisen ihr einen Ausreißer zu (beim Index 0 haben wir einen positiven Wert von 50.0). Nun ist der Mittelwert um das Dreifache höher als zuvor und auch die Varianz ist höher. Nur der Median, der sich auf eine Position bezieht (er sagt Ihnen den Wert, der die mittlere Position besetzt, wenn alle Beobachtungen geordnet wären), ist nicht von der Änderung betroffen.

Bedeutender hingegen ist, dass die Korrelation der ursprünglichen Variablen und der entlegenen Variablen weit von +1.0 entfernt ist (der Korrelationswert einer Variablen in Bezug zu sich selbst), was darauf hinweist, dass das Maß der linearen Beziehung zwischen zwei Variablen stark verändert wurde.

Weitere Dinge finden, die schiefgehen können

Ausreißer verschieben nicht nur einfach Schlüsselmaße in Ihren explorativen Statistiken – sie ändern auch die Struktur der Beziehungen zwischen Variablen in Ihren Daten. Ausreißer können auch die maschinellen Lernalgorithmen auf zwei Wegen beeinflussen:

✔ Algorithmen, die auf Koeffizienten basieren, können falsche Koeffizienten nehmen, um deren Unfähigkeit, entlegene Fälle zu verstehen, zu minimieren. Lineare Modelle sind ein klares Beispiel (sie sind Summen von Koeffizienten), aber sie sind nicht die einzigen. Ausreißer können auch Baum-basierten Lernalgorithmen wie den Adaboost- oder Gradient-Boosting-Maschinen zu schaffen machen.

✔ Weil Algorithmen von Datenbeispielen lernen, können Ausreißer dazu führen, dass die Algorithmen die Wahrscheinlichkeiten von extrem hohen oder niedrigen Werten übergewichten, was zu einer bestimmten Variablenkonfiguration führt.

Beide Situationen limitieren die Möglichkeit eines Lernalgorithmus, Ihre Daten gut zu generalisieren. Mit anderen Worten: Sie neigen dazu, Ihren Lernprozess bei dem gegebenen Datensatz übermäßig stark anzupassen.

Es gibt mehrere Hilfsmittel gegen Ausreißer – einige davon beruhen darauf, dass Sie Ihre aktuellen Daten und auch andere so modifizieren, dass Sie passende Fehlerfunktionen für Ihren maschinellen Lernalgorithmus wählen können. (Einige Algorithmen bieten die Möglichkeit, verschiedene Fehlerfunktionen als Parameter zu wählen, wenn die Lernprozedur aufgesetzt wird.)

 Die meisten maschinellen Lernalgorithmen können verschiedene Fehlerfunktionen akzeptieren. Die Fehlerfunktion ist wichtig, da sie dem Algorithmus hilft, Fehler zu verstehen und Anpassungen im Lernprozess durchzuführen. Einige Fehlerfunktionen sind extrem sensibel gegenüber Ausreißern, andere sind recht resistent. Als die verschiedenen maschinellen Lernklassen gezeigt wurden, die das Scikit-learn-Paket zur Verfügung stellt, wurden Sie auf die verfügbaren Fehlerfunktionen und andere Lernparameter hingewiesen, die die Resistenz gegenüber Extremfällen steigern.

Anomalien bei neuen Daten verstehen

Da Ausreißer als Fehler oder auch in extrem seltenen Fällen auftreten, ist ihr Aufspüren nie einfach, aber eine wichtige Aufgabe, um zweckmäßige Ergebnisse aus Ihrem Data-Science-Projekt zu erhalten. In bestimmten Anwendungsgebieten ist das Aufspüren von Anomalien selbst die Aufgabe des Data-Science-Projekts: Betrugserkennung bei Versicherungen oder Bankwesen, Fehlererkennung in der Herstellung, Systemüberwachung im Gesundheitswesen und anderen kritischen Anwendungen sowie Ereigniserkennung in Sicherheits- und Frühwarnsystemen.

Zu unterscheiden ist, ob wir nach Ausreißern in unseren Daten suchen oder ob wir prüfen, ob irgendwelche neuen Daten gegenüber den existierenden Daten Anomalien beinhalten. Vielleicht haben wir viel Zeit mit dem Aufräumen unserer Daten verbracht oder wir haben basierend auf verfügbaren Daten eine maschinelle Lernanwendung entwickelt. Dann würde es entscheidend sein, herauszufinden, ob die neuen Daten, die wir zur Verfügung stellen, den alten Daten ähnlich sind und ob unser Algorithmus weiterhin gut in seiner Aufgabe als Klassifikator oder Prädiktor arbeiten wird. In solchen Fällen sprechen wir von Neuheitserkennung, da es uns interessiert, wie viele der neuen Daten den alten Daten ähneln. Außergewöhnliche neue Daten werden als Anomalie angenommen: Neuheit kann ein entscheidendes Ereignis verbergen oder die Gefahr beinhalten, dass unser Algorithmus nicht richtig funktioniert. Bei der Arbeit mit neuen Daten sollte der Algorithmus neu gelernt werden.

Eine einfache univariate Methode untersuchen

Wenn nach Ausreißern gesucht wird, ist es ein guter Start, jede einzelne Variable für sich selbst zu betrachten und dabei sowohl grafische als auch statistische Untersuchungen anzuwenden – egal wie viele Variablen Sie in Ihren Daten haben. Dies ist der univariate Ansatz, der Ihnen erlaubt, einen Ausreißer anhand von unpassenden Werten in Variablen zu erkennen. Das pandas-Paket kann die Auffindung von Ausreißern sehr einfach machen dank:

✔ einer unkomplizierten describe-Methode, die Sie über Mittelwert, Varianz, Quantile und Extreme Ihrer numerischen Werte für jede Variable informiert

✔ einer automatischen Boxplot-Visualisierung

Beide Techniken in Verbindung miteinander machen Ihnen die Erkenntnis einfach, wann Sie Ausreißer haben und wo Sie danach suchen müssen. Der Diabetes-Datensatz aus dem Scikit-learn-Datensatzmodul ist für den Anfang ein gutes Beispiel.

```
from sklearn.datasets import load_diabetes
diabetes = load_diabetes()
X,y = diabetes.data, diabetes.target
```

Alle Daten sind in der Variablen X gespeichert, einem NumPy-ndarray. Wir transformieren es in ein DataFrame.

```
import pandas as pd
pd.options.display.float_format = '{:.2f}'.format
df = pd.DataFrame(X)
print df.describe()
```

```
            0       1       2       3       4       5       6       7       8       9
count  442.00  442.00  442.00  442.00  442.00  442.00  442.00  442.00  442.00  442.00
mean    -0.00    0.00   -0.00    0.00   -0.00    0.00   -0.00    0.00   -0.00   -0.00
std      0.05    0.05    0.05    0.05    0.05    0.05    0.05    0.05    0.05    0.05
min     -0.11   -0.04   -0.09   -0.11   -0.13   -0.12   -0.10   -0.08   -0.13   -0.14
25%     -0.04   -0.04   -0.03   -0.04   -0.03   -0.03   -0.04   -0.04   -0.03   -0.03
50%      0.01   -0.04   -0.01   -0.01   -0.00   -0.00   -0.01   -0.00   -0.00   -0.00
75%      0.04    0.05    0.03    0.04    0.03    0.03    0.03    0.03    0.03    0.03
max      0.11    0.05    0.17    0.13    0.15    0.20    0.18    0.19    0.13    0.14
[8 rows x 10 columns]
```

Sie können die problematischen Variablen durch das Betrachten der Extreme der Verteilung erkennen. Zum Beispiel müssen Sie überlegen, ob die Minimal- und Maximalwerte entsprechend weit von dem 25- und 75-Perzentil entfernt liegen. Wie die Ausgabe zeigt, haben viele Variablen große Werte. Eine Boxplot-Analyse wird die Situation klären. Der folgende Befehl erstellt, wie in Abbildung 16.1 gezeigt, einen Boxplot von allen Variablen.

```
Box_plots = df.boxplot()
```

Boxplots, die mit dem pandas DataFrame generiert wurden, haben Whiskers, die zu plus oder minus 1,5 IQR (*Interquartilsabstand* – die Distanz zwischen unterem und oberem Quartil) gesetzt sind, in Bezug zur oberen und unteren Seite der Box (dem oberen und unteren Quartil). Diese Boxplot-Art wird Tukey-Boxplot genannt (nach dem Namen des Statistikers John Tukey, der ihn erschaffen und zusammen mit anderen explorativen Datentechniken unter den Statistikern bekannt gemacht hat). Er ermöglicht die Visualisierung der Fälle außerhalb der Whiskers. (Alle Punkte außerhalb dieser Whiskers werden als Ausreißer betrachtet.)

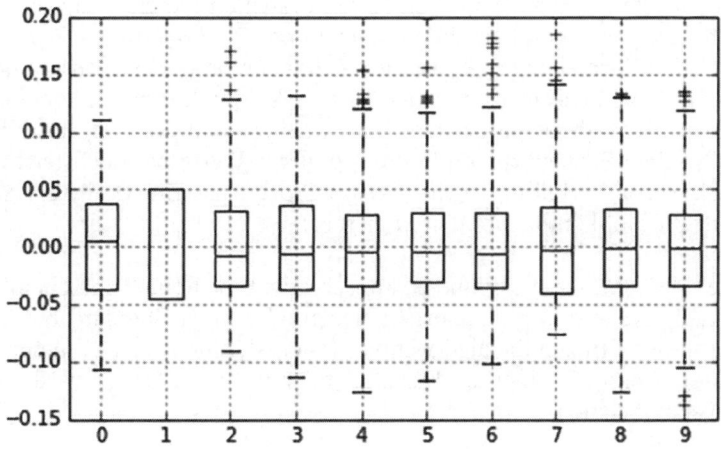

Abbildung 16.1: Boxplots

Auf die Gauß-Verteilung zählen

Eine andere Möglichkeit, schnell nach Ausreißern in Ihren Daten zu suchen, ist, sich die Normalverteilung zunutze zu machen. Selbst wenn Ihre Daten nicht normalverteilt sind, wird Ihnen die Standardisierung erlauben, bestimmte Wahrscheinlichkeiten zur Auffindung von anomalen Werten anzunehmen. Als Beispiel, in einer Standardnormalverteilung sollten 99,7 % der Werte im Intervall +/– 3 Standardabweichungen vom Mittelwert liegen, wie folgender Code zeigt.

```
from sklearn.preprocessing import StandardScaler
Xs = StandardScaler().fit_transform(X)
o_idx = np.where(np.abs(Xs)>3)
# Die .any(1)-Methode vermeidet Duplikate.
print df[(np.abs(Xs)>3).any(1)]
```

	0	1	2	3	4	5	6	7	8	9
58	0.04	−0.04	−0.06	0.04	0.01	−0.06	0.18	−0.08	−0.00	−0.05
123	0.01	0.05	0.03	−0.00	0.15	0.20	−0.06	0.19	0.02	0.07
216	0.01	0.05	0.04	0.05	0.05	0.07	−0.07	0.15	0.05	0.05

```
...
[12 rows x 10 columns]
```

Das Scikit-learn-Modul bietet einen einfachen Weg, um Ihre Daten zu standardisieren und alle Transformationen für den späteren Nutzen bei anderen Datensätzen aufzuzeichnen. Das bedeutet, dass alle Ihre Daten, egal ob sie für maschinelles Lerntraining oder für Performance-Tests bestimmt sind, auf die gleiche Weise standardisiert werden.

Die 68-95-99,7-Regel besagt, dass in der standardisierten Normalverteilung 68 Prozent der Werte innerhalb einer Standardabweichung liegen, 95 Prozent innerhalb von zwei Standardabweichungen und 99,7 Prozent innerhalb von drei. Beim Arbeiten mit verzerrten Daten kann es sein, dass die 68-95-99,7-Regel nicht immer stimmt, und in solchen Fällen brauchen Sie vielleicht eine konservative Schätzung wie die Chebyshev-Ungleichung. Die *Chebyshev-Ungleichung* beruht auf einer Formel, die sagt, dass für k Standardabweichungen um den Mittelwert es nicht mehr als einen Prozentsatz von $1/k^2$ Fälle gibt, die über dem Mittelwert liegen. Deshalb ist bei sieben Standardabweichungen um den Mittelwert Ihre Wahrscheinlichkeit zur Auffindung gültiger Werte bei höchstens zwei Prozent, egal welche Verteilung vorliegt (zwei Prozent ist eine geringe Wahrscheinlichkeit, Ihr Fall könnte ein Ausreißer sein).

Die Chebyshev-Ungleichung ist konservativ. Eine hohe Wahrscheinlichkeit dafür, ein Ausreißer zu sein, entspricht sieben oder mehr Standardabweichungen vom Mittelwert. Nutzen Sie dies, wenn es teuer ist, einen Wert für einen Ausreißer zu halten, wenn er keiner ist. Für alle anderen Anwendungen wird die 68-95-99,7-Regel ausreichen.

Annahmen machen und überprüfen

Wenn Sie mögliche univariate Ausreißer gefunden haben, müssen Sie jetzt entscheiden, wie Sie damit umgehen möchten. Vertrauen Sie den ausreißenden Fällen unter der Annahme, dass sie unglückliche Fehler waren, absolut nicht, könnten Sie sie einfach löschen. (In Python wählen Sie sie einfach durch Fancy-Indexing ab.)

 Die Änderung der Werte in Ihren Daten oder die Entscheidung, bestimmte Werte auszuschließen, ist eine Entscheidung, die Sie fällen, nachdem Sie verstanden haben, warum es Ausreißer in Ihren Daten gibt. Sie können ungewöhnliche Werte oder Fälle ausschließen, wenn Sie annehmen, dass Fehler in der Messung aufgetreten sind. Wenn Sie stattdessen jedoch realisieren, dass die abweichenden Daten legitim, aber selten sind, wäre der beste Ansatz, sie schwächer zu gewichten (wenn Ihr Lernalgorithmus Gewichtungen für die Beobachtungen benutzt) oder die Größe Ihrer Datenprobe zu erhöhen.

In unserem Fall entscheiden wir uns, die Daten zu behalten und sie zu standardisieren, wobei wir nur die ausreißenden Werte durch simples Multiplizieren der Standardabweichung kappen müssen:

```
Xs_c = Xs.copy()
Xs_c[o_idx] = np.sign(Xs[o_idx]) * 3
```

In dem Codebeispiel stellt die `sign`-Funktion von NumPy das Vorzeichen des Ausreißers fest (+ 1 oder − 1), wird dann mit 3 multipliziert und danach dem entsprechenden Datenwert zugewiesen wird, der sich aus dem booleschen Index des standardisierten Arrays ergibt.

Hier gibt es eine Einschränkung. Indem Sie die Standardabweichung für hohe und niedrige Werte nutzen, gehen Sie davon aus, dass Ihre Datenverteilung symmetrisch ist, was bei echten Daten oft nicht der Fall ist. Als Alternative können Sie einen etwas raffinierteren Ansatz wählen, der *Winsorisieren* genannt wird. Beim Winsorisieren werden Werte als Ausreißer identifiziert, wenn sie jenseits bestimmter Perzentile liegen (in der Regel unter dem 5-%-Perzentil und über dem 95-%-Perzentil):

```
From scipy.stats.mstats import winsorize
Xs_w = winsorize(Xs, limits=(0.05, 0.95))
```

Auf diese Weise erzeugen Sie unterschiedliche Hürdenwerte für größere und kleinere Werte – dabei nimmt man jegliche Asymmetrie in der Datenverteilung in Kauf. Wie auch immer Sie beim Kappen vorgehen (mit Standardabweichung oder Winsorisieren), Ihre Daten sind jetzt bereit für die weitere Verarbeitung und Analyse. Sie können kreuzvalidieren oder die Entscheidung testen, wie mit ausreißenden Werten umgegangen werden soll, so wie es mit maschinellen Lernmodellen gemacht wird (Testen der Entscheidungen und Ihrer Hypothesen sind Teil des Data-Science-Prozesses).

Einen multivariaten Ansatz entwickeln

Die Arbeit mit einzelnen Variablen erlaubt es Ihnen, eine große Anzahl an ausreißenden Beobachtungen auszumachen. Jedoch müssen Ausreißer nicht notwendigerweise Werte sein, die zu weit von der Norm entfernt sind. Manchmal sind Ausreißer eine Kombination aus Werten verschiedener Variablen. Dies sind seltene, aber einflussreiche Kombinationen, die insbesondere den maschinellen Lernalgorithmus austricksen können.

In diesen Fällen der präzisen Untersuchung jeder einzelnen Variablen wird es nicht genügen, die ungewöhnlichen Fälle aus Ihrem Datensatz auszuschließen. Nur einige wenige ausgewählte Techniken, die mehrere Variablen gleichzeitig in Betracht ziehen, werden helfen können, Probleme in Ihren Daten aufzudecken.

Die gezeigten Techniken gehen das Problem von verschiedenen Blickwinkeln aus an:

✔ Dimensionalitätsverringerung

✔ Dichten-Clustering

✔ Modellierung mit nichtlinearen Verteilungen

Diese Techniken erlauben Ihnen, die Resultate zu vergleichen und wieder auftretende Signale bei bestimmten Fällen zu bemerken – manchmal sind sie bereits durch die univariate Untersuchung bestimmt und manchmal, wie jetzt, unbekannt.

Hauptkomponentenanalyse nutzen

Die Hauptkomponentenanalyse kann die Daten vollkommen umstrukturieren, Redundanzen entfernen und neu erhaltene Komponenten entsprechend dem Umfang der ursprünglichen Varianz, die diese ausdrücken, ordnen. Dieser Typ von Analyse bietet eine synthetische und komplette Übersicht über die Datenverteilung, was multivariate Ausreißer besonders deutlich macht.

Die ersten beiden Komponenten sind die informativsten in Bezug auf die Varianz; sie können die allgemeine Verteilung der Daten zeigen, falls dies dargestellt wird. Die Ausgabe liefert einen guten Hinweis auf mögliche offensichtliche Ausreißer.

Die letzten beiden Komponenten sind ein Großteil der restlichen und stellen all die Informationen dar, die ansonsten nicht durch die PCA-Methode angepasst werden konnten. Sie können auch eine Vermutung über mögliche, aber weniger offensichtliche Ausreißer liefern.

```
from sklearn.decomposition import PCA
from sklearn.preprocessing import scale
from pandas.tools.plotting import scatter_matrix
dim_reduction = PCA()
Xc = dim_reduction.fit_transform(scale(X))
print 'variance explained by the first 2 components: %0.1f%%' %
    (sum(dim_reduction.explained_variance_ratio_[:2]*100))
print 'variance explained by the last 2 components: %0.1f%%' %
    (sum(dim_reduction.explained_variance_ratio_[-2:]*100))
df = pd.DataFrame(Xc, columns=['comp_'+str(j+1) for j in range(10)])
first_two = df.plot(kind='scatter', x='comp_1', y='comp_2',
                    c='DarkGray', s=50)
last_two = df.plot(kind='scatter', x='comp_9', y='comp_10',
                   c='DarkGray', s=50)
```

Abbildung 16.2 zeigt zwei Streudiagramme der ersten und letzten Komponente. Achten Sie besonders auf die Datenpunkte entlang der Achsen (wobei die x-Achse die unabhängige Variable definiert und die y-Achse die abhängige Variable). Sie können einen möglichen Schwellenwert für die Trennung regulärer Daten von verdächtigen Daten sehen.

Durch die letzten beiden Komponenten können Sie einige Punkte für eine Untersuchung erkennen, bei denen ein Schwellenwert von -0.3 für die zehnte Komponente und ein Schwellenwert von -1.0 für die neunte Komponente genutzt wird. Alle Fälle unter diesen Werten sind mögliche Ausreißer.

```
outlying = (Xc[:,-1] < -0.3) | (Xc[:,-2] < -1.0)
print df[outlying]
```

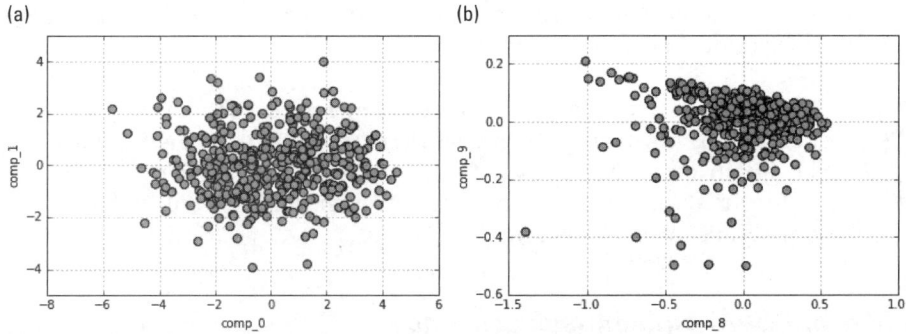

Abbildung 16.2: Die ersten beiden und letzten beiden Komponenten
der Hauptkomponentenanalyse

Cluster-Analyse nutzen

Ausreißer sind isolierte Punkte im Variablenraum, und DBScan ist ein Clusteringalgorithmus, der dichte Datenteile miteinander verknüpft und allzu spärliche Teile markiert. DBScan ist ein ideales Werkzeug für eine automatische Untersuchung Ihrer Daten, um mögliche Ausreißer zu verifizieren.

```
from sklearn.cluster import DBSCAN
DB = DBSCAN(eps=2.5, min_samples=25, random_state=101)
DB.fit(Xc)
from collections import Counter
print Counter(DB.labels_),'\n'
print df[DB.labels_==-1]
Counter({0: 414, -1: 28})

        0     1     2     3     4     5     6     7     8     9
15  -0.05  0.05 -0.02  0.08  0.09  0.11 -0.04  0.11  0.04 -0.04
23   0.05  0.05  0.06  0.03  0.03 -0.05 -0.05  0.07  0.13  0.14
29   0.07  0.05 -0.01  0.06 -0.04 -0.10  0.05 -0.08  0.06  0.05
...  (results partially omitted)
[28 rows x 10 columns]
```

Jedoch benötigt `DBSCAN` zwei Parameter, eps und `min_samples`. Diese zwei Parameter brauchen mehrere Versuche, um die richtigen Werte zu ermitteln, das macht ihre Nutzung etwas trickreich.

Wie im vorherigen Kapitel angedeutet, starten Sie mit einem niedrigen Wert von `min_samples` und versuchen, den Wert von eps angefangen bei 0.1 zu erhöhen. Nach jedem Versuch mit veränderten Parametern überprüfen Sie die Situation durch das Zählen der Beobachtungen in der Klasse -1 innerhalb des Attributs `labels` und stoppen, wenn die Anzahl angemessen für eine visuelle Untersuchung scheint.

 Es wird immer Punkte am Rand des dichten Teils der Datenverteilung geben; so ist es schwer, Ihnen einen Schwellenwert zu liefern, der die Anzahl der Fälle angibt, die in die -1-Klasse klassifiziert werden könnten. Normalerweise sollten nicht mehr als fünf Prozent der Fälle Ausreißer sein, also nutzen Sie diesen Indikator als allgemeine Faustregel.

Ausreißer mit SVM automatisch erkennen

Die Support-Vector-Maschine (SVM) ist eine mächtige maschinelle Lerntechnik, die ausführlich in Kapitel 19 dieses Buches dargestellt wird. `OneClassSVM` ist ein Algorithmus, der auf das Erlernen der erwarteten Verteilung in einem Datensatz spezialisiert ist. `OneClassSVM` ist besonders zum Erkennen von Neuheiten nützlich, wenn Sie zu Beginn Daten frei von Ausreißern liefern, ansonsten dient er als Detektor für multivariate Ausreißer. Damit `OneClassSVM` richtig funktioniert, müssen Sie zwei Schlüsselparameter festlegen:

✔ gamma sagt dem Algorithmus, ob der Datenverteilung gefolgt oder ob sich ihr angenähert werden soll. Für die Neuheitserkennung ist es besser, einen Wert von 0 oder höher zu wählen (Folgen der Verteilung); für die Ausreißer-Detektionswerte werden Werte kleiner als 0 bevorzugt (Approximieren der Verteilung).

✔ nu kann durch die Formel nu_estimate = 0.95*f+0.05 berechnet werden, wobei f der Prozentsatz der erwarteten Ausreißer ist (eine Zahl zwischen 1 und 0). Wenn Sie Neuheiten erkennen möchten, wird f 0 sein.

Mit dem folgenden Skript erhalten Sie eine OneClassSVM, die als Ausreißer-Detektionssystem funktioniert:

```
from sklearn import svm
outliers_fraction = 0.01
nu_estimate = 0.95 * outliers_fraction + 0.05
auto_detection = svm.OneClassSVM(kernel="rbf", gamma=0.01, degree=3,
               nu=nu_estimate)
auto_detection.fit(Xc)
evaluation = auto_detection.predict(Xc)
print df[evaluation==-1]


        0     1     2     3     4     5     6     7     8     9
10  -0.10 -0.04 -0.08  0.01 -0.10 -0.09 -0.01 -0.08 -0.06 -0.03
23   0.05  0.05  0.06  0.03  0.03 -0.05 -0.05  0.07  0.13  0.14
32   0.03  0.05  0.13  0.03 -0.05 -0.01 -0.10  0.11  0.00  0.03
...  (results partially omitted)
[25 rows x 10 columns]
```

OneClassSVM arbeitet wie die gesamte Familie der SVMs besser, wenn Sie Ihre Variablen durch die sklearn.preprocessing-Funktion scale oder durch die Klasse StandardScaler neu skalieren.

Teil V

Aus Daten lernen

In diesem Teil ...

✔ Nutzung von vier Hauptalgorithmen zur Analyse Ihrer Daten

✔ Validierung, Auswahl und Optimierung des Datenanalyseprozesses

✔ Anwendung linearer und nichtlinearer Tricks, um die Komplexität zu erhöhen

✔ Anwendungen, die die Macht der Vielen nutzen

Vier einfache und effektive Algorithmen erkunden

17

In diesem Kapitel

▶ Nutzung linearer und logistischer Regression

▶ Das bayessche Theorem verstehen und es für naive Klassifizierung nutzen

▶ Vorhersagen auf der Basis von Fällen, die ähnlich zu kNN sind

---

*I*n diesem neuen Teil beginnen Sie damit, alle Algorithmen und Tools zu erkunden, die für das Lernen aus Daten (die Trainingsphase) nötig sind und die fähig sind, eine numerische Schätzung (zum Beispiel Immobilienpreise) oder eine Klasse (beispielsweise die Spezies einer Irisblume) vorherzusagen – anhand eines neuen Beispiels, das Sie noch nicht kennen. In diesem Kapitel starten Sie mit dem einfachsten Algorithmus und arbeiten sich zu komplexeren vor.

Einfach und komplex sind keine absoluten Werte im maschinellen Lernen – sie sind relativ zu der algorithmischen Konstruktion. Einige Algorithmen sind einfache Aufsummierungen, andere benötigen komplexe Berechnungen (und Python kann für Sie mit beiden arbeiten). Es sind die Daten, die den Unterschied machen: Für einige Probleme sind einfache Algorithmen besser und für andere Probleme werden stattdessen komplexere Algorithmen benötigt.

Sie müssen nicht den Quelltext dieses Kapitels manuell abtippen. Tatsächlich ist es viel einfacher, wenn Sie die herunterladbare Quelle nutzen (siehe die Download-Anweisungen in der Einleitung). Der Quelltext für dieses Kapitel taucht in der `P4DS4D; 17; Exploring Four Simple and Effective Algorithms. ipynb`-Quelldatei auf.

Die Zahl schätzen: Lineare Regression

Regression hat eine lange Geschichte in der Statistik, vom Aufbau einfacher, aber effektiver linearer Modelle für wirtschaftliche, psychologische, soziale oder politische Daten hin zu Tests von Hypothesen für das Verstehen von Gruppenunterschieden, zur Modellierung komplexer Probleme von Ordinalwerten, binären und multiplen Klassen und hierarchischen Beziehungen.

Regression ist ein übliches Werkzeug in Data Science. Den meisten statistischen Eigenschaften beraubt, sehen praktizierende Data Scientists die lineare Regression als einen einfachen, verständlichen, aber auch effektiven Algorithmus für die Abschätzung und in seiner logistischen Regressionsversion auch für die Klassifikation.

Die Familie der linearen Modelle definieren

Lineare Regression ist ein statistisches Modell, das die Beziehung zwischen einer Zielvariablen und einer Reihe von Vorhersagefunktionen definiert. Dazu nutzt es eine Formel mit folgendem Aufbau:

$y = a + bx$

Sie können diese Formel in etwas Lesbareres und Nutzbareres für viele Probleme übersetzen. Wenn Sie beispielsweise Ihre Verkäufe basierend auf historischen Ergebnissen und verfügbaren Daten über Werbeausgaben schätzen wollen, wird die gleiche Vorhersageformel zu

Verkauf = a + b * (Werbeausgaben)

Sie sind dieser Formel möglicherweise schon während Ihrer Schulzeit begegnet, da es ebenfalls die Formel für eine Gerade im zweidimensionalen Raum ist, der von einer x-Achse (der Abszisse) und einer y-Achse (der Ordinate) aufgespannt wird.

Sie können die Formel durch die Erläuterung ihrer Bestandteile entmystifizieren: a gibt den Schnittpunkt mit der y-Achse an (der Wert von y, wenn x null ist) und b ist ein Koeffizient, der die Steigung der Geraden (die Beziehung zwischen x und y) darstellt. Wenn b positiv ist, steigt die Gerade. y steigt und fällt genau wie x steigt und fällt – wenn b negativ ist, verhält y sich genau umgekehrt zu x. Sie können b als Einheitsänderung in y sehen bei einer Einheitsänderung in x. Wenn der Wert von b nahe null ist, ist der Effekt von x auf y gering, aber wenn der Wert von b hoch ist, entweder positiv oder negativ, ist der Änderungseffekt von x auf y groß.

Lineare Regression kann deshalb das beste $y = a + bx$ finden und die Beziehung zwischen Ihrer gesuchten Variablen y in Bezug zu Ihrem vorhergesagten Merkmal x darstellen. Beide, a (Alpha-Koeffizient) und b (Beta-Koeffizient), sind auf Grundlage der Daten geschätzt und werden nach dem linearen Regressionsalgorithmus gesucht, sodass der Unterschied zwischen allen echten gesuchten y-Werten und all den y-Werten, die von der linearen Regressionsgleichung abgeleitet werden, so klein wie möglich sein soll.

Sie können die Beziehung grafisch als die Summe der Quadrate aller vertikalen Distanzen zwischen allen Datenpunkten und der Regressionsgeraden darstellen. Solch eine Summe ist immer die kleinstmögliche, wenn Sie die Regressionsgerade durch eine Schätzung, genannt »Methode der kleinsten Quadrate«, richtig berechnen. Diese ist von Statistiken oder äquivalent dem Gradientenabstieg, einer maschinellen Lernmethode, abgeleitet. Die Unterschiede zwischen den realen y-Werten und der Regressionsgeraden (den vorhergesagten y-Werten) sind als Reste definiert (da sie das sind, was nach einer Regression übrig bleibt: die Fehler).

Mehr Variablen nutzen

Mit einer einzigen Variablen für die Vorhersage von y nutzen Sie einfache lineare Regression, wenn Sie jedoch mit vielen Variablen arbeiten, müssen Sie multiple lineare Regression nutzen. Haben Sie mehrere Variablen, sind deren Skalierungen nicht wichtig für die Erstellung präziser linearer Regressionsvorhersagen. Jedoch ist es eine gute Angewohnheit, x zu standardisieren, da der Maßstab der Variablen sehr wichtig für einige Varianten der Regression ist (wie Sie später sehen werden). Außerdem dient es Ihrem Verständnis, Daten mit Koeffizienten anhand deren Einflusses auf y zu vergleichen.

Das folgende Beispiel nutzt den Boston-Datensatz von Scikit-learn. Es versucht, die Immobilienpreise von Boston mit einer linearen Regression zu schätzen. Das Beispiel versucht, auch die Variablen zu bestimmen, die das Ergebnis am meisten beeinflussen. So standardisiert das Beispiel die Vorhersagen.

```
from sklearn.datasets import load_boston
from sklearn.preprocessing import scale
boston = load_boston()
X, y = scale(boston.data), boston.target
```

Die Regressionsklasse in Scikit-learn ist Teil des linear_model-Moduls. Da Sie zuvor die X-Variablen skaliert haben, brauchen Sie keine weiteren Vorbereitungen oder speziellen Parameter, um zu entscheiden, wann dieser Algorithmus genutzt werden soll.

```
from sklearn.linear_model import LinearRegression
regression = LinearRegression()
regression.fit(X,y)
```

Da nun der Algorithmus angepasst wurde, können Sie die score-Methode nutzen, um die *R2*-Messung anzuzeigen, die ein Maß im Bereich 0 bis 1 ist und darauf hinweist, um wie viel ein bestimmtes Regressionsmodell besser in der Vorhersage von y ist als ein simpler Mittelwert. Sie können R2 auch als die Quantität einer gesuchten Information sehen, die durch das Modell erklärt wird (das Gleiche wie die quadrierte Korrelation). Die Bedeutung ist: Je näher der Wert an 1 ist, desto eher ist man in der Lage, die meisten y-Variablen durch das Modell zu erklären.

```
print regression.score(X,y)
```

```
0.740607742865
```

In diesem Fall ist R2 für die zuvor angepassten Daten 0,74 – ein gutes Ergebnis für ein einfaches Modell.

 Die Berechnung von R2 aus dem gleichen Datensatz, mit dem auch trainiert wurde, ist in der Statistik nicht üblich. In Data Science und maschinellem Lernen ist es immer besser, den Score auf Daten zu testen, die nicht für das Training genutzt wurden. Algorithmen mit größerer Komplexität können sich die Daten besser einprägen, als dass diese davon lernen, jedoch kann diese Aussage, wie bei der linearen Regression, manchmal auch für einfachere Modelle wahr sein.

Um zu verstehen, was die Schätzung in dem multiplen Regressionsmodell antreibt, müssen Sie das coefficients_-Attribut betrachten, ein Array, das die Beta-Koeffizienten enthält. Die gleichzeitige Ausgabe des boston.DESCR-Attributs hilft Ihnen, zu verstehen, auf welche Variablen die Koeffizienten hinweisen. Die zip-Funktion erstellt eine Aufzählung beider Attribute und Sie können es zum Berichten ausgeben.

```
print [a+':'+str(round(b,1)) for a, b in zip(
                    boston.feature_names, regression.coef_,)]

['CRIM:-0.9', 'ZN:1.1', 'INDUS:0.1', 'CHAS:0.7',
 'NOX:-2.1', 'RM:2.7', 'AGE:0.0', 'DIS:-3.1',
 'RAD:2.7', 'TAX:-2.1', 'PTRATIO:-2.1', 'B:0.9',
 'LSTAT:-3.7']
```

DIS ist die gewichtete Distanz zu fünf Arbeitsstellen. Es zeigt die wichtigsten absoluten Größenänderungen an. Bei Immobilien etwa verliert ein Haus an Wert, das zu weit von den Interessen der Leute (Arbeit etc.) entfernt ist. Im Gegensatz dazu sind AGE und INDUS Verhältnisse, die das Gebäudealter beschreiben und zeigen, ob einzelhandelsfremde Aktivitäten in der Umgebung verfügbar sind, die die Ergebnisse nicht zu stark beeinflussen, weil der absolute Wert der Beta-Koeffizienten niedriger als DIS ist.

Limitierungen und Probleme verstehen

Obwohl lineare Regression ein einfaches, aber effektives Schätzungswerkzeug ist, beinhaltet es einige Probleme. Diese können manchmal den Nutzen etwas einschränken, das hängt aber wirklich von den Daten ab. Sie untersuchen, ob irgendwelche Probleme existieren, indem Sie die Methode anwenden und deren Effizienz testen. Wenn Sie nicht hart an den Daten arbeiten (siehe Kapitel 19), könnten Sie auf folgende Limitierungen stoßen:

✔ Lineare Regression kann nur quantitative Daten modellieren. Wenn die Modellierung jedoch Klassen zurückgeben soll, müssen Sie die Daten modifizieren und eine logistische Regression anwenden.

✔ Wenn Daten fehlen und Sie damit nicht richtig umgehen, funktioniert das Modell nicht mehr. Es ist wichtig, fehlende Werte zuzurechnen oder den Wert null für diese Variable zu nutzen, um eine zusätzliche binäre Variable zu erstellen, die auf den fehlenden Wert verweist.

✔ Auch Ausreißer wirken stark störend für eine lineare Regression, da die lineare Regression versucht, den Quadratwert der Reste zu minimieren. Ausreißer haben große Reste, was den Algorithmus dazu zwingt, sich mehr darauf zu konzentrieren als auf die Masse der regulären Punkte.

✔ Die Beziehung zwischen der gesuchten und jeder Vorhersagevariablen basiert auf einem einzigen Koeffizienten – es gibt keinen automatischen Weg, komplexe Beziehungen wie eine Parabel (es gibt einen einzigartigen Wert von x, der y maximiert) oder exponentielles Wachstum darzustellen. Der einzige Weg, wie Sie die Modellierung solcher Beziehungen handhaben können, führt über mathematische Transformationen für x (und manchmal y) oder neue Variablen. Kapitel 19 untersucht beides, Transformationen und neue Variablen.

✔ Die größte Limitierung ist, dass die lineare Regression eine Aufsummierung von Bedingungen liefert, die unabhängig voneinander variieren können. Es ist schwer, herauszufinden, wie man den Effekt bestimmter Variablen darstellen kann, die das Ergebnis entsprechend Ihrer Werte auf sehr unterschiedliche Weisen beeinflussen können. Kurz, Sie können keine komplexen Situationen Ihrer Daten darstellen, nur die einfachen.

Zur logistischen Regression wechseln

Die lineare Regression ist gut für die Abschätzung von Werten geeignet, jedoch weniger für die Vorhersage der Klassen einer Beobachtung. Trotz der statistischen Theorie, die dagegenspricht, können Sie tatsächlich versuchen, eine binäre Klasse durch die Wertung einer Klasse als 1 und die der anderen als 0 zu klassifizieren. Das Ergebnis ist meistens enttäuschend, also war die statistische Theorie nicht falsch!

Fakt ist, dass lineare Regression mit einem Kontinuum von numerischen Schätzungen arbeitet. Um korrekt zu klassifizieren, brauchen Sie ein besser angepasstes Maß, wie die Wahrscheinlichkeit einer Klassenzugehörigkeit. Dank der folgenden Formel können Sie die numerische Schätzung einer linearen Regression in eine Wahrscheinlichkeit transformieren, die besser geeignet ist, zu beschreiben, wie gut eine Beobachtung zu einer Klasse passt:

Wahrscheinlichkeit einer Klasse = exp(r)/(1+exp(r))

r ist das Ergebnis der Regression (die Summe der Variablen gewichtet durch die Koeffizienten), exp ist die Exponentialfunktion. exp(r) entspricht der eulerschen Zahl e hoch r. Eine lineare Regression, die solch eine Formel (auch Verknüpfungsfunktion genannt) zur Transformation des Ergebnisses in einen Wahrscheinlichkeitswert nutzt, ist eine logistische Regression.

Logistische Regression anwenden

Die logistische Regression ist ähnlich der linearen Regression. Der einzige Unterschied liegt in den y-Daten, die Integer-Werte enthalten sollten, die Angaben zur Klasse anhand der Beobachtung machen. Beim Iris-Datensatz aus dem Scikit-learns-datasets-Modul können Sie die Werte 0, 1 und 2 nutzen, um die drei Klassen zu bezeichnen, die den drei Spezies entsprechen:

```
from sklearn.datasets import load_iris
iris = load_iris()
X, y = iris.data[:-1,:], iris.target[:-1]
```

Um das Arbeiten mit dem Beispiel zu vereinfachen, lassen Sie einen einzelnen Wert aus, um ihn später für den Test der Effizienz des logistischen Regressionsmodells nutzen zu können.

```
from sklearn.linear_model import LogisticRegression
logistic = LogisticRegression()
logistic.fit(X,y)
print 'Vorhergesagte Klasse %s, wirkliche Klasse %s' % (
    logistic.predict(iris.data[-1,:]),iris.target[-1])
print 'Wahrscheinlichkeiten für jede Klasse von 0 bis 2: %s'
    % logistic.predict_proba(iris.data[-1,:])

Vorhergesagte Klasse [2], wirkliche Klasse 2
Wahrscheinlichkeiten für jede Klasse von 0 bis 2:
  [[ 0.00168787 0.28720074 0.71111138]]
```

Im Gegensatz zur linearen Regression gibt die logistische Regression nicht einfach die resultierende Klasse aus (in diesem Fall die Klasse 2), sondern schätzt auch die Zugehörigkeitswahrscheinlichkeit der Beobachtung zu allen drei Klassen. Basierend auf der Beobachtung, die für die Vorhersage genutzt wurde, schätzt die logistische Regression eine Wahrscheinlichkeit von 71 Prozent, dass diese Beobachtung zur Klasse 2 gehört – eine hohe Wahrscheinlichkeit, aber kein perfektes Ergebnis. Es bleibt eine Unsicherheitsspanne.

 Über die Wahrscheinlichkeit können Sie die am besten passende Klasse schätzen, Sie können aber auch die Vorhersagen in Bezug zur Klassenzugehörigkeit ordnen. Dies ist besonders für medizinische Zwecke nützlich: Die Bewertung einer Vorhersage im Sinne von Wahrscheinlichkeiten in Bezug zu anderen kann zeigen, welche Patienten am ehesten eine Krankheit bekommen oder schon haben.

Betrachtung, wenn es mehrere Klassen sind

Die logistische Regression kann automatisch Multi-Klassenprobleme verarbeiten. Die meisten Algorithmen, die durch Scikit-learn bereitgestellt werden und Wahrscheinlichkeiten oder Wertungen für eine Klasse vorhersagen, handhaben Multi-Klassenprobleme automatisch, indem sie zwei verschiedene Strategien verfolgen:

✔ **one versus rest:** Der Algorithmus vergleicht jede Klasse mit allen verbliebenen Klassen und baut ein Modell für jede Klasse. Wenn Sie Annahmen zu zehn Klassen haben, haben Sie zehn Modelle. Dieser Ansatz beruht auf der `OneVsRestClassifier`-Klasse von Scikit-learn.

✔ **one versus one:** Der Algorithmus vergleicht jede Klasse mit jeder einzelnen verbliebenen Klasse, baut eine Anzahl von *n * (n–1)/2* Modellen auf, wobei *n* die Anzahl der Klassen ist. Wenn Sie zehn Klassen haben, haben Sie 45 Modelle. Dieser Ansatz beruht auf der `OneVsOneClassifier`-Klasse von Scikit-learn.

Im Fall der logistischen Regression ist die Standard-Multiklassen-Strategie »one versus rest«. Das Beispiel in diesem Abschnitt zeigt, wie beide Strategien auf den Datensatz der handgeschriebenen Zahlen angewendet werden, der eine Klasse für die Zahlen von 0 bis 9 beinhaltet. Der folgende Code lädt die Daten und platziert sie in die Variablen.

```
from sklearn.datasets import load_digits
digits = load_digits()
X, y = digits.data[:1700,:], digits.target[:1700]
tX, ty = digits.data[1700:,:], digits.target[1700:]
```

Die Beobachtungen sind genau genommen ein Gitter von Pixelwerten. Die Dimensionen des Gitters betragen acht Pixel mal acht Pixel. Um die Daten für einen maschinellen Lernalgorithmus einfacher lernbar zu machen, richtet der Code sie in einer Liste mit 64 Elementen aus. Das Beispiel reserviert einen Teil der verfügbaren Beispiele für einen Test.

```
from sklearn.multiclass import OneVsRestClassifier
from sklearn.multiclass import OneVsOneClassifier
OVR = OneVsRestClassifier(LogisticRegression()).fit(X,y)
OVO = OneVsOneClassifier(LogisticRegression()).fit(X,y)
print 'One vs rest Genauigkeit: %.3f' % OVR.score(tX,ty)
print 'One vs one Genauigkeit: %.3f' % OVO.score(tX,ty)

One vs rest Genauigkeit: 0.938
One vs one Genauigkeit: 0.969
```

Die zwei Multiklassen-Klassen `OneVsRestClassifier` und `OneVsOneClassifier` arbeiten durch Einbeziehen des Schätzers (in diesem Fall `LogisticRegression`). Danach arbeiten sie normalerweise wie jeder andere maschinelle Lernalgorithmus in Scikit-learn. Interessanterweise enthält die One-versus-one-Strategie die beste Genauigkeit dank der hohen Anzahl an Modellen, die in Konkurrenz stehen.

 Beim Arbeiten mit Anaconda und Python, Version 3.4, erhalten Sie möglicherweise eine Warnung, wenn Sie dieses Beispiel durcharbeiten – das Beispiel sollte aber normal funktionieren. Die Warnung will Ihnen lediglich sagen, dass für genutzte Funktionen in dem Beispiel ein Update bereitsteht oder dass sie in zukünftigen Python-Versionen unzugänglich werden.

Die Dinge einfach machen – Naiver Bayes

Sie wundern sich vielleicht, warum irgendjemand einen Algorithmus *Naiver Bayes* nennt. Der naive Teil kommt von seiner Formulierung – er vereinfacht einiges extrem im Vergleich zur Standard-Wahrscheinlichkeitsberechnung. Der Bezug zu Bayes im Namen bezieht sich auf Pfarrer Bayes und sein Theorem zur Wahrscheinlichkeit.

Pfarrer Thomas Bayes war ein Statistiker und Philosoph, der sein Theorem in der ersten Hälfte des 18. Jahrhunderts formulierte. Das Theorem wurde zu seinen Lebzeiten nie veröffentlicht. Es hat die Theorie der Wahrscheinlichkeit durch die Einführung der Idee einer bedingten Wahrscheinlichkeit revolutioniert – dies ist eine Wahrscheinlichkeit, die durch eine Aussage bedingt ist.

Beginnen wir am Anfang – mit der Wahrscheinlichkeit selbst. Wahrscheinlichkeit drückt die Möglichkeit eines Ereignisses aus und das in numerischer Form. Die Wahrscheinlichkeit eines Ereignisses wird durch eine Zahl zwischen 0 und 1 angegeben (entspricht der Spanne von 0 bis 100 Prozent) und sie wird empirisch von der Zählung der tatsächlich auftretenden Ereignisse in Bezug auf alle Ereignisse abgeleitet. Sie können die Wahrscheinlichkeit aus Daten berechnen!

Wenn Sie Ereignisse betrachten (ein Merkmal weist beispielsweise eine bestimmte Charakteristik auf) und die zu dem Ereignis zugehörigen Wahrscheinlichkeiten abschätzen wollen, können Sie die auftretenden Merkmale in den Daten zählen und diese Anzahl durch die Gesamtanzahl der verfügbaren Beobachtungen teilen. Das Ergebnis ist eine Zahl zwischen 0 und 1, die die Wahrscheinlichkeit ausdrückt.

Bestimmen Sie die Wahrscheinlichkeit eines Ereignisses, neigen Sie zum Glauben, die Wahrscheinlichkeit in jeder Situation anwenden zu können. Der Begriff für diesen Glauben ist *a-priori*, da es die erste Bestimmung der Wahrscheinlichkeit in Bezug auf ein Ereignis (die, die einem zuerst einfällt) bildet.

Wenn Sie beispielsweise die Wahrscheinlichkeit bestimmen, dass eine Person eine Frau ist, könnten Sie nach einigem Zählen sagen, diese sei 50 Prozent – die Anfangswahrscheinlichkeit, bei der Sie bleiben.

Die Anfangswahrscheinlichkeit kann sich jedoch anhand von Aussagen ändern, und das kann Ihre Erwartungen radikal ändern. Zum Beispiel könnte die Aussage, ob eine Person männlich oder weiblich ist, von der Haarlänge der Person abhängen. Sie können bestimmen, dass die Wahrscheinlichkeit, lange Haare zu haben, ein Ereignis mit 35 Prozent Wahrscheinlichkeit für die allgemeine Bevölkerung ist, jedoch innerhalb der weiblichen Bevölkerung 60 Prozent beträgt. Wenn der Prozentsatz in der weiblichen Bevölkerung im Vergleich zur allgemeinen Bevölkerung (die Voraussetzung, lange Haare zu haben) so hoch ist, sollten darin einige wertvolle Informationen stecken, die Sie nutzen können!

Stellen Sie sich vor, Sie müssten schätzen, ob eine Person männlich oder weiblich ist, und der Hinweis ist, dass die Person lange Haare hat. Das klingt nach einem Vorhersageproblem, und am Ende ist diese Situation sehr ähnlich zu einer Vorhersage von kategorialen Variablen von Daten: Wir haben eine gesuchte Variable mit unterschiedlichen Kategorien, und Sie müssen die Wahrscheinlichkeit jeder Kategorie anhand der Beweise, der Daten, schätzen. Pfarrer Bayes lieferte eine nützliche Formel:

$$P(A|B) = P(B|A) * P(A)/P(B)$$

Die Formel sieht wie statistische Fachsprache aus und ist nicht ganz eingängig, sie muss daher detaillierter erläutert werden. Das Lesen der Formel unter Verwendung des vorherigen Beispiels als Eingabe macht ihre Bedeutung schon etwas klarer:

✔ $P(A|B)$ ist die Wahrscheinlichkeit, eine Frau (Ereignis A) mit langen Haaren (Aussage B) zu sein. Der Teil der Formel definiert, was Sie vorhersagen möchten. Er sagt, y solle bei einem gegebenen × vorhergesagt werden, wobei y ein Resultat ist (männlich oder weiblich) und × die Aussage (langes oder kurzes Haar).

✔ $P(B|A)$ ist die Wahrscheinlichkeit, langes Haar zu haben, wenn die Person weiblich ist. In diesem Fall wissen Sie bereits, dass sie 60 Prozent ist. In jedem Datenproblem können Sie diese Schätzung durch einfache Kreuztabellierung der Merkmale gegen das gesuchte Ergebnis erhalten.

✔ $P(A)$ ist die Wahrscheinlichkeit, weiblich zu sein – eine allgemeine Chance von 50 Prozent (eine Voraussetzung).

✔ $P(B)$ ist die Wahrscheinlichkeit, langes Haar zu haben – eine Chance von 35 Prozent (eine andere Voraussetzung).

 Teile der Formel, wie $P(A|B)$, sollten Sie wie folgt lesen: die Wahrscheinlichkeit von A unter der Bedingung B. Das »|«-Symbol steht für *unter der Bedingung*. Eine auf diese Weise ausgedrückte Wahrscheinlichkeit ist eine bedingte Wahrscheinlichkeit, da es die Wahrscheinlichkeit von A, bedingt durch die Aussage

dargestellt durch B, ist. In diesem Beispiel bedeutet die Formel übersetzt in Zahlen: 60 % * 50 %/35 % = 85,7 %

Selbst wenn also die Wahrscheinlichkeit, eine Frau zu sein, nur 50 Prozent beträgt, erhöht sich die Wahrscheinlichkeit nur durch die Erkenntnis, lange Haare zu haben, auf 85,7 Prozent, was die Chancen erhöht, mit der Schätzung richtig zu liegen.

Herausfinden, dass naiver Bayes nicht so naiv ist

Naiver Bayes nutzt die einfache bayessche Regel und profitiert von allen verfügbaren Aussagen, um die Anfangswahrscheinlichkeit Ihrer Vorhersage zu ändern. Da Ihre Daten viele Aussagen enthalten – sie besitzen also viele Merkmale –, bilden sie eine große Summe aller Wahrscheinlichkeiten, die sich von einer vereinfachten Naiver-Bayes-Gleichung ableiten.

 Wie zuvor im Abschnitt »Die Zahl schätzen: Lineare Regression« dieses Kapitels erläutert, impliziert die Summierung von Variablen, dass das Modell diese als separierte und einzigartige Informationsteile annimmt. Aber das stimmt in der Realität nicht, da Anwendungen in einer Welt voller Verbindungen existieren, wobei sich jede Teilinformation mit vielen anderen Teilen verbindet. Die Nutzung eines Informationsteils mehr als einmal bedeutet, dass diesem speziellen Teil mehr Nachdruck entgegengebracht wird.

Da Sie die Beziehungen zwischen den Teilen der Aussage nicht kennen (oder einfach ignorieren), werden sie wahrscheinlich alle in den naiven Bayes stecken. Der einfache und naive Schachzug, alles, was Sie wissen, in eine Formel zu geben, funktioniert in der Tat gut und viele Studien berichten über gute Leistungen trotz des Fakts, dass Sie naive Annahmen machen. Es ist in Ordnung, alles für die Vorhersage zu nutzen, selbst wenn es so scheint, als ob es wegen der starken Abhängigkeit der Variablen nicht in Ordnung wäre. So werden naive Bayes häufig verwendet:

✔ Erstellung eines Spam-Detektors (Erfassung aller störenden E-Mails in Ihrem Posteingang)

✔ Stimmungsanalyse (Abschätzung, ob ein Text positive oder negative Einstellungen in Bezug zum Thema besitzt, und die Feststellung der Laune des Sprechers)

✔ Textverarbeitungsaufgaben, wie Rechtschreibkorrektur oder Abschätzung der genutzten Sprache zum Schreiben oder Klassifizieren der Texte in eine größere Kategorie

Naive Bayes sind ebenfalls beliebt, da sie nicht viele Daten zum Funktionieren benötigen. Sie können instinktiv mit multiplen Klassen umgehen. Mit einigen leichten Modifikationen der Variablen (Umwandlung in Klassen) können sie auch mit numerischen Variablen umgehen. Scikit-learn liefert drei naive Bayes-Klassen in dem `sklearn.naive_bayes`-Modul:

✔ `MultinomialNB`: Nutzt die von der Anwesenheit des Merkmals abgeleitete Wahrscheinlichkeit. Wenn ein Merkmal vorhanden ist, weist es eine bestimmte Wahrscheinlichkeit dem Ergebnis zu, das die Textdaten für die Vorhersage anzeigt.

✔ BernoulliNB: Stellt eine multinomiale Funktionalität von naiven Bayes zur Verfügung, jedoch bestraft es die Abwesenheit eines Merkmals. Es weist eine andere Wahrscheinlichkeit zu, wenn das Merkmal vorhanden ist, als wenn es abwesend ist. In Wirklichkeit behandelt es alle Merkmale als dichotome Variablen (die Verteilung einer dichotomen Variablen ist eine Bernoulli-Verteilung). Sie können es auch mit Textdaten nutzen.

✔ GaussianNB: Definiert eine Version von naiven Bayes, die eine Normalverteilung von allen Merkmalen erwartet. Deshalb ist diese Klasse suboptimal für Textdaten, in denen die Vorkommen von Wörtern spärlich sind (nutzen Sie stattdessen die multinomiale oder Bernoulli-Verteilung). Wenn Ihre Variablen positive und negative Werte besitzen, ist dies die beste Wahl.

Textklassifizierungen vorhersagen

Naiver Bayes ist speziell bei der Dokumentenklassifizierung beliebt. In Textproblemen haben Sie meistens Millionen von involvierten Merkmalen, eines für jedes richtig und falsch geschriebene Wort. Manchmal ist der Text mit anderen ähnlichen Wörtern in *N-Grammen*, einer Sequenz von aufeinanderfolgenden Wörtern, verknüpft. Naiver Bayes kann die Textmerkmale schnell lernen und liefert schnelle Vorhersagen, basierend auf der Eingabe.

Dieser Abschnitt testet Textklassifizierungen und nutzt dabei das binomial und multinomial naive Bayes-Modell, das durch Scikit-learn bereitgestellt wird. Das Beispiel bezieht sich auf den 20-Newsgroups-Datensatz, der eine große Anzahl an Beiträgen von 20 Arten von Newsgruppen beinhaltet. Der Datensatz ist aufgeteilt in einen Trainingssatz für den Aufbau Ihres Textmodells und einen Testsatz, der aus Beiträgen besteht, die zeitlich nach dem Trainingssatz folgen. Sie nutzen den Testsatz, um die Genauigkeit Ihrer Vorhersage zu testen.

```
from sklearn.datasets import fetch_20newsgroups
newsgroups_train = fetch_20newsgroups(subset='train',
    remove=('headers', 'footers', 'quotes'))
newsgroups_test = fetch_20newsgroups(subset='test',
    remove=('headers', 'footers', 'quotes'))
```

Nach dem Laden der beiden Datensätze in den Speicher importieren Sie die beiden naiven Bayes und instanziieren sie. Zu diesem Punkt setzen Sie einen Alpha-Wert, der nützlich für das Vermeiden einer Null-Wahrscheinlichkeit für seltene Merkmale ist (eine Null-Wahrscheinlichkeit würde diese Merkmale von den Analysen ausschließen). Typischerweise nutzen Sie kleine Werte für Alpha, wie folgender Code zeigt:

```
from sklearn.naive_bayes import BernoulliNB, MultinomialNB
Bernoulli = BernoulliNB(alpha=0.01)
Multinomial = MultinomialNB(alpha=0.01)
```

In Kapitel 12 haben Sie den Hashing-Trick angewendet, um Textdaten zu modellieren, ohne befürchten zu müssen, neuen Wörtern nach der Trainingsphase zu begegnen. Sie können zwei verschiedene Hashing-Tricks verwenden: Einer zählt die Wörter (für den multinomialen Ansatz) und einer zeichnet auf, ob ein Wort in einer binären Variablen auftaucht (der binomiale Ansatz). Sie können auch die *Stoppwörter* entfernen – gebräuchliche Wörter, die in der englischen Sprache gefunden werden, wie »a«, »the«, »in« und so weiter.

```
import sklearn.feature_extraction.text as txt
multinomial_hashing_trick = txt.HashingVectorizer(
    stop_words='english', binary=False, norm=None, non_negative=True)
binary_hashing_trick = txt.HashingVectorizer(
    stop_words='english', binary=True, norm=None, non_negative=True)
```

Zu diesem Punkt können Sie die beiden Klassifizierer trainieren und mit dem Testsatz testen, der ein Satz aus Beiträgen ist, die zeitlich nach dem Testsatz auftreten. Die Testgröße ist die Genauigkeit, die der Prozentsatz von richtigen Annahmen ist, die der Algorithmus macht.

```
Multinomial.fit(multinomial_hashing_trick.transform(
    newsgroups_train.data), newsgroups_train.target)
Bernoulli.fit(binary_hashing_trick.transform(
    newsgroups_train.data), newsgroups_train.target)
from sklearn.metrics import accuracy_score
for m, h in [(Bernoulli, binary_hashing_trick),
    (Multinomial, multinomial_hashing_trick)]:
    print 'Genauigkeit für %s: %.3f' % (m,
        accuracy_score(y_true=newsgroups_test.target,
            y_pred=m.predict(h.transform(newsgroups_test.data))))

Genauigkeit für BernoulliNB(alpha=0.01, binarize=0.0,
    class_prior=None, fit_prior=True): 0.570
Genauigkeit für MultinomialNB(alpha=0.01, class_prior=None,
    fit_prior=True): 0.651
```

Sie haben vielleicht festgestellt, dass es nicht lange dauert, um beide Modelle zu trainieren und deren Vorhersagen auf den Testsatz zu berichten. Berücksichtigen Sie, dass der Trainingssatz aus mehr als 11.000 Beiträgen mit 300.000 Wörtern besteht und der Testsatz aus rund 7.500 anderen Beiträgen.

```
print 'Anzahl an Beiträgen im Training: %i' % len(newsgroups_train.data)
D={word:True for post in newsgroups_train.data for word
    in post.split(' ')}
print 'Anzahl der unterschiedlichen Wörter im Training: %i' % len(D)
print 'Anzahl der Beiträge im Test: %i' % len(newsgroups_test.data)
Anzahl an Beiträgen im Training: 11314
Anzahl der unterschiedlichen Wörter im Training: 300972
Anzahl der Beiträge im Test: 7532
```

Faul lernen mit der Nearest-Neighbors-Methode

k-Nearest Neighbors (kNN) besteht nicht daraus, Regeln anhand von Daten basierend auf Koeffizienten oder Wahrscheinlichkeiten zu erstellen. kNN arbeitet auf Basis von Ähnlichkeiten. Wenn Sie etwas wie eine Klasse vorhersagen müssen, kann es das Beste sein, die ähnlichsten Beobachtungen zu der gesuchten zu finden, die Sie klassifizieren oder schätzen möchten. Sie können dann die benötigte Antwort von den ähnlichen Fällen ableiten.

Zu sehen, wie viele Beobachtungen ähnlich sind, bedeutet nicht, etwas zu lernen, sondern etwas zu messen. Da kNN nichts lernt, wird es als »faul« bezeichnet, und Sie werden die Bezeichnungen fauler Lerner oder Instanz-basierter Lerner hören. Die Idee ist, dass ähnliche Umstände normalerweise ähnliche Ergebnisse liefern, und es ist wichtig, nicht immer mit Kanonen auf Spatzen zu schießen.

Der Algorithmus ist schnell während des Trainings, da er nur Daten über die Beobachtung auswendig lernen muss. Genau genommen berechnet er mehr während der Vorhersagen. Wenn es zu viele Beobachtungen gibt, kann der Algorithmus langsamer und speicherfressend werden. Sie sind am besten beraten, ihn nicht mit großen Daten zu nutzen, oder es wird fast eine Ewigkeit dauern, um irgendetwas vorherzusagen! Außerdem funktioniert dieser simple und effektive Algorithmus besser, wenn Sie verschiedene Datengruppen ohne zu viele Variablen einbeziehen, da der Algorithmus auch empfindlich auf eine hohe Dimensionalität reagiert.

Die Dimensionalität wächst, wenn die Anzahl der Variablen zunimmt. Stellen Sie sich eine Situation vor, in der Sie die Entfernung zwischen Beobachtungen messen. Je größer der Raum ist, desto schwerer wird es, richtige Nachbarn zu finden – ein Problem für kNN, das manchmal zur Verwechslung von entfernten mit nahen Beobachtungen führt. Die Ausführung der Idee ist einfach, wie Schachspielen auf einem multidimensionalen Schachbrett. Beim Spielen auf einem klassischen 2D-Brett sind die meisten Figuren nah beieinander und Sie können leicht Möglichkeiten erkennen sowie Bedrohungen für Ihre Bauern, wenn Sie 32 Figuren und 64 Positionen haben. Wenn Sie jedoch auf einem 3D-Brett spielen – bekannt aus einigen Science-Fiction-Filmen –, können sich Ihre 32 Figuren in den 512 möglichen Positionen verlieren. Nun stellen Sie sich vor, mit einem 12D-Schachbrett zu spielen. Sie missverstehen schnell, was nah und was fern ist, genau das, was mit kNN passiert.

 Sie können kNN immer noch clever in der Erkennung von Ähnlichkeiten zwischen Beobachtungen nutzen, indem Sie redundante Informationen entfernen und die Datendimensionalität durch Reduzierungstechniken der Daten verringern, wie in Kapitel 14 erklärt.

Vorhersagen nach der Beobachtung von Nachbarn

Als Beispiel dafür, wie kNN zu nutzen ist, dient wieder der Zahlen-Datensatz. kNN ist insbesondere nützlich, so wie naiver Bayes, wenn Sie viele Klassen vorhersagen müssen, oder in Situationen, die von Ihnen verlangen, viele Modelle zu erstellen oder auf ein komplexes Modell zu vertrauen.

```
from sklearn.datasets import load_digits
from sklearn.decomposition import PCA
digits = load_digits()
pca = PCA(n_components=25)
pca.fit(digits.data[:1700,:])
X, y = pca.transform(digits.data[:1700,:]),
    digits.target[:1700]
tX, ty = pca.transform(digits.data[1700:,:]),
    digits.target[1700:]
```

kNN ist sehr empfindlich gegenüber Ausreißern. Außerdem müssen Sie Ihre Variablen neu skalieren und einige redundante Informationen entfernen. In diesem Beispiel nutzen Sie PCA. Eine Neuskalierung ist nicht notwendig, da die Daten Pixel darstellen, was bedeutet, dass diese schon skaliert sind.

Sie können das Problem mit Ausreißern umgehen, indem Sie die Nachbarschaft klein halten, was bedeutet, nicht zu weit entfernt von ähnlichen Beispielen zu suchen.

Wenn Sie den Datentyp kennen, sparen Sie Zeit und Fehler. Zum Beispiel wissen Sie in diesem Fall, dass die Daten Pixelwerte repräsentieren. EDA (wie in Kapitel 13 beschrieben) ist immer der erste Schritt und kann Ihnen nützliche Einblicke liefern, aber zusätzliche Informationen dazu, wie die Daten erhalten wurden und was sie darstellen, ist auch eine gute Praxis und kann ebenfalls nützlich sein. Um diese Aufgabe in Aktion zu sehen, reservieren Sie Fälle in tX und probieren einige Fälle, nach denen kNN nicht suchen wird, wenn er nach Nachbarn sucht.

```
from sklearn.neighbors import KNeighborsClassifier
kNN = KNeighborsClassifier(n_neighbors=5)
kNN.fit(X,y)
```

kNN nutzt ein Abstandsmaß, um zu bestimmen, welche Beobachtungen als mögliche Nachbarn für den gesuchten Fall zu erwägen sind. Sie können die vordefinierten Distanzen einfach durch den p-Parameter ändern:

✔ Wenn p = 2 ist, wird der euklidische Abstand genutzt (erläutert als Teil des Clustering-Themas in Kapitel 15).

✔ Wenn p = 1 ist, wird die Manhattan-Metrik genutzt, die ein absoluter Abstand zwischen Beobachtungen ist. Wenn Sie von einer Ecke zur gegenüberliegenden Ecke gehen, ist in einem 2D-Quadrat der Manhattan-Abstand gleich dem Ablaufen der Umgrenzung, wohingegen der euklidische Abstand gleich dem Ablaufen der Diagonale ist. Obwohl der Manhattan-Abstand nicht die kürzeste Strecke ist, ist er ein realistischeres Maß als der euklidische Abstand und außerdem weniger anfällig für Rauschen und hohe Dimensionalitäten.

Normalerweise ist der euklidische Abstand das richtige Maß, nur manchmal kann er Ihnen schlechtere Ergebnisse liefern, besonders wenn die Analyse viele korrelierende Variablen enthält. Der folgende Code zeigt, dass die Analysen gut damit funktionieren.

```
print 'Genauigkeit: %.3f' % kNN.score(tX,ty)
print 'Vorhersage: %s tatsächlich: %s' %
   (kNN.predict(tX[:10,:]),ty[:10])
```

```
Genauigkeit: 0.990
Vorhersage: [5 6 5 0 9 8 9 8 4 1]
   tatsächlich: [5 6 5 0 9 8 9 8 4 1]
```

Wählen Sie Ihren k-Parameter geschickt

Ein kritischer Parameter, den Sie in kNN definieren müssen, ist k. Sowie k steigt, berücksichtigt kNN mehr Punkte für seine Vorhersagen, und die Entscheidungen werden weniger durch verrauschte Fälle beeinflusst, die unzulässig Einfluss nehmen könnten. Ihre Entscheidungen basieren auf einem Durchschnitt von mehr Beobachtungen und diese werden solider. Wenn der k-Wert, den Sie nutzen, zu groß ist, beginnen Sie, Nachbarn zu erwägen, die zu weit entfernt sind und weniger Gemeinsamkeiten mit Ihrem Fall haben, den Sie vorhersagen müssen.

Es ist ein wichtiger Kompromiss. Wenn der Wert von k gering ist, betrachten Sie einen homogeneren Mix von Nachbarn, aber es schleichen sich schneller Fehler ein, weil Sie die wenigen ähnlichen Fälle als selbstverständlich nehmen. Wenn der Wert von k größer ist, betrachten Sie mehr Fälle mit einem höheren Risiko, Nachbarn zu betrachten, die zu weit weg oder Ausreißer sind. Kommen wir zurück zu dem vorherigen Beispiel mit den Daten der handgeschriebenen Zahlen. Sie können mit der Änderung des k-Werts experimentieren, wie es in folgendem Code gezeigt ist:

```
for k in [1, 5, 10, 100, 200]:
    kNN = KNeighborsClassifier(n_neighbors=k).fit(X,y)
    print 'für k= %3i ist die Genauigkeit %.3f' % (k, kNN.score(tX,ty))
```

```
für k= 1 ist die Genauigkeit 0.979
für k= 5 ist die Genauigkeit 0.990
für k= 10 ist die Genauigkeit 0.969
für k= 100 ist die Genauigkeit 0.959
für k= 200 ist die Genauigkeit 0.907
```

Durch das Experimentieren finden Sie heraus, dass das Einstellen von n_neighbors (dem Parameter, den k darstellt) auf 5 die optimale Wahl ist, die zur höchsten Genauigkeit führt. Nur den nächsten Nachbarn (n_neighbors =1) zu nutzen, ist keine schlechte Wahl, stattdessen jedoch den Wert auf über 5 zu setzen, führt zu abnehmenden Ergebnissen in der Klassifikationsaufgabe.

 Als Faustregel gilt: Wenn Ihr Datensatz nicht viele Beobachtungen enthält, setzen Sie für k eine Zahl nahe der quadrierten Summe der verfügbaren Beobachtungen an. Jedoch gibt es keine allgemeingültige Regel, und das Ausprobieren von verschiedenen k-Werten ist immer ein guter Weg, die Performance der kNN-Methode zu optimieren. Starten Sie immer mit niedrigen Werten und arbeiten Sie sich zu höheren Werten vor.

Kreuzvalidierung, Selektion und Optimierung durchführen

18

In diesem Kapitel

▶ Etwas über Überanpassung und Unteranpassung lernen

▶ Die richtige Metrik zum Überwachen wählen

▶ Kreuzvalidierung unserer Ergebnisse

▶ Die besten Merkmale für maschinelles Lernen selektieren

▶ Hyperparameter optimieren

Maschinelle Lernalgorithmen können in der Tat aus Daten lernen. Zum Beispiel können die vier Algorithmen, die im vorherigen Kapitel vorgestellt wurden, obwohl sie recht simpel sind, effektiv eine Klasse oder einen Wert schätzen, nachdem sie mit Beispielen trainiert wurden. Es ist alles eine Sache des induzierten Lernens, ein Prozess, bei dem allgemeine Regeln aus spezifischen extrahiert werden. Von Kindheit an lernen Menschen allgemein durch das Beobachten von Beispielen, der Ableitung einiger allgemeiner Regeln oder Ideen und der erfolgreichen Anwendung der abgeleiteten Regeln auf neue Situationen. Wenn wir beispielsweise jemanden sehen, der sich die Finger an einer heißen Herdplatte verbrannt hat, erkennen wir die Gefahr und müssen die Herdplatte nicht selbst anfassen.

Lernen mit maschinellen Lernalgorithmen durch Beispiele birgt Gefahren. Hier sind einige Probleme, die möglicherweise auftauchen:

✔ Es gibt nicht genügend Beispiele, um ein Urteil über eine Regel zu fällen, egal welchen maschinellen Lernalgorithmus Sie nutzen.

✔ Die maschinelle Lernanwendung wird mit den falschen Beispielen konfrontiert und kann nicht die richtigen Schlüsse ziehen.

✔ Selbst wenn die Anwendung genug richtige Beispiele sieht, kann sie die Regeln nicht herausfinden, da diese zu komplex sind. Sir Isaac Newton, der Vater der modernen Physik, erzählte die Geschichte, dass er durch den Fall eines Apfels von einem Baum zu seiner Formulierung der Schwerkraft inspiriert wurde. Unglücklicherweise ist es den meisten von uns nicht gegeben, ein universelles Gesetz von einer Reihe von Beobachtungen abzuleiten, und das Gleiche gilt für Algorithmen.

Es ist wichtig, diese Gefahren zu bedenken, wenn man in maschinelles Lernen eintaucht! Die Menge der Daten, die Qualität und die Charakteristiken des Lernalgorithmus entscheiden, ob eine maschinelle Lernanwendung gut auf neue Fälle verallgemeinert werden kann. Wenn irgendwas mit ihnen falsch ist, kann das beträchtliche Grenzen nach sich ziehen. Als praktizierender Data Scientist müssen Sie erkennen und lernen, diese Arten von Gefahren in Ihren Data-Science-Experimenten zu vermeiden.

Sie müssen den Quelltext für dieses Kapitel nicht per Hand abtippen. Tatsächlich ist es viel einfacher, wenn Sie die herunterladbare Quelle nutzen (siehe die Download-Anweisungen in der Einleitung). Der Quelltext für dieses Kapitel taucht in der P4DS4D; 18; Performing Cross Validation, Selection and Optimization.ipynb-Quellcode-Datei auf.

Über das Problem der Anpassung eines Modells nachdenken

Die Anpassung eines Modells verlangt, aus den Daten Regeln zu erkennen, aufgrund derer die Daten zunächst generiert wurden. Aus mathematischer Perspektive ist die Anpassung eines Modells dasselbe wie das Raten einer unbekannten Funktion – wie Sie Ihnen zuletzt in der Schule begegnet ist, zum Beispiel y = 4x^2 + 2x –, nur aufgrund der y-Ergebnisse. Deshalb generieren maschinelle Lernalgorithmen intern mathematische Formeln, die darstellen sollen, wie die Realität funktioniert.

Die Demonstration, ob solch eine Formel real ist, liegt außerhalb des Anwendungsbereichs von Data Science. Das Wichtigste ist, dass sie exakte Vorhersagen macht. Ein Beispiel: Selbst wenn Sie vieles aus der physikalischen Welt mit mathematischen Funktionen beschreiben können, ist es oft nicht möglich, gesellschaftliche und ökonomische Dynamiken auf diese Weise zu beschreiben – die Leute versuchen es trotzdem.

Um es zusammenzufassen: Als Data Scientist sollten Sie immer danach streben, sich der realen Funktion des zugrunde liegenden Problems durch die Nutzung der besten verfügbaren Informationen anzunähern. Das Ergebnis Ihrer Arbeit wird anhand Ihrer Fähigkeit zur Vorhersage eines spezifischen Ergebnisses (des gesuchten Ergebnisses), anhand bestimmter Vorgaben (der Daten) und mit der Hilfe einer nützlichen Palette von Algorithmen (der maschinellen Lernalgorithmen) gemessen.

Weiter oben in diesem Buch haben Sie etwas gesehen, das einer realen Funktion oder einem Gesetz ähnelte, als die lineare Regression vorgestellt wurde, die ihre eigene Formulierung hat. Die lineare Gleichung y = a + b * x, eine mathematische Darstellung einer Linie in einer Ebene, kann sich in der Regel Trainingsdaten gut annähern, selbst wenn die Daten keine Line oder etwas Ähnliches darstellen. Wie die lineare Regression haben auch alle anderen maschinellen Lernalgorithmen eine interne Gleichung (und viele sind tatsächlich direkt verfügbar). Die lineare Regressionsgleichung ist eine der einfachsten, Gleichungen der anderen Lernalgorithmen können komplexer erscheinen. Sie müssen nicht wissen, wie sie genau funktionieren. Sie müssen sich nur vorstellen können, wie komplex sie sind, ob sie eine Linie oder Kurve darstellen und Ausreißer oder verrauschte Daten aufspüren können. Bei der Planung, von Daten zu lernen, sollten Sie die folgenden problematischen Aspekte anhand der Gleichung betrachten, die Sie nutzen möchten:

1. Ob der Lernalgorithmus der beste ist, um sich der unbekannten Funktion annähern zu können, die Sie sich hinter den verwendeten Daten vorstellen. Um solch eine Entscheidung zu treffen, müssen Sie die Gleichung des Lernalgorithmus anhand der Daten durchführen und das Ergebnis mit alternativen Gleichungen anderer Algorithmen vergleichen.

2. Ob die spezifische Gleichung des Lernalgorithmus zu einfach ist, verglichen mit der verborgenen Funktion, eine Schätzung zu machen (dies wird als Trendproblem bezeichnet).

3. Ob die spezifische Gleichung des Lernalgorithmus zu komplex ist, verglichen mit der verborgenen Funktion, die geschätzt werden soll (führt zum Varianzproblem).

 Nicht alle Algorithmen passen zu jedem Datenproblem. Wenn Sie nicht genügend Daten haben oder die Daten voller fehlerbehafteter Informationen sind, kann es vielleicht für einige Gleichungen zu schwierig sein, die reale Funktion herauszufinden.

Trend und Varianz verstehen

Wenn Ihr ausgewählter Lernalgorithmus nicht richtig von Ihren Daten lernen kann und nicht gut funktioniert, liegt das am Trend oder an der Varianz in seinen Schätzungen.

✔ **Trend:** Angesichts der Einfachheit der Formulierung tendiert Ihr Algorithmus dazu, die realen Regeln hinter den Daten zu über- oder unterschätzen, und ist in bestimmten Situationen systematisch falsch. Einfache Algorithmen haben hohe Trends, besitzen wenige interne Parameter und tendieren dazu, nur einfache Formulierungen gut darzustellen.

✔ **Varianz:** Anhand der Komplexität von Formulierungen tendiert Ihr Algorithmus dazu, zu viel von den Informationen der Daten zu lernen, und erkennt Regeln, die nicht existieren. Das führt dazu, dass seine Vorhersagen unregelmäßig sind, wenn neue Daten gezeigt werden. Sie können Varianz als ein Problem in Zusammenhang mit dem Auswendiglernen sehen. Komplexe Algorithmen können Merkmale von Daten dank der hohen Anzahl an internen Parametern auswendig lernen.

Trend und Varianz hängen von der Komplexität der Formulierung im Kern des Lernalgorithmus ab, bezogen auf die Komplexität der Formulierung, die mutmaßlich die Daten generiert hat, die Sie beobachten. Wenn Sie jedoch ein spezifisches Problem unter Einbeziehung der verfügbaren Datenregeln betrachten, sind Sie bei einem hohen Trend oder einer hohen Varianz besser dran, wenn:

✔ **Sie wenige Beobachtungen haben:** Einfache Algorithmen arbeiten besser, egal wie die unbekannte Funktion ist. Komplexe Algorithmen tendieren dazu, zu viele Daten zu lernen, daraus entstehen Schätzungen mit Ungenauigkeiten.

✔ **Sie viele Beobachtungen haben:** Komplexe Algorithmen reduzieren immer die Varianz. Die Reduktion tritt auf, weil selbst komplexe Algorithmen nicht zu viel von den Daten lernen können. So lernen sie nur die Regeln, nicht irgendwelches unregelmäßiges Rauschen.

✔ **Sie viele Variablen haben:** Vorausgesetzt, Sie haben viele Beobachtungen, tendieren einfache Algorithmen dazu, einen Weg zu finden, um sich auch komplexen versteckten Funktionen anzunähern.

Eine Strategie zur Modellauswahl definieren

Wenn Sie einem maschinellen Lernproblem gegenüberstehen, wissen Sie normalerweise etwas über das Problem und nicht, ob ein bestimmter Algorithmus gut damit umgehen wird. Folglich wissen Sie nicht wirklich, ob die Quelle des Problems durch einen Trend oder eine Varianz verursacht wurde – wenngleich normalerweise die Faustregel gilt: Ein Algorithmus wird einen hohen Trend haben, wenn er einfach ist, und wenn er komplex ist, wird er eine hohe Varianz haben. Selbst beim Arbeiten mit gewöhnlichen, gut dokumentierten Data-Science-Anwendungen werden Sie bemerken, dass das, was in anderen Situationen funktioniert (wie in akademischen oder industriellen Artikeln beschrieben), meistens nicht sehr gut in Ihrer eigenen Anwendung arbeitet, da die Daten anders sind.

Sie können diese Situation mit dem berühmten No-free-lunch-Theorem des Mathematikers David Wolpert zusammenfassen: Alle maschinellen Lernalgorithmen sind gleich in der Leistung, wenn sie gegen alle möglichen Probleme getestet werden. Ergo ist es nicht möglich, zu sagen, dass ein Algorithmus immer besser ist als ein anderer. Er kann nur dann besser als ein anderer sein, wenn er genutzt wird, um ein bestimmtes Problem zu lösen. Sie können das Konzept auf eine andere Art und Weise betrachten: Für kein Problem gibt es ein festes Rezept! Die beste und einzige Strategie ist, alles zu versuchen, was Sie können, und die Ergebnisse mittels kontrollierter wissenschaftlicher Experimente zu verifizieren. Dieser Ansatz stellt sicher, dass das, was zu funktionieren scheint, das ist, was wirklich funktioniert und – am wichtigsten – was auch mit neuen Daten weiter funktionieren wird. Obwohl Sie vielleicht mehr Vertrauen in einige Lerner setzen als in andere, können Sie nie sagen, welcher maschinelle Lernalgorithmus der beste ist, wenn Sie ihn nicht ausprobiert und seine Leistung anhand Ihres Problems gemessen haben.

An diesem Punkt müssen Sie einen kritischen bis jetzt unterschätzten notwendigen Aspekt bedenken, um über den Erfolg Ihres Datenprojekts zu entscheiden. Für ein gutes Modell und die besten Ergebnisse ist es essenziell, eine Evaluierungsmetrik zu definieren, die ein gutes Modell von einem schlechten unterscheiden kann in Abhängigkeit vom Geschäfts- oder Wissenschaftsproblem, das Sie lösen möchten. Tatsächlich müssen Sie es vielleicht für einige Projekte vermeiden, negative Fälle vorherzusagen, wenn diese positiv sind, für andere möchten Sie vielleicht absolut alle positiven Fälle finden, und für wiederum andere müssen Sie diese Fälle ordnen, damit die positiven Fälle vor den negativen kommen und Sie sie nicht alle prüfen müssen.

Bei der Wahl eines Algorithmus wählen Sie automatisch auch eine Optimierungsprozessregel durch eine Evaluierungsmetrik, die die Leistung des Algorithmus berichtet, damit dieser Algorithmus seine Parameter besser einstellen kann. Wenn Sie beispielsweise eine lineare Regression nutzen, ist die Metrik die durch den vertikalen Abstand der Beobachtungen von der Regressionslinie gegebene mittlere quadratische Abweichung. Dieses geschieht automatisch und Sie können durch solch eine Standardevaluierungsmetrik die Leistung des Algorithmus einfacher akzeptieren.

Neben dem Akzeptieren der Standardmetrik lassen einige Algorithmen Sie eine bevorzugte Evaluierungsfunktion wählen. Können Sie keine favorisierte Evaluierungsform heraussuchen, können Sie immer noch die existierende Evaluierungsmetrik durch angemessenes Festlegen einiger seiner Hyperparameter anpassen. Somit wird der Algorithmus indirekt für eine andere, eine unterschiedliche Metrik optimiert.

Bevor Sie beginnen, Ihre Daten zu trainieren und Vorhersagen zu erstellen, denken Sie immer erst mal über die beste Leistungsmessung für Ihr Projekt nach. Scikit-learn bietet Zugang zu einer großen Anzahl an Messungen für beides: Klassifikations- und Regressionsprobleme. Das `sklearn.metrics`-Modul erlaubt Ihnen, die Optimierungsverfahren durch eine einfache Zeichenkette aufzurufen oder durch den Aufruf einer Fehlerfunktion aus seinen Modulen zu wählen. Tabelle 18.1 zeigt die für Regressionsprobleme gebräuchlichen Maße.

Aufrufbare Zeichenkette	Funktion
`mean_absolute_error`	`sklearn.metrics.mean_absolute_error`
`mean_squared_error`	`sklearn.metrics.mean_squared_error`
`r2`	`sklearn.metrics.r2_score`

Tabelle 18.1: Regressionsevaluierungsmaße

Die r2-Zeichenkette spezifiziert ein statistisches Maß für lineare Regression, genannt R-Quadrat. Es drückt die Vorhersagekraft des Modells verglichen mit einem einfachen Mittelwert aus. Maschinelle Lernanwendungen nutzen selten dieses Maß, da es nicht explizit Fehler meldet, die das Modell gemacht hat, obgleich hohe R-Quadrat-Werte weniger Fehler implizieren; verlässlichere Metriken für Regressionsmodelle sind die quadratische Standardabweichung und der mittlere absolute Fehler.

Quadrierte Fehler bestrafen extreme Werte mehr, wohingegen absolute Fehler alle Fehler gleich gewichten. Tatsächlich geht es darum, einen Kompromiss zu finden, den Fehler aus extremen Beobachtungen (quadrierte Fehler) so gut wie möglich zu reduzieren oder den Fehler für den Großteil der Beobachtungen zu verringern (absolute Fehler). Die Wahl, die Sie treffen, hängt von der Anwendung ab. Wenn extreme Werte kritische Situationen für Ihre Anwendung darstellen, ist ein quadriertes Fehlermaß besser. Wenn es Ihnen jedoch darum geht, verbreitete gewöhnliche und normale Beobachtungen zu minimieren, wie es oft bei Umsatzprognoseproblemen passiert, sollten Sie einen mittleren absoluten Fehler als Referenz nutzen. Die Auswahlmöglichkeiten gibt es auch für komplexe Klassifikationsprobleme, wie Sie in Tabelle 18.2 sehen können.

Aufrufbare Zeichenkette	Funktion
`accuracy`	`sklearn.metrics.accuracy_score`
`precision`	`sklearn.metrics.precision_score`
`recall`	`sklearn.metrics.recall_score`
`f1`	`sklearn.metrics.f1_score`
`roc_auc`	`sklearn.metrics.roc_auc_score`

Tabelle 18.2: Klassifikationsevaluierungsmaße

Accuracy (Genauigkeit) ist das einfachste Fehlermaß bei einer Klassifikation. Sie zählt (in Prozent), wie viele der Vorhersagen richtig sind. Sie berücksichtigt, ob der maschinelle Lernalgorithmus die Klasse richtig abgeschätzt hat. Dieses Maß funktioniert bei Binär- und Multiklassenproblemen. Obwohl es ein einfaches Maß ist, kann die Optimierung der Genauigkeit zu Problemen führen, wenn eine Unausgewogenheit zwischen den Klassen existiert. Zum Beispiel könnte es ein Problem sein, wenn die Klasse häufig vorkommt oder überwiegt, so wie bei der Betrugserkennung, bei der die meisten Transaktionen tatsächlich rechtmäßig sind und nur wenige Transaktionen kriminell. In solchen Situationen tendieren auf Genauigkeit optimierte maschinelle Lernalgorithmen dazu, zugunsten der überwiegenden Klasse zu entscheiden, und liegen die meiste Zeit falsch mit den unbedeutenden Klassen. Dies ist ein unerwünschtes Verhalten für einen Algorithmus, von dem Sie erwarten, dass er alle Klassen richtig schätzt und nicht nur einige ausgewählte.

Precision (Präzision) und recall (Trefferquote) und deren gemeinsame Optimierung durch den F1-Wert können Probleme lösen, die nicht durch die Genauigkeit angesprochen werden. Bei der Präzision geht es darum, beim Schätzen präzise zu sein. Sie verfolgt den Prozentsatz der Fälle, in denen die Vorhersage einer Klasse richtig war. Zum Beispiel können Sie die Präzision nutzen, um Krebs bei Patienten nach dem Auswerten der Daten Ihrer Untersuchungen zu diagnostizieren. Ihre Präzision in diesem Fall ist der Prozentsatz der Patienten, die wirklich Krebs haben, unter allen krebsdiagnostizierten Patienten. Wenn Sie deshalb zehn kranke Patienten diagnostiziert haben und neun wirklich krank sind, ist Ihre Präzision 90 Prozent.

Es hat unterschiedliche Konsequenzen, ob Sie bei einem Patienten keinen Krebs diagnostizieren, der einen hat, oder Krebs bei einem gesunden Patienten. Präzision erzählt Ihnen nur einen Teil der Geschichte, da es Patienten mit Krebs gibt, die Sie als gesund diagnostiziert haben, und das ist ein furchtbares Problem. Das Trefferquotenmaß erzählt Ihnen den zweiten Teil der Geschichte. Es berichtet über eine gesamte Klasse und Ihren Prozentsatz von korrekten Schätzungen. Als Beispiel bei der Überprüfung des vorherigen Beispiels ist das Trefferquotenmaß der Prozentsatz der Patienten, bei denen Sie richtigerweise Krebs vermutet haben. Wenn es 20 Patienten mit Krebs gibt und Sie nur 9 davon diagnostiziert haben, ist Ihre Trefferquote 45 Prozent.

Bei der Nutzung Ihres Modells können Sie genau sein, aber trotzdem eine geringe Trefferquote haben, oder Sie haben eine hohe Trefferquote, aber verlieren dabei an Genauigkeit im Verlauf. Glücklicherweise können Präzision und Trefferquote zusammen durch den F1-Wert maximiert werden, der die Formel: F1 = 2 * (precision * recall) / (precision + recall) nutzt. Der F1-Wert garantiert, dass Sie immer die beste Kombination aus Präzision und Trefferquote bekommen.

Die Fläche unter einer Grenzwertoptimierungskurve (ROC AUC) ist nützlich, wenn Sie Ihre Klassifikationen anhand ihrer Korrektheitswahrscheinlichkeiten ordnen möchten. Wenn Sie deshalb den ROC AUC im vorherigen Beispiel optimieren, wird der Lernalgorithmus zuerst versuchen, die Patienten zu ordnen (sortieren), angefangen bei den Patienten, die am wahrscheinlichsten an Krebs erkrankt sind, bis zu denen, bei denen das am unwahrscheinlichsten ist. Der ROC AUC ist höher, wenn die Ordnung gut ist, und andernfalls geringer. Wenn Ihr Modell einen hohen ROC AUC hat, müssen Sie den Patienten prüfen, bei dem es am wahrscheinlichsten ist, dass er erkrankt ist. Bei dem Beispiel der Betrugserkennung müssen Sie die Kunden anhand des Risikos, betrügerisch zu sein, ordnen. Wenn Ihr Modell einen guten ROC AUC hat, müssen Sie nur den risikoreichsten Kunden genauer überprüfen.

Zwischen Trainings- und Testsatz trennen

Nach der Entscheidung zwischen den verschiedenen Fehlermetriken für Klassifikation und Regression ist der nächste Schritt in der Strategie zur Wahl des besten Modells, zu experimentieren und die Lösungen zu evaluieren. Als Beispiel für das korrekte Vorgehen beim Experimentieren mit maschinellen Lernalgorithmen beginnen wir mit dem Laden des Boston-Datensatzes (ein beliebter Beispieldatensatz, der in den 1970er-Jahren erstellt wurde), der aus Bostoner Immobilienpreisen besteht, verschiedenen Merkmalen von Häusern und Merkmalen der Wohngebiete, in denen sich die Häuser befinden.

```
from sklearn.datasets import load_boston
boston = load_boston()
X, y = boston.data, boston.target
print X.shape, y.shape
```

```
(506L, 13L) (506L,)
```

Achten Sie darauf, dass der Datensatz mehr als 500 Beobachtungen und 13 Merkmale enthält. Das Ziel ist, den Preis zu beurteilen – also entscheiden Sie sich, die lineare Regression zu verwenden und das Ergebnis über den mittleren quadratischen Fehler zu optimieren. Sie müssen überprüfen, ob die lineare Regression ein gutes Modell für den Boston-Datensatz ist, und die Güte über den mittleren quadratischen Fehler angeben (dieser Fehler erlaubt ihnen auch den Vergleich mit anderen möglichen Modellen).

```
from sklearn.linear_model import LinearRegression
from sklearn.metrics import mean_squared_error
regression = LinearRegression()
regression.fit(X,y)
print 'Mittlerer quadratischer Fehler: %.2f' % mean_squared_error(
    y_true=y, y_pred=regression.predict(X))
```

```
Mittlerer quadratischer Fehler: 21.90
```

Nachdem Sie das Modell mit den Trainingsdaten angepasst haben, sagt mean_squared_error den Fehler der Vorhersage an. Er beträgt 21,90, offensichtlich ein gutes Maß, allerdings direkt aus den Trainingsdaten berechnet. Deshalb können Sie nicht sicher sein, ob die Ergebnisse für andere Daten ähnlich gut sind (maschinelle Lernalgorithmen lernen nicht nur gut aus Beispielen, sondern sie merken sich die Beispiele auch – sie lernen sie quasi auswendig).

Idealerweise führen Sie als Nächstes einen Test mit Daten durch, die der Algorithmus noch nie gesehen hat (um das Auswendiglernen auszuschließen). Nur so können Sie entscheiden, ob Ihr Algorithmus auch gut mit neuen Daten läuft. Also warten Sie auf neue Daten, machen die Vorhersagen dazu und vergleichen dann die Vorhersagen mit der Realität. Das kann lange dauern, riskant und teuer sein, je nachdem welches Problem Sie lösen wollen (zum Beispiel ist es riskant, bei der Krebserkennung zu experimentieren, weil hier Leben auf dem Spiel stehen).

Glücklicherweise gibt es einen anderen Weg, zum selben Ergebnis zu kommen. Um so zu tun, als hätten Sie neue Daten, können Sie die Beobachtungen von vornherein in Trainings- und Testdaten aufsplitten. Es ist in der Data Science sehr üblich, mit 25 bis 30 Prozent der vorhandenen Daten zu testen und das Vorhersagemodell aufgrund der übrigen 70 bis 75 Prozent zu trainieren.

```
from sklearn.cross_validation import train_test_split
X_train, X_test, y_train, y_test = train_test_split(X, y,
    test_size=0.30, random_state=5)
print X_train.shape, X_test.shape

(354L, 13L) (152L, 13L)
```

Das Beispiel separiert X- und y-Variablen in getrennte Trainings- und Testvariablen durch die `train_test_split`-Funktion. Der `test_size`-Parameter weist auf einen Testsatz hin, der aus 30 Prozent der verfügbaren Beobachtungen besteht. Die Funktion wählt die Testbeispiele immer zufällig.

```
regression.fit(X_train,y_train)
print 'mittlerer quadratischer Fehler des Trainings: %.2f'
    % mean_squared_error(y_true=y_train,
        y_pred=regression.predict(X_train))

mittlerer quadratischer Fehler des Trainings: 19.07
```

An diesem Punkt passen Sie das Modell wieder an und der Code berichtet einen neuen Trainingsfehler von 19.07, also irgendwie anders als zuvor. Jedoch kommt der Fehler, auf den Sie sich wirklich beziehen müssten, aus dem Testsatz, den Sie bereitstellten.

```
print 'mittlerer quadratischer Fehler des Tests: %.2f'
    % mean_squared_error(y_true=y_test,
        y_pred=regression.predict(X_test))

mittlerer quadratischer Fehler des Tests: 30.70
```

Wenn Sie den Fehler anhand des Testsatzes abschätzen, zeigt Ihnen das Ergebnis, dass der berichtete Wert 30.70 ist. Was für ein Unterschied! Irgendwie war die Schätzung anhand des Trainingssatzes zu optimistisch. Der Testsatz, da er realistischer in der Fehlerabschätzung ist, macht Ihr Ergebnis wirklich abhängig von einem kleinen Teil der Daten. Wenn Sie diesen kleinen Teil ändern, wird sich auch das Testergebnis ändern.

```
X_train, X_test, y_train, y_test = train_test_split(X, y,
    test_size=0.30, random_state=6)
regression.fit(X_train,y_train)
print 'mittlerer quadratischer Fehler des Trainings: %.2f'
    % mean_squared_error(y_true=y_train,
        y_pred=regression.predict(X_train))
print 'mittlerer quadratischer Fehler des Trainings: %.2f'
    % mean_squared_error(y_true=y_test,
        y_pred=regression.predict(X_test))

mittlerer quadratischer Fehler des Trainings: 19.48
mittlerer quadratischer Fehler des Tests: 28.33
```

Dieser Abschnitt hat ein allgemeines Problem mit maschinellen Lernalgorithmen aufgezeigt. Sie wissen, dass jeder Algorithmus bestimmte Trends oder Varianzen in der Vorhersage eines Resultats hat. Das Problem ist, dass Sie ihre Auswirkung nicht sicher abschätzen können. Hinzu kommt, dass Sie hinsichtlich des Algorithmus Entscheidungen treffen müssen und sich nicht sicher sein können, welche Entscheidung am effektivsten ist.

Trainingsdaten sind immer ungeeignet, da der Lernalgorithmus die Trainingsdaten tatsächlich besser vorhersagen kann. Dies ist insbesondere dann richtig, wenn ein Algorithmus einen geringen Trend aufgrund seiner Komplexität hat. In diesem Fall können Sie einen geringen Fehler erwarten, wenn die Trainingsdaten vorhergesagt werden, Dies bedeutet, dass Sie ein übermäßig optimistisches Ergebnis erhalten, das nicht anständig mit anderen Algorithmen (die vielleicht ein anderes Trend-/Varianzprofil haben) vergleichbar ist, und das Ergebnis ist auch nicht nützlich für unsere Evaluierung. Auf der anderen Seite können Sie Testdaten anders ziehen und durch die Reservierung eines bestimmten Teils der Daten für Testzwecke können Sie tatsächlich die Anzahl an Beispielen, die zum Trainieren des Algorithmus benötigt werden, effektiv reduzieren.

Kreuzvalidierung

Wenn Testsätze aufgrund der Stichprobenauswahl instabile Ergebnisse liefern, lautet die Lösung, eine bestimmte Anzahl an Testsätzen systematisch zu testen und dann den Durchschnitt der Ergebnisse zu bilden. Es ist ein statistischer Ansatz (viele Ergebnisse zu beobachten und den Durchschnitt davon zu bilden) und das ist die Basis der Kreuzvalidierung. Das Rezept dazu ist unkompliziert:

1. Teilen Sie Ihre Daten in Teilmengen (folds) (jede *Teilmenge* ist ein Container, der eine gleichmäßige Verteilung von Fällen enthält), normalerweise 10, aber Fachgrößen von 3, 5 und 20 sind gültige alternative Optionen.

2. Halten Sie eine Teilmenge als Testsatz heraus und nutzen Sie die anderen als Trainingssatz.

3. Trainieren und zeichnen Sie die Ergebnisse des Testsatzes auf. Wenn Sie wenige Daten haben, ist es besser, eine große Anzahl von Teilmengen zu nutzen, da die sich Quantität der Daten und zusätzliche Teilmengen positiv auf die Qualität des Trainings auswirken.

4. Führen Sie die Schritte 2 und 3 erneut aus und nutzen Sie jede Teilmenge als Testsatz in einem Durchgang.

5. Berechnen Sie den Durchschnitt und die Standardabweichung von allen Ergebnissen der Teilmengentests. Der Durchschnitt ist ein zuverlässiger Schätzer für die Qualität Ihrer Vorhersage. Die Standardabweichung verrät Ihnen die Vorhersagesicherheit (wenn diese zu hoch ist, könnte der Kreuzvalidierungsfehler ungenau sein). Erwarten Sie, dass die Prädiktoren mit hohen Varianzen Kreuzvalidierungen mit hohen Standardabweichungen haben werden.

Selbst wenn diese Technik kompliziert erscheint, erledigt Scikit-learn dies durch eine einzige Klasse:

```
>>> from sklearn.cross_validation import cross_val_score
```

Kreuzvalidierung auf k Teilmengen anwenden

Um eine Kreuzvalidierung durchzuführen, müssen Sie zuerst einen Iterator initialisieren. KFold ist der Iterator, der k Teilmengen in die Kreuzvalidierung implementiert. Es gibt andere Iteratoren, die im sklearn.cross_validation-Modul verfügbar sind, die sich meist von anderen statistischen Praktiken ableiten, jedoch ist KFolds der am meisten genutzte in der Data-Science-Praxis.

KFolds erwartet, dass Sie spezifizieren, wie viele Beobachtungen in Ihrer Probe vorhanden sind (der n-Parameter), die Spezifizierung der n_folds-Anzahl und die Angabe, ob Sie die Daten durchmischen wollen (durch den shuffle-Parameter). Als Regel gilt: Je höher die erwartete Varianz, umso besser kann Ihnen die steigende Anzahl an Teilmengen eine gute Durchschnittschätzung liefern. Es bietet sich an, die Daten zu mischen, da geordnete Daten zu Verwirrungen innerhalb des Lernprozesses führen können, wenn die erste Beobachtung sich von der letzten unterscheidet.

Nach dem Einstellen von KFolds rufen Sie die cross_val_score-Funktion auf, die eine Ergebnisliste zurückgibt, die eine Wertung (von der Bewertungsfunktion) für jede Teilmengenkreuzvalidierung enthält. Sie müssen der Funktion cross_val_score Ihre Daten (X und Y) als Eingaben, Ihren Schätzer (die Regressionsklasse) und den zuvor instanziierten KFolds-Iterator (den cv-Parameter) übergeben. Innerhalb weniger Sekunden oder Minuten, abhängig von der Anzahl an Teilmengen und verarbeiteten Daten, gibt die Funktion die Ergebnisse aus. Sie mitteln diese Ergebnisse, um eine Durchschnittschätzung zu erhalten, und Sie können auch die Standardabweichung berechnen, um zu prüfen, wie stabil der Durchschnitt ist.

```
crossvalidation = KFold(n=X.shape[0], n_folds=10,
    shuffle=True, random_state=1)
scores = cross_val_score(regression, X, y,
    scoring='mean_squared_error', cv=crossvalidation, n_jobs=1)
print 'Teilmengen: %i, mittlerer quadratischer Fehler: %.2f std: %.2f'
    %(len(scores),np.mean(np.abs(scores)),np.std(scores))

Teilmengen: 10, mittlerer quadratischer Fehler: 23.76 std: 12.13
```

Kreuzvalidierung kann parallel arbeiten, da keine Schätzung von irgendeiner anderen abhängt. Nutzen Sie die Kerne Ihres Rechner aus, indem Sie den Parameter n_jobs gleich -1 setzen.

Probenschichtung für komplexe Daten

Die Kreuzvalidierung von Teilmengen wird durch zufällige Probennahmen entschieden. Manchmal kann es nötig sein, nachzuverfolgen, ob und wie viele bestimmte Charakteristika in dem Test- und Trainingsteil vorhanden sind, um fehlerhafte Proben zu vermeiden. Beispielsweise besitzt der Boston-Datensatz eine binäre Variable (ein Merkmal, das den Wert 1 oder 0 hat), die darauf hinweist, ob das Haus an den Charles River angrenzt oder nicht. Diese Information ist wichtig, um den Wert eines Hauses zu verstehen und zu bestimmen, ob jemand mehr dafür ausgeben würde. Schauen Sie sich den Effekt dieser Variablen durch folgenden Code an:

```
import pandas as pd
df = pd.DataFrame(X, columns=boston.feature_names)
df['target'] = y
boxplot = df.boxplot('target', by='CHAS', return_type='axes')
```

Ein Boxplot, dargestellt in Abbildung 18.1, zeigt, dass Häuser am Fluss dazu tendieren, einen höheren Wert als andere Häuser zu haben. Natürlich gibt es überall in Boston teurere Häuser, jedoch müssen Sie ein Auge darauf werfen, wie viele Häuser am Fluss Sie analysieren, da Ihr Modell allgemein für alle Häuser von Boston gelten soll und nicht nur für Häuser am Charles River.

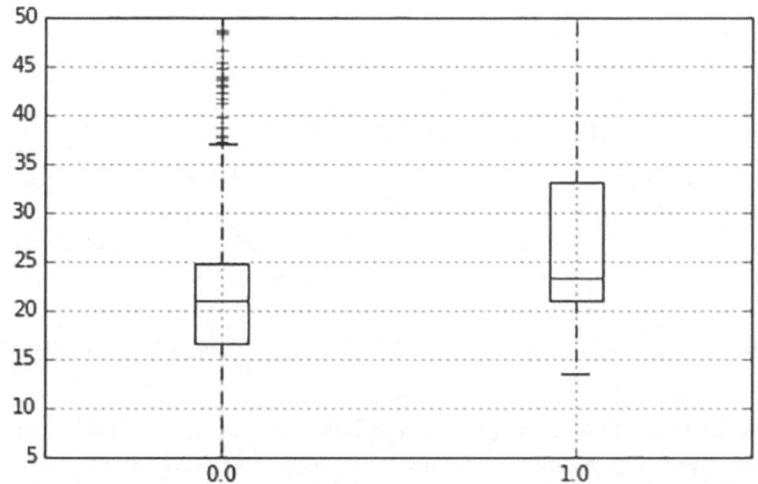

Abbildung 18.1: Boxplot der gesuchten Ergebnisse, gruppiert nach CHAS

In ähnlichen Situationen, in denen eine Eigenschaft selten oder einflussreich ist, können Sie nicht sicher sein, wann sie in der Probe präsent ist, da die Teilmengen zufällig erstellt werden. Zu viele oder zu wenige Beobachtungen mit einer speziellen Eigenschaft in jeder Teilmenge zu haben, führt dazu, dass der maschinelle Lernalgorithmus inkorrekte Regeln ableitet.

Die `StratifiedKFold`-Klasse liefert einen einfachen Weg, um die Risiken des Erstellens einer fehlerhaften Probe während der Kreuzvalidierungsprozedur zu kontrollieren. Diese Klasse kann das Strichprobenverfahren kontrollieren, wodurch bestimmte Merkmale oder selbst bestimmte Ergebnisse (wenn die gesuchten Klassen extrem unausgeglichen sind) immer im richtigen Verhältnis in Ihrer Menge vorhanden sind. Sie müssen nur die Variable auswählen, die Sie kontrollieren möchten, indem Sie den y-Parameter nutzen, wie in folgendem Code gezeigt.

```
from sklearn.cross_validation import StratifiedKFold
stratification = StratifiedKFold(y=X[:,3], n_folds=10,
    shuffle=True, random_state=1)
scores = cross_val_score(regression, X, y,
    scoring='mean_squared_error', cv=stratification, n_jobs=1)
print 'Geschichtete %i Teilmengen quadratischer Fehler der ' +
    'Kreuzvalidierung: %.2f std: %.2f' % (len(
        scores),np.mean(np.abs(scores)),np.std(scores))

Geschichtete 10 Teilmengen quadratischer Fehler der Kreuzvalidierung:
    23.70 std: 6.10
```

Auch wenn der Validierungsfehler ähnlich ist, durch die Kontrolle der char-Variablen sinkt der Standardfehler der Schätzungen. Machen Sie sich bewusst, dass die Variable die vorherigen Kreuzvalidierungsergebnisse beeinflusst hatte.

Variablen wie ein Profi auswählen

Die Auswahl der richtigen Variablen kann den Lernprozess durch die Reduzierung der Anzahl an verrauschten Werten (nutzlosen Informationen), die den Schätzer des Lerners beeinflussen können, verbessern. Die Variablenauswahl kann daher effektiv die Varianz der Vorhersage reduzieren. Um nur die nützlichen Daten in das Training einzubeziehen und die redundanten Daten außen vor zu lassen, können Sie folgende Techniken verwenden:

✔ **Univariater Ansatz:** Wählen Sie die zu dem gesuchten Ergebnis am meisten assoziierten Variablen aus.

✔ **Greedy-Methode oder rückwärtiger Ansatz:** Behalten Sie nur die Variablen, die Sie vom Lernprozess entfernen können, ohne die Leistung zu beeinträchtigen.

Durch univariate Maße selektieren

Wenn Sie sich für die Auswahl einer Variablen anhand ihrer Assoziationsstufe mit dem Gesuchten entscheiden, liefert die Klasse `SelectPercentile` eine automatische Prozedur, um nur einen bestimmten Anteil der am besten zugeordneten Merkmale zu behalten. Die verfügbaren Metriken für die Zuordnung sind:

✔ `f_regression`: Nur für gesuchte numerische Variablen zu nutzen, basiert auf einer linearen Regressionsausführung.

✔ f_classif: Nur für gesuchte kategoriale Variablen zu nutzen, basiert auf ANOVA-Tests (Varianzanalyse, englisch Analysis of Variance).

✔ chi2: Führt einen Chi-Quadrat-Test für gesuchte kategoriale Variablen aus, der weniger empfindlich bei nichtlinearer Beziehung zwischen vorhergesagter und gesuchter Variable ist.

 Bei der Evaluierung der Kandidaten für ein Klassifizierungsproblem tendieren f_classif und chi2 dazu, den gleichen Satz von Top-Variablen zu liefern. Es ist dennoch übliche Praxis, die Auswahl von beiden Assoziationsmetriken zu testen.

Neben der direkten Auswahl des oberen Perzentils der Assoziationen kann SelectPercentile auch die besten Variablen einstufen, um die Entscheidung leichter zu machen, wie hoch der Prozentsatz ist, um ein Merkmal von dem maschinellen Lernprozess auszuschließen. Die Klasse SelectKBest ist in ihrer Funktionalität analog, jedoch wählt es die besten k Variablen aus, wobei k eine Zahl ist, kein Prozentsatz.

```
from sklearn.feature_selection import SelectPercentile
from sklearn.feature_selection import f_regression
Selector_f = SelectPercentile(f_regression, percentile=25)
Selector_f.fit(X,y)
for n,s in zip(boston.feature_names,Selector_f.scores_):
    print 'F-score: %3.2f\t für Merkmal %s ' % (s,n)
```

```
F-score: 88.15 für Merkmal CRIM
F-score: 75.26 für Merkmal ZN
F-score: 153.95 für Merkmal INDUS
F-score: 15.97 für Merkmal CHAS
F-score: 112.59 für Merkmal NOX
F-score: 471.85 für Merkmal RM
F-score: 83.48 für Merkmal AGE
F-score: 33.58 für Merkmal DIS
F-score: 85.91 für Merkmal RAD
F-score: 141.76 für Merkmal TAX
F-score: 175.11 für Merkmal PTRATIO
F-score: 63.05 für Merkmal B
F-score: 601.62 für Merkmal LSTAT
```

Die Assoziationsstufe des Ergebnisses hilft Ihnen, die wichtigsten Variablen für das maschinelle Lernmodell zu wählen, aber Sie sollten auf mögliche Probleme achten:

✔ Einige Variablen mit starker Assoziation könnten auch stark korrelieren. Sie führen duplizierte Informationen ein, was auch Rauschen im Lernprozess bewirkt.

✔ Einige Variablen können bestraft werden, vor allem binäre Variablen (Variablen, die einen Status oder eine Eigenschaft mittels eines Wertes von 1 anzeigen, wenn die Eigenschaft vorhanden ist, und 0, wenn nicht). Beachten Sie zum Beispiel, dass die Ausgabe die binäre

Variable CHAS als die zu der gesuchten Variablen am wenigsten assoziierte zeigt (aber Sie wissen von der Kreuzvalidierungsphase vom vorherigen Beispiel, dass sie einflussreich ist).

 Der univariate Auswahlprozess kann Ihnen einen echten Vorteil bieten, wenn Sie eine hohe Anzahl an auszuwählenden Variablen haben und alle anderen Methoden sich als rechnerisch unmöglich herausstellen. Das beste Verfahren ist, die Werte von SelectPercentile um die Hälfte oder mehr der verfügbaren Variablen reduzieren zu lassen. Somit reduzieren Sie die Anzahl an Variablen zu einer handlichen Menge und erlauben in Folge die Nutzung einer anspruchsvolleren und präziseren Methode wie der Greedy-Suche.

Eine Greedy-Suche nutzen

Bei einer univariaten Selektion müssen Sie sich entscheiden, wie viele Variablen Sie behalten wollen: Eine Greedy-Selektion reduziert automatisch die Anzahl an Merkmalen in einem Lernmodell, auf Basis ihres effektiven Beitrags zur Leistung, gemessen durch das Fehlermaß. Die RFECV-Klasse, die die Daten anpasst, kann Ihnen Informationen über die Anzahl an nützlichen Merkmalen liefern, sie Ihnen zeigen, automatisch die X-Daten transformieren und durch die Transformationsmethode in einen reduzierten Variablensatz überführen, wie folgendes Beispiel zeigt.

```
from sklearn.feature_selection import RFECV
selector = RFECV(estimator=regression, cv=10,
    scoring='mean_squared_error')
selector.fit(X, y)
print("Optimale Anzahl an Merkmalen: %d" % selector.n_features_)

Optimale Anzahl an Merkmalen: 6
```

Es ist möglich, einen Index zum optimalen Variablensatz durch den Aufruf des Attributs sup port_ von der RFECV-Klasse zu erhalten, nachdem Sie sie angepasst haben.

```
print boston.feature_names[selector.support_]

['CHAS' 'NOX' 'RM' 'DIS' 'PTRATIO' 'LSTAT']
```

Beachten Sie, dass CHAS nun zu den vorhersagekräftigsten Merkmalen gehört, was einen Gegensatz zum Ergebnis der univariaten Suche aus dem vorherigen Abschnitt darstellt. Die RFECV-Methode kann ermitteln, ob eine Variable wichtig ist, egal ob es eine binäre, kategoriale oder numerische ist, da diese Methode direkt die Rolle des Merkmals in der Vorhersage bewertet.

Die RFECV-Methode ist zweifellos effizienter im Vergleich zum univariaten Ansatz, da sie stark korrelierende Merkmale beachtet und so darauf abgestimmt ist, das Evaluierungsmaß zu optimieren (was normalerweise nicht Chi-Quadrat oder F-Score ist). Ein Greedy-Prozess ist rechenintensiv und approximiert womöglich nur den besten Satz von Prädiktoren.

Da RFECV den besten Variablensatz von den Daten lernt, kann die Auswahl überangepasst sein – genau wie bei allen anderen maschinellen Lernalgorithmen. RFECV mit verschiedenen Trainingsdaten auszuprobieren, kann die Entscheidung für die am besten zu nutzenden Variablen bestätigen.

Ihre Hyperparameter aufbessern

Als letztes Beispiel in diesem Kapitel sehen Sie sich das Verfahren zur Suche der optimalen Hyperparameter eines maschinellen Lernalgorithmus an, um die beste Vorhersageleistung zu erreichen. Tatsächlich ist ein Großteil der Leistung Ihres Algorithmus bereits durch Folgendes entschieden:

1. **Die Wahl des Algorithmus:** Nicht jeder maschinelle Lernalgorithmus ist gut für jeden Datentyp angepasst und die Auswahl des richtigen für Ihre Daten kann den Unterschied ausmachen.

2. **Die Auswahl der richtigen Variablen:** Die Vorhersageleistung steigert sich dramatisch durch die Merkmalserstellung (neu erstellte Variablen sind vorausschauender als alte) und Merkmalsauswahl (Entfernung von Redundanzen und Rauschen).

Die Feinabstimmung der richtigen Hyperparameter kann sogar eine bessere Generalisierbarkeit der Vorhersage liefern und Ihre Ergebnisse verbessern, speziell bei komplexen Algorithmen, die nicht gut mit den Out-of-the-Box-Standardeinstellungen funktionieren.

Hyperparameter sind Parameter, die Sie selbst wählen müssen, da ein Algorithmus sie nicht automatisch von den Daten lernen kann. So wie bei allen anderen Aspekten des Lernprozesses, die eine Entscheidung des Data Scientists verlangen, müssen Sie Ihre Wahl behutsam nach der Evaluierung der kreuzvalidierten Variablen fällen.

Das Scikit-learn-Modul sklearn.grid_search ist spezialisiert auf die Optimierung von Hyperparametern. Es enthält einige wenige Werkzeuge für die Automatisierung und Vereinfachung des Suchprozesses nach den besten Werten für die Hyperparameter. Der folgende Code liefert eine Darstellung des korrekten Ablaufs:

```
import numpy as np
from sklearn.datasets import load_iris
iris = load_iris()
X, y = iris.data, iris.target
print X.shape, y.shape

(150L, 4L) (150L,)
```

Das Beispiel bereitet sich darauf vor, seine Aufgabe durch das Laden des Iris-Datensatzes und der NumPy-Bibliothek durchzuführen. An diesem Punkt kann das Beispiel einen maschinellen Lernalgorithmus für die Vorhersage der Iris-Spezies optimieren.

Eine Rastersuche implementieren

Der beste Weg zum Verifizieren der besten Hyperparameter eines Algorithmus ist, alle zu testen und dann die beste Kombination zu wählen. Das bedeutet bei der komplexen Einstellung multipler Parameter, dass Sie Hunderte, wenn nicht sogar Tausende leicht unterschiedlich eingestellte Modelle laufen lassen müssen. _Rastersuche_ (_grid searching_) ist eine systematische Suchmethode, die alle möglichen Kombinationen der Hyperparameter in individuellen Sätzen kombiniert. Es ist eine zeitaufwendige Technik. Jedoch liefert die Rastersuche eine der besten Möglichkeiten, eine maschinelle Lernanwendung zu optimieren, die viele funktionierende Kombinationen besitzt, aber nur eine einzige beste. Hyperparameter, die viele akzeptable Lösungen (genannt _lokale Minima_) besitzen, können Sie austricksen, indem Sie sie glauben lassen, dass Sie die beste Lösung gefunden haben, obwohl Sie eigentlich ihre Leistung verbessern könnten.

Rastersuche ist wie das Werfen eines Netzes ins Meer. Es ist besser, zu Beginn ein großes Netz mit losen Maschen auszuwerfen. Das große Netz hilft Ihnen, aufzuspüren, wo Fischschwärme im Meer sind. Nachdem Sie das wissen, wählen Sie ein kleineres Netz mit engeren Maschen, um die Fische zu fangen, die am richtigen Platz sind. Auf dieselbe Weise starten Sie bei einer Rastersuche zuerst mit einem Raster mit wenigen spärlichen Werten zum Testen (die losen Maschen). Nachdem Sie verstanden haben, welche Hyperparameterwerte zu untersuchen sind (die Fischschwärme), können Sie eine gründlichere Suche durchführen. Auf diese Weise vermindern Sie das Risiko einer Überanpassung durch die Kreuzvalidierung zu vieler Variablen, da als allgemeines Prinzip beim maschinellen Lernen und wissenschaftlichen Experimentieren gilt: Je mehr Dinge Sie versuchen, umso größer ist die Chance, dass einige falsch-richtige Ergebnisse auftauchen.

Die Rastersuche ist als parallele Aufgabe durchzuführen, da die Ergebnisse einer getesteten Kombination von Hyperparametern unabhängig von den Ergebnissen der anderen sind. Das Nutzen der gesamten Leistung eines Mehrkern-Prozessors erfordert, dass Sie n_jobs auf -1 ändern, wenn Sie irgendeine der Klassen der Rastersuche von Scikit-learn instanziieren.

Sie haben auch andere Optionen als die Rastersuche. Scikit-learn implementiert einen zufälligen Suchalgorithmus als Alternative zur Rastersuche. Es gibt weitere Optimierungstechniken, die auf bayesscher Optimierung basieren oder auf nichtlinearen Optimierungstechniken, wie die Nelder-Mead-Methode, die nicht in dem Data-Science-Paket implementiert ist, das Sie derzeit in Python nutzen.

In dem Beispiel, das zeigen soll, wie eine Rastersuche effektiv implementiert werden kann, nutzen Sie einen der zuvor betrachteten einfachen Algorithmen, den K-neighbors-Klassifizierer:

```
from sklearn.neighbors import KNeighborsClassifier
classifier = KNeighborsClassifier(n_neighbors=5,
    weights='uniform', metric= 'minkowski', p=2)
```

Der K-neighbors-Klassifizierer hat einige wenige Hyperparameter, die Sie für die optimale Leistung einstellen können:

✔ Die Anzahl an Nachbarpunkten, die in der Schätzung zu beachten sind.

✔ Wie jeder dieser Punkte zu gewichten ist.

✔ Welche Metrik für die Auffindung der Nachbarn zu nutzen ist.

Durch eine Reihe möglicher Werte für alle Parameter können Sie leicht eine große Anzahl von Modellen testen, exakt 40 in diesem Fall:

```
grid = {'n_neighbors': range(1,11), 'weights': ['uniform',
    'distance'], 'p': [1,2]}
print 'Anzahl getestete Modelle: %i' % np.prod(
    [len(grid[element]) for element in grid])
score_metric = 'accuracy'

Anzahl getestete Modelle: 40
```

Um diese Anweisung für die Suche zu setzen, müssen Sie ein Python-Dictionary erstellen, dessen Schlüssel die Namen der Parameter und dessen Werte die Liste der Werte sind, die Sie testen möchten. Beispielsweise reichen die Einträge des Beispiels von 1 bis 10 für den Hyperparameter n_neighbors durch Nutzung des range(1,11)-Iterators, der eine Reihe von Zahlen während der Rastersuche produziert.

```
from sklearn.cross_validation import cross_val_score
print 'Grundwert mit Standardeinstellungen: %.3f' % np.mean(
    cross_val_score(classifier, X, y, cv=10,
        scoring=score_metric, n_jobs=1))

Grundwert mit Standardeinstellungen: 0.967
```

Durch die Genauigkeitsmetrik (den Prozentsatz der exakten Antworten) testet das Beispiel zuerst die Basis, die aus den Standardeinstellungen des Algorithmus besteht (auch wenn explizit die classifier-Variable mit deren Klassen instanziiert wird). Es ist schwierig, eine bereits hohe Genauigkeit von 0.967 (oder 69,7 Prozent) zu verbessern, jedoch wird die Suche die Antwort durch eine 10-fache Kreuzvalidierung finden.

```
from sklearn.grid_search import GridSearchCV
search = GridSearchCV(estimator=classifier,
    param_grid=grid, scoring=score_metric, n_jobs=1, refit=True, cv=10)
search.fit(X,y)
```

Nach der Instanziierung des Lernalgorithmus mit dem Such-Dictionary, der Wertungsmetrik und den Kreuzvalidierungsteilmengen führt die GridSearch-Klasse die fit-Methode aus. Optional, nach dem Ende der Rastersuche, passt es das Modell erneut mit einer für besser erachteten Parameterkombination an (refit=True), was ihm sofort erlaubt, die Vorhersage durch die GridSearch-Klasse selbst zu starten.

```
print 'Beste Parameter: %s' % search.best_params_
print 'CV-Genauigkeit der besten Parameter: %.3f' % search.best_score_

Beste Parameter: {'n_neighbors': 9, 'weights': 'uniform', 'p': 1}
CV-Genauigkeit der besten Parameter: 0.973
```

Nachdem die Suche abgeschlossen ist, können Sie die Ergebnisse mittels der Attribute params_ und best_score_ betrachten. Die beste gefundene Genauigkeit ist 0.973, also eine Verbesserung gegenüber der anfänglichen Basis. Sie können auch die komplette Sequenz von erhaltenen Kreuzvalidierungswerten und der Standardabweichung betrachten:

```
search.grid_scores_
```

Aufgrund der großen Anzahl an getesteten Kombinationen bemerken Sie, dass mehr als ein paar den Wert von 0.973 erhielten, wenn die Kombination neun oder zehn Nachbarn hatte. Um besser zu verstehen, wie die Optimierung gegenüber der Anzahl der durch Ihren Algorithmus genutzten Nachbarn funktioniert, können Sie eine Scikit-learn-Klasse zur Visualisierung starten. Die validation_curve-Methode liefert Ihnen detaillierte Informationen, wie sich train und validation bei verschiedenen n_neighbors-Hyperparametern verhalten.

```
from sklearn.learning_curve import validation_curve
train_scores, test_scores = validation_curve(
    KNeighborsClassifier(weights='uniform',
        metric= 'minkowski', p=1), X, y, 'n_neighbors',
        param_range=range(1,11), cv=10, scoring='accuracy', n_jobs=1)
```

Die validation_curve-Klasse liefert Ihnen zwei Arrays, die die Ergebnisse geordnet, die Parameterwerte in den Zeilen und die Kreuzvalidierungsmengen in den Spalten, enthalten.

```
mean_train = np.mean(train_scores,axis=1)
mean_test = np.mean(test_scores,axis=1)
import matplotlib.pyplot as plt
plt.plot(range(1,11),mean_train,'ro--', label='Training')
plt.plot(range(1,11),mean_test,'bD-.', label='Kreuzvalidierung')
plt.grid()
plt.xlabel('Anzahl der Nachbarn')
plt.ylabel('Genauigkeit')
plt.legend(loc='upper right', numpoints= 1)
plt.show()
```

Die Darstellung der Zeilen bedeutet, eine grafische Visualisierung wie die Abbildung 18.2 zu schaffen, die Ihnen hilft, zu verstehen, was mit dem Lernprozess passiert.

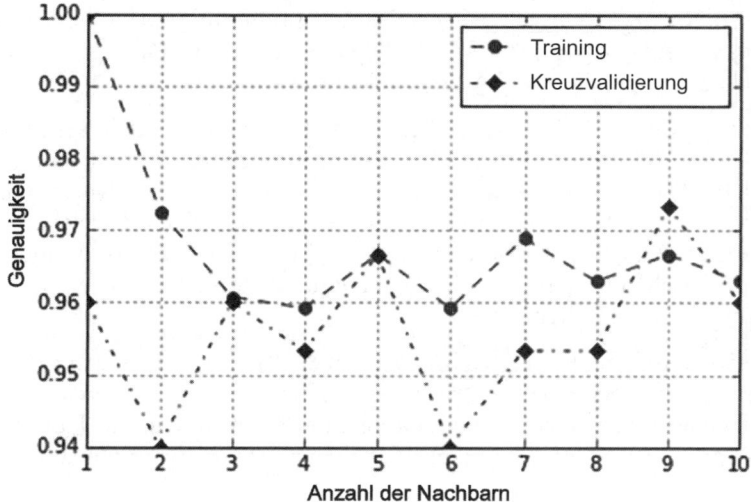

Abbildung 18.2: Validierungskurve

Sie erhalten aus der Visualisierung zwei Informationen:

✔ Die Spitze der Kreuzvalidierungsgenauigkeit bei der Benutzung von neun Nachbarn ist höher als der Trainingswert. Der Trainingswert sollte immer besser als irgendein Kreuzvalidierungswert sein. Der bessere Wert deutet darauf hin, dass das Beispiel die Kreuzvalidierung überangepasst hat und Glück eine Rolle bei dem Erhalt eines solch guten Kreuzvalidierungswerts spielte.

✔ Die zweite Spitze der Kreuzvalidierungsgenauigkeit ist bei fünf Nachbarn nahe den niedrigsten Ergebnissen. Gut bewertete Bereiche findet man normalerweise um optimale Werte herum verteilt, sodass diese Spitze etwas suspekt ist.

Basierend auf der Visualisierung sollten Sie die Neun-Nachbar-Lösung akzeptieren (es ist die beste Lösung und in der Tat umgeben von anderen akzeptablen Lösungen). Als Alternative, da neun Nachbarn eine Lösung an der Grenze der Suche ist, können Sie stattdessen eine neue Rastersuche starten und die Grenze auf eine höhere Anzahl von Nachbarn (über 10) erweitern, um zu sehen, ob sich die Genauigkeit stabilisiert, ob sie sinkt oder sogar ansteigt.

 Es ist Teil des Data-Science-Prozesses, abzufragen, zu testen und wieder abzufragen. Obwohl Python und seine Pakete Ihnen viele automatisierte Prozesse zum Datenlernen und zur Datenerkundung bieten, liegt es an Ihnen, die richtigen Fragen zu stellen und die Antworten durch statistische Tests und Visualisierungen zu prüfen.

Eine Zufallssuche versuchen

Rastersuche ist, obwohl gründlich, tatsächlich eine zeitaufwendige Tätigkeit. Sie ist anfällig für die Überanpassung von Kreuzvalidierungsteilmengen, wenn Sie wenige Beobachtungen in Ihrem Datensatz haben und Sie extensiv nach einer Optimierung suchen. Die Zufallssuche ist es eine interessante Alternative. In diesem Fall definieren Sie eine Rastersuche, um nur einige Kombinationen zu testen, die zufällig ausgewählt werden.

Obwohl sie wie ein Glücksspiel aussieht, ist eine Zufallssuche tatsächlich recht nützlich, da sie effizient ist – wenn Sie genügend zufällige Kombinationen gewählt haben, haben Sie eine hohe statistische Wahrscheinlichkeit, die optimale Kombination der Hyperparameter zu finden, ohne eine Überanpassung riskieren zu müssen. Im vorherigen Beispiel testete der Code 40 unterschiedliche Modelle auf Basis einer systematischen Suche. Mithilfe einer Zufallssuche könnten Sie die Anzahl an Tests um 75 Prozent auf nur zehn Tests reduzieren und das gleiche Niveau an Optimierung erhalten!

Die Zufallssuche ist unkompliziert. Sie importieren die Klasse aus dem `grid_search`-Modul, geben die gleichen Parameter wie bei `GridSearchCV` ein und fügen einen `n_iter`-Parameter hinzu, der Ihnen anzeigt, wie viele Kombinationen probiert werden. Als Faustregel gilt, dass Sie ein Viertel oder Drittel der Gesamtanzahl von Hyperparameterkombinationen auswählen sollten:

```
from sklearn.grid_search import RandomizedSearchCV
random_search = RandomizedSearchCV(estimator=classifier,
    param_distributions=grid, n_iter=10,
    scoring=score_metric, n_jobs=1, refit=True, cv=10)
random_search.fit(X,y)
```

Nach Abschluss der Suche durch dieselbe Technik wie zuvor können Sie die Ergebnisse durch die Ausgabe der besten Werte und Parameter untersuchen:

```
print 'Beste Parameter: %s' % random_search.best_params_
print 'CV-Genauigkeit der besten Parameter: %.3f'
    % random_search.best_score_

Beste Parameter: {'n_neighbors': 9, 'weights': 'distance', 'p': 2}
CV-Genauigkeit der besten Parameter: 0.973
```

Betrachtet man die gemeldeten Ergebnissen, scheint es, als könne die Zufallssuche tatsächlich Ergebnisse zeigen, die einer viel CPU-intensiveren Rastersuche ähnlich sind.

Steigerung der Komplexität mit lineraren und nichtlinearen Tricks

19

In diesem Kapitel

▶ Erweiterung Ihrer Merkmale durch Nutzung von Polynomen

▶ Regularisierung von Regression

▶ Von Big Data lernen

▶ Support-Vector-Maschinen nutzen

D as vorherige Kapitel stellte Ihnen einige der einfachsten, aber noch effektiven maschinellen Lernalgorithmen vor, wie die lineare und logistische Regression, die naiven Bayes und k-Nearest Neighbors (kNN). An diesem Punkt können Sie erfolgreich ein Regressions- oder Klassifikationsprojekt in der Data Science durchführen. Dieses Kapitel untersucht noch komplexere und mächtigere maschinelle Lerntechniken, was Folgendes beinhaltet: Verbesserung Ihrer Daten, Regulierung der Varianz von Schätzungen durch Regularisierung und Aufteilung großer Datenmengen in handhabbare Stücke.

Dieses Kapitel stellt Ihnen auch die Support-Vector-Maschine (SVM) vor, eine mächtige Klasse von Algorithmen zur Klassifikation und Regression. SVMs sind imstande, die schwierigsten Datenprobleme zu bearbeiten, und sind ein perfekter Ersatz für neuronale Netzwerke, wie das mehrschichtige Perzeptron, das momentan nicht im Scikit-learn-Paket vorhanden, aber geplant ist. Der Komplexität des Themas geschuldet, ist mehr als die Hälfte dieses Kapitels der SVM gewidmet, aber es ist definitiv die Zeit wert.

Nichtlineare Transformationen nutzen

Lineare Modelle, wie die lineare und logistische Regression, sind streng genommen lineare Kombinationen, die Ihre Merkmale zusammenfassen (gewichtet durch Koeffizienten). Sie liefern ein einfaches, aber effektives Modell. In den meisten Situationen bieten sie eine gute Approximation der komplexen Realität. Selbst wenn diese Modelle durch eine hohe Verzerrung gekennzeichnet sind, kann eine große Anzahl von Beobachtungen ihren Koeffizienten verbessern und das Verfahren gegenüber komplexen Algorithmen konkurrenzfähiger machen.

Jedoch können Sie ein bestimmtes Problem besser lösen, wenn Sie die Daten zuvor durch die explorative Datenanalyse (EDA) analysiert haben. Nach der Analyse können Sie die existierenden Merkmale durch Folgendes transformieren und bereichern:

✔ Linearisierung der Beziehungen zwischen den Merkmalen und der gesuchten Variablen durch Transformationen, die ihre Korrelation erhöht und ihre Punktwolken im Streudiagramm einer Linie ähnlicher macht.

✔ Erstellen von Variablen, die durch Multiplikation aufeinander wirken, damit Sie ihr gemeinsames Verhalten besser darstellen können.

✔ Erweiterung der existierenden Variablen durch die Polynomentwicklung, um die Beziehungen realistischer darzustellen (wie die ideale Punkt-Kurve, bei der eine Spitze in der Variablen ähnlich einer Parabel ein Maximum darstellt).

Sie müssen den Quellcode für die Abschnitte »Nichtlineare Transformationen nutzen«, »Lineare Modelle regularisieren« und »Kampf mit Big Data, Stück für Stück nicht von Hand abtippen. Tatsächlich ist es viel einfacher, wenn Sie die herunterladbare Quelle nutzen (siehe die Anweisungen zum Herunterladen in der Einleitung). Der Quelltext für dieses Kapitel findet sich in der P4DS4D; 19; Increasing Complexity.ipynb-Quellcode-Datei.

Variablentransformation ausüben

Ein Beispiel erklärt am besten die Art der Transformationen, die Sie erfolgreich auf Daten anwenden können, um ein lineares Modell zu verbessern. Das Beispiel in diesem Abschnitt und den folgenden Abschnitten »Lineare Modelle regularisieren« und »Kampf mit Big Data, Stück für Stück« beruhen auf dem Boston-Datensatz. Das Problem bezieht sich auf die Regression und die Daten besitzen ursprünglich zehn Variablen, um die verschiedenen Immobilienpreise in Boston während der 1970er-Jahre zu erklären. Der Datensatz weist eine indirekte Ordnung auf. Glücklicherweise beeinflusst die Ordnung die meisten Algorithmen nicht, da diese die Daten als Ganzes lernen. Wenn ein Algorithmus auf eine progressive Art und Weise lernt, kann eine Anordnung der effektiven Erstellung eines Modells zu schaffen machen. Durch seed (zum Fixieren einer zuvor angeordneten Sequenz von zufälligen Zahlen) und shuffle aus dem random-Paket (um den Index zu mischen) können Sie die Daten neu indizieren.

```
from sklearn.datasets import load_boston
from random import shuffle
boston = load_boston()
seed(0) # eine replizierbare Mischung erzeugen
new_index = range(boston.data.shape[0])
shuffle(new_index) # den Index mischen
X, y = boston.data[new_index], boston.target[new_index]
print X.shape, y.shape

(506L, 13L) (506L,)
```

Die Konvertierung des Vorhersage-Arrays und der gesuchten Variablen in ein DataFrame hilft dabei, die Untersuchungen und Operationen auf den Datensatz zu unterstützen. Darüber hinaus wird es auch ein DataFrame-Objekt akzeptieren, obwohl Scikit-learn ein ndarray als Eingabe benötigt.

```
import pandas as pd
df = pd.DataFrame(X,columns=boston.feature_names)
df['target'] = y
```

Eine grafische Untersuchung und ein Streudiagramm stellen den besten Weg dar, um eine mögliche Transformation zu erkennen. Das Streudiagramm kann Ihnen viel über zwei Variablen verraten. Sie müssen dafür sorgen, dass die Beziehung zwischen den Prädiktoren und der gesuchten Ausgabe so linear wie möglich ist. Probieren Sie verschiedene Kombinationen wie die folgende aus:

```
scatter = df.plot(kind='scatter', x='LSTAT', y='target', c='r')
```

In Abbildung 19.1 sehen Sie das resultierende Streudiagramm. Beachten Sie, dass Sie die Punktwolke durch eine Kurve besser als durch eine Gerade approximieren können. Speziell wenn LSTAT etwa 5 ist, scheint das Gesuchte zwischen den Werten von 20 bis 50 zu variieren. Wenn LSTAT ansteigt, reduziert sich das Gesuchte auf 10, was die Variation reduziert.

Eine logarithmische Transformation kann bei solchen Bedingungen helfen. Jedoch sollten Ihre Werte zwischen 0 und 1 liegen, wie etwa Prozentwerte, wie in diesem Beispiel. In anderen Fällen könnten andere nützliche Transformationen für Ihre x-Variable $x^{**}2$, $x^{**}3$, $1/x$, $1/x^{**}2$, $1/x^{**}3$ und sqrt(x) einbeziehen. Der Schlüssel ist, diese auszuprobieren und das Ergebnis zu testen. Für das Testen können Sie beispielhaft folgendes Skript nutzen:

```
import numpy as np
from sklearn.feature_selection.univariate_selection import f_regression
F, pval = f_regression(df['LSTAT'],y)
print 'F score für die ursprünglichen Merkmale %.1f' % F
F, pval = f_regression(np.log(df['LSTAT']),y)
print 'F score für die transformierten Merkmale %.1f' % F

F score für die ursprünglichen Merkmale 601.6
F score für die transformierten Merkmale 1000.2
```

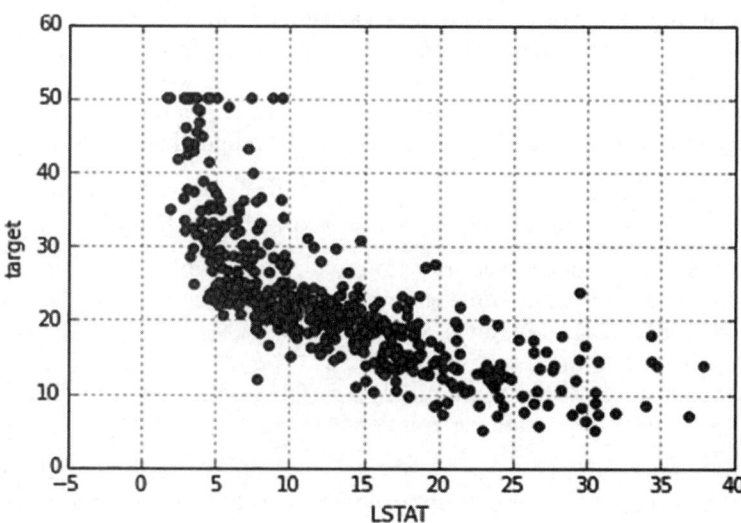

Abbildung 19.1: Nichtlineare Beziehung zwischen der Variablen LSTAT *und dem gesuchten Preis*

Der F score ist nützlich für die Variablenauswahl. Sie können ihn auch zur Beurteilung der Nützlichkeit einer Transformation nehmen. f_regression und f_classif basieren selbst auf linearen Modellen und sind deshalb sensibel gegenüber jeder effektiven Transformation, die genutzt wurde, um die Variablenbeziehungen linearer zu machen.

Interaktionen zwischen Variablen erstellen

In einer linearen Kombination reagiert das Modell darauf, wie sich eine Variable unabhängig verändert – unter Berücksichtigung anderer Variablen. In der Statistik wird diese Art von Modell als *Haupteffektmodell* bezeichnet.

Der naive Bayes-Klassifizierer trifft eine ähnliche Annahme für Wahrscheinlichkeiten, und er funktioniert auch gut auf komplexen Textproblemen.

Selbst wenn maschinelles Lernen durch Näherungen funktioniert und ein Satz von unabhängigen Variablen in den meisten Situationen zu guten Vorhersagen führt, könnte Ihnen dennoch unter Umständen ein wichtiger Teil des Ganzen entgehen. Sie können dieses Problem leicht umgehen, indem Sie die Variation in Ihrem gesuchten Wert beschreiben, die mit der gemeinsamen Variation von zwei oder mehr Variablen im Zusammenhang steht. Es gibt zwei einfache Vorgehensweisen:

✔ **Mit vorhandenem Fachwissen über das Problem:** Als Beispiel dient der Autohandel. Ein lauter Motor ist eine Plage in einem Stadtauto, jedoch ein Plus in einem Sportwagen (jeder möchte hören, dass Sie ein ultra-cooles und teures Auto haben). Durch Kenntnis der Kundenwünsche können Sie ein Geräuschlevel (Variable) und einen Autotyp (Variable) zusammen modellieren, um durch ein Predictive-Analytics-Modell exakte Vorhersagen zu erhalten, das den Wert des Autos basierend auf dessen Merkmalen abschätzt.

✔ **Testen von Kombinationen verschiedener Variablen:** Beim Ausführen eines Gruppentests können Sie den Effekt einer bestimmten Variablen auf Ihre gesuchte Variable sehen. Selbst ohne etwas über laute Motoren und Sportwagen zu wissen, könnten Sie einen anderen Durchschnitt des Vorlieben-Levels erhalten haben, wenn die Analyse Ihres Datensatzes aufgeteilt nach Autotyp und Geräuschlevel durchgeführt wurde.

Das folgende Beispiel zeigt, wie Interaktionen im Boston-Datensatz zu testen und aufzuspüren sind. Zunächst werden einige Hilfsklassen geladen, wie hier gezeigt:

```
from sklearn.linear_model import LinearRegression
from sklearn.cross_validation import cross_val_score
from sklearn.cross_validation import KFold
regression = LinearRegression(normalize=True)
crossvalidation = KFold(n=X.shape[0], n_folds=10, shuffle=True,
                        random_state=1)
```

Der Code initialisiert den DataFrame durch das alleinige Nutzen der Vorhersagevariablen neu. Eine for-Schleife entspricht den unterschiedlichen Prädiktoren und erstellt eine neue Variable, die jede Interaktion enthält. Die mathematische Formulierung einer Interaktion ist eine einfache Multiplikation.

```
df = pd.DataFrame(X,columns=boston.feature_names)
baseline = np.mean(cross_val_score(regression, df, y, scoring='r2',
            cv=crossvalidation, n_jobs=1))
interactions = list()
for feature_A in boston.feature_names:
    for feature_B in boston.feature_names:
        if feature_A > feature_B:
            df['interaction'] = df[feature_A] * df[feature_B]
            score = np.mean(cross_val_score(regression, df, y,
                scoring='r2', cv=crossvalidation, n_jobs=1))
            if score > baseline:
                interactions.append((feature_A, feature_B, round(score,3)))
print 'Baseline R2: %.3f' % baseline
print 'Top 10 Interaktionen: %s' % sorted(interactions,
    key=lambda(x):x[2], reverse=True)[:10]


Baseline R2: 0.699
Top 10 Interaktionen: [('RM', 'LSTAT', 0.782), ('TAX', 'RM', 0.766), ('RM',
            'RAD', 0.759), ('RM', 'PTRATIO', 0.75), ('RM', 'INDUS', 0.748),
            ('RM', 'NOX', 0.733), ('RM', 'B', 0.731), ('RM', 'AGE', 0.727),
            ('RM', 'DIS', 0.722), ('ZN', 'RM', 0.716)]
```

Der Code testet die spezifische Zugabe jeder Interaktion zu dem Modell durch eine 10-fache Kreuzvalidierung. (Der »Kreuzvalidierungs«-Abschnitt aus Kapitel 18 erzählt Ihnen mehr über die Arbeit mit Teilmengen.) Er zeichnet die Änderung im R2-Maß in einem Stapel (einer einfachen Liste) auf, die eine Anwendung später ordnen und untersuchen kann.

Der Ausgangswert von R2 ist 0.699, also sieht eine gemeldete Verbesserung des Stapels von Interaktionen auf 0.782 sehr beeindruckend aus! Es ist wichtig, wie diese Verbesserung zustande kam. Die beiden involvierten Variablen sind RM (die durchschnittliche Anzahl an Räumen) und LSTAT (der Prozentsatz der Bevölkerung der unteren Einkommensschicht).

```
colors = ['k' if v > np.mean(y) else 'w' for v in y]
scatter = df.plot(kind='scatter', x='RM', y='LSTAT', c=colors)
```

Das Streudiagramm in Abbildung 19.2 verdeutlicht die Verbesserung. In einem Bereich von Häusern im Zentrum der Darstellung ist es notwendig, LSTAT und RM zu kennen, um die hochwertigen Häuser korrekt von den geringwertigeren Häusern zu trennen. Deshalb ist eine Interaktion in diesem Fall unverzichtbar.

Das Hinzufügen der Interaktionen und transformierten Variablen führt zu einem erweiterten linearen Regressionsmodell, einer Polynom-Regression. Data Scientists verlassen sich auf das Testen und das Experimentieren, um einen Ansatz für die Lösung eines Problems zu validieren. So verändert der folgende Code den vorherigen Code ein wenig, um den Satz von Prädiktoren durch Interaktionen und quadratischen Termen durch das Quadrieren der Variablen neu zu definieren:

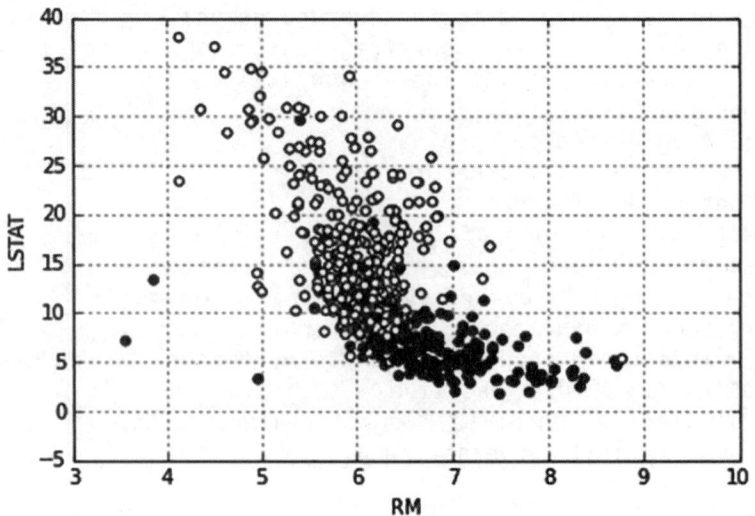

Abbildung 19.2: Die kombinierten Variablen LSTAT *und* RM *helfen, hohe von niedrigen Preisen zu trennen.*

```
polyX = pd.DataFrame(X,columns=boston.feature_names)
baseline = np.mean(cross_val_score(regression, polyX, y,
            scoring='mean_squared_error',
            cv=crossvalidation, n_jobs=1))
improvements = [baseline]
for feature_A in boston.feature_names:
   polyX[feature_A+'^2'] = polyX[feature_A]**2
   improvements.append(np.mean(cross_val_score(regression, polyX, y,
      scoring='mean_squared_error', cv=crossvalidation, n_jobs=1)))
for feature_B in boston.feature_names:
   if feature_A > feature_B:
      polyX[feature_A+'*'+feature_B] = polyX[feature_A] * polyX[feature_B]
      improvements.append(np.mean(cross_val_score(regression,
            polyX, y, scoring='mean_squared_error',
            cv=crossvalidation, n_jobs=1)))
```

Um Verbesserungen weiterhin mit neuen, komplexen Termen zu verfolgen, platziert das Beispiel Werte in der improvements-Liste. Abbildung 19.3 zeigt den Graphen des Ergebnisses, der veranschaulicht, dass einige Ergänzungen gut sind, da deren quadratischer Fehler sinkt. Andere wiederum sind schrecklich, denn sie erhöhen den Fehler stattdessen.

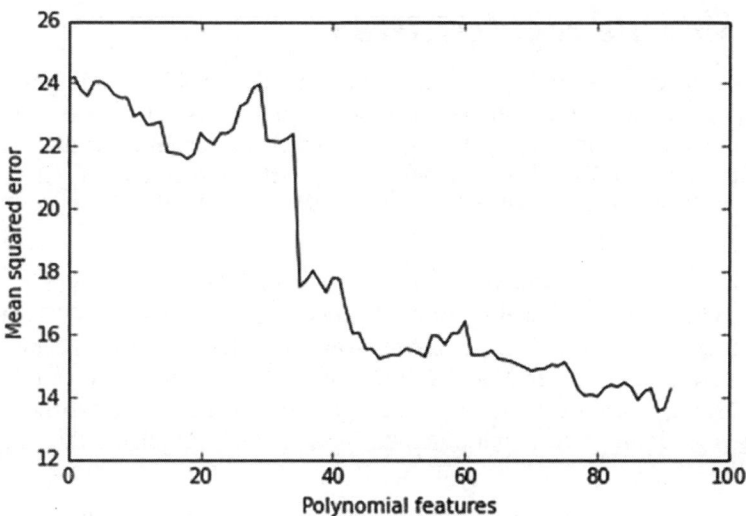

Abbildung 19.3: Durch das Hinzufügen der Polynom-Merkmale steigt die Vorhersagekraft.

Natürlich könnten Sie einen fortlaufenden Test ausführen, um einen optionalen quadratischen Term oder eine Interaktion hinzuzufügen (genannt univariater und Greedy-Ansatz). Dieses Beispiel dient als gute Grundlage zur Suche nach anderen Wegen, um die Komplexität Ihres Datensatzes oder die Komplexität, die Sie mit der Transformation einführen, und die Erzeugung von Merkmalen im Zuge der Datenexplorationsbemühungen zu kontrollieren. Bevor es weitergeht, prüfen Sie die Form des aktuellen Datensatzes und seiner kreuzvalidierten mittleren quadratischen Fehler.

```
print shape(polyX)
crossvalidation = KFold(n=X.shape[0], n_folds=10, shuffle=True,
                        random_state=1)
print 'Mittlerer quadratischer Fehler %.3f' % abs(np.mean(cross_val_score
           (regression,polyX, y, scoring='mean_squared_error',
            cv=crossvalidation, n_jobs=1)))
```

```
(506, 104)
Mittlerer quadratischer Fehler 13.466
```

Selbst wenn der mittlere quadratische Fehler gut ist – das Verhältnis zwischen 506 Beobachtungen und 104 Merkmalen ist trotzdem nicht gut.

Als Faustregel gilt: zwischen 10 und 20 Beobachtungen für jeden Koeffizienten, den Sie in den linearen Modellen bestimmen möchten. Jedoch zeigt die Erfahrung, dass mindestens 30 Beobachtungen besser sind.

Data Science mit Python für Dummies

Lineare Modelle regularisieren

Lineare Modelle haben einen hohen Trend, aber wenn Sie mehr Merkmale, Interaktionen und Transformationen hinzufügen, erreichen sie eine bessere Anpassungsfähigkeit gegenüber der Datencharakterisierung und prägen sich Datenrauschen besser ein, was die Varianz der Abschätzungen erhöht. Der Tausch von hoher Varianz gegen einen geringeren Trend ist nicht immer die beste Wahl, aber manchmal der einzige Weg, um die Vorhersagekraft eines linearen Algorithmus zu erhöhen.

Sie können die L1- und L2-Regularisierung zur Kontrolle der Abstimmung zwischen Trend und Varianz zugunsten einer erhöhten Verallgemeinerungsfähigkeit des Modells einsetzen. Wenn Sie eine der Regularisierungen einsetzen, verschlechtert eine zusätzliche Funktion, die von der Komplexität des linearen Modells abhängig ist, die optimierte Kostenfunktion. In der linearen Regression ist die Kostenfunktion der quadratische Fehler der Vorhersagen und die Kostenfunktion wird durch die Nutzung einer Summe von Koeffizienten der Prädiktor-Variablen bestraft.

Wenn das Modell komplex, aber der Vorhersagegewinn gering ist, zwingt die Bestrafung den Optimierungsprozess, nutzlose Variablen zu entfernen oder deren Auswirkung auf die Schätzung zu verringern. Die Regularisierung wirkt auch auf überkorrelierte Merkmale – glättet und kombiniert deren Beitrag, wodurch das Ergebnis stabilisiert und die daraus folgende Varianz der Abschätzung reduziert wird:

✔ **L1 (auch Lasso genannt):** Schrumpft einige Koeffizienten zu null, sodass Ihre Koeffizienten dünn besetzt sind. Es ist wirklich eine Variablenauswahl.

✔ **L2 (auch Kamm genannt):** Reduziert die Koeffizienten des problematischsten Merkmals, macht diese kleiner, jedoch nie gleich null. Alle Koeffizienten bleiben an der Abschätzung beteiligt, jedoch werden sie klein und irrelevant.

Sie können die Stärke der Regularisierung durch einen Hyperparameter kontrollieren, normalerweise durch einen Koeffizienten selbst, oft als `alpha` bezeichnet. Wenn `alpha` 1,0 erreicht, haben Sie eine starke Regularisierung und eine bessere Reduzierung der Koeffizienten. In einigen Fällen sind die Koeffizienten auf null reduziert. Verwechseln Sie `alpha` nicht mit `C`, einem Parameter, der bei der `LogisticRegression`- und Support-Vektor-Maschine genutzt wird, da `C` 1/`alpha` ist, wodurch dieser Wert größer als 1 sein kann. Kleinere `C`-Werte entsprechen tatsächlich mehr Regularisierung – exakt das Gegenteil von `alpha`.

Regularisierung funktioniert, da es die Summe der Koeffizienten der Prädiktor-Variablen ist. Deshalb ist es wichtig, dass diese den gleichen Maßstab besitzen, ansonsten könnte die Regularisierung es schwer haben, zu konvergieren. Variablen mit größeren absoluten Koeffizienten werden größeren Einfluss darauf nehmen, was eine ineffektive Regularisierung erzeugt. Es ist gute Praxis, die Vorhersagevariablen zu standardisieren oder an ein gemeinsames Minimum-Maximum zu binden, beispielsweise den `[-1, +1]`-Bereich. Der folgende Abschnitt zeigt verschiedene Methoden für L1- und L2-Regularisierungen, um unterschiedliche Effekte zu erreichen.

Sich auf die Kamm-Regression (L2) verlassen

Das erste Beispiel nutzt die L2-Regularisierung, die die Stärke der Koeffizienten reduziert. Die Ridge-Klasse implementiert L2 für die lineare Regression, die einfach zu nutzen ist. Man muss nur den Parameter alpha festlegen. Ridge besitzt auch noch einen anderen Parameter, normalize, der automatisch die eingegebenen Prädiktoren auf einen Erwartungswert von null und eine Einheitsvarianz normalisiert.

```
from sklearn.grid_search import GridSearchCV
from sklearn.linear_model import Ridge
ridge = Ridge(normalize=True)
search = GridSearchCV(estimator=ridge,
          param_grid={'alpha':np.logspace(-5,2,8)},
          scoring='mean_squared_error', n_jobs=1, refit=True, cv=10)
search.fit(polyX,y)
print 'Beste Parameter: %s' % search.best_params_
print 'CV MSE der besten Parameter: %.3f' % abs(search.best_score_)

Beste Parameter: {'alpha': 0.001}
CV MSE der besten Parameter: 12.385
```

Ein guter Suchraum für den alpha-Wert liegt im Bereich von np.logspace (-5, 2, 8). Wenn natürlich der resultierende Optimum-Wert an einem der Extremen des getesteten Bereichs liegt, müssen Sie den Bereich vergrößern und erneut testen.

Die polyX- und y-Variablen, die für das Beispiel in diesem und dem folgenden Abschnitt genutzt werden, sind im »Interaktionen zwischen Variablen erstellen«-Abschnitt weiter oben in diesem Kapitel erstellt worden. Wenn Sie diesen Abschnitt nicht nachvollzogen haben, wird das Beispiel hier nicht funktionieren.

Das Lasso (L1) nutzen

Das zweite Beispiel nutzt die L1-Regularisierung, die Lasso-Klasse, deren Hauptcharakteristik es ist, den Effekt von weniger nützlichen Koeffizienten gegen null zu reduzieren. Diese Aktion erzwingt eine dünne Besetzung in den Koeffizienten. Die Klasse nutzt die gleichen Parameter wie die Ridge-Klasse, wie zuvor gezeigt.

```
from sklearn.linear_model import Lasso
lasso = Lasso(normalize=True)
search = GridSearchCV(estimator=lasso,
          param_grid={'alpha':np.logspace(-5,2,8)},
          scoring='mean_squared_error', n_jobs=1, refit=True, cv=10)
search.fit(polyX,y)
print 'Beste Parameter: %s' % search.best_params_
print 'CV MSE der besten Parameter: %.3f' % abs(search.best_score_)

Beste Parameter: {'alpha': 0.0001}
CV MSE der besten Parameter: 12.644
```

Nutzung der Regularisierung

Da Sie die dünn besetzten Koeffizienten, die aus der L1-Regression resultieren, als Auswahlverfahren für die Merkmale nutzen können, können Sie die `Lasso`-Klasse effektiv für die Auswahl der wichtigsten Variablen nutzen. Durch die Feinabstimmung des `alpha`-Parameters können Sie eine größere oder kleinere Anzahl an Variablen auswählen. In diesem Fall setzt der Code den `alpha`-Parameter auf 0.01, was im Ergebnis zu einer vereinfachten Lösung führt.

```
lasso = Lasso(normalize=True, alpha=0.01)
lasso.fit(polyX,y)
print polyX.columns[np.abs(lasso.coef_)>0.0001].values

['CRIM*CHAS' 'ZN*CRIM' 'ZN*CHAS' 'INDUS*DIS' 'CHAS*B' 'NOX^2' 'NOX*DIS'
'RM^2' 'RM*CRIM' 'RM*NOX' 'RM*PTRATIO' 'RM*B' 'RM*LSTAT' 'RAD*B' 'TAX*DIS'
'PTRATIO*NOX' 'LSTAT^2']
```

 Sie können die L1-basierte Variablenauswahl anwenden auf Regression und Klassifikation durch die `RandomizedLasso`- und die `RandomizedLogistic Regression`-Klassen. Beide Klassen erstellen eine Reihe von zufälligen L1-regularisierten Modellen. Der Code behält die Übersicht über die resultierenden Koeffizienten. Am Ende des Prozesses behält die Anwendung alle Koeffizienten, die nicht durch die Klasse auf null reduziert wurden, da sie als wichtig erachtet werden. Sie können die beiden Klassen durch die `fit`-Methode trainieren, haben aber keine `predict`-Methode. Sie besitzen nur eine `transform`-Methode, die effektiv Ihren Datensatz reduziert, so wie viele Klassen des `sklearn.preprocessing`-Moduls.

Elasticnet: L1 & L2 kombinieren

L2-Regularisierungen reduzieren den Einfluss von korrelierenden Merkmalen, wohingegen L1-Regularisierungen dazu tendieren, sie auszuwählen. Eine gute Strategie ist, beide durch eine gewichtete Summe mittels der `ElasticNet`-Klasse zu mischen. Sie kontrollieren die L1-und L2-Effekte durch den gleichen `alpha`-Parameter, aber Sie können über den effektiven Anteil von L1 durch den `l1_ratio`-Parameter entscheiden. Einfach ausgedrückt:Wenn `l1_ratio` gleich 0 ist, haben Sie eine Kamm-Regression, wenn `l1_ratio` gleich 1 ist, haben Sie eine Lasso-Regression.

```
from sklearn.linear_model import ElasticNet
elastic = ElasticNet(normalize=True)
search = GridSearchCV(estimator=elastic,
    param_grid={'alpha':np.logspace(-5,2,8), 'l1_ratio': [0.25, 0.5, 0.75]},
    scoring='mean_squared_error', n_jobs=1, refit=True, cv=10)
search.fit(polyX,y)
print 'Beste Parameter: %s' % search.best_params_
print 'CV MSE der besten Parameter: %.3f' % abs(search.best_score_)

Beste Parameter: {'alpha': 1.0, 'l1_ratio': 0.5}
CV MSE der besten Parameter: 12.162
```

Kampf mit Big Data Stück für Stück

Bisher behandelte das Buch Beispiele von kleineren Datenbanken. Echte Daten können unordentlich und auch sehr groß sein – manchmal so groß, dass sie nicht in den Speicher passen, egal wie die Speicherspezifikationen Ihrer Maschine sind.

 Die polyX- und y-Variablen, die nachfolgend genutzt werden, sind als Teil des Beispiels aus dem Abschnitt »Interaktionen zwischen Variablen erstellen«weiter oben erstellt worden. Haben Sie das Beispiel nicht nachvollzogen, wird das in diesem Abschnitt nicht richtig funktionieren.

Bestimmen, ob es zu viele Daten sind

In einem Data-Science-Projekt können Daten als groß erachtet werden, wenn eine der folgenden beiden Situationen auftritt:

✔ Die Daten passen nicht in den verfügbaren Speicher des Computers.

✔ Selbst wenn das System genügend Speicher für die Daten besitzt, kann die Anwendung die Daten nicht durch einen maschinellen Lernalgorithmus in einer angemessenen Zeit ausarbeiten.

Implementierung des stochastischen Gradientenabstiegs

Wenn Sie zu viele Daten haben, können Sie den stochastischen Gradientenabstiegs-Regressor (SGDRegressor) oder den stochastischen Gradientenabstiegs-Klassifizierer (SGDClassifier) als lineare Vorhersage nutzen. Der einzige Unterschied zu anderen Methoden, die zuvor beschrieben wurden, ist, dass sie tatsächlich ihre Koeffizienten nur durch eine Beobachtung zu einem bestimmten Zeitpunkt optimieren. Dafür sind mehrere Wiederholungen nötig, bevor der Code Ergebnisse erzielt, die vergleichbar mit einer Kamm- oder Lasso-Regression sind. Jedoch benötigt er viel weniger Speicher und Zeit.

Beide Vorhersagen setzen auf die stochastische Gradientenabstiegs-Optimierung (SGD) – eine Art von Optimierung, bei der die Anpassung der Parameter nach der Eingabe jeder Beobachtung erfolgt, was zu einer längeren und etwas sprunghafteren Reise zur Minimierung der Fehlerfunktion führt. Natürlich kann eine Optimierung, die auf einzelnen Beobachtungen beruht und nicht auf riesigen Datenmatrizen, eine enorm positive Auswirkung auf die Trainingszeit des Algorithmus und die Menge an Speicherressourcen haben.

Bei SGD können Sie, neben anderen Kostenfunktionen, die Sie auf ihre Performance testen müssen, versuchen, L1-, L2- und Elasticnet-Regularisierungen zu nutzen, einfach durch die Einstellung des penalty-Parameters und der korrespondierenden Kontrollparameter alpha und l1_ratio. Einige der SGDs sind resistenter gegenüber Ausreißern, etwa der Algorithmus modified_huber für die Klassifikation oder der Algorithmus huber für die Regression.

 SGD ist sensibel gegenüber der Skalierung von Variablen – nicht nur wegen der Regularisierung, sondern auch aufgrund der Art und Weise, wie es intern arbeitet. Konsequenterweise müssen Sie Ihre Merkmale immer standardisieren (zum Beispiel durch `StandardScaler`), oder Sie zwingen sie in einen Bereich zwischen `[0,+1]` oder `[-1,+1]`. Geschieht das nicht, führt es zu schlechten Ergebnissen.

 Bei SGD werden Sie immer mit Teilen von Daten arbeiten müssen, es sei denn, Sie können die Trainingsdaten im Speicher ausdehnen. Um das Training effektiv zu machen, sollten Sie durch die Erschließung des Mittelwertes und der Standardabweichung anhand der ersten verfügbaren Daten mittels `StandardScaler` standardisieren. Der Mittelwert und die Standardabweichung des gesamten Datensatzes sind höchstwahrscheinlich anders, jedoch wird die Transformation durch eine Anfangsschätzung ausreichen, um ein funktionsfähiges Lernverfahren zu entwickeln.

```
from sklearn.linear_model import SGDRegressor
from sklearn.preprocessing import StandardScaler
SGD = SGDRegressor(loss='squared_loss', penalty='l2', alpha=0.0001,
              l1_ratio=0.15, n_iter=2000)
scaling = StandardScaler()
scaling.fit(polyX)
scaled_X = scaling.transform(polyX)
print 'CV MSE: %.3f' % abs(np.mean(cross_val_score(SGD, scaled_X, y,
    scoring='mean_squared_error', cv=crossvalidation, n_jobs=1)))
```

```
CV MSE: 12.802
```

In dem vorangegangenen Beispiel nutzten Sie die `fit`-Methode, die voraussetzt, dass Sie zuvor alle Trainingsdaten in den Speicher geladen haben. Sie können das Modell stattdessen sukzessiv mit der `partial_fit`-Methode trainieren, die eine einzelne Iteration über die gelieferten Daten laufen lässt. Diese wird anschließend im Speicher gehalten und angepasst, wenn neue Daten empfangen werden.

```
from sklearn.metrics import mean_squared_error
from sklearn.cross_validation import train_test_split
X_train, X_test, y_train, y_test = train_test_split(scaled_X, y,
   test_size=0.20, random_state=2)
SGD = SGDRegressor(loss='squared_loss', penalty='l2', alpha=0.0001,
              l1_ratio=0.15)
improvements = list()
for z in range(1000):
   SGD.partial_fit(X_train, y_train)
   improvements.append(mean_squared_error(y_test, SGD.predict(X_test)))
```

Nachdem Sie die Teilverbesserungen des Algorithmus über 1.000 Iterationen der gleichen Daten verfolgt haben, können Sie einen Graphen erzeugen und verstehen, wie die Verbesserung funktioniert. Das wird im folgenden Programm gezeigt. Festzuhalten ist, dass Sie in jedem Schritt unterschiedliche Daten hätten verwenden können.

```
import matplotlib.pyplot as plt
plt.subplot(1,2,1)
plt.plot(range(1,11),np.abs(improvements[:10]),'o--')
plt.xlabel('Erste sukzessive Iterationen')
plt.ylabel('mittlerer quadratischer Fehler des Testsatzes ')
plt.subplot(1,2,2)
plt.plot(range(100,1000,100),np.abs(improvements[100:1000:100]),'o--')
plt.xlabel('Immer mehr sukzessive Iterationen')
plt.show()
```

Wie in den ersten zwei Feldern in Abbildung 19.4 zu erkennen ist, startet der Algorithmus zu Beginn mit einer hohen Fehlerrate, jedoch schafft er es, diese in nur wenigen Wiederholungen, normalerweise fünf, zu reduzieren. Danach verbessert sich die Fehlerrate nur noch langsam mit jeder Iteration. Nach 700 Iterationen erreicht die Fehlerrate ein Minimum und beginnt wieder zu steigen. An diesem Punkt fangen Sie an überanzupassen, da Sie alles aus den Daten erfasst haben und jetzt den SGD dazu zwingen, mehr zu lernen, obwohl nur noch Rauschen in den Daten vorhanden ist. Folglich beginnt er, vom Rauschen und unsteten Regeln zu lernen.

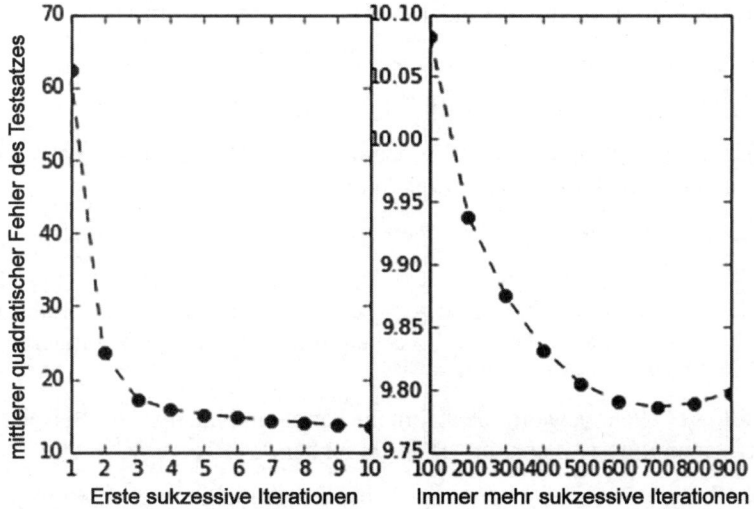

Abbildung 19.4: Langsamer Abstieg – der quadratische Fehler wird optimiert.

Solange Sie mit den gesamten Daten im Speicher arbeiten,werden Rastersuche und Kreuzvalidierung der besten Anzahl an Wiederholungen schwierig. Ein guter Trick ist, einen Teil der Trainingsdaten getrennt zu behalten und für die Validierung zu nutzen. Durch die Prüfung Ihrer Leistung am unberührten Teil der Daten können Sie sehen, wenn die SGD-Lernleistung abzunehmen beginnt. An diesem Punkt können Sie die Iteration unterbrechen (diese Methode ist bekannt als »frühzeitiges Stoppen«).

Support Vector Machines verstehen

Data Scientists zählen Support Vector Machines (SVM) zu den komplexesten und mächtigsten maschinellen Lerntechniken in ihrer Werkzeugkiste. Normalerweise finden Sie dieses Thema in Handbüchern für Fortgeschrittene. Das sollte Sie aber nicht davon abhalten, sich diesem großartigen Lernalgorithmus zuzuwenden, da die Scikit-learn-Bibliothek Ihnen eine umfangreiche Vielfalt von SVM-überwachten Klassen für die Regression und die Klassifikation bietet. Sie können sogar auf einen unüberwachten SVM zugreifen, der in den Kapiteln über Ausreißer auftauchen. Bei der Überlegung, ob Sie einen SVM-Algorithmus als maschinelle Lernlösung ausprobieren sollten, bedenken Sie diese Vorteile:

✔ Eine umfassende Familie von Techniken für binäre und Multiklassenklassifikation, Regression und Neuheitserkennung.

✔ Eine guter Vorhersagegenerator, der eine robuste Handhabung von Überanpassung, verrauschten Daten und Ausreißern liefert.

✔ Ein erfolgreicher Umgang mit Situationen, die viele Variablen beinhalten.

✔ Schnell, selbst wenn Sie mit bis zu 10.000 Trainingsdaten arbeiten.

✔ Automatische Erkennung von Nichtlinearität in Ihren Daten, sodass Sie keine komplexen Transformationen auf Ihre Daten anwenden müssen.

Wahnsinn, das klingt gut. Jedoch sollten Sie auch einige relevante Nachteile bedenken, bevor Sie SVM-Module nutzen:

✔ Sie arbeiten besser, wenn Sie sie auf eine binäre Klassifikation anwenden (was der ursprüngliche Zweck einer SVM war). So arbeiten SVM nicht gut bei anderen Vorhersageproblemen.

✔ Sie sind weniger effektiv, wenn Sie viel mehr Variablen haben als im Beispiel. Sie müssen dann nach einer anderen Lösung, wie SGD, suchen.

✔ Sie liefern Ihnen nur eine vorhergesagte Ausgabe. Sie können eine Wahrscheinlichkeitsabschätzung für jede Antwort erhalten, jedoch auf Kosten von zeitaufwendigen Berechnungen.

✔ Sie arbeiten zufriedenstellend ohne jegliche Anpassung, um die besten Ergebnisse zu erzielen, müssen Sie jedoch Zeit für das Experimentieren einplanen, um die vielen Parameter einzustellen.

Sie müssen den Quelltext dieses Abschnitts nicht von Hand abtippen. Tatsächlich ist es viel einfacher, wenn Sie die herunterladbare Quelle nutzen (siehe die Anweisungen zum Herunterladen in der Einleitung). Der Quellcode für diese Sektion befindet sich in der P4DS4D; 19; SVM.ipynb-Quellcode-Datei.

Auf ein Berechnungsverfahren verlassen

Vladimir Vapnik und seine Kollegen kreierten SVM in den 1990ern, als sie für AT&T Laboratories arbeiteten. SVM wurde dank der guten Leistung bei vielen anspruchsvollen Problemen innerhalb der damaligen Machine-Learning-Community sehr erfolgreich genutzt, besonders um einem Computer beim Lesen von handgeschriebenen Eingaben zu helfen. Heutzutage wenden Data Scientists SVM bei einer Vielzahl von Problemen an – von medizinischen Diagnosen hin zu Bilderkennung und Textklassifikation. Sie werden SVM wahrscheinlich für die Lösung Ihrer Probleme ebenfalls ziemlich nützlich finden!

Die Idee hinter der SVM ist einfach, die mathematische Durchführung jedoch recht komplex. Sie benötigt viele Berechnungen, um zu funktionieren. Dieser Abschnitt hilft Ihnen, die Technologie hinter der Technik zu verstehen – zu wissen, wie ein Werkzeug funktioniert, hilft Ihnen, zu entscheiden, wo und wie Sie es am besten anwenden können. Beginnen Sie mit dem Problem der Trennung zweier Gruppen von Datenpunkten – Sterne und Quadrate verstreut in zwei Dimensionen. Es ist ein klassisches binäres Klassifikationsproblem, in dem ein Lernalgorithmus herausfinden muss, wie eine Klasse von Fällen von einer anderen getrennt werden soll, wobei nur die durch die verfügbaren Daten gelieferten Informationen genutzt werden. Abbildung 19.5 zeigt eine Darstellung eines ähnlichen Problems.

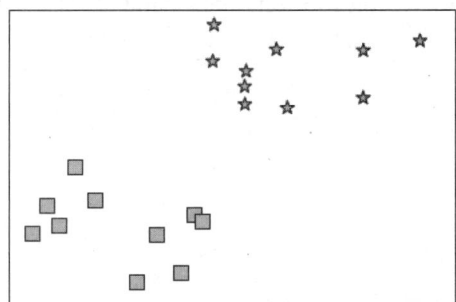

Abbildung 19.5: Trennung von Sternen und Quadraten

Wenn die beiden Gruppen getrennt voneinander sind, können Sie das Problem auf verschiedene Arten lösen, indem Sie einfach unterschiedliche Trennlinien wählen. Natürlich müssen Sie auf die Details achten und feine Berechnungen nutzen. Sie müssen bedenken, was passiert, wenn sich die Daten ändern, zum Beispiel durch das spätere Hinzufügen von Punkten. Sie sind sich vielleicht nicht sicher, dass Sie die richtige Trennlinie gewählt haben.

Abbildung 19.6 zeigt zwei mögliche Lösungen, jedoch können mehr existieren. Beide Lösungen liegen zu nah an den Beobachtungen (zu erkennen an der Nähe der Linie zu den Datenpunkten), aber es gibt keinen Grund anzunehmen, dass sich neue Beobachtungen genau wie die in der Abbildung gezeigten Punkte verhalten.

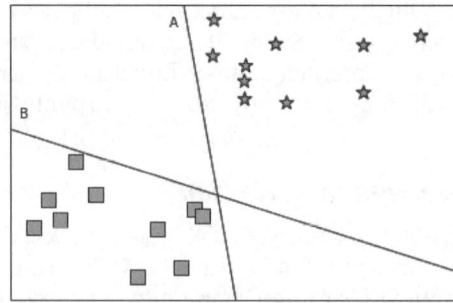

Abbildung 19.6: Mehr als eine mögliche Lösung

SVM minimieren das Risiko, durch eine Lösung, die durch die größte Distanz der Grenzpunkte der beiden Gruppen charakterisiert wird, eine falsche Linie zu wählen (wie Sie es vielleicht durch die Auswahl von Lösung A oder B aus Abbildung 19.6 getan haben). So viel Platz zwischen den Gruppen (den maximal möglichen) sollte verhindern, eine falsche Lösung zu wählen!

Die größte Distanz zwischen den beiden Gruppen wird als *Rand* bezeichnet. Ist dieser groß genug, können Sie sicher sein, dass es weiterhin gut funktionieren wird, selbst wenn Sie zuvor nicht betrachtete Daten klassifizieren müssen. Der Rand ist durch die Punkte definiert, die an seiner Grenze liegen – die *support vectors* (der Support-Vector-Machine-Algorithmus erhält seinen Namen durch diese Vektoren).

Die Lösung der SVM aus Abbildung 19.7 zeigt den Rand als gestrichelte Linie, den Separator als durchgezogene Linie und die *support vectors* als umkreiste Datenpunkte.

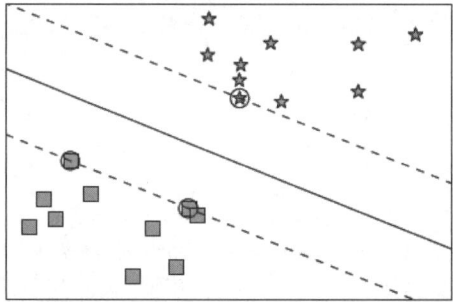

Abbildung 19.7: Eine realisierbare SVM-Lösung für das Problem mit den zwei Gruppen

Probleme aus der echten Welt liefern nicht immer sauber getrennte Klassen wie in diesem Beispiel. Jedoch kann eine gut eingestellte SVM einigen Mehrdeutigkeiten (das heißt einigen falsch klassifizierten Punkten) widerstehen. Ein SVM-Algorithmus mit den richtigen Parametern kann wirklich Wunder bewirken.

 Wenn Sie mit den Beispieldaten arbeiten, ist es einfacher, nach der elegantesten Lösung zu schauen, damit die Datenpunkte besser erklären, wie der Algorithmus funktioniert, und Sie das Grundprinzip erfassen können. Mit echten Daten brauchen Sie jedoch Annäherungen, die funktionieren. Deshalb sehen Sie selten große und klare Ränder.

Neben der binären Klassifikation von zwei Dimensionen können SVM auch mit komplexen Daten arbeiten. Daten gelten als komplex, wenn Sie mehr als zwei Dimensionen haben, oder in Situationen, die der in Abbildung 19.8 dargestellten Anordnung ähnlich sind, wenn die Trennung der Gruppen nicht durch einige gerade Linien möglich ist.

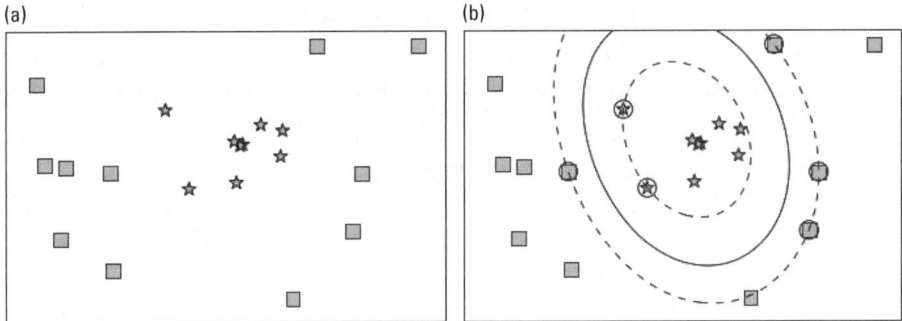

Abbildung 19.8: Ein komplexeres Gruppenlayout ist für SVM kein Problem.

 Bei vielen Variablen können SVM komplexe Trennebenen (genannt *Hyperebenen*) nutzen. SVM arbeiten auch gut, wenn Sie Klassen nicht durch eine gerade Linie oder Ebene trennen können, da sie nichtlineare Lösungen im multidimensionalen Raum dank einer Kernel-Trick genannten Rechentechnik untersuchen können.

Viele neue Parameter festlegen

Trotz Komplexität sind SVM großartige Werkzeuge. Haben Sie die passendste SVM-Version für Ihr Problem gefunden, müssen Sie sie auf Ihre Daten anwenden und etwas daran arbeiten, um einige der vielen verfügbaren Parameter zu optimieren und Ihr Ergebnis zu verbessern. Für ein funktionsfähiges SVM-Vorhersagemodell gehen Sie folgende Schritte:

1. Wählen Sie die SVM-Klasse, die Sie nutzen werden.

2. Trainieren Sie Ihr Modell mit den Daten.

3. Prüfen Sie Ihren Validierungsfehler und machen Sie ihn zu Ihrem Ausgangswert.

4. Versuchen Sie verschiedene Werte für die Parameter der SVM.

5. Prüfen Sie, ob sich Ihr Validierungsfehler verbessert hat.

6. Trainieren Sie Ihr Modell erneut durch die Nutzung der Daten mit den besten Parametern.

Solange es um die Wahl der richtigen SVM-Klasse geht, müssen Sie über Ihr Problem nachdenken. Zum Beispiel können Sie eine Klassifikation wählen (Schätzung einer Klasse) oder eine Regression (Schätzung einer Zahl). Bei der Klassifikation müssen Sie entscheiden, ob Sie nur zwei Gruppen klassifizieren müssen (Binär-Klassifikation) oder mehr als zwei (Multiklassen-Klassifikation). Ein anderer wichtiger Aspekt ist die Quantität der Daten, die Sie verarbeiten. Nachdem Sie alle Ihre Anforderungen in einer Liste festgehalten haben, wird Ihnen ein kurzer Blick in Tabelle 19.1 helfen, Ihre Auswahl einzugrenzen.

Klasse	Charakteristische Nutzung	Schlüsselparameter
Sklearn.svm.SVC	Binär- und Multiklassen-Klassifikation, bei denen die Anzahl an Beispielen kleiner als 10.000 ist.	C, kernel, degree, gamma
Sklearn.svm.NuSVC	Ähnlich wie SVC.	nu, kernel, degree, gamma
Sklearn.svm.LinearSVC	Binär- und Multiklassen-Klassifikation, wenn die Anzahl an Beispielen größer als 10.000 ist, dünn besetzte Daten.	penalty, loss, C
Sklearn.svm.SVR	Regressionsprobleme.	C, kernel, degree, gamma, epsilon
Sklearn.svm.NuSVR	Ähnlich wie SVR.	nu, C, kernel, degree, gamma
Sklearn.svm.OneClassSVM	Erkennung von Ausreißern.	nu, kernel, degree, gamma

Tabelle 19.1: Das SVM-Modul der Lernalgorithmen

Zunächst müssen Sie die Anzahl an Beispielen in Ihren Daten prüfen. Sind es mehr als 10.000 Beispiele, können Sie SVM nutzen, um langsame und schwerfällige Berechnungen zu vermeiden und trotzdem eine akzeptable Leistung, ausschließlich für Klassifikationsprobleme, mittels der Klasse sklearn.svm.LinearSVC zu erreichen. Wenn Sie stattdessen ein Regressionsproblem lösen müssen oder der LinearSVC nicht schnell genug ist, nutzen Sie besser eine stochastische Lösung für die SVM (wie in den folgenden Abschnitten beschrieben).

Das Scikit-learn-SVM-Modul fasst zwei mächtige in C geschriebene Bibliotheken zusammen, libsvm und liblinear. Bei der Anpassung eines Modells gibt es einen Datenfluss zwischen Python und diesen beiden externen Bibliotheken. Ein Zwischenspeicher lässt den Datenaustausch flüssig ablaufen. Ist er jedoch zu klein und haben Sie zu viele Datenpunkte, wird er zum Performance-Flaschenhals! Wenn Sie genügend Speicher haben, ist es eine gute Idee, den Zwischenspeicher über den Parameter cache_size der SVM-Klasse höher als den Standard von 200 MB (1000 MB, falls möglich) einzustellen. Eine kleinere Anzahl von Beispielen erfordert häufig nur, dass Sie sich zwischen Klassifikation und Regression entscheiden.

In jedem Fall haben Sie zwei alternative Algorithmen. Für die Klassifikation beispielsweise können Sie sklearn.svm.SVC oder sklearn.svm.NuSVC nutzen. Der einzige Unterschied der Nu-Version ist der Parameter, den er braucht, und ein etwas anderer Algorithmus. Letztendlich erhalten Sie grundsätzlich die gleichen Ergebnisse, weshalb Sie normalerweise die SVC- und nicht die NuSVC-Version wählen.

Nach der Entscheidung für den Algorithmus stellen Sie fest, dass Sie eine Menge Parameter zu wählen haben und dass der C-Parameter immer dabei ist. Der C-Parameter gibt an, wie stark sich der Algorithmus an die Trainingspunkte anpassen muss. Wenn C klein ist, passt sich die SVM weniger an die Punkte an und tendiert dazu, eine mittlere Richtung anzunehmen, wobei nur wenige der verfügbaren Datenpunkte und Variablen genutzt werden. Größere C-Werte tendieren dazu, den Lernprozess zu zwingen, den verfügbaren Trainingspunkten zu folgen und viele Variablen einzubeziehen.

Der richtige C-Wert ist normalerweise ein mittlerer Wert und Sie können ihn nach etwas Experimentieren finden. Wenn Ihr C zu groß ist, riskieren Sie eine Überanpassung, eine Situation, in der sich Ihre SVM zu stark an Ihre Daten anpasst und deshalb nicht richtig mit neuen Problemen umgehen kann. Wenn Ihr C zu klein ist, wird Ihre Vorhersage ungenau. Sie erleben eine Situation, die man »Unteranpassung« nennt – Ihr Modell ist zu einfach für das zu lösende Problem.

Nach der Entscheidung, welchen C-Wert Sie nutzen, ist es wichtig, die Parameter kernel, degree und gamma festzulegen. Alle drei sind miteinander verbunden und ihre Werte hängen von der Kernel-Spezifikation ab. (Beispielsweise benötigt der lineare Kernel weder degree noch gamma, weshalb Sie alle Werte verwenden können.) Die kernel-Spezifikation bestimmt, ob Ihr SVM-Modell eine Linie oder Kurve nutzt, um die Klasse oder das Punktmaß zu schätzen. Lineare Modelle sind einfacher und tendieren dazu, neue Daten gut zu schätzen, jedoch leisten sie manchmal zu wenig, wenn die Variablen der Daten in komplexem Bezug zueinander stehen. Da Sie im Vorfeld nicht wissen können, ob ein lineares Modell für Ihr Problem funktioniert, ist es gute Praxis, mit einem linearen Kernel anzufangen, den C-Wert festzulegen, dieses Modell zu verwenden und dessen Leistung später als Ausgangswert für das Testen nichtlinearer Lösungen zu nutzen.

Mit SVC klassifizieren

Es ist Zeit, das erste SVM-Modell zu erstellen. Da SVM anfänglich so gut bei der Klassifikation von handgeschriebenen Daten funktionierte, beginnen Sie mit einem ähnlichen Problem. Dieser Ansatz kann Ihnen eine Vorstellung davon vermitteln, wie mächtig diese maschinelle Lerntechnik ist. Das Beispiel nutzt den Zahlen-Datensatz aus dem Datensatzmodul des Scikit-learn-Pakets. Der Zahlendatensatz enthält eine Reihe von 8 x 8-Pixel-Bildern von handgeschriebenen Zahlen im Bereich von 0 bis 9.

```
from sklearn import datasets
digits = datasets.load_digits()
X,y = digits.data, digits.target
```

Nach dem Laden des Datensatzmoduls importiert die load.digits-Funktion alle Daten, von denen das Beispiel die Prädiktoren (digits.data) als X und die vorhergesagten Klassen (digits.target) als y extrahiert.

Sie können mittels der matplotlib-Funktionen subplot (für die Erstellung von Reihen von Zeichnungen, angeordnet in zwei Reihen mit je fünf Spalten) und imshow (für die Darstellung der Graustufenwerte der Pixel in einem 8 x 8-Raster) sehen, was sich im Datensatz befindet. Der Code ordnet die Informationen innerhalb von digits.images als eine Reihe von Matrizen an, wobei jede die Pixeldaten einer Zahl enthält.

```
import matplotlib.pyplot as plt
for k,img in enumerate(range(10)):
    plt.subplot(2, 5, k)
    plt.imshow(digits.images[img], cmap='binary', interpolation='none')
plt.show()
```

Der Code zeigt die ersten zehn Zahlen als Beispiel für die hier genutzten Daten. Sie können das Ergebnis in Abbildung 19.9 sehen.

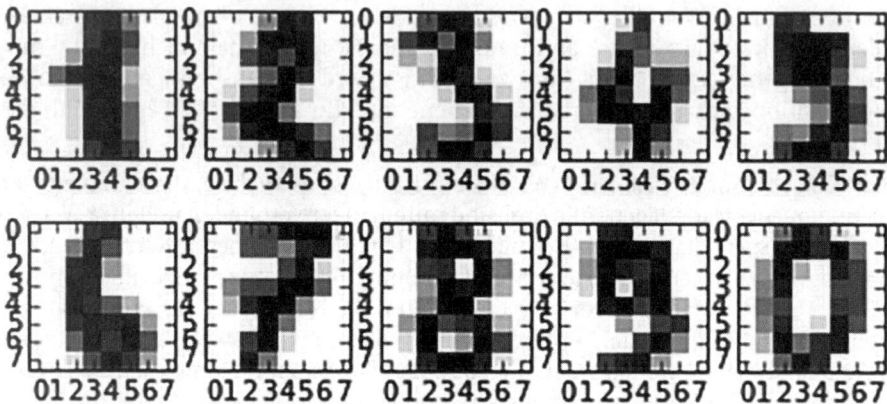

Abbildung 19.9: Die ersten zehn handgeschriebenen Zahlen des Zahlen-Datensatzes

Durch die Beobachtung der Daten finden Sie heraus, dass die SVM schätzen könnte, welche Zahl es ist, indem sie den Werten eines bestimmten Pixels des Rasters eine Wahrscheinlichkeit zuordnet. Eine Zahl 2 könnte andere Pixel verwenden als eine Zahl 1 oder vielleicht unterschiedliche Gruppen von Pixeln. Data Science bezieht das Testen vieler Programmieransätze und Algorithmen mit ein, bevor ein solides Ergebnis erreicht wird, jedoch hilft es, auf einfallsreiche und intuitive Weise herauszufinden, was Sie als Erstes versuchen könnten. Wenn Sie in der Tat X erkunden, entdecken Sie, dass es exakt aus 64 Variablen besteht. Dabei stellt jede den Graustufenwert eines einzelnen Pixels dar. Sie bemerken auch, dass Sie genügend Beispiele haben, exakt 1.797 Fälle.

```
print X.shape

(1797L, 64L)

X[0]
array([  0.,   0.,   5.,  13.,   9.,   1.,   0.,   0.,   0.,   0.,  13.,
        15.,  10.,  15.,   5.,   0.,   0.,   3.,  15.,   2.,   0.,  11.,
         8.,   0.,   0.,   4.,  12.,   0.,   0.,   8.,   8.,   0.,   0.,
         5.,   8.,   0.,   0.,   9.,   8.,   0.,   0.,   4.,  11.,   0.,
         1.,  12.,   7.,   0.,   0.,   2.,  14.,   5.,  10.,  12.,   0.,
         0.,   0.,   0.,   6.,  13.,  10.,   0.,   0.,   0.])
```

An diesem Punkt mögen Sie sich vielleicht wundern, was Sie mit den Bezeichnungen machen. Befragen Sie das SciPy-Paket, das Ihnen die `itemfreq`-Funktion liefert:

```
from scipy.stats import itemfreq
print y.shape, itemfreq(y)

[[  0.   178.]
 [  1.   182.]
 [  2.   177.]
 [  3.   183.]
 [  4.   181.]
 [  5.   182.]
 [  6.   181.]
 [  7.   179.]
 [  8.   174.]
 [  9.   180.]]
```

Die Ausgabe verbindet die Klassenbezeichnungen (die erste Zahl) mit deren Häufigkeiten und ist es wert, überwacht zu werden. Alle Klassenbezeichnungen stellen die gleiche Anzahl von Beispielen dar. Das bedeutet, dass Ihre Klassen ausgeglichen sind und dass die SVM nicht verführt wird, zu denken, dass eine Klasse wahrscheinlicher ist als eine der anderen. Wenn eine oder mehrere Klassen eine signifikant unterschiedliche Anzahl von Fällen besitzen, stehen Sie einem unausgeglichenen Klassenproblem gegenüber. Ein unausgeglichenes Klassenszenario verlangt von Ihnen, eine Evaluierung durchzuführen:

✔ Behalten Sie die unausgeglichene Klasse und erhalten Sie Vorhersagen, die in Richtung der häufigsten Klassen tendieren.

✔ Erreichen Sie Gleichheit zwischen den Klassen, indem Sie Gewichtungen nutzen, was bedeutet, dass einigen Beobachtungen erlaubt wird, mehrfach gezählt zu werden.

✔ Nutzen Sie eine Auswahl, um einige Fälle von den Klassen zu entfernen, die zu viele Fälle besitzen.

Ein unausgeglichenes Klassenproblem verlangt von Ihnen, zusätzliche Parameter einzustellen. `Sklearn.svm.SVC` besitzt in der `fit`-Methode einen `class_weight`- und einen `sample_weight`-Parameter. Der unkomplizierteste und einfachste Weg, um das Problem zu lösen, ist, `class_weight='auto'` zu setzen, wenn Sie Ihren SVC definieren und somit den Algorithmus alles allein einstellen lassen.

Jetzt sind Sie bereit, den SVC mit dem linearen Kernel zu testen. Vergessen Sie jedoch nicht, Ihre Daten in einen Trainings- und einen Testsatz einzuteilen. Ansonsten sind Sie nicht in der Lage, die Effektivität des Modells zu beurteilen. Nutzen Sie immer einen separierten Datenteil zur Leistungsevaluierung, oder das Ergebnis wird anfangs gut aussehen, aber schlechter werden, wenn neue Daten hinzukommen.

```
from sklearn.cross_validation import train_test_split, cross_val_score
from sklearn.preprocessing import MinMaxScaler
# Wir behalten 30% zufälliger Beispiele für den Test
X_train, X_test, y_train, y_test = train_test_split(X, y,
                                   test_size=0.3, random_state=101)
```

Die `train_test_split`-Funktion teilt X und y durch den `test_size`-Parameterwert von 0.3 als Referenz für das Teilungsverhältnis in einen Trainings- und einen Testsatz.

```
# Wir skalieren die Daten in dem Bereich [-1,1]
scaling = MinMaxScaler(feature_range=(-1, 1)).fit(X_train)
X_train = scaling.transform(X_train)
X_test = scaling.transform(X_test)
```

Als gute Übung skalieren Sie nach der Aufteilung der Daten in einen Trainings- und einen Test-Teil die numerischen Werte – anfangs durch den Erhalt eines Skalierungsparameters von den Trainingsdaten und anschließend durch eine Transformation auf beides, Trainings- und Testsatz.

 Eine andere wichtige Aktion, bevor Sie die Daten an die SVM geben können, ist die Skalierung. Die *Skalierung* transformiert alle Werte in einen Bereich von -1 bis 1 (oder von 0 bis 1, wenn Sie das bevorzugen). Eine Skalierungstransformation verhindert das Problem, dass einige Variablen den Algorithmus beeinflussen können (sie könnten ihn austricksen und denken lassen, dass sie wichtig sind, da sie große Werte haben). Das macht die Berechnung exakt, leichtgängig und schnell.

Der folgende Code passt die Trainingsdaten an die SVC-Klasse mit einem linearen Kernel an. Außerdem kreuzvalidiert und testet er das Ergebnis in Bezug auf Genauigkeit (der Prozentsatz, der richtig geschätzt wurde).

```
from sklearn.svm import SVC
# Wir gleichen die Klassen aus, so sehen Sie, wie es funktionieren kann
learning_algo = SVC(kernel='linear', class_weight='auto')
```

Der Code weist der SVC den linearen Kernel zu, um die Klassen automatisch neu zu gewichten. Die neue Gewichtung der Klasse garantiert, dass sie nach dem Aufteilen des Datensatzes in Trainings- und Testsatz gleich groß bleiben.

```
cv_performance = cross_val_score(learning_algo, X_train, y_train,
    cv=10)
test_performance = learning_algo.fit(X_train, y_train).score(X_test,
    y_test)
```

Der Code weist dann zwei neue Variablen zu. Die Leistung der Kreuzvalidierung wird durch die `cross_val_score`-Funktion aufgezeichnet, die eine Liste mit allen zehn Werten nach einer zehnfachen Kreuzvalidierung (cv=10) zurückgibt. Der Code erhält ein Testergebnis durch beide Methoden innerhalb eines Ablaufs des Lernalgorithmus `fit`, was das Modell anpasst, und score, was das Ergebnis anhand des Testsatzes durch eine mittlere Genauigkeit evaluiert (mittlerer Prozentsatz an richtigen Ergebnissen unter den vorherzusagenden Klassen).

```
print 'Genauigkeit der Kreuzvalidierung: %0.3f,
    Testgenauigkeit: %0.3f' % (np.mean(cv_performance),test_performance)
```

```
Genauigkeit der Kreuzvalidierung: 0.975, Testgenauigkeit: 0.974
```

Letztendlich gibt der Code die beiden Variablen aus und wertet das Ergebnis aus. Das Ergebnis ist mit 97,4 Prozent richtiger Vorhersagen in diesem Testsatz recht gut!

Sie fragen sich vielleicht, was passieren würde, wenn Sie den Hauptparameter C optimieren würden, statt den Standardwert von 1,0 zu nehmen. Das folgende Skript liefert Ihnen durch gridsearch die Antwort, wobei nach einem optimalen Wert für den C-Parameter gesucht wird:

```
from sklearn.grid_search import GridSearchCV
learning_algo = SVC(kernel='linear', class_weight='auto',
                    random_state=101)
search_space = {'C': np.logspace(-3, 3, 7)}
gridsearch = GridSearchCV(learning_algo, param_grid=search_space,
                    scoring='accuracy', refit=True, cv=10)
gridsearch.fit(X_train,y_train)
```

GridSearchCV ist etwas komplexer, erlaubt Ihnen aber, viele Modelle nacheinander zu prüfen. Als Erstes müssen Sie eine Suchraum-Variable definieren, indem Sie ein Python-Dictionary nutzen, das den Erkundungsplan der Prozedur enthält. Um einen Suchraum zu definieren, erstellen Sie ein Dictionary (oder falls es mehr als ein Dictionary ist, eine Liste von Dictionaries) für jede getestete Gruppe von Parametern. Innerhalb des Dictionarys platzieren Sie die Namen der Parameter als Schlüsselwert und verbinden sie mit einer Liste (oder einer Funktion, die eine Liste generiert, wie es hier der Fall ist), die die zu testenden Werte enthält.

 Die logspace-Funktion aus NumPy erstellt eine Liste von sieben C-Werten, aus einem Bereich von 10^{-3} bis 10^3. Die Anzahl an Werten, die zu testen sind, ist zwar rechenaufwendig, aber auch umfassend, und Sie sind immer auf der sicheren Seite, wenn Sie C und die anderen SVM-Parameter über einen solchen Bereich testen.

Dann initialisieren Sie die GridSearchCV durch die Definition des Lernalgorithmus, des Suchraums, der Wertungsfunktion und der Anzahl an Kreuzvalidierungsmengen. Der nächste Schritt ist, das Verfahren anzuleiten, nach dem Auffinden der besten Lösung die beste Kombination von Parametern anzupassen, damit Sie ein Vorhersagemodell haben, das bereit für den Einsatz ist:

```
cv_performance = gridsearch.best_score_
test_performance = gridsearch.score(X_test, y_test)
```

Tatsächlich enthält gridsearch jetzt viele Informationen über den besten Wert (und die besten Parameter plus eine komplette Analyse aller evaluierten Kombinationen) und Methoden wie score, was typisch für die Anpassung eines Vorhersagemodells in Scikit-learn ist.

```
print 'Genauigkeit der Kreuzvalidierung: %0.3f,
    Testgenauigkeit: %0.3f' % (cv_performance,test_performance)
print 'Bester C-Parameter: %0.1f' % gridsearch.best_params_['C']

Genauigkeit der Kreuzvalidierung: 0.984, Testgenauigkeit: 0.993
Bester C-Parameter: 100.0
```

Der letzte Schritt gibt das Ergebnis aus und zeigt, dass C=100 die Leistung ziemlich stark erhöht, sowohl bei der Kreuzvalidierung als auch auf dem Testsatz.

Nichtlinear arbeiten ist einfach

Nachdem Sie ein einfaches lineares Modell als Maßstab für die handgeschriebenen Zahlen definiert haben, können Sie jetzt eine komplexere Hypothese testen, und SVM bietet eine Vielzahl von nichtlinearen Kernels an:

✔ Polynom (poly)

✔ Radiale Basisfunktion (rbf)

✔ Sigmoid (sigmoid)

✔ Erweiterte benutzerdefinierte Kernels

Trotz der vielen Möglichkeiten werden Sie selten etwas anderes als den radialen Basisfunktionskernel (kurz rbf) nutzen, da er schneller als andere Kernels ist und fast jede nichtlineare Funktion approximieren kann.

Hier ist eine grundlegende und praktische Erklärung, wie rbf funktioniert: Er teilt die Daten in viele Cluster auf, wodurch es einfacher ist, jedem Cluster eine Reaktion zuzuordnen.

Der rbf-Kernel benötigt, neben dem C-Parameter, den degree- und den gamma-Parameter. Sie sind beide leicht einzustellen (und eine Rastersuche wird immer die richtigen Werte finden).

Der degree-Parameter besitzt einen Wert, der bei 2 beginnt. Er bestimmt die Komplexität der nichtlinearen Funktion, die für das Aufteilen der Punkte genutzt wurde. Machen Sie sich nicht zu viele Gedanken über degree – testen Sie Werte von 2, 3 und 4 in einer Rastersuche. Wenn Sie bemerken, dass das beste Ergebnis einen degree (Grad) von 4 hat, versuchen Sie, die Rastergrenze nach oben zu verschieben, und testen Sie 3, 4 und 5. Fahren Sie mit dem Prozedere fort, falls nötig, aber ein Wert größer als 5 ist selten.

Die Rolle des gamma-Parameters im Algorithmus ist ähnlich der von c (er liefert einen Kompromiss zwischen Überangepasstheit und Unterangepasstheit). Dieser Parameter ist ausschließlich für den rbf-Kernel. Hohe gamma-Werte veranlassen den Algorithmus, nichtlineare Funktionen zu erstellen, die unregelmäßige Formen besitzen, da diese dazu tendieren, sich besser an die Daten anzupassen. Niedrigere Werte erstellen regelmäßigere Funktionen und Kugelfunktionen, wobei die meisten Unregelmäßigkeiten innerhalb der Daten ignoriert werden.

Nun, da Sie die Details des nichtlinearen Ansatzes kennen, ist es Zeit, rbf auf das vorhergehende Beispiel anzuwenden. Seien Sie gewarnt: Die Berechnung kann aufgrund der hohen Anzahl an Kombinationen einige Zeit in Anspruch nehmen. Dies hängt von der Leistungsfähigkeit Ihres Computers ab.

```
from sklearn.grid_search import GridSearchCV
learning_algo = SVC(class_weight='auto', random_state=101)
search_space = [{'kernel': ['linear'], 'C': np.logspace(-3, 3, 7)},
            {'kernel': ['rbf'], 'degree':[2,3,4], 'C':np.logspace(-3, 3, 7),
                'gamma': np.logspace(-3, 2, 6)}]
gridsearch = GridSearchCV(learning_algo, param_grid=search_space,
            scoring='accuracy', refit=True, cv=10)
gridsearch.fit(X_train,y_train)
cv_performance = gridsearch.best_score_
test_performance = gridsearch.score(X_test, y_test)
print 'Genauigkeit der Kreuzvalidierung: %0.3f,
    Testgenauigkeit: %0.3f' % (cv_performance,test_performance)
print 'Beste Parameter: %s' % gridsearch.best_params_


Genauigkeit der Kreuzvalidierung: 0.988, Testgenauigkeit: 0.987
Beste Parameter: {'kernel': 'rbf', 'C': 1.0, 'gamma': 0.10000000000000001,
    'degree': 2}
```

Der einzige Unterschied in diesem Skript ist, dass der Suchraum verfeinert ist. Durch eine Liste beziehen Sie zwei Dictionaries ein – eines enthält die Parameter zum Testen des linearen Kernels und das andere die für den rbf-Kernel. Auf diese Weise können Sie die Leistung der beiden Ansätze zur gleichen Zeit vergleichen.

Das Ergebnis sagt Ihnen, dass rbf besser funktioniert. Jedoch ist es nur ein geringer Gewinnvorsprung gegenüber dem linearen Modell. In solchen Fällen können mehr Daten helfen, mit höherer Sicherheit das bessere Modell zu bestimmen. Unglücklicherweise bedeuten mehr Daten mehr Geld und Zeit. Wenn Sie keinen klaren Gewinner finden, entscheiden Sie sich für das einfachere Modell. In diesem Fall ist der lineare Kernel viel einfacher als rbf.

Regression mittels SVR ausführen

Bis jetzt haben Sie sich nur mit der Klassifikation beschäftigt, jedoch kann SVM auch Regressionsprobleme behandeln. Da Sie gesehen haben, wie eine Klassifikation funktioniert, brauchen Sie nicht viel mehr zu wissen, als dass die SVM-Regressionsklasse SVR ist und es einen neuen Parameter zum Einstellen gibt, nämlich epsilon. Alles andere, was für die Klassifikation gilt, funktioniert auch bei der Regression.

Dieses Beispiel nutzt einen anderen Datensatz, einen Regressionsdatensatz. Der Bostoner Immobiliendatensatz, der StatLib-Bibliothek entnommen, die durch die Carnegie-Mellon-Universität gewartet wird, taucht in vielen maschinellen Lern- und Statistikartikeln auf, die sich an Regressionsprobleme richten. Dieser Datensatz besitzt 506 Fälle und 13 numerische Variablen (eine davon ist eine binäre Variable mit Wertebereich 1 und 0).

```
from sklearn import datasets
boston = datasets.load_boston()
X,y = boston.data, boston.target
X_train, X_test, y_train, y_test = train_test_split(X, y, test_size=0.3,
    random_state=101)
scaling = MinMaxScaler(feature_range=(-1, 1)).fit(X_train)
X_train = scaling.transform(X_train)
X_test = scaling.transform(X_test)
```

Das Ziel ist, die Medianwerte von Häusern, die von einem Besitzer bewohnt sind, mittels SVR (Epsilon-Support-Vector-Regression) zu schätzen. Zusätzlich zu den Parametern C, kernel, degree und gamma besitzt SVR auch den Parameter epsilon. *Epsilon* ist ein Maß dafür, wie viele Fehler der Algorithmus für akzeptabel hält. Ein hoher epsilon-Wert impliziert weniger unterstützte Punkte, wohingegen ein niedriger epsilon-Wert eine hohe Anzahl an unterstützten Punkten benötigt. Mit anderen Worten, epsilon bietet einen anderen Weg, um zwischen Unteranpassung und Überanpassung abzuwägen.

Für den Suchraum für diesen Parameter funktioniert erfahrungsgemäß die Reihe [0, 0.01, 0.1, 0.5, 1, 2, 4] recht gut. Beginnend mit einem Minimalwert von 0 (wenn der Algorithmus überhaupt keinen Fehler akzeptiert) und beim Erreichen eines Maximums von 4 sollten Sie den Suchraum nur dann vergrößern, wenn Sie merken, dass ein höherer epsilon-Wert eine bessere Leistung bringt.

Nachdem Sie epsilon in den Suchraum eingebracht und SVR als einen Lernalgorithmus zugewiesen haben, können Sie das Skript vervollständigen. Seien Sie gewarnt, dass die Berechnung aufgrund der hohen Anzahl an Kombinationen einige Zeit in Anspruch nehmen kann. Dies hängt von der Leistungsfähigkeit Ihres Computers ab.

```
From sklearn.svm import SVR
learning_algo = SVR(random_state=101)
search_space = [{'kernel': ['linear'], 'C': np.logspace(-3, 2, 6),
                'epsilon': [0, 0.01,0.1, 0.5, 1, 2, 4]},
                {'kernel': ['rbf'], 'degree':[2,3],
                'C':np.logspace(-3, 3, 7),
                'gamma': np.logspace(-3, 2, 6),
                'epsilon': [0, 0.01, 0.1, 0.5, 1, 2, 4]}]
gridsearch = GridSearchCV(learning_algo, param_grid=search_space,
                refit=True, scoring= 'r2', cv=10)
gridsearch.fit(X_train,y_train)
cv_performance = gridsearch.best_score_
test_performance = gridsearch.score(X_test, y_test)
print 'Kreuzvalidierung R2 Wert: %0.3f,
    test R2 score: %0.3f' % (cv_performance,test_performance)
print 'Beste Parameter: %s' % gridsearch.best_params_

Kreuzvalidierung R2-Wert: 0.833, test R2 score: 0.871
Beste Parameter: {'epsilon': 2, 'C': 1000.0, 'gamma': 0.10000000000000001,
                'degree': 2, 'kernel': 'rbf'}
```

 Beachten Sie, dass bei der Bestimmung des Fehlers bei der Regression der Fehler durch R-Quadrat berechnet wird, einer Messung im Bereich von 0 bis 1, was einen Hinweis auf die Leistung des Modells liefert (wobei 1 das bestmögliche zu erreichende Ziel ist).

Stochastische Lösungen mit einer SVM erstellen

Nun, da Sie am Ende der Übersicht über maschinelle Lernalgorithmen aus der Familie der SVM angelangt sind, sollten Sie erkennen, dass diese fantastischen Werkzeuge für Data Scientists wie geschaffen sind. Natürlich macht selbst die beste Lösung Probleme – zum Beispiel mag die SVM zu viele Parameter besitzen. Sicher, die Parameter sind eine Plage, besonders weil Sie viele Kombinationen davon testen müssen, was jede Menge Rechenzeit in Anspruch nimmt. Jedoch ist das Hauptproblem die benötigte Zeit für das Training der SVM. Sie haben vielleicht bemerkt, dass die Beispiele kleine Datensätze mit einer begrenzten Anzahl an Variablen besitzen und einige umfangreiche Rastersuchen immer noch sehr viel Zeit brauchen. Probleme der realen Welt sind viel größer. Manchmal dauert es scheinbar ewig, bis Sie Ihre SVM auf Ihrem Computer trainiert und optimiert haben.

Wenn Sie zu viele Klassen im selben SVM-Modul haben (eine empfohlene Grenze von 10.000 Beispielen), lautet eine mögliche Lösung, die LinearSVC-Klasse zu suchen. Dieser Algorithmus arbeitet nur mit dem linearen Kernel und dessen Fokus liegt auf der Klassifikation (sorry, nicht Regression) einer großen Anzahl von Beispielen und Variablen mit einer höheren Geschwindigkeit als der Standard-SVC. Solche Eigenschaften machen LinearSVC zu einem guten Kandidaten für textbasierte Klassifikationen. LinearSVC besitzt weniger und leicht unterschiedliche Parameter als der normale SVC, die einzustellen sind (ähnlich einer Regressionsklasse):

✔ c: Der Strafparameter. Kleine Werte implizieren mehr Regularisierung (einfachere Modelle mit abgeschwächten oder auf null gesetzten Koeffizienten).

✔ loss: Ein Wert von l1 (so wie in SVM) oder l2 (Fehler wiegen mehr, so strebt er stärker dazu, falsch klassifizierte Beispiele anzupassen).

✔ penalty: Ein Wert von l2 (Abschwächung der weniger wichtigen Parameter) oder von l1 (unwichtige Parameter sind auf null gesetzt).

✔ dual: Ein True- oder False-Wert. Er beschreibt den Typ des zu lösenden Optimierungsproblems, und obwohl er die erhaltene Wertung nicht viel verändert, resultiert die Einstellung des Parameters auf False in einer schnelleren Berechnung, als wenn er auf True gesetzt ist.

Die loss-, penalty- und dual-Parameter sind untereinander eingeschränkt, also beachten Sie Tabelle 19.2, um im Voraus zu planen, welche Kombination genutzt werden soll.

penalty	loss	dual
l1	l2	False
l2	l1	True
l2	l2	True, False

Tabelle 19.2: Die loss-, penalty- und dual-Beschränkungen

 Der Algorithmus unterstützt nicht die Kombination von penalty='l1' und loss='l1'. Jedoch repliziert die Kombination von penalty='l2' und loss='l1' perfekt den SVC-Optimierungsansatz.

Wie zuvor erwähnt, ist LinearSVC viel schneller und ein Geschwindigkeitstest gegen SVC zeigt den zu erwartenden Grad der Verbesserung bei der Wahl dieses Algorithmus.

```
From sklearn.datasets import make_classification
X,y = make_classification(n_samples=10**4, n_features=15,
                          n_informative=10,random_state=101)
X_train, X_test, y_train, y_test = train_test_split(X, y,
                          test_size=0.3, random_state=101)
from sklearn.svm import SVC, LinearSVC
slow_SVM = SVC(kernel="linear", random_state=101)
fast_SVM = LinearSVC(random_state=101, penalty='l2', loss='l1')
slow_SVM.fit(X_train, y_train)
fast_SVM.fit(X_train, y_train)
print 'Genauigkeitswert des SVC-Tests: %0.3f' %
                          slow_SVM.score(X_test, y_test)
print 'Genauigkeitswert des LinearSVC-Tests:
                          %0.3f' % fast_SVM.score(X_test, y_test)
```

```
Genauigkeitswert des SVC-Tests: 0.808
Genauigkeitswert des LinearSVC-Tests: 0.808
```

Nachdem Sie einen künstlichen Datensatz mittels `make_classification` erstellt haben, enthält der Code die Bestätigung dafür, wie die beiden Algorithmen zu den identischen Ergebnissen kommen. An diesem Punkt testet der Code die Geschwindigkeit der beiden Lösungen anhand des künstlichen Datensatzes, um zu verstehen, wie sie mit mehr Daten skalieren.

```python
import timeit
X,y = make_classification(n_samples=10**4, n_features=15,
                          n_informative=10,random_state=101)
print 'Durchschnittliche Sekunden für SVC, bestes aus 3: %0.1f'
        % np.mean(timeit.timeit("slow_SVM.fit(X, y)",
            "from_main_import slow_SVM, X, y", number=1))
print 'Durchschnittliche Sekunden für LinearSVC, bestes aus 3: %0.1f' %
            np.mean(timeit.timeit("fast_SVM.fit(X, y)",
            "from_main_import fast_SVM, X, y", number=1))
```

Das Beispielsystem zeigt das folgende Ergebnis (die Ausgabe Ihres Systems kann abweichen):

```
Durchschnittliche Sekunden für SVC, bestes aus 3: 15.9
Durchschnittliche Sekunden für LinearSVC, bestes aus 3: 0.4
```

Mit derselben Datenmenge ist `LinearSVC` viel schneller. Sie können das Leistungsverhältnis $15,9/0,4 = 39,75$ errechnen. `LinearSVC` ist also 39,75-mal schneller. Aber was, wenn Sie die Zahl der Beispiele von 10^4 auf 10^5 erhöhen?

```
Durchschnittliche Sekunden für SVC, bestes aus 3: 3831.6
Durchschnittliche Sekunden für LinearSVC, bestes aus 3: 10.0
```

Das Ergebnis ist recht beeindruckend. `LinearSVC` ist 338,16-mal schneller als `SVC`. Selbst wenn `LinearSVC` sehr schnell bei der Durchführung von Aufgaben ist, müssen Sie vielleicht Klassifikationen oder Regressionen in einem Bereich von Millionen von Beispielen durchführen. Daher müssen Sie wissen, ob `LinearSVC` immer noch die bessere Wahl ist.

Zuvor haben Sie gesehen, wie die SGD-Klasse durch `SGDClassifier` und `SGDRegressor` Ihnen hilft, einen SVM-artigen Algorithmus in Situationen mit Millionen von Datenzeilen einzubinden, ohne zu viel Rechenleistung zu investieren. Alles, was Sie tun müssen, ist, deren `loss` für den `SGDClassifier` auf 'hinge' und den `SGDRegressor` auf 'epsilon_insensitive' einzustellen (in diesem Fall müssen Sie den `epsilon`-Parameter einstellen).

Ein anderer Leistungs- und Geschwindigkeitstest zeigt klar die Vorteile und Beschränkungen von `LinearSVC` oder `SGDClassifier`:

```python
from sklearn.linear_model import SGDClassifier
X,y = make_classification(n_samples=10**6, n_features=15, n_informative=10,
    random_state=101)
X_train, X_test, y_train, y_test = train_test_split(X, y, test_size=0.3,
    random_state=101)
```

Die Stichprobe ist recht groß – eine Million Fälle. Wenn Sie genügend Speicher und eine Menge Zeit haben, möchten Sie vielleicht die Anzahl an gelernten Fällen oder die Anzahl an Merkmalen erhöhen und ausgiebiger testen, wie die beiden Algorithmen mit großen Datenmengen skalieren.

```
fast_SVM = LinearSVC(random_state=101)
fast_SVM.fit(X_train, y_train)
print 'Genauigkeitswert des LinearSVC-Tests: %0.3f' % fast_SVM.score
                                  (X_test, y_test)
print 'Durchschnittliche Sekunden für LinearSVC, bestes von 3: %0.1f' %
     np.mean(timeit.timeit("fast_SVM.fit(X_train, y_train)",
        "from_main_import fast_SVM, X_train, y_train", number=1))
```

```
Genauigkeitswert des LinearSVC-Tests: 0.806
Durchschnittliche Sekunden für LinearSVC, bestes von 3: 311.2
```

Auf dem Testcomputer beendete `LinearSVC` seine Berechnungen von einer Million Zeilen in ungefähr fünf Minuten. Der `SGDClassifier` hingegen benötigte stattdessen ungefähr eine Sekunde für die Verarbeitung der gleichen Daten und erhielt einen geringeren, jedoch vergleichbaren Wert.

```
stochastic_SVM = SGDClassifier(loss='hinge', n_iter=5, shuffle=True,
              random_state=101)
stochastic_SVM.fit(X_train, y_train)
print 'Genauigkeitswert des SGDClassifier-Tests: %0.3f' %
            stochastic_SVM.score (X_test, y_test)
print 'Durchschnittliche Sekunden für SGDClassifier, bestes
   von 3: %0.1f' % np.mean(
   timeit.timeit("stochastic_SVM.fit(X_train, y_train)",
      "from_main_import stochastic_SVM, X_train, y_train", number=1))
```

```
Genauigkeitswert des SGDClassifier-Tests: 0.799
Durchschnittliche Sekunden für SGDClassifier, bestes von 3: 0.8
```

 Die Erhöhung des n_iter-Parameters kann die Leistung verbessern, jedoch erhöht er proportional die Berechnungszeit. Die Erhöhung der Anzahl an Iterationen bis zu einem bestimmten Wert (den Sie durch Testen herausfinden) steigert die Leistung. Über diesem Wert beginnt die Leistung jedoch, aufgrund der Überanpassung abzunehmen.

Die Macht der Vielen verstehen

In diesem Kapitel

▶ Verstehen, wie ein Entscheidungsbaum funktioniert

▶ Random Forest und andere Bagging-Techniken nutzen

▶ Von den leistungsstärksten Ensembles durch Boosting profitieren

---

*I*n diesem Kapitel schauen Sie über die einzelnen maschinellen Lernmodelle hinaus auf die Macht von *Ensembles*, Gruppen von Modellen, die einzelne Modelle übertreffen können. Ensembles arbeiten wie eine kollektive Schwarmintelligenz durch Nutzen von gebündelten Informationen, um bessere Vorhersagen zu treffen. Die Grundidee ist, dass einzelne Gruppe von schwachen Algorithmen bessere Ergebnisse produzieren können als ein einziges gut trainiertes Modell.

Vielleicht haben Sie schon mal an einem dieser Spiele teilgenommen, bei dem von Ihnen verlangt wird, eine Anzahl von Süßigkeiten in einem Gefäß zu schätzen, zum Beispiel auf einer Feier oder einem Jahrmarkt. Hier hat eine einzelne Person nur eine geringe Chance, die richtige Zahl zu schätzen. Verschiedene Experimente haben dagegen bestätigt, dass Sie nahe an die richtige Antwort herankommen können, wenn Sie die falschen Antworten aus einer großen Anzahl an Spielteilnehmern nehmen und diese mitteln! Solch ein unglaubliches geteiltes Gruppenwissen (die Weisheit der Vielen) ist möglich, da falsche Antworten dazu tendieren, sich gleichmäßig um die richtige Antwort zu verteilen. Durch Bildung eines Mittelwerts oder Medians aus falschen Antworten erhalten Sie die nahezu die richtige Antwort.

Wenn Sie an einem solchen Spiel teilnehmen, können Sie mithilfe dieser Technik gewinnen. Hören Sie sich dabei gut die Antworten der anderen an, bevor Sie eine solide Antwort abgeben. Natürlich hilft Ihnen die Technik auch in praktischeren Situationen. Bei Data-Science-Projekten, die komplexe Vorhersagen beinhalten, können Sie die Weisheit von vielen maschinellen Lernalgorithmen nutzen und präziser und genauer bei Vorhersagen werden als mit einem einzelnen Algorithmus. Dieses Kapitel erstellt ein Verfahren, das Sie die Leistung von vielen verschiedenen Algorithmen nutzen lässt, um bessere einzelne Antworten zu erhalten.

Sie müssen den Quelltext für dieses Kapitel nicht per Hand abschreiben. Tatsächlich ist es viel einfacher, wenn Sie die herunterladbare Quelle nutzen (siehe die Anweisungen zum Herunterladen in der Einleitung). Der Quellcode für dieses Kapitel erscheint in der P4DS4D; 20; Understanding the Power of the Many.ipynb-Quellcode-Datei.

Mit einfachen Entscheidungsbäumen anfangen

Entscheidungsbäume sind schon lange integraler Bestandteil der Data-Mining-Werkzeuge. Die ersten Modelle reichen zurück in die 1970er oder früher. Entscheidungsbäume haben in vielen Bereichen wegen ihrer intuitiven Algorithmen, ihrer verständlichen Ausgaben und ihrer Wirksamkeit gegenüber linearen Modellen große Popularität genossen.

Mit der Einführung von leistungsfähigeren Algorithmen verabschiedeten sich Entscheidungsbäume für eine gewisse Zeit langsam aus dem Blick der Machine-Learning-Community, aber kamen in den letzten Jahren als essenzieller Bestandteil von Ensemble-Algorithmen zurück. Heutzutage sind Baum-Ensembles wie Random Forest oder Gradient-Boosting-Maschinen der Kern vieler Data-Science-Anwendungen.

Einen Entscheidungsbaum verstehen

Die Idee des Entscheidungsbaums ist, Ihren Datensatz durch spezifische Regeln, basierend auf den Werten eines seiner Merkmale, in kleinere Teile aufteilen zu können. Dabei muss der Algorithmus eine Aufteilung wählen, die die Chance auf das richtige Schätzen des gesuchten Ergebnisses erhöht – entweder als Klasse oder als Schätzung. Deshalb muss der Algorithmus versuchen, die Anwesenheit einer bestimmten Klasse oder eines bestimmten Durchschnitts von Werten in jedem Teil zu maximieren.

Als Beispiel für den Gebrauch eines Entscheidungsbaums versuchen Sie, die Überlebenswahrscheinlichkeit eines Passagiers der RMS Titanic, des britischen Passagierliners, der im April 1912 im Nordatlantischen Ozean nach der Kollision mit einem Eisberg sank, zu bestimmen. Die meisten Datensätze über die Tragödie der Titanic besitzen 1.309 registrierte Passagiere mit vollständigen Statistiken. Die Überlebensrate unter den Passagieren war 38,2 Prozent (von 1.309 Passagieren verloren 809 ihr Leben). Jedoch basierend auf den Charakteristika der Passagiere können Sie (und der Entscheidungsbaum) bemerken, dass:

✔ männlich zu sein, die Überlebenswahrscheinlichkeit von 38,2 Prozent auf 19,1 Prozent senkt.

✔ männlich zu sein, jedoch jünger als 9,5 Jahre, die Chance zu überleben, auf 58,1 Prozent erhöht.

✔ weiblich zu sein, ungeachtet des Alters, eine Überlebenswahrscheinlichkeit von 72,7 Prozent impliziert.

Mit einem solchen Wissen können Sie recht einfach einen Baum wie den in Abbildung 20.1 abgebildeten erstellen. Beachten Sie, dass der Baum auf dem Kopf steht (mit der Wurzel am oberen Rand, alle Äste breiten sich von dort aus). Er beginnt oben mit der kompletten Stichprobe. Danach teilt er sich anhand des Geschlechtsmerkmals in zwei _Äste_ auf, und einer davon wird zu einem _Blatt_. Ein Blatt ist ein abschließendes Segment. Das Diagramm klassifiziert die Blatt-Fälle durch die häufigste Klasse oder durch die Berechnung der Grundwahrscheinlichkeit von Fällen mit den gleichen Merkmalen als Blattwahrscheinlichkeit. Der zweite Ast teilt sich wieder anhand des Alters auf.

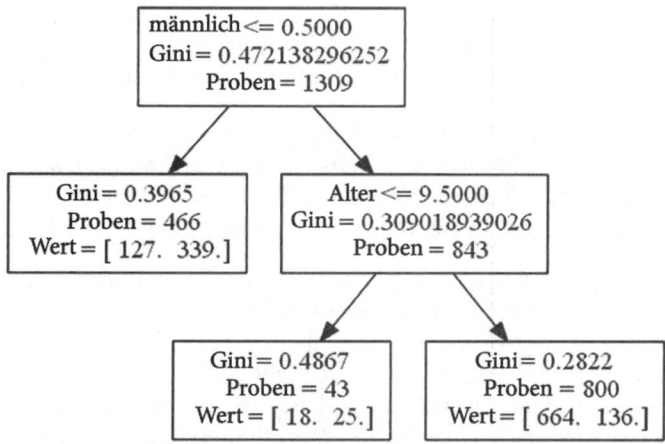

Abbildung 20.1: Ein Baummodell der Überlebenswahrscheinlichkeit des Titanic-Desasters

Um die Knoten des Baums zu lesen, bedenken Sie, dass der oberste Knoten mit der Meldung der genutzten Regel zum Erstellen des Knotens beginnt. Die nächste Zeile ist der Gini-Index, der ein Maß für die Qualität der Teilung ist. Die letzte Zeile stellt die Anzahl der Proben dar – hier im Wurzelknoten alle 1.309 Passagiere.

Wir wollen nun die Regel folgendermaßen erläutern: Der Baum nimmt den linken Ast, wenn die Regel wahr ist, und den rechten Ast, wenn sie falsch ist. Also deutet männlich <= 0,5 darauf hin, dass die Person eine Frau ist, da männlich als 1 und weiblich als 0 codiert ist – das weibliche Blatt ist auf der linken Seite. Wenn der Entscheidungsbaum einen finalen Knoten erreicht, fehlt dem Knoten eine Regel. Bei der Betrachtung des weiblichen Knotens auf der linken Seite sehen Sie das Ergebnis der Regel in eckigen Klammern. Die linke Zahl, 127, zeigt die Zahl der Toten, wohingegen die rechte Zahl, 339, die Anzahl der Überlebenden zeigt.

Nach der Aufteilung des Alters besitzt der Baum eine weitere Teilung und danach stoppt der Algorithmus. Der Baum besitzt drei Teilungen, und die Anzahl, wie oft eine Variable geteilt wird, wird *Levels* genannt. In diesem Fall ist die Anzahl an Männern, die jünger als 9,5 Jahre alt sind, 43. Von diesen 43 sind 18 gestorben und 25 wurden gerettet.

 In diesem Fall ist die Teilung binär, jedoch sind mehrfache Teilungen abhängig vom Baum-Algorithmus ebenfalls möglich. In Scikit-learn sind die implementierten Klassen `DecisionTreeClassifier` und `DecisionTreeRegressor` in dem `sklearn.tree`-Modul binäre Bäume.

Ein Entscheidungsbaum kann mit der Aufteilung stoppen, wenn:

✔ es keine Fälle mehr zum Aufteilen gibt und die Daten als Teil eines Blattknotens erscheinen.

✔ die zum Aufteilen eines Blattes genutzte Regel weniger als eine zuvor bestimmte Anzahl an Fällen hat. Diese Aktion hält den Algorithmus davon ab, mit Blättern zu arbeiten, die eine geringe allgemeine Darstellung besitzen oder die spezifischer sind als die Daten, die Sie analysieren. Somit verhindern Sie Überanpassung und Varianz der Schätzungen.

✔ eines der resultierenden Blätter weniger als die zuvor bestimmte Anzahl an Fällen besitzt – ein anderer Plausibilitätstest, um Ableitungen von allgemeinen Regeln zu vermeiden, ohne die Sicherheit einer vernünftigen Stichprobengröße zu haben.

 Entscheidungsbäume tendieren dazu, die Daten überanzupassen. Durch die richtige Anzahl an Aufteilungen und abschließenden Blättern können Sie die Varianz der Schätzungen reduzieren. Abhängig von der Anfangsgröße Ihrer Stichprobe ist eine Grenze von 30 Fällen normalerweise eine gute Wahl.

Neben der intuitiven und einfachen Verständlichkeit der Darstellung (na ja, es hängt davon ab, wie viele Äste und Zweige Sie in Ihrem Baum haben) bieten Entscheidungsbäume einen großen Vorteil für die Data-Science-Anwender – denn sie benötigen keine besondere Behandlung der Daten oder Transformationen, da sie jegliche Nichtlinearität mittels Approximationen modellieren. Tatsächlich akzeptieren sie jegliche Art von Variablen, selbst kategoriale Variablen, codiert mit willkürlichem Code für die dargestellten Klassen. Zusätzlich können Entscheidungsbäume mit fehlenden Fällen umgehen. Alles, was Sie brauchen, ist, den fehlenden Fällen einen unwahrscheinlichen Wert zuzuweisen, etwa einen extremen oder einen negativen Wert (abhängig von Ihrer Datenverteilung der nicht fehlenden Fälle). Letztendlich sind Entscheidungsbäume unglaublich resistent gegenüber Ausreißern!

Klassifikations- und Regressionsbäume erstellen

Data Scientists nennen Bäume, die auf das Schätzen von Klassen spezialisiert sind, Klassifikationsbäume, Bäume, die mit Schätzungen arbeiten, sind stattdessen als Regressionsbäume bekannt. Hier ist ein Klassifikationsproblem, das Fischers Iris-Datensatz nutzt (Sie kennen diesen Datensatz aus dem Abschnitt »Beschreibende Statistik für numerische Daten definieren« in Kapitel 13):

```
from sklearn.datasets import load_iris
iris = load_iris()
X, y = iris.data, iris.target
features = iris.feature_names
```

Nachdem Sie Daten in X, das die Prädiktoren beinhaltet, und y, das die Klassifikationen beinhaltet, geladen haben, können Sie eine Kreuzvalidierung für das Prüfen der Ergebnisse mittels eines Entscheidungsbaums definieren:

```
from sklearn.cross_validation import cross_val_score
from sklearn.cross_validation import KFold
crossvalidation = KFold(n=X.shape[0], n_folds=5,
    shuffle=True, random_state=1)
```

Bei der DecisionTreeClassifier-Klasse müssen Sie max_depth innerhalb einer iterativen Schleife definieren, um mit dem Effekt der Steigerung der Komplexität des resultierenden Baums zu experimentieren. Die Annahme ist, einen idealen Punkt schnell zu erreichen und danach Zeuge einer sinkenden Leistung der Kreuzvalidierung zu werden, da es zur Überanpassung kommt:

```
from sklearn import tree
for depth in range(1,10):
   tree_classifier = tree.DecisionTreeClassifier(
      max_depth=depth, random_state=0)
   if tree_classifier.fit(X,y).tree_.max_depth < depth:
    break
   score = np.mean(cross_val_score(tree_classifier, X, y,
      scoring='accuracy', cv=crossvalidation, n_jobs=1))
   print 'Tiefe: %i Genauigkeit: %.3f' % (depth,score)


Tiefe: 1 Genauigkeit: 0.580
Tiefe: 2 Genauigkeit: 0.913
Tiefe: 3 Genauigkeit: 0.920
Tiefe: 4 Genauigkeit: 0.940
Tiefe: 5 Genauigkeit: 0.920
```

Die beste Lösung ist ein Baum mit vier Teilungen. Abbildung 20.2 zeigt die Komplexität des resultierenden Baums.

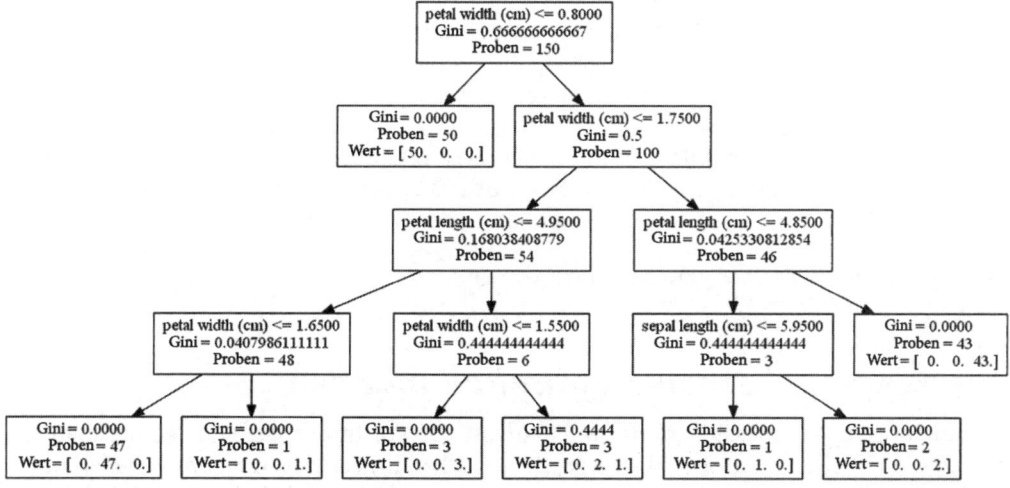

Abbildung 20.2: Ein Baummodell des Iris-Datensatzes mit einer Tiefe von vier Teilungen

Um eine effektive Reduzierung und Vereinfachung zu erreichen, können Sie min_samples_split auf 30 setzen und abschließende Blätter vermeiden, die zu klein sind. Diese Einstellung stutzt die kleinen abschließenden Blätter in dem neu resultierenden Baum, wodurch die Kreuzvalidierungsgenauigkeit abnimmt, die Einfachheit und Verallgemeinerungsfähigkeit der Lösung jedoch erhöht wird.

```
tree_classifier = tree.DecisionTreeClassifier(
    min_samples_split=30, min_samples_leaf=10, random_state=0)
tree_classifier.fit(X,y)
score = np.mean(cross_val_score(tree_classifier, X, y,
    scoring='accuracy', cv=crossvalidation, n_jobs=1))
print 'Genauigkeit: %.3f' % score

Genauigkeit: 0.913
```

So ähnlich können Sie mit der `DecisionTreeRegressor`-Klasse Regressionsprobleme modellieren, wie den Boston-Immobiliendatensatz (aus dem Abschnitt »Anwendungen für Data Science definieren« in Kapitel 12). Wenn Sie mit einem Regressionsbaum arbeiten, bieten die abschließenden Blätter den Durchschnitt der Fälle als Ausgabe der Vorhersage.

```
from sklearn.datasets import load_boston
boston = load_boston()
X, y = boston.data, boston.target
features = boston.feature_names


from sklearn.tree import DecisionTreeRegressor
regression_tree = tree.DecisionTreeRegressor(
    min_samples_split=30, min_samples_leaf=10, random_state=0)
regression_tree.fit(X,y)
score = np.mean(cross_val_score(regression_tree, X, y,
    scoring='mean_squared_error', cv=crossvalidation, n_jobs=1))
print 'Mittlere quadratische Abweichung: %.3f' % abs(score)

Mittlere quadratische Abweichung: 22.593
```

Maschinelles Lernen zugänglich machen

Random Forest ist ein Klassifikations- und Regressionsalgorithmus, der von Leo Breiman und Adele Cutler entwickelt wurde und eine große Anzahl an Entscheidungsbaummodellen nutzt, um eine genaue Vorhersage durch die Reduzierung von Trend und Varianz der Schätzungen zu liefern. Wenn Sie viele Modelle zusammenfassen, um eine einzige Vorhersage zu erzeugen, ist das Ergebnis ein *Ensemble von Modellen*. Random Forest ist nicht nur ein Ensemble-Modell, es ist auch ein einfacher und effektiver Algorithmus – von den Entwicklern als Out-of-the-box-Algorithmus geplant. Der Random-Forest-Algorithmus geht wie folgt vor:

1. Erzeugen einer großen Anzahl von Entscheidungsbäumen, wobei sich alle voneinander unterscheiden, basierend auf verschiedenen Teilmengen von Beobachtungen und Variablen.

2. Anwenden von Bootstrap auf den Beobachtungsdatensatz für jeden Baum (eine Auswahl des ursprünglichen Datensatzes mit Zurücklegen). Dieselbe Beobachtung kann mehrfach im selben Datensatz auftauchen.

3. Zufällige Auswahl und Nutzung nur eines Teils der Variablen für jeden Baum.

4. Abschätzen der Leistung für jeden Baum durch die Beobachtungen, die nicht in der Auswahl waren (die Out-Of-the-Bag- oder OOB-Schätzung).

5. Erhalten der endgültigen Vorhersage als Durchschnitt der Regressionsabschätzungen oder als häufigste Klasse bei einer Vorhersage, nachdem alle Bäume für die Vorhersage angepasst und genutzt wurden.

Sie können den Trend durch diese Schritte reduzieren, da die Entscheidungsbäume eine gute Anpassung an die Daten haben, und durch ihre komplexe Aufteilung können Sie selbst die komplexesten Beziehungen zwischen Prädiktoren und vorhergesagten Ausgaben approximieren. Entscheidungsbäume sind bekannt dafür, eine hohe Varianz der Abschätzungen zu erzeugen, jedoch reduzieren Sie diese Varianz durch die Mittelung vieler Bäume. Aufgrund der Varianz verrauschte Vorhersagen tendieren dazu, sich gleichmäßig über und unter dem richtigen Wert, den Sie vorhersagen möchten, zu verteilen – und wenn diese zusammen gemittelt sind, tendieren sie dazu, sich gegenseitig aufzuheben, was als Ergebnis zu einer im Durchschnitt richtigeren Vorhersage führt.

Leo Breiman leitete die Idee für den Random Forest von der Bagging-Technik ab. Scikit-learn besitzt eine Bagging-Klasse für beides, für die Regression (`BaggingRegressor`) und die Klassifizierung (`BaggingClassifier`), die Sie mit jedem Prädiktor nutzen können, den Sie aus den Scikit-learn-Modulen auswählen können. Der `max_samples`- und der `max_features`-Parameter lassen Sie entscheiden, welchen Anteil der Fälle und Variablen Sie für den Aufbau jedes Modells (nicht Bootstrap, sodass ein Fall nur einmal genutzt werden kann) zusammenstellen wollen. Hier ist ein Beispiel, das den handgeschriebenen Zahlendatensatz lädt (für Demonstrationen später auch mit anderen Ensemble-Algorithmen) und dann das Modell mittels Bagging anpasst:

```
from sklearn.datasets import load_digits
digit = load_digits()
X, y = digit.data, digit.target
print X.shape, y.shape

(1797L, 64L) (1797L,)
```

```
from sklearn.ensemble import BaggingClassifier
from sklearn import tree
tree_classifier = tree.DecisionTreeClassifier(random_state=0)
crossvalidation = KFold(n=X.shape[0], n_folds=5,
    shuffle=True, random_state=1)
bagging = BaggingClassifier(tree_classifier,
    max_samples=0.7, max_features=0.7, n_estimators=300)
scores = np.mean(cross_val_score(bagging, X, y,
    scoring='accuracy', cv=crossvalidation, n_jobs=1))
print 'Genauigkeit: %.3f' % score

Genauigkeit: 0.966
```

Beim Bagging gilt wie beim Random Forest: Je mehr Modelle in dem Ensemble sind, desto besser. Sie laufen keine Gefahr der Überanpassung, da sich alle Modelle voneinander unterscheiden und Fehler dazu tendieren, sich um den echten Wert zu verteilen. Das Hinzufügen mehrerer Modelle bringt nur Stabilität für das Ergebnis.

Eine andere Eigenschaft des Algorithmus ist, dass er die Abschätzung der Bedeutung einer Variablen ermöglicht, indem er alle anderen Prädiktoren berücksichtigt (ein echter multivariater Ansatz).

In Gegensatz zu einzelnen Entscheidungsbäumen können Sie Random Forest nicht einfach visualisieren oder verstehen, was es zu einer Art Blackbox macht. (Eine Blackbox ist eine Transformation, die nicht preisgibt, wie sie im Inneren funktioniert. Alles, was Sie sehen, sind ihre Ein- und Ausgaben). Angesichts seiner Undurchsichtigkeit ist die Bedeutungsabschätzung der einzige Weg, zu verstehen, wie der Algorithmus abhängig von den Merkmalen funktioniert.

Bedeutungsabschätzung in einem Random Forest wird auf eine geradlinige Weise erreicht. Nach dem Aufbau jedes Baums füllt der Code jede Variable mit Datenmüll und das Beispiel dokumentiert, um wie viel die Vorhersagekraft sinkt. Wenn die Variable wichtig ist, wird sie durch die Verdrängung mit gewöhnlichen Daten geschädigt, ansonsten bleibt die Vorhersage unverändert und die Variable wird als unwichtig angesehen.

Mit einem Random Forest Classifier arbeiten

Das Beispiel des Random-Forest-Klassifizierers nutzt weiterhin den zuvor geladenen Zahlendatensatz:

```
X, y = digit.data, digit.target
from sklearn.ensemble import RandomForestClassifier
from sklearn.cross_validation import cross_val_score
from sklearn.cross_validation import KFold
crossvalidation = KFold(n=X.shape[0], n_folds=3,
    shuffle=True, random_state=1)
RF_cls = RandomForestClassifier(n_estimators=300)
score = np.mean(cross_val_score(RF_cls, X, y,
    scoring='accuracy', cv=crossvalidation, n_jobs=1))
print 'Genauigkeit: %.3f' % score


Genauigkeit: 0.977
```

Das Einstellen der Anzahl an Schätzern reicht für die meisten Probleme, denen Sie begegnen werden, aus, und das richtige Einstellen ist eine Frage der Verwendung der höchstmöglichen Anzahl, die durch die Zeit und die Ressourcenbeschränkungen des genutzten Computers festgelegt ist. Sie können dies demonstrieren, indem Sie eine Validierungskurve für den Algorithmus berechnen und zeichnen.

```
from sklearn.learning_curve import validation_curve
train_scores, test_scores = validation_curve(RF_cls, X, y,
    'n_estimators', param_range=[10,50,100,200,300,500,800,1000,1500],
    cv=crossvalidation, scoring='accuracy', n_jobs=1)
print 'Durchschnittliche CV-Genauigkeit %s' % np.mean(train_scores,axis=1)

Durchschnittliche CV-Genauigkeit [ 0.93600445  0.9738453   0.9771842
                                   0.97607123  0.9738453   0.97774068
                                   0.97885364  0.97774068  0.97885364]
```

Abbildung 20.3 zeigt die durch den vorhergehenden Code gelieferten Ergebnisse. Je mehr Schätzer, desto besser die Ergebnisse, wobei bei einem bestimmten Punkt der Gewinn in der Tat minimal wird.

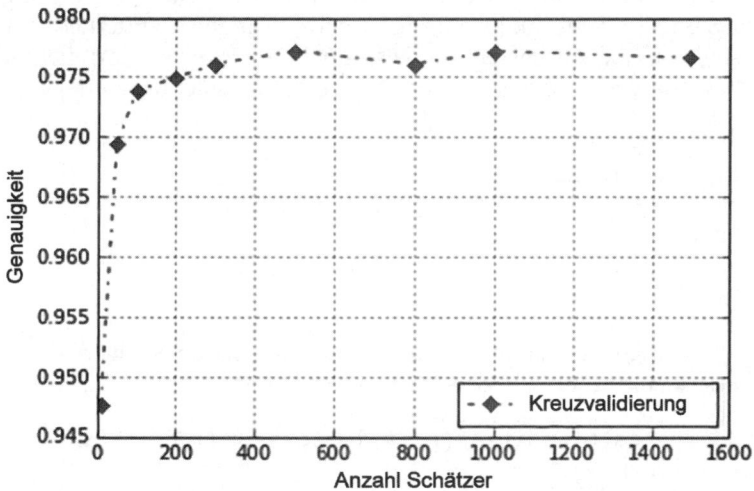

Abbildung 20.3: Den Einfluss der Anzahl von Schätzern auf Random Forest verifizieren

Mit einem Random-Forest-Regressor arbeiten

RandomForestRegressor arbeitet auf eine ähnliche Weise wie der Random Forest für die Klassifikation und nutzt exakt die gleichen Parameter:

```
X, y = boston.data, boston.target
from sklearn.ensemble import RandomForestRegressor
RF_rg = RandomForestRegressor (n_estimators=300, random_state=1)
crossvalidation = KFold(n=X.shape[0], n_folds=5,
    shuffle=True, random_state=1)
score = np.mean(cross_val_score(RF_rg, X, y,
    scoring='mean_squared_error', cv=crossvalidation, n_jobs=1))
print 'Mittlere quadratische Abweichung: %.3f' % abs(score)

Mittlere quadratische Abweichung: 19.436
```

 Der Random Forest nutzt Entscheidungsbäume. Entscheidungsbäume segmentieren den Datensatz bei der Abschätzung der Regressionswerte in kleine Partitionen, genannt Blätter. Der Random Forest nimmt den Durchschnitt dieser Werte jedes Blattes, um eine Vorhersage zu erstellen. Diese Prozedur führt dazu, dass extreme und hohe Werte aus der Vorhersage durch Bildung des Mittelwerts für jedes Blatt des Forests verschwinden. Dies produziert gedämpfte Werte anstelle von viel höheren oder niedrigeren Werten.

Einen Random Forest optimieren

Random-Forest-Modelle sind Out-of-the-Box-Algorithmen, die recht gut ohne Optimierungen oder das Aufpassen auf Überanpassung arbeiten können. (Je mehr Schätzer Sie nutzen, umso besser ist, abhängig von Ihren Ressourcen, die Ausgabe.) Sie können die Leistung weiter verbessern, indem Sie redundante und wenig informative Variablen entfernen, eine minimale Blattgröße einstellen und die Probenanzahl bestimmen, was zu viele korrelierende Prädiktoren in der Probe verhindert. Das folgende Beispiel zeigt, wie solch eine Aufgabe durchzuführen ist.

```
X, y = digit.data, digit.target
crossvalidation = KFold(n=X.shape[0], n_folds=5,
    shuffle=True, random_state=1)
RF_cls = RandomForestClassifier(n_estimators=300)
scorer = 'accuracy'
```

Durch den handgeschriebenen Zahlendatensatz und einen ersten Standardklassifizierer trainieren Sie ein erstes Modell, um die Bedeutung jeder Variablen zu bestimmen.

```
RF_cls = RandomForestClassifier(n_estimators=300).fit(X,y)
X = RF_cls.transform(X)
print X.shape
```

Anschließend können Sie das initiale X transformieren, indem Sie unnütze Merkmale entfernen. Das steigert die Geschwindigkeit und die Leistungsfähigkeit des Algorithmus bei der Wahl des richtigen Asts in seinen multiplen Entscheidungsbäumen. An diesem Punkt können Sie beide, max_features und min_samples_leaf, optimieren.

Bei der Optimierung von max_features können Sie die voreingestellten Optionen nutzen (auto für alle Merkmale, sqrt oder log2-Funktionen auf die Anzahl der Merkmale angewendet) und einbeziehen, indem Sie eine kleine Anzahl von Merkmalen und einen Wert von 1/3 der Merkmale nutzen. Die Wahl der richtigen Anzahl an Merkmalen für eine Probe reduziert in der Regel die Anzahl der Durchläufe, um korrelierte und ähnliche Variablen zusammenzuklauben, was die Vorhersageleistung steigert.

Es gibt einen statistischen Grund für das Optimieren von min_samples_leaf. Blätter mit wenigen Fällen bedeuten oft eine Überanpassung an sehr spezifische Datenkombinationen. Sie müssen mindestens 30 Beobachtungen haben, um eine minimale statistische Sicherheit zu erreichen, dass das Datenmuster echten und allgemeinen Regeln entspricht:

```
from sklearn import grid_search
search_grid = {'max_features': [X.shape[1]/3, 'sqrt',
    'log2', 'auto'], 'min_samples_leaf': [1, 2, 10, 30]}
search_func = grid_search.GridSearchCV(estimator=RF_cls,
    param_grid=search_grid, scoring=scorer, n_jobs=1,
        cv=crossvalidation)
search_func.fit(X,y)
print 'Beste Parameter: %s' % search_func.best_params_
print 'Beste Genauigkeit: %.3f' % search_func.best_score_

Beste Parameter: {'max_features': 'log2', 'min_samples_leaf': 1}

Beste Genauigkeit: 0.977
```

Vorhersagen stärken

Das Sammeln verschiedener Baummodelle ist nicht die einzige mögliche Ensemble-Technik. Tatsächlich nutzt eine andere maschinelle Lerntechnik, genannt *Boosting*, Ensembles effektiv. Beim Boosting lassen Sie viele Bäume nacheinander wachsen. Jeder Baum versucht, ein Modell zu erstellen, das erfolgreich das vorhersagt, wozu zuvor erzeugte Bäume nicht imstande waren. Letztendlich führt die Technik nachfolgende Modelle zusammen und nutzt den Durchschnitt oder das Mehrheitsvotum, um über die finale Vorhersage zu entscheiden.

Die folgenden Abschnitte zeigen die zwei Boosting-Anwendungen adaboost und gradient boosting machines. Sie können diese Boosting-Algorithmen für Regression und Klassifikation nutzen. Das Beispiel in diesem Abschnitt beginnt mit einer Klassifikation. Der Multilabel-Datensatz der handgeschriebenen Zahlen bietet wie es bei Random Forest einen guter Start.

Wenn Sie die Daten mittels load_digits bereits in die Variable geladen haben, müssen Sie nur die X- und y-Variable folgendermaßen neu zuweisen:

```
X, y = digit.data, digit.target
```

Wissen, dass viele schwache Prädiktoren gewinnen

AdaBoostClassifier passt mehrstufige schwache Prädiktoren an. Er wird standardmäßig bei der Arbeit mit Entscheidungsbäumen genutzt, aber Sie können einen anderen Algorithmus durch die Änderung des base_estimator-Parameters wählen. Schwache Prädiktoren sind normalerweise beim maschinellen Lernen Prädiktoren, die nicht gut arbeiten, weil sie zu viel Varianz oder Trend haben. Sie arbeiten nur etwas besser als der Zufall.

Das klassische Beispiel eines schwachen Lerners ist ein Entscheidungsstumpf, ein Entscheidungsbaum, der nur eine Stufe besitzt. Normalerweise sind Entscheidungsbäume die beste Option beim Boosting. So können Sie sicher den standardmäßigen Lerner nutzen und sich auf zwei wichtige Parameter konzentrieren, um gute Vorhersagen zu erhalten: n_estimators und learning_rate.

Learning_rate bestimmt, wie viel jeder schwache Prädiktor zum finalen Ergebnis beiträgt. Eine hohe Lernrate benötigt wenige n_estimators, bevor sie gegen eine optimale Lösung konvergiert, jedoch wird es wahrscheinlich nicht die bestmögliche Lösung sein. Eine niedrige Lernrate braucht länger zum Trainieren, da sie mehr Prädiktoren benötigt, bevor sie eine Lösung erhält. Zusätzlich überanpasst sie auch langsamer.

 Im Gegensatz zum Bagging kann Boosting überanpassen, wenn Sie zu viele Schätzer nutzen. Eine Kreuzvalidierung ist immer hilfreich beim Auffinden der richtigen Anzahl. Behalten Sie im Kopf, dass niedrigere Lernraten länger zum Überanpassen brauchen, also ist die Wahl eines fast optimalen Wertes durch eine lose Rastersuche einfacher.

```
from sklearn.ensemble import AdaBoostClassifier
ada = AdaBoostClassifier(n_estimators=1000,
    learning_rate=0.01, random_state=1)
crossvalidation = KFold(n=X.shape[0], n_folds=5,
    shuffle=True, random_state=1)
score = np.mean(cross_val_score(ada, X, y,
    scoring='accuracy', cv=crossvalidation, n_jobs=1))
print 'Genauigkeit: %.3f' % score
```

```
Genauigkeit: 0.826
```

Dieses Beispiel nutzt den Standardschätzer, der ein ausgewachsener Entscheidungsbaum ist. Wenn Sie einen Stumpf ausprobieren möchten (der mehr Schätzer benötigt), sollten Sie den AdaBoostClassifier mit base_estimator=DecisionTreeClassifier(max_depth=1) instanziieren.

Einen Gradient-Boosting-Klassifikator erstellen

Die Gradient Boosting Machine (GBM) ist eine viel leistungsfähigere Version der Boosting-Technik (Adaboost war der erste, jemals erstellte Boosting-Algorithmus). Insbesondere optimiert GBM die Gewichtung der nachfolgenden Schätzer. Wie beim Beispiel im vorangegangenen Abschnitt, können Sie das Verfahren mit dem Zahlendatensatz erproben und einige extra Parameter erkunden, die in GBM verfügbar sind.

```
X, y = digit.data, digit.target
crossvalidation = KFold(n=X.shape[0], n_folds=5,
    shuffle=True, random_state=1)
```

Neben der Lernrate und der Anzahl an Schätzern, die die Schlüsselparameter für optimales Lernen ohne Überanpassung sind, müssen Sie Werte für subsample und max_depth liefern. subsample führt Vielprobenahme in das Training ein (wodurch das Training jedes Mal mit einem anderen Datensatz vollzogen wird), wie es auch beim Bagging gemacht wird. max_depth definiert die maximale Stufe des erzeugten Baums. Normalerweise wird mit drei Stufen gestartet, aber für die Modellierung komplexer Daten könnten mehr Stufen nötig werden.

```
from sklearn.ensemble import GradientBoostingClassifier
GBC = GradientBoostingClassifier(n_estimators=300,
    subsample=1.0, max_depth=2, learning_rate=0.1, random_state=1)
score = np.mean(cross_val_score(GBC, X, y,
    scoring='accuracy', cv=crossvalidation, n_jobs=1))
print 'Genauigkeit: %.3f' % score
```

```
Genauigkeit: 0.972
```

Ein interessantes Merkmal der Scikit-Implementation ist der `warm_start`-Parameter. Sie können Boosting nicht so parallelisieren wie bei Random Forest. Aufgrund ihrer sequenziellen Natur können Sie die Daten jedoch Stück für Stück holen, wenn Sie mit großen Datenmengen arbeiten. Dafür stellen Sie den `warm_start`-Parameter auf `True`, damit der Algorithmus die vorherigen Schätzer immer in der Sequenz behält.

Einen Gradient-Boosting-Regressor erstellen

Die Erstellung eines Gradient-Boosting-Regressors zeigt keine besonderen Unterschiede zum Erstellen eines Klassifikators. Der Hauptunterschied liegt in den verschiedenen Kostenfunktionen, die Sie nutzen können (vergleichen Sie dies mit dem `GradientBoostingClassifier`, der nur die Abweichungsfunktion kennt, analog zur Kostenfunktion einer logistischen Regression).

```
X, y = boston.data, boston.target
from sklearn.ensemble import GradientBoostingRegressor
GBR = GradientBoostingRegressor(n_estimators=1000,
    subsample=1.0, max_depth=3, learning_rate=0.01, random_state=1)
crossvalidation = KFold(n=X.shape[0], n_folds=5,
    shuffle=True, random_state=1)
score = np.mean(cross_val_score(GBR, X, y,
    scoring='mean_squared_error', cv=crossvalidation, n_jobs=1))
print 'Mittlere quadratische Abweichung: %.3f' % abs(score)
```

```
Mittlere quadratische Abweichung: 10.105
```

Das Beispiel trainiert einen `GradientBoostingRegressor` mittels des Standardwerts `ls` für den `loss`-Parameter, der analog zu einer linearen Regression ist. Hier sind einige andere Möglichkeiten:

✔ Quantile: Dies schätzt ein bestimmtes Quantil, das Sie mittels des `alpha`-Parameters angeben (normalerweise ist er 0.5, also der Median).

✔ Lad (letzte absolute Abweichung): Diese Wahl ist sehr robust gegenüber Ausreißern, er tendiert dazu, die Vorhersage ordinal richtig zu bewerten.

✔ Huber: Dies erzeugt eine Kombination aus `ls` und `lad`. Hierbei wird von Ihnen verlangt, den `alpha`-Parameter einzustellen.

GBM-Hyperparameter nutzen

GBM-Modelle sind recht empfänglich für Überanpassung, wenn Sie zu viele sequenzielle Schätzer haben; das Modell beginnt dann, das Rauschen in den Daten anzupassen. Es ist wichtig, die gekoppelten Werte der Anzahl der Schätzer und der Lernrate zu prüfen. Das folgende Beispiel nutzt den Boston-Datensatz mit den Immobilienpreisen:

```
X, y = boston.data, boston.target
crossvalidation = KFold(n=X.shape[0], n_folds=5,
    shuffle=True, random_state=1)
GBR = GradientBoostingRegressor(n_estimators=1000,
    subsample=1.0, max_depth=3, learning_rate=0.01, random_state=1)
```

Die Optimierung kann wegen der Rechenlast, die der GBM-Algorithmus benötigt, einige Zeit brauchen, besonders wenn Sie sich dafür entscheiden, hohe Werte von max_depth zu testen.

Es ist eine gute Strategie, die Lernrate unverändert zu lassen und zu versuchen, subsample und max_depth in Bezug auf n_estimators zu optimieren. (Beachten Sie, dass hohe Werte von max_depth normalerweise eine geringe Anzahl von Schätzern implizieren.) Nachdem Sie den optimalen Wert für subsample und max_depth gefunden haben, können Sie nach weiteren Optimierungen von n_estimators und learning_rate suchen.

```
from sklearn import grid_search
search_grid = {'subsample': [1.0, 0.9], 'max_depth': [2, 3, 5],
    'n_estimators': [500 , 1000, 2000]}
search_func = grid_search.GridSearchCV(estimator=GBR,
    param_grid=search_grid, scoring='mean_squared_error',
    n_jobs=1, cv=crossvalidation)
search_func.fit(X,y)
print 'Beste Parameter: %s' % search_func.best_params_
print 'Beste mittlere quadratische Abweichung: %.3f'
    % abs(search_func.best_score_)

Beste Parameter: {'n_estimators': 2000, 'subsample': 0.9,
    'max_depth': 3}
Beste mittlere quadratische Abweichung: 9.263
```

Teil VI

Der Top-Ten-Teil

 Besuchen Sie uns auf www.facebook.de/fuerdummies!

In diesem Teil ...

✔ Alle Arten von erstaunlichen Ressourcen entdecken, die Sie zum Data Mining und für Entwicklungsaufgaben nutzen können

✔ Zusätzliches Lernmaterial erhalten, vieles davon gratis

✔ Open-Source-Lösungen zu Ihren Data-Science-Fragen finden

✔ Freizeitressourcen nutzen, um mehr über Data Science zu lernen

✔ Mehr Datensätze für Ihre Data-Science-Experimente erhalten

Zehn wichtige Data-Science-Ressourcensammlungen

21

In diesem Kapitel

▷ Die Fakten über wichtige Lernressourcen von Data Science Weekly erhalten

▷ Ressourcen bei U Climb Higher finden

▷ Über Data Mining und Data Science mit KDnuggets lernen

▷ Undurchsichtige Ressourcen bei Data Science Central entdecken

▷ Sich selbst über Open-Source-Data-Science zum Meister entwickeln

▷ Eine kostenlose Ausbildung bei Quora bekommen

▷ Antworten für fortgeschrittene Themen bei Conductrics entdecken

▷ Die Aspirational-Data-Scientist-Blogeinträge lesen

▷ Data-Intelligence- und Analytik-Ressource bei AnalyticBridge entdecken

▷ Die Entwicklungsressourcen, die Sie brauchen, von Jonathan Bower erhalten

*B*eim Lesen dieses Buches erfahren Sie sehr viel über Data Science und Python. Bevor Ihr Kopf aufgrund des gesamten neu erworbenen Wissens platzt, machen Sie sich klar, dass dieses Buch nur die Spitze des Eisbergs ist. Ja, es sind wirklich mehr Informationen da draußen verfügbar und von ihnen handelt das Kapitel. Die folgenden Abschnitte stellen Ihnen eine Fülle von Data-Science-Ressourcensammlungen vor, die Sie wirklich brauchen, um den besten Nutzen aus Ihrem neuen Wissen zu ziehen.

In diesem Fall ist eine Ressourcensammlung einfach eine Auflistung von wirklich coolen Links mit einigem Text, um Ihnen zu sagen, warum diese so großartig sind. In manchen Fällen erhalten Sie Zugriff auf Artikel über Data Science, in anderen Fällen werden Ihnen neue Tools vorgestellt. Tatsächlich ist Data Science ein riesiges Thema, über das Sie leicht viel mehr Ressourcen finden können als die hier vorgestellten. Aber die folgenden Abschnitte liefern eine gute Ausgangssituation.

So wie bei allem anderen im Internet gehen Links kaputt, Seiten werden abgeschaltet und neue Seiten nehmen deren Platz ein. Wenn Sie einen kaputten Link finden, lassen Sie es mich bitte über John@JohnMuellerBooks.com wissen.

Einblicke mit Data Science Weekly erhalten

Data Science Weekly ist ein kostenloser Newsletter, für den Sie sich anmelden können, um die neuesten Informationen über Data Science zu erhalten. Jedoch ist das für dieses Kapitel wichtigste Element die Liste der Ressourcen, die Sie auf `http://www.datascienceweekly.org/data-science-resources` finden. Die Ressourcen decken folgenden breit gefächerten Themenbereich ab:

✔ Bücher

✔ Communitys

✔ Massive Open Online Courses (MOOCs)

✔ Datensätze

✔ Meistgelesene Artikel

✔ Vorträge

✔ Data Science auf Twitter

✔ Blogs

Eine Ressourcenliste bei U-Climb-Higher erhalten

Selbst mit der richtigen Online-Verbindung und einer guten Suchmaschine kann es schwierig sein, genau die richtige Ressource zu finden. U Climb Higher hat eine Liste von 24 Data-Science-Ressourcen auf `http://blog.udacity.com/2014/12/24-data-science-resources-keep-finger-pulse.html` publiziert, die Ihnen garantiert hilft, Ihr Augenmerk auf die neuesten Strategien und Technologien zu lenken. Diese Ressource schneidet die folgenden Themen an: Trends und Ereignisse, Orte, die Ihnen mehr über Data Science erzählen können, einer Community beitreten, Data-Science-Neuigkeiten, Leute, die wirklich über Data Science Bescheid wissen, die aktuellsten Forschungen.

Einen guten Start mit KDnuggets

Das Lernen über Data Mining und Data Science ist ein Prozess. KDnuggets bricht auf `http://www.kdnuggets.com/faq/learning-data-mining-data-science.html` diesen Lernprozess auf eine Reihe von Schritten herunter. Jeder Schritt liefert Ihnen einen Überblick über das, was Sie tun sollten und warum. Sie finden auch Links zu einer Reihe von Online-Ressourcen, um den Lernprozess erheblich einfacher zu machen. Selbst wenn die Seite die Nutzung von R, Python (das Anklicken des `Getting Started With Python For Data Science`-Links zeigt, dass selbst Kaggle Python 2.7 bevorzugt) und SQL (in dieser Reihenfolge) betont, um Data-Science-Aufgaben auszuführen, funktionieren die Schritte für jeden von Ihnen genutzten Ansatz.

Wie bei jeder anderen Lernerfahrung wird eine Prozedur wie die auf der KDnuggets-Seite für einige Leute funktionieren und für andere nicht. Jeder lernt etwas anders. Improvisieren Sie ruhig. Die Ressourcen auf dieser Seite könnten Einblicke in andere Dinge liefern, die Sie tun können, um Ihren Lernprozess einfacher zu machen.

Auf die lange Liste von Ressourcen auf Data-Science-Central zugreifen

Viele der Ressourcen, die Sie online finden, decken Mainstream-Themen ab. Data Science-Central (http://www.datasciencecentral.com/) stellt einen Zugang zu einer relativ großen Anzahl von Data-Science-Experten zur Verfügung, die Ihnen mehr über die obskursten Fakten von Data Science erzählen werden. Einer der interessanteren Blogeinträge erscheint auf http://www.datasciencecentral.com/profiles/blogs/huge-trello-list-of-great-data-science-resources.

Diese Ressource verweist Sie auf eine Trello-Liste (https://trello.com/) von wirklich erstaunlichen Ressourcen. Die Navigation durch die riesige Liste kann etwas schwierig sein, aber dabei hilft die baumartige Struktur, die Trello für die Organisation von Informationen bietet. Wenn Sie Zeit haben und sehen wollen, was verfügbar ist, wühlen Sie sich durch diese Liste. Die Kategorien beinhalten Folgendes (zum Zeitpunkt, wenn Sie dieses Buch gelesen haben, wahrscheinlich noch mehr):

✔ Data News

✔ Data-Business

✔ Data-Journalismus

✔ Für Data-Padawane (zweiter Rang des Alten Jedi-Ordens)

✔ Für fortgeschrittene Data Scientists

✔ Statistik

✔ R

✔ Python

✔ Big Data

✔ Sonstiges

Die Fakten über Open-Source-Data-Science von Meistern erhalten

Viele Organisationen fokussieren sich auf Open-Source für Data-Science-Lösungen. Der Fokus ist inzwischen so stark, dass Sie jetzt einen Open-Source-Data-Science-Master (OS-DSM)via `http://datasciencemasters.org/` erhalten können. Der Schwerpunkt liegt dabei darauf, Ihnen Material zur Verfügung zu stellen, das normalerweise bei reiner akademischer Bildung fehlt. Mit anderen Worten, die Seite liefert Hinweise auf Kurse, die Ihre Bildungslücken stopfen, sodass Sie marktfähiger in der heutigen Rechnerumgebung werden. Die verschiedenen Links bieten Ihnen Zugang zu Onlinekursen, Büchern und anderen Ressourcen, die Ihnen helfen, ein besseres Verständnis davon zu bekommen, wie OSDSM funktioniert.

Gratis-Lernressourcen mit Quora aufspüren

Es ist wirklich schwer, dem *gratis* zu widerstehen, besonders wenn es um Bildung geht, die normalerweise viele Tausend Euro kostet. Die Quora-Seite auf `http://www.quora.com/What-are-the-best-free-resources-to-learn-data-science` liefert eine Auflistung der besten kostenfreien Lernressourcen zur Data Science.

Die meisten Links haben ein Frageformat wie: »Wie werde ich ein Data Scientist?« Dieses Frage-und-Antwort-Format ist hilfreich, weil es Ihre Fragen sein könnten, die die Seite beantwortet. Bei der Liste von Webseiten, Kursen und Ressourcen handelt es sich zum größten Teil um Einführungen, aber sie sind ein guter Start ins Data-Science-Geschäft.

Einige der Links führen zu Prestige-Institutionen wie Harvard. Der Link liefert Ihnen Zugang zu Kursmaterial wie Videos und Tafelbildern. Jedoch erhalten Sie den aktuellen Kurs nicht ohne Gebühr. Wenn Sie von dem Kurs profitieren möchten, müssen Sie dafür zahlen. Dennoch können Sie durch einfaches Betrachten des Kursmaterials schon eine Menge nützliches Data-Science-Wissen erlangen.

Hilfe zu fortgeschrittenen Themen auf Conductrics erhalten

Die ganze Conductrics-Seite (`http://conductrics.com/`) ist dem Verkauf von Produkten gewidmet, die Ihnen helfen, verschiedenste Data-Science-Aufgaben auszuführen. Auf der Seite finden Sie ein Blog, das zwei nützliche Einträge enthält, die die Art von fortgeschrittenen Fragen beantworten, die Sie vielleicht nirgendwo anders beantwortet bekommen. Die zwei Einträge sind auf `http://conductrics.com/data-science-resources/` und `http://conductrics.com/data-science-resources-2` zu finden.

Der Autor der Blogbeiträge, Matt Gershoff, macht klar, dass die Auflistungen das Ergebnis der Beantwortung vergangener Fragen sind. Die Liste ist lang, weshalb es zwei Beiträge gibt und nicht nur einen. Also muss Matt viele Fragen beantworten. Die Liste konzentriert sich mehr auf maschinelles Lernen als auf Hardware oder spezielle Code-Probleme. Deshalb finden Sie Einträge für Themen wie: Latent Semantic Indexing (LSI), Singulärwertzerlegung (SVD), Linear Discriminent Analysis (LDA), nicht parametrische Bayes-Ansätze, statistische maschinelle Übersetzung, Bestärkendes Lernen (RL), Temporal Difference (TD) Learning, context bandits.

Die Liste setzt sich immer weiter fort. Viele Einträge werden für Sie nicht viel Sinn ergeben, es sei denn, Sie sind schon tief in Data Science involviert. Jedoch schreiben die Autoren viele der Artikel auf eine Weise, die Ihnen hilft, die Informationen zu verstehen, selbst wenn Sie nicht komplett damit vertraut sind. In den meisten Fällen überfliegen Sie den Artikel am besten erst mal, um festzustellen, ob Sie ihn verstehen können. Wenn der Artikel anfängt, Sinn zu ergeben, lesen Sie ihn im Detail. Ansonsten behalten Sie den Artikel als Referenz im Gedächtnis. Sie werden vielleicht überrascht festzustellen, dass der Artikel, den Sie heute nicht verstehen, womöglich morgen völlig verständlich ist.

Neue Tricks vom Aspirational Data Scientist lernen

Das Blog *Aspirational Data Scientist* (http://newdatascientist.blogspot.com/) liefert Ihnen eine erstaunliche Vielzahl an Abhandlungen zu verschiedenen Data-Science-Themen. Der Autor teilt die Beiträge in folgende Gebiete auf: Rezensionen von Online-Kursen, Kommentare zur Data-Science, Data Scientist werden.

Data Science zieht Anwender aller Arten an. Die Seite scheint sich hauptsächlich den Ansprüchen der Sozialwissenschaftler verpflichtet zu fühlen, die in das Gebiet der Data Science vorstoßen. Jedenfalls ist der interessanteste Eintrag, der auf http://newdatascientist. blogspot.com/p/useful-links.html auftaucht, eine Liste von Ressourcen für Sozialwissenschaftler. Die Ressourcenliste ist nach Autoren sortiert, und Sie werden vielleicht Namen finden, die Sie schon als potenzielle Informationsquelle erkannt haben.

Wie alle anderen Quellen kann auch ein Artikel selbst dann, wenn er für eine bestimmte Leserschaft gedacht ist, oft den Bedürfnissen anderer Leser gerecht werden. Selbst wenn Sie kein Sozialwissenschaftler sind, finden Sie vielleicht auf Ihrem Weg zur endgültigen Entdeckung der Wunder von Data Science, dass die Artikel hilfreiche Informationen beinhalten.

Data-Intelligence- und Analytics-Quellen auf AnalyticBridge finden

Die AnalyticBridge-Seite (http://www.analyticbridge.com/) beinhaltet eine unglaubliche Liste von hilfreichen Quellen für Data Scientists. Eine der hilfreicheren Quellen ist die Liste der Data-Intelligence- und Analytics-Quelle auf http://www.analyticbridge.com/page/links. Die Seite enthält eine Fülle von Quellen, die Sie nirgendwo sonst finden, eingeteilt in folgende Kategorien : allgemeine Quellen, Big Data, Visualisierung, Gutes und Schlechtes der Data Science, neue Analytik-Start-up-Ideen, Erfreuliches über das Gesundheitswesen, Bildung und andere Themen wie Karrierezeugs, Training, Gehaltsumfragen, Diverses.

Mit Jonathan Bower die Ressourcen der Entwickler entdecken

Mehr als nur ein paar interessante Ressourcen tauchen unter GitHub auf (https://github.com/), einer Seite, die sich Kollaboration, Code-Reviews und Code-Management verschrieben hat. Eine der Seiten, die Sie sich ansehen müssen, ist Jonathan Bowers Auflistung der Data-Science-Ressourcen auf https://github.com/jonathan-bower/DataScienceResources. Der Großteil der Ressourcen richtet sich an Entwickler, aber jeder kann davon profitieren. Sie finden die Ressourcen in folgende Themen kategorisiert:

✔ Mit Data Science anfangen

✔ Data Pipeline und Tools

✔ Produkte

✔ Karriereinformationen

✔ Open-Source-Data-Science-Ressourcen

Die hierarchische Strukturierung der Themen macht es leichter, genau das zu finden, was Sie brauchen. Jede Hauptkategorie teilt sich auf in eine Liste von Themen. Zu jedem Thema finden Sie eine Liste von Ressourcen. In »Data Pipeline & Tools« finden Sie zum Beispiel »Python« und darin wiederum einen Link zu »Anyone Can Code«. Dies ist eine der nützlichsten Seiten in der Liste.

Zehn Datenherausforderungen, die Sie annehmen sollten

22

In diesem Kapitel

▶ Mit Data Science London + Scikit-learn anfangen

▶ Den nächsten Schritt bei der Überlebensvorhersage auf der Titanic machen

▶ Andere Herausforderung zum Ausprobieren finden

▶ Den Madelon-Datensatz erhalten

▶ Einen Film finden und gleichzeitig Ihre Data-Science-Fertigkeit verbessern

▶ Zwischen Spam und nützlichen E-Mails differenzieren

▶ Handschriftanalyse und Mustererkennung durchführen

▶ Bilddaten klassifizieren und analysieren

▶ Entdecken, wie man mit Review-Daten von Amazon.com arbeitet

▶ Mit den größten Graphen-Daten der Welt arbeiten

*B*ei Data Science dreht sich alles um das Arbeiten mit Daten. Beim Durcharbeiten dieses Buches haben Sie eine Reihe von Datensätzen genutzt, inklusive des Toy-Datensatzes, der in der Scikit-learn-Bibliothek enthalten ist. Natürlich eignen sich diese Datensätze alle sehr gut als Start, aber ein Läufer würde auch nicht stoppen, nachdem er das örtliche Spaßrennen gewonnen hat. Also müssen Sie anfangen, für den Marathon der Data Science zu trainieren, indem Sie mit größeren Datensätzen arbeiten.

Dieses Kapitel stellt eine Reihe von anspruchsvollen Datensätzen zur Verfügung, die Ihnen dabei helfen, ein Weltklasse-Data-Scientist zu werden. Durch die Kombination dessen, was Sie in diesem Buch anhand der neuen Datensätze entdecken werden, entdecken Sie, welche unglaublichen Dinge Sie tun können. Vielleicht werden Sie sogar als eine Art Magier angesehen, wenn Sie scheinbar unmögliche Datenmuster aus Ihrem Hut zaubern. Jeder der folgenden Datensätze liefert Ihnen spezifische Fertigkeiten und hilft Ihnen, verschiedene Ziele zu erreichen.

Sie können eine Fülle an Daten im Internet finden. Jedoch ist nicht jeder Datensatz auf die gleiche Weise erstellt worden und Sie müssen sich Ihre Herausforderung mit Bedacht auswählen. Diese zehn Datensätze liefern bekannte Funktionalität, meist wird Ihnen ein Tutorial bereitgestellt und sie tauchen in wissenschaftlichen Artikeln auf. Diese drei Merkmale lassen sie aus dem Wettbewerb herausstechen. Ja, es gibt andere gute Datensätze, aber diese zehn Datensätze liefern Fähigkeiten, die Sie brauchen, um selbst größere Aufgaben zu meistern, wie die Datenbank, die auf dem Server Ihres Unternehmens lauert.

Der Data-Science-London + Scikit-learn-Herausforderung begegnen

Sie nutzen Scikit-learn schon eine Weile in diesem Buch und haben es vielleicht auch schon etwas verstanden. Der Kaggle-Wettbewerb auf http://www.kaggle.com/c/data-science-london-Scikit-learn (der aktuelle Wettbewerb endete im Dezember 2014, aber es sollte weitere geben) liefert einen praktischen Grund für das Ausprobieren, Teilen und Erstellen von Beispielen, die Scikit-learn-Klassifikationsalgorithmen nutzen. Alle Tools der vorherigen Wettbewerbe sind immer noch da und sind es wert, erkundet zu werden. Das Ziel ist, Beispiele, die die Fähigkeiten der Scikit-learn-Klassifikationsalgorithmen nutzen, zu erstellen und zu teilen. Sie finden die für diesen Wettbewerb genutzten Daten auf http://www.kaggle.com/c/data-science-london-scikit-learn/data. Die Regeln stehen auf www.kaggle.com/c/data-science-london-scikit-learn/rules und Sie können auf http://www.kaggle.com/c/data-science-london-scikit-learn/details/evaluation herausfinden, wie Kaggle Ihren Beitrag bewertet.

Vielleicht interessiert es Sie gar nicht, sich mit anderen zu messen. Ein Blick auf die Bestenliste (http://www.kaggle.com/c/data-science-london-scikit-learn/leaderboard) hält Sie vielleicht davon ab, wirklich darüber nachzudenken, da der Wettbewerb einige richtige Data Scientists angelockt hat. Jedoch können Sie den Wettbewerb immer noch durch das Betrachten der Bestenliste genießen und sich auch die Tutorials auf http://www.kaggle.com/c/data-science-london-scikit-learn/visualization anschauen. Das Durcharbeiten der Tutorials wird Ihnen helfen, besser zu verstehen, wie Data Science funktioniert, vielleicht der größte Gewinn des Besuchs dieser Seite.

 Da diese Seite auf dem Wissen aufbaut, das Sie durch dieses Buch bereits haben, ist es eigentlich der beste Platz, um neue Fertigkeiten zu erwerben. Deshalb taucht diese Seite als Erstes in dem Kapitel auf. Sie können einen guten Start durch die Nutzung anderer Datensätze mit Techniken, die Sie bereits kennen, erzielen.

Das Überleben auf der Titanic vorhersagen

Sie haben in diesem Buch (Kapitel 5 und 20) durch den Gebrauch von `Titanic.csv` schon ein wenig mit dem Titanic-Datensatz gearbeitet. Selbst wenn Sie sich dafür entschieden haben, nicht an dem Wettbewerb aus dem vorherigen Abschnitt teilzunehmen, könnten Sie über die hier beschriebene Herausforderung nachdenken. Sie ist viel einfacher, da Kaggle sie für Anfänger entworfen hat. Sie finden sie auf www.kaggle.com/c/titanic. Das Datenmodell, das Sie auf http://www.kaggle.com/c/titanic/data finden, unterscheidet sich von dem in diesem Buch, aber das Prinzip bleibt das gleiche. Sie finden die Regeln für diesen Wettbewerb auf http://www.kaggle.com/c/titanic/rules und die Methoden für die Evaluation auf http://www.kaggle.com/c/titanic/details/evaluation.

Die Bestenliste dieses Wettbewerbs finden Sie auf http://www.kaggle.com/c/titanic/leaderboard. Die Anzahl der Leute, die schon das perfekte Ergebnis erreicht haben, sollte Sie mit Zuversicht erfüllen.

Die größte Herausforderung in diesem Fall ist, dass der Datensatz recht klein ist und von Ihnen verlangt, neue Merkmale zu erstellen, um einen genauen Wert zu erhalten. Der Wettbewerb hilft Ihnen, die Fähigkeiten anzuwenden, die Sie im Abschnitt »Betrachtung der Erstellung von Merkmalen« in Kapitel 8 gelernt haben und die in Kapitel 19 demonstriert wurden. Sie können zusätzliche Einsichten in die Techniken dieses Wettbewerbs erlangen, indem Sie sich das Tutorial auf http://www.kaggle.com/c/titanic/prospector#208 anschauen.

Einen Kaggle-Wettbewerb finden, der Ihren Bedürfnissen entspricht

Wettbewerbe sind großartig, weil Sie eine Lösung durchdenken müssen, während andere das Gleiche tun. Da Sie sich auch im echten Leben der Konkurrenz mit anderen aussetzen müssen, liefern Wettbewerbe eine gute Möglichkeit, das kritische und schnelle Denken zu üben. Sie geben Ihnen auch Gelegenheit, von anderen zu lernen. Der beste Platz, solche Wettbewerbe zu finden, ist auf die Kaggle-Seite auf http://www.kaggle.com/competitions.

Diese Seite wird Ihnen helfen, alle vergangenen oder aktuellen Kaggle-Wettbewerbe zu finden. Um einen aktuellen Wettbewerb zu finden, klicken Sie auf den ACTIVE COMPETITION-Link. Um vergangene Wettbewerbe zu finden, klicken Sie auf den ALL COMPETITIONS-Link. Da alle Datensätze frei verfügbar sind, haben Sie die Chance, Ihre Fähigkeiten bei jeglichem realen Szenario zu testen, das Sie vielleicht auswählen möchten. Die Kaggle-Community wird Sie mit vielen Tutorials, Benchmarks und Schlag-den-Benchmark-Einträgen versorgen.

Sie müssen keinen laufenden Wettbewerb auswählen. Sehen Sie sich einfach mal einen vergangenen Wettbewerb an, der genau Ihre Bedürfnisse abdeckt, und versuchen Sie, ihn zu lösen (Sie profitieren dabei von der verfügbaren Lösung). Wenn Sie eine aktive Herausforderung annehmen, können Sie Ihre Fragen ins Forum stellen und nutzen damit einige der fähigsten Data Scientists der Welt, die Ihre Fragen und Zweifel beantworten können. Wegen der großen Anzahl an Wettbewerben auf dieser Seite ist es wahrscheinlich, dass Sie einen Wettbewerb finden werden, der Ihren Interessen entspricht!

Es ist interessant zu bemerken, dass die Kaggle-Wettbewerbe von Unternehmen kommen, die normalerweise keinen Zugriff auf Data Scientists haben. Also arbeiten Sie wirklich in einer realen Umgebung. Prüfen Sie die Ausschreibungen auf http://www.kaggle.com/solutions/competitions (durch Anklicken des Links auf der Hauptseite), um mehr darüber zu erfahren, wie Kaggle die Wettbewerbe erstellt. Sie können diese Seite auch nutzen, um Jobs zu finden – einfach durch Anklicken des JOBS-Links: http://www.kaggle.com/jobs.

An Ihren Überanpassungsstrategien feilen

Der Madelon-Datensatz auf https://archive.ics.uci.edu/ml/datasets/Madelon ist ein künstlicher Datensatz, der ein Zwei-Klassen-Klassifikationsproblem mit kontinuierlichen Eingabevariablen enthält. Diese NIPS-2003-Merkmalsauswahl-Herausforderung wird Ihre

Fähigkeiten zur Kreuzvalidierung besonders testen. Das Hauptmerkmal dieser Aufgabe ist es, eine Strategie zu entwickeln, um Überanpassung zu vermeiden – ein Problem, dem Sie das erste Mal im Abschnitt »Mehrere Dinge finden, die schiefgehen können« in Kapitel 16 begegnet sind. Sie finden Probleme bezüglich Überanpassung auch in Kapitel 18, 19 und 20. Um den Datensatz zu erhalten, kontaktieren Sie Isabelle Guyon anhand der Adresse, die Sie im Quellenverzeichnis auf der Seite `https://archive.ics.uci.edu/ml/datasets/Madelon` finden.

 Dieser spezielle Datensatz hat die Aufmerksamkeit einer Reihe von Leuten auf sich gezogen, die Artikel darüber verfasst haben. Der beste Artikel taucht in dem Buch *Feature Extraction. Foundations and Applications* auf `http://www.springer.com/book/9783540354871` auf. Sie können einen technischen Bericht von `http://clopinet.com/isabelle/Projects/ETH/TM-fextract-class.pdf` herunterladen. *The Advances in Neural Information Processing Systems 17 (NIPS 2004)* auf `http://papers.nips.cc/book/advances-in-neural-information-processing-systems-17-2004` beinhaltet auch nützliche Links zu Artikeln, die Ihnen mit diesem speziellen Datensatz helfen werden.

Durch den MovieLens-Datensatz gehen

Bei der MovieLens-Seite (`https://movielens.org/`) geht es nur darum, Ihnen zu helfen, einen Film zu finden, den Sie vielleicht mögen. Immerhin kann es etwas Zeit in Anspruch nehmen, etwas Neues und Interessantes bei den Millionen von Filmen da draußen zu finden. Zeit, die Sie nicht verschwenden möchten. Das Setup funktioniert, indem Sie gebeten werden, Wertungen zu Filmen abzugeben, die Sie bereits gesehen haben. Danach erstellt die Movie-Lens-Seite Empfehlungen für Sie anhand Ihrer Bewertungen. Kurz, Ihre Bewertungen lehren den Algorithmus, wonach er suchen soll, und dann wendet die Seite diesen Algorithmus auf den gesamten Datensatz an.

Sie erhalten den MovieLens-Datensatz auf `http://grouplens.org/datasets/movielens/`. Das Interessante an dieser Seite ist, dass Sie alles oder nur Teile des Datensatzes herunterladen können, basierend darauf, wie Sie damit interagieren möchten. Sie finden Downloads der folgenden Größen:

✔ 100.000 Bewertungen von 1.000 Nutzern zu 1.700 Filmen

✔ 1 Million Bewertungen von 6.000 Nutzern zu 4.000 Filmen

✔ 10 Millionen Bewertungen und 100.000 Markierungen auf 10.000 Filmen durch 72.000 Nutzer

✔ 20 Millionen Bewertungen und 465.000 Markierungen auf 27.000 Filmen durch 138.000 Nutzer

✔ MovieLens aktuellsten Datensatz in kleiner oder voller Größe (die volle Größe beinhaltet 21.000.000 Bewertungen und 470.000 Markierungen auf 27.000 Filmen durch 230.000 Nutzer zum Zeitpunkt dieses Schreibens, aber er wird sich mit der Zeit erhöhen)

Diese Datensätze stellen Ihnen eine Möglichkeit zur Verfügung, mit nutzergenerierten Daten zu arbeiten, die sowohl überwachte als auch unüberwachte Techniken verwenden. Der größte Datensatz stellt eine besondere Herausforderung dar, die nur Big Data bieten kann. Sie können einige Informationen zum Arbeiten mit überwachten und unüberwachten Techniken in Kapitel 15 und 19 finden.

Spam-E-Mails loswerden

Jeder möchte Spam-E-Mails loswerden – diese Zeitverschwender, die alles beinhalten, von Einladungen, sich einem fantastischen neuen Wagnis anzuschließen, bis zur Pornografie. Der beste Weg für diese Aufgabe ist, einen Algorithmus zu schaffen, der die Sortierung für Sie macht. Jedoch müssen Sie den Algorithmus trainieren, damit er funktioniert, was der Punkt ist, an dem der Spambase-Datensatz ins Spiel kommt. Sie finden den Spambase-Datensatz auf `https://archive.ics.uci.edu/ml/datasets/Spambase`.

Diese Sammlung von Spam-E-Mails kommt von Postmastern und Personen, die es hassten, Spamberichte auszufüllen. Die Sammlung beinhaltet auch Nichtspam-E-Mails von verschiedenen Quellen, um die Erstellung eines Filters zu ermöglichen, der gute E-Mails durchlässt. Dies ist eine komplexe Herausforderung, die mit der Verarbeitung von Textdaten und komplexen, unterschiedlichen Zielen arbeitet.

 Sie können eine Anzahl von Artikeln finden, die diesen speziellen Datensatz zitieren. Die folgende Liste liefert einen schnellen Überblick über die sachdienlichen Artikel und deren Seiten:

✔ Los Alamos National Laboratory Stability of Unstable Learning Algorithms (`http://rexa.info/paper/a2734ae038cae7393159934e860c24a52dc2754d`)

✔ Modeling for Optimal Probability Prediction (`http://rexa.info/paper/631197638c7e0317c98e1a8d98e5fce8921aa758`)

✔ Visualization and Data Mining in an 3D Immersive Environment: Summer Project 2003 (`http://rexa.info/paper/48d6beec2a36a87d9d88b6de85dd85a75e5ed24d`)

✔ Online Policy Adaptation for Ensemble Classifiers (`http://rexa.info/paper/3cb3fbd5512e3cd12111b598fece53fcb42c484b`)

Mit handgeschriebenen Informationen arbeiten

Die Mustererkennung, speziell bei der Arbeit mit handgeschriebenen Daten, ist eine wichtige Aufgabe der Data Science. Der Datensatz Mixed National Institute of Standards and Technology (MNIST) aus handgeschriebenen Zahlen auf `http://yann.lecun.com/exdb/mnist/` stellt einen Trainingssatz von 60.000 Beispielen und einen Testsatz von 10.000 Beispielen zur Verfügung. Dies ist ein Teilsatz des Original-Datensatzes National Institute of Standards and Technology (NIST), den Sie auf `http://www.nist.gov/srd/nistsd19.cfm` finden. Es ist ein guter Datensatz, um zu lernen, wie Sie mit handgeschriebenen Daten arbeiten ohne große Vorverarbeitung zu Beginn.

Der Datensatz teilt sich auf in vier Dateien. Zwei Trainings- und zwei Testdateien beinhalten Bilder und Beschriftung. Sie benötigen alle vier Dateien, um einen kompletten Datensatz für die Arbeit mit den Zahlen zu erstellen. Ein potenzielles Problem beim Arbeiten mit dem MNIST-Datensatz ist, dass die Bilddateien nicht in einem bestimmten Format sind. Das genutzte Format für die Speicherung der Bilder erscheint am Ende der Seite. Natürlich könnten Sie immer Ihre eigene Python-Anwendung für ihr Einlesen erstellen, aber ein Code, der durch jemand anderen erstellt wurde, ist viel einfacher. Die folgende Liste liefert einen Ort, an dem Sie Code erhalten, um den MNIST-Datensatz mittels Python zu lesen:

✔ `http://cs.indstate.edu/~jkinne/cs475-f2011/code/mnistHandwriting.py`

✔ `http://g.sweyla.com/blog/2012/mnist-numpy/`

✔ `http://martin-thoma.com/classify-mnist-with-pybrain/`

✔ `https://gist.github.com/akesling/5358964`

Die Seite hält auch eine wichtige Auflistung von Methoden bereit, die genutzt wurden, um mit dem Trainings- und Testsatz zu arbeiten. Die Liste beinhaltet eine beeindruckende Anzahl von Klassifizierern, die Ihnen einige Ideen für Ihre eigenen Experimente geben sollte. Dieser spezielle Datensatz ist für alle möglichen Aufgaben nützlich.

Sie haben mit dem Toy-Datensatz für Zahlen von Scikit-learn in verschiedenen Kapiteln dieses Buchs gearbeitet. Um ihn zu nutzen, müssen Sie den Zahlendatensatz von `sklearn.datasets import load_digits` importieren. Dieser spezielle Datensatz taucht in den Kapiteln 12, 15, 17, 19 und 20 auf. Sie haben also einiges an Erfahrung bei der Arbeit mit einer sehr viel kleineren Zahlendatenbank gesammelt, als Sie sich durch die Beispiele dieser Kapitel gearbeitet haben.

Mit Bildern arbeiten

Der Datensatz Canadian Institute for Advanced Research (CIFAR) auf `http://www.cs.toronto.edu/~kriz/cifar.html` stellt Ihnen Grafiken zum Arbeiten zur Verfügung. Der CIFAR-10- und der CIFAR-100-Datensatz beinhalten beschriftete Teilmengen eines Datensatzes mit 80 Millionen winzigen Bildern (Sie können in dem technischen Bericht *Learning Multiple Layers of Features from Tiny Images* auf `http://www.cs.toronto.edu/~kriz/learning-features-2009-TR.pdf` darüber lesen, wie der Datensatz mit dem Original-Bilddatensatz funktioniert). Im CIFAR-10-Datensatz finden Sie 60.000 32 x 32-Farbbilder in zehn Klassen (mit 6.000 Bildern in jeder Klasse). Hier sind die Klassen, die Sie finden können:

✔ Flugzeuge

✔ Autos

✔ Vögel

- ✔ Katzen
- ✔ Rehe
- ✔ Hunde
- ✔ Frösche
- ✔ Pferde
- ✔ Schiffe
- ✔ Lkws

Der CIFAR-100-Datensatz beinhaltet mehr Klassen. Statt zehn erhalten Sie 100 Klassen, die jeweils 600 Bilder enthalten. Die Größe des Datensatzes ist gleich, aber die Anzahl der Klassen ist größer. Das Klassifikationssystem ist in diesem Fall hierarchisch. Die 100 Klassen teilen sich in 20 Superklassen auf. In der Aquatische-Säugetiere-Superklasse finden Sie zum Beispiel die Biber-, Delfin-, Otter-, Robbe- und Wal-Klasse.

 Beide CIFAR-Datensätze gibt es in Python, MATLAB und binären Versionen. Stellen Sie sicher, dass Sie die richtige Version herunterladen und den Anleitungen für ihren Gebrauch auf der Downloadseite folgen. Ja, Sie könnten die anderen Versionen mit Python nutzen, aber wenn Sie das tun, würde dies viel mehr zusätzliche Programmierung erfordern, und da Sie bereits Zugriff auf eine Python-Version haben, würden Sie bei dieser Übung nichts gewinnen.

Dies ist eine exzellente Herausforderung, die Sie annehmen können, nachdem Sie mit dem im Abschnitt zuvor beschriebenen Zahlendatensatz gearbeitet haben. Das hilft Ihnen dabei, mit farbenfrohen und komplexen Bildern umzugehen. Wenn Sie sich durch das Beispiel in Kapitel 14 gearbeitet haben, wissen Sie durch den Toy-Olivetti-Gesichtsdatensatz bereits einiges über das Arbeiten mit Bildern.

Amazon.com-Reviews analysieren

Wenn Sie mit einem wirklich großen Datensatz arbeiten wollen, versuchen Sie den Amazon.com-Review-Datensatz auf `https://snap.stanford.edu/data/web-Amazon.html`. Dieser Datensatz besteht aus Reviews von Amazon.com, die über 18 Jahre gesammelt wurden, und enthält ca. 35 Millionen Reviews bis März 2013. Die Reviews beinhalten Produkt- und Nutzerinformationen, Bewertungen und einen Klartext-Review. Dies ist der Datensatz, den Sie angehen können, nachdem Sie sich durch die kleinen Datensätze, wie MovieLens, gearbeitet haben. Sie werden dabei verstehen, wie Sie mit nutzergenerierten Daten in einem Business-Kontext arbeiten.

Anders als bei vielen anderen Datensätzen dieses Kapitels gibt es den Amazon.com-Datensatz in einer Vielzahl von Formen. Ja, Sie können `all.txt.gz` herunterladen, um den gesamten Datensatz (11 GB) zu erhalten, aber Sie haben auch die Möglichkeit, nur einen Teil des Datensatzes herunterzuladen. Zum Beispiel können Sie sich dafür entscheiden, nur 184.887 Reviews, die mit Baby-Produkten in Verbindung stehen, mit `Baby.txt.gz` (ein 42-MB-Download) zu holen.

Sehen Sie sich das Ende der Seite an. Der Seiteninhaber hat Ihnen aufmerksamerweise einen Python-Code zur Verfügung gestellt, um die Daten zu interpretieren. Diese einfache Funktion macht das Arbeiten mit dem immensen Datensatz viel einfacher. Selbst wenn Sie sich entscheiden, eine modifizierte Version dieser Funktion zu erstellen, haben Sie zumindest einen guten Startpunkt.

Mit einem riesigen Graphen interagieren

Stellen Sie sich vor, Sie versuchen, sich durch Verbindungen zwischen 3,5 Milliarden Webseiten zu arbeiten. Sie können dies einfach durch Herunterladen des immensen Datensatzes auf `http://www.bigdatanews.com/profiles/blogs/big-data-set-3-5-billion-web-pages-made-available-for-all-of-us` tun. Der größte, reichste, komplexeste Datensatz von allen ist das Internet selbst. Beginnen Sie mit einer Teilauswahl, die durch den Common Crawl 2012 Web Corpus (`http://commoncrawl.org/`) bereitgestellt wird, und lernen Sie, wie man Daten von Webseiten extrahiert und aufarbeitet. Die Hauptanwendungen für diesen Datensatz sind:

✔ Suchalgorithmen

✔ Spamdetektionsmethoden

✔ Graph-Analyse-Algorithmen

✔ Web-Science-Forschung

Schenken Sie dem Inhalt auf der Mitte der Seite besondere Aufmerksamkeit. Das Anklicken eines Links führt Sie zu einem Eintrag auf `http://webdatacommons.org/hyperlinkgraph/`, wo der Datensatz detaillierter erklärt wird. Sie benötigen die zusätzlichen Informationen für die meisten der Data-Science-Aufgaben. Am Ende der Seite befinden sich Links für das Herunterladen verschiedener Stufen des gesamten Graphen (glücklicherweise müssen Sie nicht alles herunterladen, was 45 GB Download für die Indexdatei und 331 GB Download für die arc-Datei bedeuten würde).

Lassen Sie sich nicht von der Idee, Analysen an solch großen Datensätzen vorzunehmen, abschrecken. Beim Durchgehen des Beispiels in Kapitel 7 haben Sie bereits mit einfachen Graph-Daten gearbeitet. Dieser Datensatz ist eine ähnliche Aufgabe, aber auf einer signifikant größeren Skala. Ja, manchmal zählt Größe doch in gewissem Maße, aber Sie wissen bereits einiges über die benötigten Techniken, um diesen Job zu erledigen.

Diese spezielle Seite liefert Ihnen Zugang zu einer Anzahl von weiteren Datensätzen. Links zu diesen Datensätzen sind am Ende der Seite angegeben. Zum Beispiel können Sie »Great statistical analysis: forecasting meteorite hits« auf `http://www.analyticbridge.com/profiles/blogs/great-statistical-analysis-forecasting-meteorite-hits` herunterladen. Wem also das Analysieren des gesamten Internets nicht liegt, versucht sich an einem der anderen erstaunlichen (und riesigen) Datensätze.

Stichwortverzeichnis

FÜR DUMMIES®

E WIE EXCEL-LENT

Excel 2010 für Dummies
ISBN 978-3-527-70611-2

Excel 2013 für Dummies
ISBN 978-3-527-70932-8

Excel 2016 für Dummies
ISBN 978-3-527-71197-0

Excel Datenanalyse für Dummies
ISBN 978-3-527-71254-0

Excel Formeln und Funktionen
für Dummies
ISBN 978-3-527-71292-2

Excel im Controlling für Dummies
ISBN 978-3-527-70619-8

Excel Makros für Dummies
ISBN 978-3-527-71209-0

Excel Tipps und Tricks für Dummies
ISBN 978-3-527-71295-3

Excel-VBA für Dummies
ISBN 978-3-527-71290-8